Moeller

Leitfaden der Elektrotechnik

Herausgeber
Prof. Dr.-Ing. Hans FRICKE
Prof. Dr.-Ing. Heinrich FROHNE
Dozent Dr.-Ing. Paul VASKE

Band VIII

 B. G. Teubner Stuttgart

Elektrische Antriebe und Steuerungen

Von Hans-Jürgen BEDERKE, Robert PTASSEK
Georg ROTHENBACH, Paul VASKE

Herausgegeben von Heinrich FROHNE und Paul VASKE

2., neubearbeitete Auflage 1975
Mit 210 Bildern und 78 Beispielen

 B. G. Teubner Stuttgart

Herausgeber   Dr.-Ing. Hans Fricke
               apl. Professor an der Technischen Universität
               Braunschweig

               Dr.-Ing. Heinrich Frohne
               o. Professor an der Technischen Universität Hannover

               Dr.-Ing. Paul Vaske
               Dozent an der Fachhochschule Hamburg
               und Lehrbeauftragter an der Universität Hamburg

Verfasser   Dipl.-Ing. Hans-Jürgen Bederke
               Dozent an der Fachhochschule Lübeck

               Dipl.-Ing. Robert Ptassek
               Professor an der Fachhochschule München

               Dipl.-Ing. Georg Rothenbach
               vorm. Dozent an der Fachhochschule Hamburg

               Dr.-Ing. Paul Vaske
               Dozent an der Fachhochschule Hamburg
               und Lehrbeauftragter an der Universität Hamburg

ISBN 978-3-519-16410-4   ISBN 978-3-322-91873-4 (eBook)
DOI 10.1007/978-3-322-91873-4

Umschlaggestaltung, W. Koch, Sindelfingen

VORWORT ZUR 1. AUFLAGE

Die elektrische Energie erobert sich einen immer mehr zunehmenden Anteil an der Energieumwandlung in der Welt. Zur Umwandlung der elektrischen in mechanische Energie benötigt man den elektrischen Antrieb und die elektrische Steuerung; sie spielen daher in der Automatisierungstechnik eine wichtige Rolle. Die projektierenden Ingenieure der Starkstromtechnik, des Maschinen- und Schiffbaues, der Verfahrenstechnik, der Regelungstechnik und benachbarter Gebiete müssen die Grundlagen der elektrischen Antriebs- und Steuerungstechnik beherrschen; deshalb wird die seit 1933 erscheinende Lehrbuchreihe „Leitfaden der Elektrotechnik" um den Band VIII „Elektrische Antriebe und Steuerungen" erweitert.

Wie in den übrigen Bänden des „Leitfadens" werden auch in diesem Band die grundlegenden Erscheinungen und Zusammenhänge besonders herausgestellt. Ausgehend von den physikalischen Gesetzmäßigkeiten, soll das ingenieurmäßige Denken geschult und die projektierende Tätigkeit geübt werden. Da die Darstellung der Grundlagen in den Vordergrund gerückt wird, tritt die zeitgebundene Gerätetechnik entsprechend zurück. Mit einer großen Zahl von Bildern, durchgerechneten Zahlenbeispielen, Tabellen mit Richtwerten sowie Diagrammen werden jedoch viele greifbare Unterlagen zur Lösung der Aufgabenstellungen der Antriebs- und Steuerungstechnik für Ausbildung und Praxis bereitgestellt.

Zunächst werden die Benutzer in die Aufgaben der Antriebstechnik und die wichtigsten Eigenschaften der angetriebenen Arbeitsmaschinen und der antreibenden Elektromotoren eingeführt. Dann folgt der Abschnitt, der das Zusammenwirken von Motor und Arbeitsmaschine eingehend darstellt. Darin werden nicht nur langsame, sondern auch schnelle Drehzahländerungen sowie Anlaufen, Umsteuern und Bremsen ausführlich behandelt. Der dritte Abschnitt befaßt sich mit den verschiedenen Möglichkeiten der Drehzahlverstellung und Antriebsregelung. Hierbei werden die neuesten und wichtigsten Schaltungen sowie Stabilität, optimale Reglerauslegung, Stör- und Führungsverhalten betrachtet. Anschließend können dann die Gesichtspunkte für die Auswahl des günstigsten Antriebsmotors genannt werden. Im letzten Abschnitt werden die Elemente der neuzeitlichen Steuerungstechnik, also Niederspannungs-Schaltgeräte, kontaktlose Steuerungen und Schaltplantechnik, dargestellt. Verzeichnisse der wichtigsten VDE-Bestimmungen, DIN-Normen und weiterführenden Schrifttums geben Hinweise auf weitere Projektierungsunterlagen.

Entgegen der Handhabung in bereits erschienenen Büchern werden hier G r ö - ß e n g l e i c h u n g e n und die Einheiten des I n t e r n a t i o n a l e n E i n - h e i t e n s y s t e m s (SI) bevorzugt. Das hat besondere Vorteile für die Schreibweise und die Handhabung der Gleichungen. Der Fachmann wird sich an die Einheiten N, Nm, Ws, Ws^3 erst gewöhnen müssen, während sich der Anfänger von vornherein leichter auf sie einstellen kann. An vielen Stellen wird auch mit bezogenen Größen gearbeitet, da sich die N o r m i e r u n g besonders gut für eine allgemeingültige Darstellung eignet, also weitergehende Erkenntnisse liefert. Die Wahl der Formelzeichen geschah unter Berücksichtigung von DIN 1304 (für die Quellenspannung U_q auch von DIN 1323), DIN 19 226 und DIN 40 121.

In diesem in einfacher Ausstattung und in Schreibsatz hergestellten Band wurde innerhalb des Textes auf die Unterscheidung von kursiv gesetzten Formelzeichen und steil geschriebenen Einheitenkurzzeichen auf Wunsch des Verlages verzichtet, um einen möglichst niedrigen Buchpreis zu erzielen. In den Bildern ist der Unterschied der Schreibweise (Formelzeichen kursiv, Einheiten steil) durchgeführt.

Die Verfasser danken Herrn Dipl.-Ing. H. B ü r s k e n s, AEG Frankfurt, als Lektor, für mancherlei wertvolle Ratschläge und insbesondere für Hinweise zum Inhalt sowie für Zahlenmaterial. Sie sind auch den Firmen für die Überlassung von Bildern und Zahlenmaterial zu Dank verpflichtet.

Lübeck, München und Hamburg, im Januar 1969

H.-J. BEDERKE   R. PTASSEK   G. ROTHENBACH   P. VASKE

VORWORT ZUR 2. AUFLAGE

Gegenüber der 1. Auflage sind Druckfehler berichtigt und neuere Normen und Vorschriften berücksichtigt worden. Der Weiterentwicklung der Technik wird insbesondere bei den Stromrichterantrieben und in der Steuerungstechnik Rechnung getragen.

Die Verfasser danken ihren Fachkollegen, die Anregungen zu Verbesserungen gaben und auf diese Weise ihr Interesse an diesem Werk bekundeten.

Lübeck, München und Hamburg, im Februar 1974

H.-J. BEDERKE   R. PTASSEK   G. ROTHENBACH   P. VASKE

INHALT

Anhang

Hinweise auf DIN-Normen in diesem Werk entsprechen dem Stande der Normung bei Abschluß des Manuskriptes. Maßgebend sind die jeweils neuesten Ausgaben der Normblätter des DNA im Format A 4, die durch den Beuth-Verlag, Berlin und Köln, zu beziehen sind. — Sinngemäß gilt das gleiche für alle in diesem Buche angezogenen amtlichen Richtlinien, Bestimmungen, Verordnungen usw.

1 ARBEITSMASCHINEN UND ANTRIEBSMOTOREN

Die moderne industrielle Fertigung ist ohne den elektrischen Antrieb nicht denkbar. Der Elektromotor ist l e i c h t z u s t e u e r n — er ermöglicht w i r t - s c h a f t l i c h e Lösungen für die A u t o m a t i s i e r u n g vieler Fertigungsprozesse. Schon seit langer Zeit wird er außerdem für elektrische Bahnen, auf Schiffen, in Flugzeugen und Förderanlagen sowie in anderen Anlagen eingesetzt. Daneben dehnt der elektrische Kleinantrieb sein Anwendungsgebiet in Haushalt, Büro und anderen Bereichen aus.

Wenn der Elektromotor unter Ausnutzung aller seiner Vorteile eingesetzt werden soll, muß man die Eigenschaften der anzutreibenden Arbeitsmaschine und des antreibenden Elektromotors sowie ihr Zusammenwirken im elektrischen Antrieb sorgfältig untersuchen. Wir werden daher zunächst die Kennlinien und sonstigen Eigenschaften der wichtigsten Arbeitsmaschinen und Elektromotoren zusammenhängend behandeln.

1.1 Wesen der Antriebstechnik

Zu Beginn der industriellen Entwicklung wurden die Arbeitsmaschinen AM einer Fertigungsstätte über eine T r a n s m i s s i o n s welle (Bild 1.1a) von einem einzigen Motor M, z. B. von einer Dampfmaschine, angetrieben. Es lag nahe, diesen Antriebsmotor im Zuge der Verbreitung des elektrischen Antriebs durch einen Elektromotor zu ersetzen. Bei Erweiterung der Anlage wurde dann einzelnen Ma-

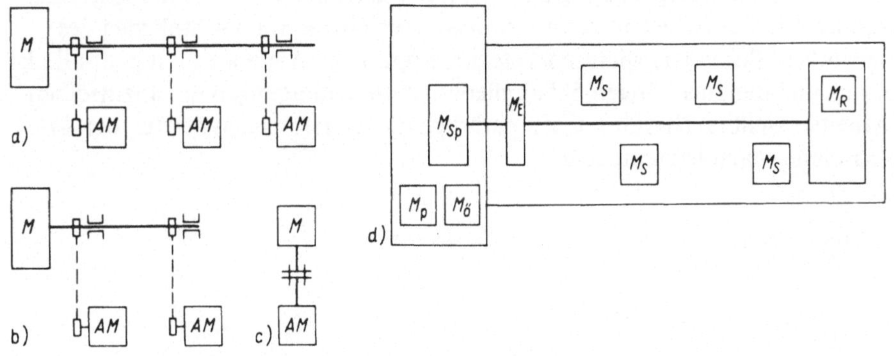

Bild 1.1 Arten des elektrischen Antriebs
a) Transmission, b) Gruppenantrieb, c) Einzelantrieb, d) Mehrmotorenantrieb

schinengruppen ein Motor zugeordnet und so der G r u p p e n a n t r i e b (Bild 1.1b) geschaffen. Heute herrscht jedoch der E i n z e l a n t r i e b (Bild 1.1c) bzw. der M e h r m o t o r e n a n t r i e b (Bild 1.1d) vor. Hier hat dann jeder Motor nur noch e i n e Antriebsaufgabe zu erfüllen. Einzelantriebe liegen meist bei Lüftern, Verdichtern, Pumpen, Mühlen und ähnlichen Einzweckgeräten vor, während die modernen Werkzeugmaschinen, insbesondere für automatisierte Fertigungsstraßen, aber auch Papiermaschinen, Kalander und Schiffsentlader sowie Transferstraßen und Walzwerke, fast immer Mehrmotorenantriebe aufweisen. So haben z. B. große Drehmaschinen (Bild 1.1d) heute außer dem Spindelmotor M_{Sp} (u. U. auch zwei) noch den Reitstockmotor M_R (u. U. mehrere), mehrere Schlittenmotoren M_S, elektrische Ölpumpenantriebe $M_{\ddot{O}}$, u. U. elektrisch angetriebene Einspannvorrichtungen M_E und die Programmschaltuhr M_P.

Der elektrische Mehrmotorenantrieb erspart umständliche Konstruktionen für die Energiezufuhr, da der Elektromotor wegen der einfach zu verlegenden elektrischen Leitungen unmittelbar am Einsatzort eingebaut werden kann. Er ermöglicht somit formschöne, kompakte Arbeitsmaschinen sowie eine optimale Anpassung des Motors an seine Antriebsaufgaben, verbessert schließlich die Wirtschaftlichkeit und verlegt alle Steuerungsaufgaben in den elektrischen Anlagenteil, so daß automatisierte Fertigungen möglich werden.

1.11 Aufgaben der Antriebstechnik

Ein hochentwickelter Antrieb hat nach Bild 1.2 die Verbindung herzustellen zwischen dem Netz, das die e l e k t r i s c h e E n e r g i e liefert, und der Arbeitsmaschine, die m e c h a n i s c h e E n e r g i e verbraucht. Die Energieumwandlung findet im Elektromotor statt. Dieser E n e r g i e f l u ß wird in der Automatisierungstechnik durch einen S i g n a l f l u ß, d. i. die Messung und Steuerung der am Fertigungsprozeß beteiligten Größen, gesteuert oder geregelt. Die Antriebstechnik bedient sich dabei der S t e u e r u n g s t e c h n i k; sie muß u. U. auch die R e g e l u n g s t e c h n i k heranziehen, d. h., die Regelung wirkt mit der in der Arbeitsmaschine zu regelnden Größe auf das Stellglied des Motors zurück. Besonders wichtig ist stets die optimale A n p a s s u n g des Elektromotors und der zugehörigen Schaltglieder an die Bedingungen der anzutreibenden Arbeitsmaschine. Hierfür müssen natürlich die Betriebseigenschaften der Arbeitsmaschine genau bekannt sein.

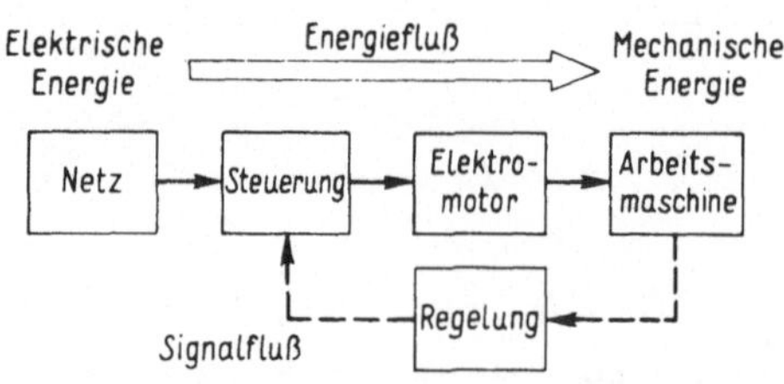

Bild **1.2** Blockschaltbild des elektrischen Antriebs

Es ist Aufgabe der Antriebstechnik, wirtschaftliche Fertigungen oder Transporte zu ermöglichen sowie dem Menschen unangenehme, zeitraubende oder zu schwere Tätigkeiten abzunehmen. Die Aufgaben, die der Arbeitsprozeß bestimmt, können daher sehr verschiedenartig sein. Am einfachsten zu behandeln ist eine konstant belastete und mit gleichbleibender Drehzahl laufende Maschine (Lüfter, Förderband, Pumpe). Zusätzliche Erwärmungsprobleme bringt ein häufig geschalteter oder umgesteuerter Antrieb (Hebezeug, Walzenstraße, Werkzeugmaschine), während eine nur zeitweilige Belastung (Kurzzeitbetrieb, Aussetzbetrieb) höhere Motorleistungen ermöglicht. Darüberhinaus erfordern Drehzahländerungen (z. B. bei Hebezeugen, Werkzeugmaschinen, Bahnen) einen besonderen technischen Aufwand.Noch aufwendigere Lösungen werden nötig, wenn Drehzahl, Bandzug oder andere Größen geregelt werden sollen (z. B. Walzwerksantrieb, Textil- und Papiermaschinen).

Diese unterschiedlichen Anforderungen bedingen verschiedenartige Elektromotoren mit L e i s t u n g e n von einigen mW (Uhr, Meßwerk) bis zu 50 MW (Pumpspeicherwerk) und D r e h z a h l e n von 1/1000 min^{-1}. (Noniusantrieb) bis zu 100 000 min^{-1} (Ultrazentrifugen). Hiernach richten sich auch F r e q u e n z und S p a n n u n g der eingesetzten Motoren. Die verwendeten Geräte müssen außerdem eine ausreichende L e b e n s d a u e r aufweisen; das Bedienungspersonal muß gegen Schäden jeder Art geschützt sein.

1.12 Äußere Betriebsbedingungen

Neben den in Abschn. 1.11 angedeuteten Bedingungen, die vom Antriebsproblem selbst herrühren, können auch noch äußere Gegebenheiten Forderungen an die Motorausführung stellen. Der Zusammenbau mit der Arbeitsmaschine verlangt z. B. bestimmte B a u f o r m e n (Fuß- oder Flanschbefestigung, waagerechte oder senkrechte Welle). Die Umgebung schreibt meist eine bestimmte S c h u t z - a r t (Berührungsschutz, Explosionsschutz), u. U. auch eine S o n d e r i s o l a - t i o n (z. B. gegen aggressive Gase oder für Tropen) vor. Gelegentlich ist es nötig, besonders g e r ä u s c h a r m e Motoren einzusetzen (z. B. Aufzug, Büro). Alle Anforderungen sind von entsprechend ausgebildeten Motoren zu erfüllen. Für Einzelheiten s. Abschn. 4.

1.2 Arbeitsmaschinen

Ohne Kenntnis der Anforderungen, die die Arbeitsmaschine aufgrund des Fertigungsverfahrens, also der Technologie, an den antreibenden Motor stellt, läßt sich kein Antrieb projektieren. Wir müssen daher zunächst die verschiedenen E i g e n - s c h a f t e n der Arbeitsmaschinen betrachten und versuchen, die Arbeitsmaschinen nach diesen Eigenschaften einzuordnen. So wollen wir zunächst die erforderliche A n t r i e b s l e i s t u n g bestimmen und anschließend verschiedene Arten des L a s t v e r h a l t e n s behandeln.

1.21 Antriebsleistung

Entscheidend für die Festlegung der Größe des Antriebsmotors ist der Bedarf der
Arbeitsmaschine an mechanischer Leistung. Diese Antriebsleistung läßt sich häufig
leicht mit den Gesetzen der Mechanik berechnen. Wir verweisen für die Ableitung
dieser Gesetze auf das Schrifttum [10, 29, 30, 45][1] und wiederholen hier nur die
wichtigsten Zusammenhänge. Wir behandeln zunächst die geradlinigen und die
Drehbewegungen und anschließend einige einfache Arbeitsmaschinen.

1.211 Geradlinige Bewegung. Soll eine Kraft F (Gewichtskraft G, Reibungs-
kraft, Luftwiderstand) bei der Geschwindigkeit v überwunden werden (z. B. in
Hebezeugen, Fahrzeugen, Werkzeugmaschinen), so muß hierfür die m e c h a -
n i s c h e L e i s t u n g

$$P_{mech} = vF \tag{1.1}$$

aufgebracht werden. Dabei gilt mit Masse m und Beschleunigung a ganz allgemein für die K r a f t

$$F = ma \tag{1.2}$$

Soll z. B. die Masse m entgegen der Fallbeschleunigung g angehoben werden,
so ist die K r a f t

$$F = mg \tag{1.3}$$

erforderlich (Bild 1.3). Meist hat die Arbeitsmaschine noch Verluste, die durch
den Wirkungsgrad η berücksichtigt werden können. Dann beträgt die erforderliche
A n t r i e b s l e i s t u n g

$$P_L = Fv/\eta \tag{1.4}$$

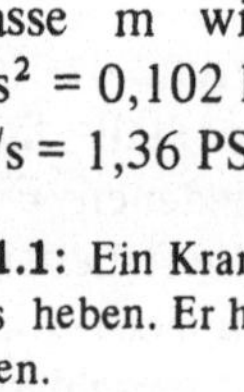

Bild 1.3 Geradlinige Bewegung (Gewichtskraft)

Die Masse m wird gemessen in Gramm (g), die Kraft F in Newton (1 N =
1 mkg/s² = 0,102 kp) und die mechanische Leistung P_L in Watt (W) (1 kW =
1 kNm/s = 1,36 PS = 102 kpm/s).

Beispiel 1.1: Ein Kran soll die Masse m = 900 kg (einschließlich Seil) mit der Geschwindigkeit
v = 2 m/s heben. Er hat den Wirkungsgrad η = 0,8. Die erforderliche Antriebsleistung ist zu
bestimmen.

---

1) Die Nummern [10, . . .] beziehen sich auf das Schrifttumsverzeichnis im Anhang.

Wenn die Masse m = 900 kg gehoben werden soll, ist die „Gewichtskraft" G = 900 kp bzw.
die Kraft F = mg = 900 kg · 9,81 m/s^2 = 8,83 kN zu überwinden. Nach Gl. (1.4) ist dann die
Antriebsleistung

$$P_L = Fv/\eta = 900 \text{ kp} \cdot 2\frac{m}{s}/0,8 = 2250 \text{ kpm/s}$$

oder $\quad P_L = 8,83 \text{ kN} \cdot 2\frac{m}{s}/0,8 = 22,05 \text{ kNm/s} = 22,05 \text{ kW}$

1.212 Drehbewegung. Der antreibende Motor hat das D r e h m o m e n t

$$M = Fr \tag{1.5}$$

auf die Arbeitsmaschine zu übertragen. Es kann als Umfangskraft F, die am Hebel-
arm r entsprechend Bild 1.4 angreift, aufgefaßt werden. Mit der W i n k e l g e -
s c h w i n d i g k e i t

$$\omega = 2\pi n \tag{1.6}$$

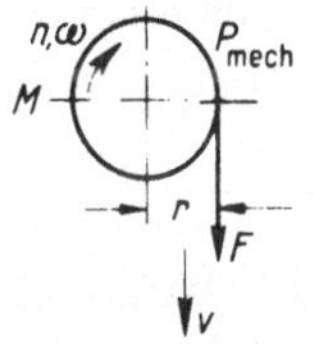

bzw. der Drehzahl n herrscht am Halbmesser r somit die
Umfangsgeschwindigkeit

$$v = \omega r \vert = 2\pi nr \tag{1.7}$$

Bild 1.4 Drehbewegung

und es wird die m e c h a n i s c h e   L e i s t u n g

$$P_{mech} = vF = \omega M = 2\pi nM \tag{1.8}$$

Wenn das Drehmoment M nicht unmittelbar an der Motorwelle wirkt, ist noch
der Wirkungsgrad η (bzw. nach Abschn. 1.214 das Drehzahlverhältnis) zu berücksichtigen, und man benötigt die A n t r i e b s l e i s t u n g

$$P_L = \omega M/\eta = 2\pi nM/\eta \tag{1.9}$$

Das Drehmoment M wird heute in Nm (1 Nm = 1 J = 1 Ws = 0,102 kpm) gemessen. Es ist dann zweckmäßig, die Drehzahl n in s^{-1} anzugeben oder stets mit der
Winkelgeschwindigkeit ω zu rechnen.

Häufig wird noch mit der Drehzahl n in min^{-1}, dem Drehmoment M in kpm
und der Leistung P_{mech} in kW oder PS gearbeitet. Dann gelten die Z a h l e n -
w e r t g l e i c h u n g e n

$$P_{mech} = nM/974 \quad \text{in kW} \tag{1.10}$$

und $\quad P_{mech} = nM/716 \quad \text{in PS}$ $\tag{1.11}$

Beispiel 1.2: Ein Lüfter benötigt die Nenn-Antriebsleistung P_{LN} = 5 kW bei der Nenndrehzahl
n_N = 1440 min^{-1}. Gesucht ist das Nennmoment.

Die Drehzahl läßt sich umrechnen in n_N = 1440 min^{-1}/(60 s min^{-1}) = 24 s^{-1}. Nach Gl. (1.8)
beträgt dann das Nennmoment

$$M_N = \frac{P_{LN}}{2\pi n_N} = \frac{5\ kW}{2\pi \cdot 24\ s^{-1}} = 33{,}2\ Ws = 33{,}2\ Nm = 3{,}385\ kpm$$

Beispiel 1.3: Eine Pumpe belastet bei der Drehzahl $n = 1450\ min^{-1}$ den Antriebsmotor mit dem Drehmoment $M_L = 20\ kpm$. Gesucht ist die Antriebsleistung.

Wir benutzen die Zahlenwertgleichung (1.10) und erhalten

$$P_L = \frac{M_L n}{974} = \frac{20 \cdot 1450}{974} = 29{,}8 \quad in\ kW$$

1.213 Umrechnung von geradliniger Bewegung in Drehbewegung. Hebezeuge, Förderantriebe und Fahrwerke haben sowohl geradlinig bewegte als auch drehende Teile. Zur Vereinfachung der Rechnung faßt man häufig diese Bewegungen zu einer Bewegungsart zusammen. I. allg. wird es dann sinnvoll sein, alle Größen auf den Antriebsmotor zu beziehen, die geradlinige Bewegung also in die Drehbewegung umzurechnen. Da sich hierbei die mechanische Leistung nicht ändern darf, erhält man aus Gl. (1.8) das erforderliche D r e h m o m e n t

$$M = vF/\omega = vF/(2\pi n) \tag{1.12}$$

Der Wirkungsgrad η wird in diesem Fall meist durch entsprechende Vergrößerung der Kraft F oder zum Schluß der Berechnung durch einen Zuschlag berücksichtigt.

Beispiel 1.4: Bei dem in Beisp. 1.1 behandelten Kran, dessen Seiltrommel mit der Drehzahl $n = 50\ min^{-1}$ umläuft, wird die Last $G = 900\ kp$ mit der Geschwindigkeit $v = 2\ m/s$ gehoben. Welches Drehmoment tritt dann an der Seiltrommel auf, und wie groß ist ihr Durchmesser?

Nach Gl. (1.6) beträgt die Winkelgeschwindigkeit

$$\omega = 2\pi n = 2\pi \cdot 50\ min^{-1} = 314\ min^{-1} = 5{,}24\ s^{-1}$$

so daß nach Gl. (1.12) an der Seiltrommel das Drehmoment

$$M = vG/\omega = 2\ \frac{m}{s} \cdot 900\ kp/5{,}24\ s^{-1} = 344\ kpm = 3{,}37\ kNm$$

auftritt. Über Gl. (1.7) erhält man den Trommeldurchmesser

$$d = 2r = 2v/\omega = 2 \cdot 2\ \frac{m}{s}/5{,}24\ s^{-1} = 0{,}763\ m$$

1.214 Umrechnung des Drehmoments auf andere Drehzahlen. In Antrieben, die Getriebe aufweisen, gehören zu den verschiedenen Wellen auch unterschiedliche Drehzahlen n' und Drehmomente M'. Auch hier ist es wieder sinnvoll, die Drehmomente unter Beibehaltung der mechanischen Leistung $P_{mech} = \omega M = \omega' M'$ auf die Motor-Winkelgeschwindigkeit ω umzurechnen. Es gilt dann für das auf die Motorwelle umgerechnete Drehmoment

$$\mathbf{M = M'\omega'/\omega = M'n'/n} \tag{1.13}$$

Somit wird das Drehmoment bei größerer Drehzahl kleiner und umgekehrt.

Beispiel 1.5: Die in Beisp. 1.4 betrachtete Seiltrommel wird über ein Getriebe mit dem Wirkungsgrad $\eta = 0{,}8$ durch einen Motor mit der Nenndrehzahl $n_N = 1400 \text{ min}^{-1}$ (also $\omega_N = 146{,}5 \text{ s}^{-1}$) angetrieben. Welches Nenndrehmoment wird von dem Motor gefordert, und für welche Nennleistung muß er bemessen sein?

Beispiel 1.4 ergibt das Drehmoment $M' = 3{,}37 \text{ kWs}$ bei der Drehzahl $n' = 50 \text{ min}^{-1}$. Nach Gl.(1.13) muß dann unter Berücksichtigung des Getriebewirkungsgrades das Motor-Nennmoment betragen

$$M_N = \frac{M'n'}{\eta n_N} = \frac{3{,}37 \text{ kWs} \cdot 50 \text{ min}^{-1}}{0{,}8 \cdot 1400 \text{ min}^{-1}} = 150{,}5 \text{ Ws} = 15{,}35 \text{ kpm}$$

Das ergibt die Nennleistungsabgabe

$$P_{2N} = P_{mech} = M_N \omega_N = 150{,}5 \text{ Ws} \cdot 146{,}5 \text{ s}^{-1} = 22{,}05 \text{ kW}$$

1.22 Antriebsleistung einiger Arbeitsmaschinen

Die Anwendung der in Abschn. 1.21 dargestellten mechanischen Grundgesetze auf bestimmte Arbeitsmaschinen macht gelegentlich Schwierigkeiten. Daher soll hier noch für einige häufiger vorkommende Arten von Arbeitsmaschinen die Bestimmung der bei stationärem Betrieb erforderlichen Antriebsleistung gezeigt werden. Für eingehendere Betrachtungen verweisen wir auf die weiterführenden Bücher [1, 10, 11, 23, 29, 30, 32, 33, 36, 44, 47, 57, 60, 64, 66, 69, 70, 72, 79, 80]. In jedem Fall ist es jedoch zu empfehlen, das Ergebnis der Berechnung und die zugrunde gelegten Kennwerte m i t a u s g e f ü h r t e n A n l a g e n z u v e r g l e i c h e n.

1.221 Lüfter. Mit dem Luftstrom Φ, dem Gesamtdruck

$$p_g = p_s + p_d \tag{1.14}$$

als Summe von statischem Druck p_s und dynamischem Druck p_d, und dem Lüfterwirkungsgrad η gilt allgemein für den L e i s t u n g s b e d a r f von Lüftern

$$P_L = \Phi p_g / \eta \tag{1.15}$$

Mit dem statischen Druck p_s muß der Lüfter die Widerstände der Luftführung überwinden. In Rohrleitungen ergibt sich z. B. mit der Reibungszahl λ, der Rohrlänge l, dem Rohr-Innendurchmesser d, der Luftdichte ρ, der Fallbeschleunigung g und der Luftgeschwindigkeit v infolge R e i b u n g der statische Druck

$$p_s = \lambda \frac{1}{d} \cdot \frac{\rho}{2} v^2 \tag{1.16}$$

Außerdem sind noch die Druckverluste in Rohrkrümmern, Filtern, Kühlern oder Luftklappen infolge Umlenkung oder Querschnittseinengung zu berücksichtigen [10, 11, 30, 47]. Für den dynamischen Druck, d. i. die Geschwindigkeitsenergie der bewegten Luft je Luftmengeneinheit, gilt

$$p_d = \rho v^2/2 \tag{1.17}$$

und für den Wirkungsgrad enthält Bild 1.5 Richtwerte. Für weitere Einzelheiten zu Luftwechselzahlen, Kühlluftbedarf, Luftwiderstand, Lüftergeräusch usw. siehe [11, 66].

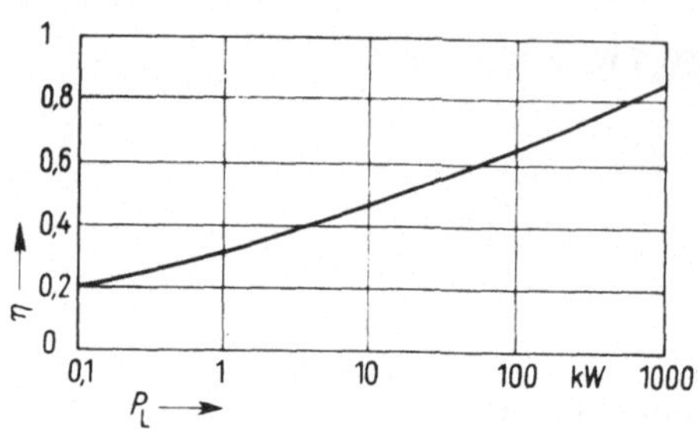

Bild **1.5** Richtwerte für Lüfterwirkungsgrad η in Abhängigkeit von der Antriebsleistung P_L

Bild **1.6** Mittlere Kennlinien von Verdichtern. Druck p (– – –) und Antriebsleistung P_L (——) als Funktion des Luftstroms Φ für Niederdruck- (1), Mitteldruck- (2) und Hochdruckverdichter (3)

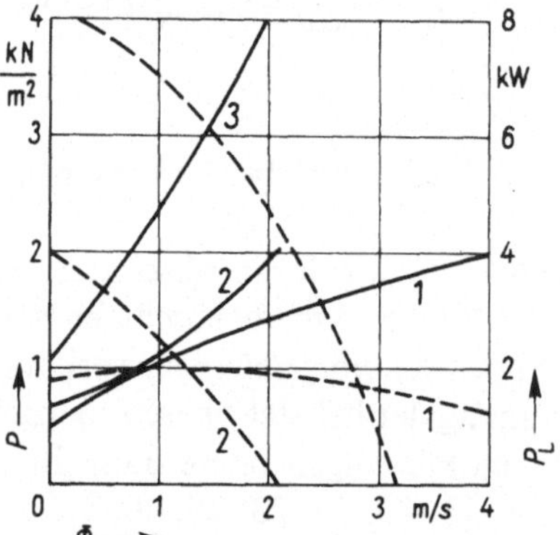

Daneben ist zu berücksichtigen, daß sich bei den verschiedenen Verdichtern Druck p und Antriebsleistung P_L unterschiedlich mit dem Luftstrom Φ ändern. Bild 1.6 zeigt einige mittlere Kennlinien.

Beispiel 1.6: Ein Lüfter soll bei 20 °C und normalem Luftdruck von 760 mm QS (also der Luftdichte $\rho = 1{,}293$ kg/m^3) den Luftstrom $\Phi = 4$ m^3/s durch eine Rohrleitung ($\lambda = 0{,}013$) mit der Länge l = 20 m und dem Innendurchmesser d = 0,65 m pressen. Für jeden der im Leitungszug liegenden 2 Krümmer dürfen wir den statischen Druck $p_{sK} = 1{,}1$ mm WS = 10,8 N/m^2 einsetzen. Die erforderliche Antriebsleistung ist zu bestimmen.

Mit dem Rohrquerschnitt A = $d^2\pi/4$ = 0,65^2 m$^2\pi/4$ = 0,332 m^2 erhält man die Luftgeschwindigkeit v = Φ/A = (4 m^3/s)/0,332 m^2 = 12,05 m/s. Dann betragen nach Gl. (1.17) mit 1 mm WS = 9,81 N/m^2 (s. Anhang) der dynamische Druck

$$p_d = 0{,}5\rho v^2 = 0{,}5 \cdot 1{,}293\,\frac{kg}{m^3}\,12{,}05^2\,\frac{m^2}{s^2} = 94{,}2\,\frac{N}{m^2} = 9{,}6 \text{ mm WS}$$

und nach Gl. (1.16) der statische Druckverlust im Rohr

$$p_{sR} = \lambda\,\frac{l}{d}\cdot\frac{\rho}{2}\,v^2 = 0{,}013 \cdot \frac{20\text{ m}\cdot}{0{,}65\text{ m}}\cdot 94{,}0\,\frac{N}{m^2} = 37{,}6\,\frac{N}{m^2} = 3{,}84 \text{ mm WS}$$

so daß insgesamt aufzubringen sind nach Gl. (1.14)

$$p_g = p_d + p_{sR} + p_{sK} = (94{,}2 + 37{,}6 + 2 \cdot 10{,}8)\,\frac{N}{m^2} = 153{,}4\,\frac{N}{m^2}$$

Wir schätzen mit Bild **1.**5 den Wirkungsgrad $\eta = 0{,}3$ und erhalten so nach Gl. (1.15) mit 1 W = 1 Nm/s den Leistungsbedarf

$$P_L = \Phi\, p_g/\eta = 4\ \frac{m^3}{s} \cdot 153{,}4\ \frac{N}{m^2}/0{,}3 = 2045\ \frac{Nm}{s} = 2045\ W$$

1.222 Pumpen. Luft- und Flüssigkeitsströmung lassen sich grundsätzlich gleich behandeln. Daher dürfen auch alle in Abschn. 1.221 angegebenen Gleichungen auf die Flüssigkeitsströmung übertragen werden. Es ist lediglich zu beachten, daß die Wirkungsgrade von Kolbenpumpen mit $\eta = 0{,}8$ bis $0{,}95$ meist erheblich besser sind als die von Kreiselpumpen ($\eta = 0{,}5$ bis $0{,}85$), daß aber wegen des großen Einflusses der Stopfbuchsenreibung die Antriebsleistung um den Sicherheitsfaktor $k_S = 1{,}1$ bis $1{,}5$ (die größeren Werte für kleine Pumpen) größer gewählt wird. Daher gilt für die A n t r i e b s l e i s t u n g

$$P_L = k_S\, \Phi p_g/\eta \tag{1.18}$$

Beispiel 1.7: Der Wasserstrom $\Phi = 240$ l/min $= 0{,}004$ m³/s soll durch eine Kreiselpumpe auf die Höhe h = 23 m gepumpt werden (für Wasser ist die Dichte $\rho = 1{,}0 \cdot 10^3$ kg/m³). Die Rohrleitung mit der Reibungszahl $\lambda = 0{,}027$ weist bei der Länge von 70 m und dem Durchmesser d = 0,05 m ein Ventil und 2 Rohrbogen auf. Letztere wirken sich nach [66] wie eine Rohrverlängerung um 23 m auf insgesamt l = 93 m aus. Die erforderliche Antriebsleistung ist zu berechnen.

Mit dem Rohrquerschnitt $A = d^2\pi/4 = 0{,}05^2$ m²$\pi/4 = 0{,}00196$ m² ergibt sich die Fördergeschwindigkeit $v = \Phi/A = (0{,}004$ m³/s$)/0{,}00196$ m² $= 2{,}04$ m/s. Somit erhält man mit 1 mm WS $= 9{,}81$ N/m² nach Gl. (1.17) den dynamischen Druck

$$p_d = 0{,}5\rho v^2 = 0{,}5 \cdot 1{,}0 \cdot 10^3\ \frac{kg}{m^3} \cdot 2{,}04^2\ \frac{m^2}{s^2} = 2{,}08 \cdot 10^3\ \frac{N}{m^2} = 0{,}212\ m\ WS$$

und nach Gl. (1.16) den statischen Druckabfall im Rohr

$$p_{sR} = \lambda\, \frac{1}{d}\frac{\rho}{2}\, v^2 = 0{,}0027\ \frac{93\ m}{0{,}05\ m} \cdot 2{,}08 \cdot 10^3\ \frac{N}{m^2} = 104{,}5 \cdot 10^3\ \frac{N}{m^2} = 10{,}66\ m\ WS$$

Es sind also insgesamt zu überwinden

$$p_g = p_d + p_{sR} + h = (0{,}21 + 10{,}66 + 23)\ m\ WS = 33{,}87\ m\ WS = 332 \cdot 10^3\ N/m^2$$

und wir erhalten unter Annahme des Wirkungsgrades $\eta = 0{,}6$ und des Sicherheitsfaktors N/m² die erforderliche Antriebsleistung

$$P_L = k_S\Phi p_g/\eta = 1{,}5 \cdot 0{,}004\ \frac{m^3}{s} \cdot 332 \cdot 10^3\ \frac{N}{m^2}/0{,}6 = 3320\ \frac{Nm}{s} = 3{,}32\ kW$$

1.223 Hebezeuge. Für die H u b l e i s t u n g gilt mit der zu hebenden Masse m, der Lastgeschwindigkeit v, der Fallbeschleunigung g und dem Getriebewirkungsgrad η (bei Stirnrädern ist etwa mit $\eta = 0{,}8$, bei Schneckenrädern mit $\eta \lessgtr 0{,}4$

zu rechnen) entsprechend Abschn. 1.211

$$P_L = mgv/\eta \tag{1.19}$$

Beim K r a n kommt noch die F a h r w e r k s l e i s t u n g hinzu, die für die rollende Reibung am Laufrad (einschließlich Spurkranz), die gleitende Reibung der Laufradachsen und die Reibung im Getriebe aufzubringen ist. Meist rechnet man bei der Gesamtmasse m_g mit dem relativen Fahrwiderstand $F_F/m_g = 200$ bis 350 N/Mg (also etwa 20 bis 35 kp/t) und erhält dann über den Getriebewirkungsgrad η die Antriebsleistung

$$P_L = F_F v/\eta \tag{1.20}$$

Beispiel 1.8: Eine Fahrtreppe soll je Stunde n = 10 000 Personen mit der mittleren Masse m = 75 kg auf die Höhe h = 5 m befördern. Der Wirkungsgrad der Fahrtreppe sei $\eta = 0,6$. Die erforderliche Antriebsleistung ist zu bestimmen.

Entsprechend Gl. (1.19) sind bei g = 9,81 m/s^2 aufzubringen

$$P_L = \frac{mghn/t}{\eta} = \frac{75\ \text{kg} \cdot 9,81\ \frac{m}{s^2} \cdot 5\ m \cdot 10\ 000\ h^{-1}}{0,6} = 61,3 \cdot 10^6\ \frac{\text{kgm}^2}{s^2\,h} =$$

$$= 17,0 \cdot 10^3\ \frac{\text{Nm}}{s} = 17,0\ \text{kW}$$

Beispiel 1.9: Der in Beisp. 1.1 betrachtete Kran hat ein Fahrwerk mit der Masse $m_F = 500$ kg, so daß bei Vollast die Gesamtmasse $m_g = 1,4$ Mg mit der Fahrgeschwindigkeit v = 3 m/s zu bewegen ist. Als Getriebewirkungsgrad darf wieder $\eta = 0,8$ eingesetzt werden. Die Fahrwerksleistung ist zu berechnen.

Mit $F_F/m_g = 250$ N/Mg beträgt der Fahrwiderstand $F_F = 1,4$ Mg $\cdot$ 250 N/Mg = 350 N, und man benötigt die Fahrwerksleistung

$$P_L = F_F v/\eta = 350\ \text{N} \cdot 3\ \frac{m}{s}/0,8 = 1,31\ \text{kW}$$

1.224 Spanabhebende Werkzeugmaschinen. Zur Anwendung von Gl. (1.4) ist hier die S c h n i t t k r a f t

$$F = k_s \sigma_z A \tag{1.21}$$

mit dem Schnittfaktor $k_s = 3$ bis 5, der Zugfestigkeit σ_z und dem Spanquerschnitt A sowie die Schnittgeschwindigkeit v einzusetzen. Unter Annahme des Wirkungsgrades η, der hauptsächlich von dem gewählten Getriebe abhängt, kann dann mit Gl. (1.4) die Antriebsleistung für das Drehen, Fräsen und Hobeln berechnet werden.

Beispiel 1.10: Eine Drehmaschine soll den Spanquerschnitt A = 8 mm^2 mit der Schnittgeschwindigkeit v = 25 m/min = 0,417 m/s von einem Werkstück aus Stahl mit der Zugfestigkeit $\sigma_z = 60$ kp/mm^2 = 589 N/mm^2 abdrehen. Die erforderliche Antriebsleistung ist unter Annahme des Wirkungsgrades $\eta = 0,7$ zu bestimmen.

Die Schnittkraft beträgt mit dem Schnittkraftfaktor $k_s = 4$ (mittlerer Wert)

$$F = k_s \sigma_z A = 4 \cdot 589 \ \frac{N}{mm^2} \cdot 8 \ mm^2 = 18,8 \ kN$$

Daher ist die Antriebsleistung

$$P_L = Fv/\eta = 18,8 \ kN \cdot 0,417 \ \frac{m}{s}/0,7 = 11,22 \ kW$$

1.225 Walzenstraßen. Beim Walzen, einem wichtigen spanlosen Verformungsvorgang, benötigt man insbesondere V e r f o r m u n g s a r b e i t, die sich mit

$$W = R_W V \ln (A_0/A) \tag{1.22}$$

aus dem Verformungswiderstand R_W, dem Volumen V des zu verformenden Walzguts und dem natürlichen Logarithmus ln des Verhältnisses seiner Querschnitte A_0 vor bzw. A nach dem Walzen errechnen läßt. So benötigen z. B. Blechwalzwerke bei 10- bis 12facher Streckung und Speisung über Stromrichter etwa 15 bis 19, Fertigwalzwerke für mittlere Profile 50 bis 65, Drahtwalzwerke 100 bis 130 und Kaltbandwalzwerke etwa 180 kWh Drehstromarbeit je t Stahl. Weitere Einzelheiten s. [10, 30].

1.226 Fahrzeuge. Für den stationären Betrieb von Fahrzeugen ist wieder Gl. (1.4) anzuwenden, wobei bei den L a n d f a h r z e u g e n die Z u g k r a f t

$$F = F_L + F_S + F_K \tag{1.23}$$

einzusetzen ist. Dabei gilt mit dem Roll- und Reibungsbeiwert der Achsen c_A, dem Reibungsbeiwert des Antriebs c_T, dem Luftreibungsbeiwert des Spitzenfahrzeugs c_S, dem Luftreibungsbeiwert der Folgefahrzeuge c_F, der Laufachsmasse m_L, der Treibachsmasse m_T, der Anzahl der Folgefahrzeuge n, der Stirnfläche des Spitzenfahrzeugs A und der Fahrgeschwindigkeit v für den L a u f w i d e r s t a n d

$$F_L = c_A m_L + (c_A + c_T) m_T + (c_S + c_F n) \frac{A}{2} v^2 \tag{1.24}$$

mit der Steigung s und der Zugmasse m_Z für den S t e i g u n g s w i d e r s t a n d

$$F_S = s m_Z \tag{1.25}$$

und mit dem Laufkreisabstand a_L, dem Mittelwert aller festen Achsabstände a_{mi}, dem Laufbogenhalbmesser r (alles in m) und der Zugmasse m_Z in Mg für den K r ü m m u n g s w i d e r s t a n d die Zahlenwertgleichung

$$F_K = m_Z (1500 a_L + 981 a_{mi})/r \ \text{in} \ N \tag{1.26}$$

Für weitere Einzelheiten s. [43, 44, 66].

1.23 Lastkennlinien

Nur in Ausnahmefällen werden die in Abschn. 1.21 und 1.22 berechneten Antriebsleistungen dauernd dem antreibenden Motor abverlangt. Es wird sich vielmehr i. allg. die Antriebsleistung abhängig von dem zu betrachtenden Arbeitsablauf mit Drehzahl und Zeit oder abhängig von anderen Größen ändern. Diese Abhängigkeiten sollen jetzt näher untersucht werden.

1.231 Drehzahlabhängige Last. Wir unterscheiden die folgenden vier Arten von mathematisch einfach erfaßbaren Lastkennlinien (Bild 1.7), wobei wir Einflüsse, die dieses idealisierte Verhalten verändern, zunächst vernachlässigen. In Bild 1.7 (und folgenden) sind jeweils die auf die Nennwerte bezogenen Größen $M_{Lr} = M_L/M_{LN}$, $P_{Lr} = P_L/P_{LN}$ und $n_r = n/n_N = \omega_r = \omega/\omega_N$ dargestellt.

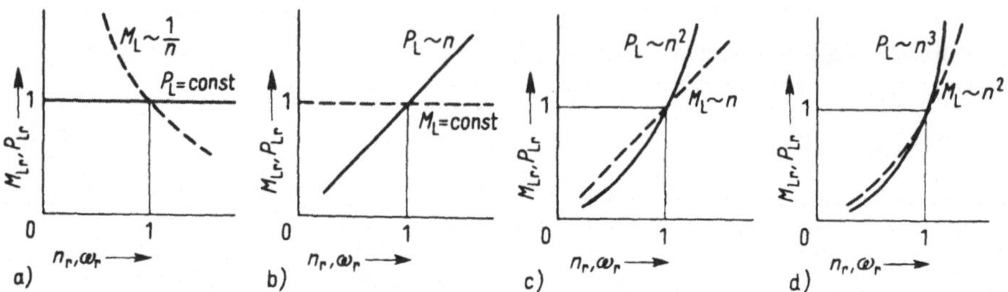

Bild 1.7 Lastkennlinien von Arbeitsmaschinen
   a) konstante Antriebsleistung P_L c) linear ansteigendes Lastmoment $M_L \sim n$
   b) konstantes Lastmoment M_L d) quadratisch ansteigendes Lastmoment $M_L \sim n^2$

Konstante Antriebsleistung. P l a n d r e h m a s c h i n e n und R u n d s c h ä l - m a s c h i n e n verlangen für einen optimalen Betrieb bestimmte konstante Werte für Schnittkraft F und Schnittgeschwindigkeit v, die von den Werkstoffen des zu bearbeitenden Werkstücks abhängen. Dann muß auch die erforderliche Antriebsleistung $P_L = Fv = \omega M$ konstant sein, und es ist die Winkelgeschwindigkeit $\omega = v/r$ entsprechend dem Drehhalbmesser r einzustellen. Für das L a s t m o - m e n t gilt daher nach Bild 1.7a

$$M_L = P_L/\omega \sim 1/n \sim r \tag{1.27}$$

Gleiche Verhältnisse liegen bei A u f w i c k e l m a s c h i n e n und anderen H a s p e l n vor, wenn ein Wickelgut (Bandblech, Papierbahn, Textilband, Tonband) mit gleichbleibendem Bandzug F und konstanter Transportgeschwindigkeit v durch Antrieb der Haspelachse (Achswickler[1]) aufgewickelt werden soll. Größter und kleinster Radius bestimmen in diesen Fällen untere und obere Drehzahl.

Konstantes Lastmoment. Bei H e b e z e u g e n, A u f z ü g e n und W i n d e n wird das aufzubringende Drehmoment $M_L = F r$ allein durch die Kraft $F = m g$ über die zu hebende Masse m und durch den Aufwickelhalbmesser r bestimmt. Es ist also von der Drehzahl unabhängig, während die Antriebsleistung

$$P_L = \omega M \sim n \tag{1.28}$$

linear mit der Drehzahl wachsen muß (Bild 1.7b). Gleiches gilt für die anderen Arbeitsmaschinen mit reiner Hub-, Reibungs- und Formänderungsarbeit, also für

---

1) Beim Umlaufwickler mit Band- oder Tragwalzenantrieb erfolgt der Antrieb vom Umfang her mit gleichbleibenden Werten für Drehzahl, Lastmoment und Antriebsleistung.

die mittlere Last von K o l b e n p u m p e n und - v e r d i c h t e r n, für Z a h n -
r a d p u m p e n, K a p s e l g e b l ä s e mit gleichbleibendem Gegendruck, L a -
g e r, G e t r i e b e und ähnliches, M ü h l e n, F l i e ß b ä n d e r, W a l z w e r -
k e sowie spanabhebende Werkzeugmaschinen mit konstanter Schnittkraft und
konstantem Drehdurchmesser, also L a n g d r e h m a s c h i n e n, H o b e l -
m a s c h i n e n bei konstantem Spanquerschnitt und beliebiger Schnittgeschwindigkeit und V o r s c h u b a n t r i e b e für drehende Schnittbewegung.

Linear ansteigendes Lastmoment. Ein mit der Drehzahl 'n linear ansteigendes
L a s t m o m e n t

$$M_L \sim n \sim \omega \qquad\qquad (1.29)$$

und eine somit quadratisch wachsende A n t r i e b s l e i s t u n g

$$P_L = \omega M_L \sim \omega^2 \sim n^2 \qquad\qquad (1.30)$$

verlangen nur wenige Arbeitsmaschinen. Zu nennen sind hier Maschinen mit geschwindigkeitsproportionaler Reibung (Viskosereibung), also z. B. K a l a n d e r,
das sind Walzen zum Bearbeiten von Papier-, Textil- oder Gummivliesen, und die
zum Messen oder Bremsen eingesetzten elektrischen W i r b e l s t r o m b r e m -
s e n (im unteren Drehzahlbereich − s. Abschn. 3.123) sowie der konstant erregte
Gleichstromgenerator mit konstantem Belastungswiderstand.

Quadratisch ansteigendes Lastmoment. Wenn Luft- oder Flüssigkeitswiderstände
zu überwinden sind, muß das L a s t m o m e n t

$$M_L \sim n^2 \sim \omega^2 \qquad\qquad (1.31)$$

quadratisch und die A n t r i e b s l e i s t u n g

$$P_L = \omega M_L \sim \omega^3 \sim n^3 \qquad\qquad (1.32)$$

sogar kubisch mit der Drehzahl steigen. Als Beispiele für diese Art von Arbeitsmaschinen seien genannt: L ü f t e r aller Art, P r o p e l l e r (auch S c h i f f s -
s c h r a u b e n), K r e i s e l p u m p e n und - v e r d i c h t e r, Z e n t r i f u -
g e n, R ü h r w e r k e, Luftwiderstand von F a h r z e u g e n (s. Abschn. 1.226)
und auch F ö r d e r a n l a g e n bei hohen Geschwindigkeiten.

Häufig sind die in Bild 1.7 dargestellten Kennlinien nicht in dieser reinen Form
vorhanden. Meist kommt z. B. noch ein weitgehend drehzahlunabhängiges Reibungsmoment hinzu, das aber wegen der größeren Stillstandsreibung auch die
Ursache für ein großes „L o s b r e c h m o m e n t" sein kann, so daß das Anzugsmoment des antreibenden Motors entsprechend ausreichend bemessen sein
muß. Das Losbrechmoment liegt meist etwa 20 bis 30 % über dem normalen Lastmoment, kann aber auch nach einigen Tagen Stillstand rund 50 % oder z. B. beim
Zementdrehofen sogar 150 % sowie bei mit G l e i t l a g e r n versehenen Papier-

maschinen 100 bis 300 % darüber liegen. Bei Großmaschinen gibt man daher vor dem Anlauf häufig Preßöl zwischen Welle und untere Lagerschale, um so die Lagerreibung auch schon im Stillstand klein zu halten.

Bei Pumpen und Verdichtern hängt die Lastkennlinie wesentlich davon ab, ob die Maschine entlastet hochläuft oder nicht. So beträgt z. B. bei einem Schubkolbenverdichter das Lastmoment bei Anlauf gegen den Betriebsdruck das 1,5- bis 1,7-fache des Nennmoments. Weitere Beispiele zeigt Bild 1.8.

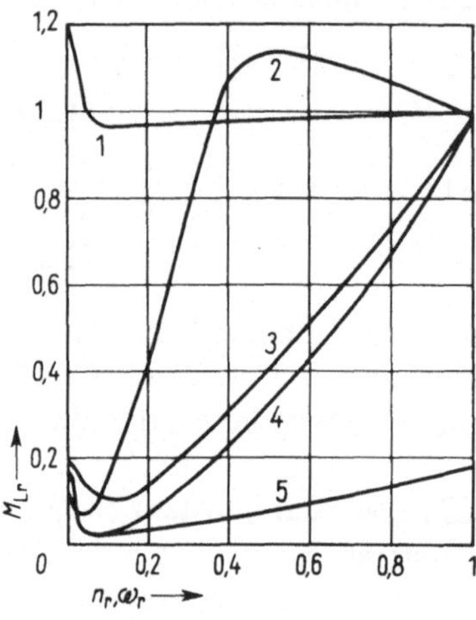

Bild 1.8 Beispiele für praktisch vorkommende Lastkennlinien
1   Hebezeug mit Reibung
2   Umlaufkolben-Verdichter mit Anlauf gegen Betriebsdruck
3   Schlägermühle
4   Kreiselpumpe oder -verdichter mit Anlauf gegen Betriebsdruck
5   wie 4, jedoch Entlastung durch Drosselung

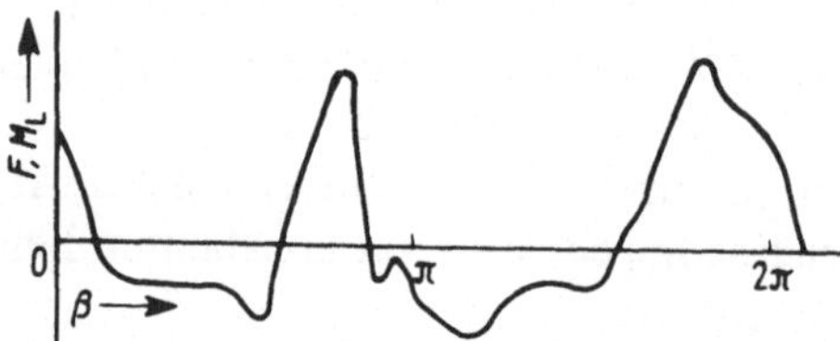

Bild 1.9 Drehkraftdiagramm eines Kolbenverdichters

1.232 Winkelabhängiges Lastmoment. Bei Kolbenverdichtern ändert sich mit dem Hub die Kolbenkraft, und außerdem tragen die bei der Hin- und Herbewegung des Kolbens zu beschleunigenden oder zu verzögernden Massen zu einem vom Drehwinkel β abhängigen Lastmoment M_L bei, das mit einem D r e h - k r a f t d i a g r a m m nach Bild 1.9 dargestellt werden kann. Da die Beschleunigungskräfte bei konstanter Drehzahl gleich bleiben, die übrigen Kolbenkräfte aber lastabhängig sind, können diese Drehkraftdiagramme für Vollast und Teillast erhebliche Unterschiede aufweisen. Die größeren Schwankungen zeigt die Teillast.

Mit der Schwankung des Lastmoments ist auch eine ungleichförmige Drehbewegung verbunden. Sie wird meist mit ω_{min} als kleinster und ω_{max} als größter Winkelgeschwindigkeit durch den U n g l e i c h f ö r m i g k e i t s g r a d

$$\delta = 2\,\frac{\omega_{max} - \omega_{min}}{\omega_{max} + \omega_{min}} \sim \frac{1}{J} \tag{1.33}$$

der dem Trägheitsmoment J der drehenden Massen umgekehrt proportional ist, gekennzeichnet.

Als Folge der Schwankung des Lastmoments entnimmt auch der Antriebsmotor dem Netz eine pulsierende Leistung. Da sich hierdurch bei größeren Motoren unangenehme Rückwirkungen auf das Netz (z. B. Flimmern von Glühlampen und Fernsehgeräten) ergeben können, muß in diesen Fällen die Leistungsschwankung berechnet werden. Sie hängt auch von der gewählten Motorart ab. Für Einzelheiten s. [5, 34, 39, 59, 66].

Um möglichst niedrige Leistungsschwankungen zu erzielen, soll die Grundfrequenz des Drehkraftdiagramms nicht in der Nähe der mechanischen Eigenfrequenz des Antriebs liegen. Beim Parallelbetrieb mehrerer Kolbenverdichter sollen aus den gleichen Gründen gleichphasige Kolbenbewegungen vermieden werden. Asynchronmotoren verhindern zwar wegen ihres unterschiedlichen Schlupfes solche dauernden gleichphasigen Bewegungen; sie zeigen dafür aber Schwebungen, die ebenso gefährlich sind. Hier muß man dann durch entsprechendes Trägheitsmoment und erhöhten Schlupf für geringe Leistungsschwankungen sorgen.

Ähnlich winkelabhängige Lastmomente zeigen auch S t a n z e n , K u r b e l p r e s s e n , M e t a l l s c h e r e n , S c h n e i d e m a s c h i n e n und S c h l ä g e r m ü h l e n . Sie werden meist mit S c h w u n g r ä d e r n zur Verminderung der Leistungsschwankungen im Netz versehen (s. Abschn. 2.24).

1. 233 Wegabhängiges Lastmoment. Bei den elektromotorisch angetriebenen F a h r z e u g e n muß sich das aufzubringende Antriebsmoment wegabhängig ändern. Es sind zunächst Anfahr-Zugkräfte aufzubringen, die größer sind als die für Beharrungsfahrt erforderliche Zugkraft, und auch bei Steigungen oder Talfahrten und in Krümmungen sind wieder andere Zugkräfte erforderlich, die meist in Fahrdiagrammen veranschaulicht werden. Auch F ö r d e r m a s c h i n e n ohne Seilausgleich und S c h r ä g a u f z ü g e zeigen dieses Verhalten. Für weitere Einzelheiten s. [39, 44, 69, 72].

1.234 Zeitabhängiges Lastmoment. Nur wenige Antriebe werden im Dauerbetrieb belastet. Schon das in Abschn. 1.233 betrachtete wegabhängige Lastverhalten ist auch als Zeitabhängigkeit aufzufassen. Daneben stellen viele Arbeitsprozesse eine periodisch zeitabhängige Belastung dar, so z. B. das W a l z e n nach einem Stichplan, das Bearbeiten von Werkstücken auf den verschiedenen, u. U. a u t o m a t i s c h g e s t e u e r t e n W e r k z e u g m a s c h i n e n oder das S t a n z e n von Blechen. Bild 1.10 zeigt als Beispiel den Verlauf von Lastmoment M_L, Motormoment M und Drehzahl n einer Z e n t r i f u g e mit den Zeiten für Anlauf t_{an}, Betrieb t_b, Bremsen t_{Br} und Pause t_p. Es ergibt sich also ein Arbeitsspiel mit bestimmter Spieldauer t_s. Unregelmäßige zeitabhängige Belastungen findet man bei allen H e b e z e u g e n und vielen F ö r d e r a n l a g e n , bei S t e i n b r e c h e r n und K u g e l m ü h l e n sowie bei fast allen von Hand gesteuerten Fertigungsvorgängen.

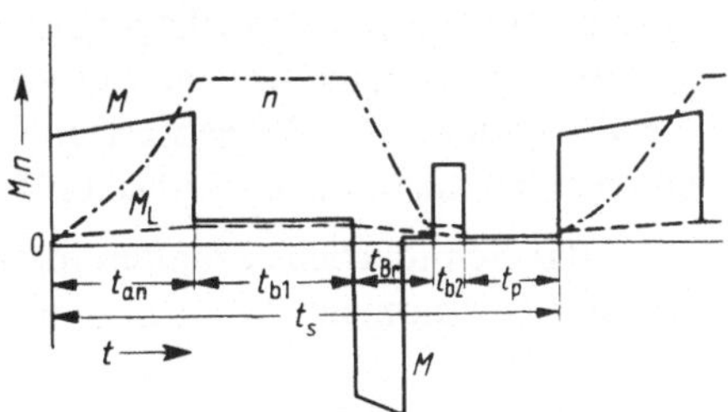

Bild 1.10 Arbeitsspiel einer Zentrifuge mit zeitlichem Verlauf von Lastmoment M_L, Motormoment M und Drehzahl n

In diesen Fällen kommt es darauf an, die mittlere e f f e k t i v e Antriebsleistung zu bestimmen, um hiernach den passenden Antriebsmotor auswählen zu können. Mit den dabei auftretenden Problemen befaßt sich daher ausführlich Abschn. 4.12.

1.235 Aktive Lastmomente. Man unterscheidet noch zwischen aktiven Lastmomenten, die auch antreibend wirken können, z. B. H u b w e r k e ohne Selbsthemmung, L ü f t e r und einige P u m p e n bei Gegendruck, F a h r z e u g a n t r i e b e auf Steigungen und andere durchziehende Lasten (z. B. A n k e r s p i l l, W i n d e n), und passiven Lastmomenten, die den Motor nicht durchdrehen können (z. B. Werkzeugmaschinen). Aktive Lastmomente erfordern dann besondere Bremsen (s. Abschn. 2.42).

1.3 Elektromotoren

Obwohl in Band II/1[1] Aufbau, Wirkungsweise und Betriebsverhalten der elektrischen Motoren schon eingehend behandelt sind, sollen hier nochmals aus der besonderen Sicht des Antriebstechnikers die Eigenschaften der heute in der Antriebstechnik vorzugsweise eingesetzten Motoren betrachtet, das Betriebsverhalten der wichtigsten Drehstrom- und Gleichstrommotoren abgeleitet und dargestellt sowie die Einphasenmotoren in einer Tafel miteinander verglichen werden. Dabei wird von einer Reihe von Vernachlässigungen, die für die Antriebstechnik meist zulässig sind, Gebrauch gemacht. Erst nach Kenntnis des Betriebsverhaltens der einzusetzenden Elektromotoren sollte man mit der Projektierung eines elektrischen Antriebs beginnen.

1.31 Aufgaben

Elektrische Antriebsmotoren haben die folgenden vier Aufgaben zu erfüllen:

1. A n l a u f. Der Antrieb muß auf die gewünschte Nenndrehzahl beschleunigt werden. Je nach Art der Arbeitsmaschine können die hierfür an den Motor zu stellenden Anforderungen sehr unterschiedlich sein. Abschn. 2 befaßt sich daher ausführlich mit diesem Betriebsbereich.

2. N e n n b e t r i e b. Jeder Motor ist für die auf dem Leistungsschild angegebenen N e n n d a t e n ausgelegt. Diese Nenndaten müssen dem normalen Nennbetrieb der angetriebenen Arbeitsmaschine entsprechen und auch gewisse Überlastungen zulassen. Die an den Antriebsmotor zu stellenden Anforderungen hängen dann sehr stark von dem vorliegenden Antriebsproblem, also dem durchzuführenden Arbeitsprozeß, ab. Die zur Auswahl des Motors maßgebenden Gesichtspunkte, die insbesondere auch Betriebsart und mittlere N e n n l e i s t u n g einschließen, werden daher ausführlich in Abschn. 4 behandelt.

Die für das Nennbetriebsverhalten maßgebende unabhängige Veränderliche ist durch das Lastmoment M_L der anzutreibenden Arbeitsmaschine gegeben. Das

---

1) Verzeichnis der Leitfadenbände am Ende dieses Bandes

Betriebsverhalten der Elektromotoren wird für diese Betrachtungen dann meist
als B e l a s t u n g s k e n n l i n i e n in Abhängigkeit vom Drehmoment dargestellt. Dabei unterscheiden wir nach Bild 1.11 für die Drehzahl vorzugsweise 3 Ver-
haltensweisen, die nach den Motoren, die dieses Verhalten in besonderer Weise
zeigen, benannt sind. Für Anlauf- oder Umsteuervorgänge wird demgegenüber
meist eine Darstellung der Kenngrößen in Abhängigkeit von der Drehzahl, die
Drehmoment-Drehzahl-Kennlinie (s. z. B. Bild 1.18), benutzt.

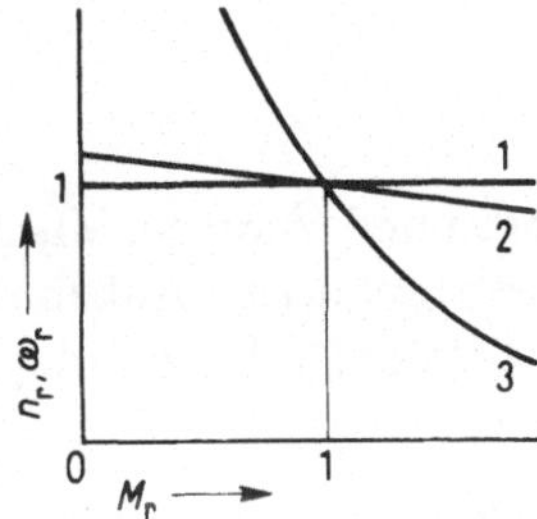

Bild 1.11 Typische Drehzahlkennlinien von Elektromotoren
    1 Synchronverhalten
    2 Nebenschlußverhalten
    3 Reihenschlußverhalten

3. D r e h z a h l v e r s t e l l u n g. Hochwertige Antriebe verlangen meist für
Drehzahl, Beschleunigung oder andere Größen die Möglichkeit einer Steuerung
oder Regelung. Hierfür bietet auch der elektrische Antrieb ganz besondere Vorteile. Die dann zu treffenden Maßnahmen werden zusammenhängend in Abschn. 3
dargestellt.

4. B r e m s u n g. Zur Vermeidung unproduktiver Nebenzeiten oder zu großer
Geschwindigkeiten sowie zur Erzielung eines gewünschten Geschwindigkeitsver-
laufs müssen Antriebe (möglichst unter Rücklieferung der Energie) gebremst
werden. Auch hierzu kann man den Elektromotor in den meisten Fällen heranziehen. Da beim U m s t e u e r n Bremsen und Anlauf nacheinander wirksam
werden und für beide Betriebsbereiche ähnliche Gesetze gelten, werden sie zusammenhängend in Abschn. 2 behandelt.

1.32 Betrieb von Wechselstrommotoren

Wir beschränken uns hier auf die Betrachtung der heute vorzugsweise eingesetzten
Drehstrom-Asynchronmotoren mit Schleifring- und Käfigläufer, der Synchronmotoren und der wichtigsten Einphasenmotoren, die für Leistungen unter 1 kW
verwendet werden. Für die nur noch gelegentlich eingesetzten Wechselstrom-
Kommutator-Motoren s. Band II/1.

1.321 Betrieb des Drehstrom-Asynchronmotors. Nach Band II/1, Abschn. Kreisdiagramm, kann man die Asynchronmaschine vorteilhaft mit einer Ersatzschaltung
untersuchen. Wir vereinfachen die dort abgeleitete Schaltung entsprechend Bild 1.12a,
was für die Probleme der Antriebstechnik bei s t r o m v e r d r ä n g u n g s f r e i e n
Motoren zulässig ist.

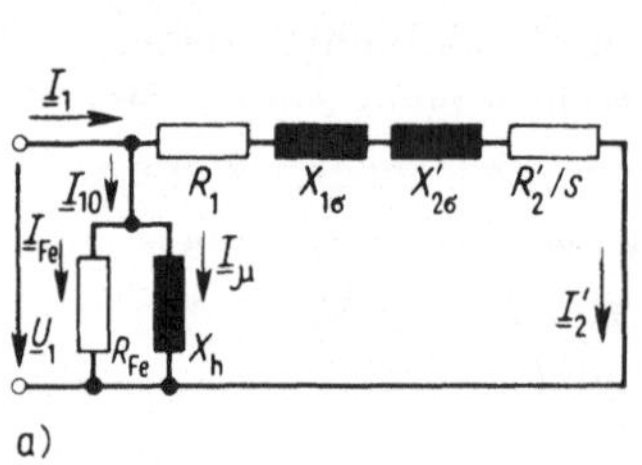

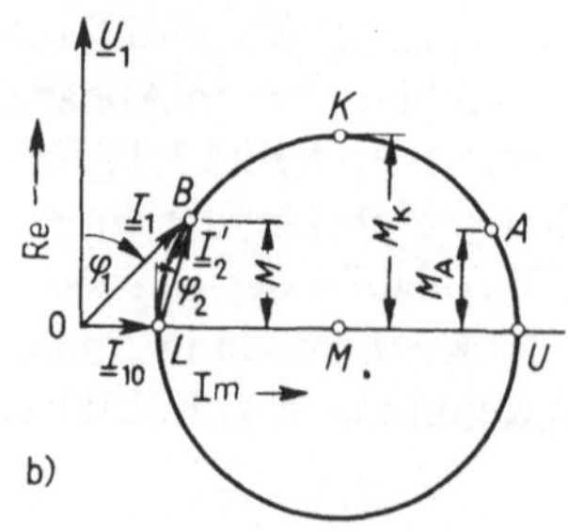

Bild 1.12
Vereinfachtes Ersatz-
schaltbild (a) und ver-
einfachtes Kreisdia-
gramm (b) der
Asynchronmaschine

Leistungen und Verluste. Mit der Strangspannung $U_{1\,Str}$, dem Strangstrom $I_{1\,Str}$ bzw. den zugehörigen Außenleiterwerten U_1 und I_1 sowie dem Leistungsfaktor $\cos\varphi_1$ hat der Drehstrom-Asynchronmotor dann die W i r k l e i s t u n g s a u f - n a h m e

$$P_1 = 3\,U_{1\,Str}\,I_{1\,Str}\cos\varphi_1 = \sqrt{3}\,U_1 I_1 \cos\varphi_1 \tag{1.34}$$

Im Ständer treten die K u p f e r v e r l u s t e

$$V_{Cu1} = 3R_1\,I_{1\,Str}^2 \tag{1.35}$$

(mit R_1 als Ständerwicklungswiderstand) und die Eisenverluste V_{Fe} auf. Wenn man außerdem noch nach VDE 0530 die Z u s a t z v e r l u s t e

$$V_Z = 0{,}005\,P_{1N}\,(I_1/I_{1N})^2 \tag{1.36}$$

mit den Nennwerten P_{1N} und I_{1N} berücksichtigt, wird mit der Drehfeld-Winkel- geschwindigkeit ω_d und dem inneren Drehmoment M_i die D r e h f e l d l e i - s t u n g

$$P_d = P_1 - V_{Cu1} - V_{Fe} - V_Z = \omega_d M_i \tag{1.37}$$

auf den Läufer übertragen. Mit dem S c h l u p f

$$s = \frac{n_d - n}{n_d} = 1 - \frac{n}{n_d} = 1 - n_r = 1 - \omega_r \tag{1.38}$$

der sich aus Drehzahl n und Drehfelddrehzahl n_d oder relativer Drehzahl $n_r = n/n_d$ bzw. relatíver Winkelgeschwindigkeit $\omega_r = \omega/\omega_d$ berechnen läßt, treten bei einem dreisträngigen Läufer (in der Antriebstechnik darf man diese Wicklungs- art für Schleifringläufer stets voraussetzen) mit Läuferstrangwiderstand R_2 und Läuferstrom I_2 die L ä u f e r k u p f e r v e r l u s t e

$$V_{Cu2} = sP_d \quad 3\,R_2 I_2^2 \tag{1.39}$$

auf, so daß schließlich nach Abzug der Reibungsverluste V_R an der Welle die L e i s t u n g s a b g a b e

$$P_2 = P_d\,(1-s) - V_R = \omega M \tag{1.40}$$

übrigbleibt. Es ergibt sich also der Wirkungsgrad

$$\eta = \frac{P_2}{P_1} = \frac{P_1 - V}{P_1} = 1 - \frac{V}{P_1} = 1 - \frac{V}{P_2 + V} \tag{1.41}$$

über die Gesamtverluste

$$V = V_{Cu1} + V_{Fe} + V_Z + V_{Cu2} + V_R \tag{1.42}$$

Mit Gl. (1.37) und (1.39) gilt dann, wenn der Index N die Nennwerte, der Index k den Stillstandsstrom (s = 1) und der Index A das Anzugsmoment bezeichnet und wir unterschiedliche Läuferwiderstände für Stillstand R_{2k} und Nennbetrieb R_{2N} zulassen (Einfluß der Stromverdrängung), für das Anzugsverhältnis

$$M_A / M_N = P_{dk}/P_{dN} = s_N \, (I_{2k}/I_{2N})^2 \, R_{2k}/R_{2N} \tag{1.43}$$

Wenn wir weiterhin alle Verluste bis auf die Läuferkupferverluste vernachlässigen, wird die Leistungsaufnahme P_1 über den Schlupf s in die Läuferkupferverluste V_{Cu2} nach Gl. (1.39) und die mechanische Leistung

$$P_{mech} = P_d (1 - s) \approx P_1 (1 - s) \tag{1.44}$$

aufgespalten. Dann gilt das vereinfachte Kreisdiagramm von Bild 1.12b, für das mit der Leerlaufblindleistung Q_0 aus Bild 1.13 der Leerlaufstrom

$$I_{10} = Q_0 /\sqrt{3} \, U_1 \tag{1.45}$$

bestimmt werden kann. Nach Band II/1, Abschn. Kreisdiagramm, gilt außerdem für den Kippschlupf $s_K = R_2'/X_{2\sigma}'$, so daß nach Bild 1.12a auch der Phasenwinkel des Läuferstroms aus

$$\tan \varphi_2 = sX_{2\sigma}'/R_2' = s/s_K \tag{1.46}$$

zu berechnen ist.

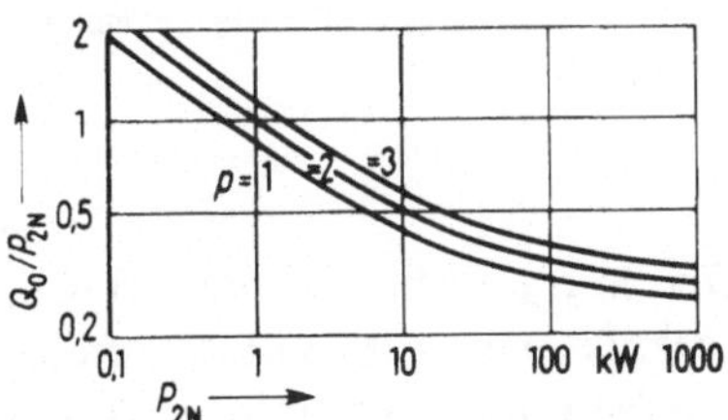

Bild 1.13 Richtwerte für relative Leerlauf-Blindleistung Q_0/P_{2N} von Drehstrom-Asynchronmotoren mit Käfigläufer (Schleifringläufer benötigen etwa das 1,1fache). p Polpaarzahl

Drehmoment. Für alle stromverdrängungsfreien Asynchronmotoren und bei allen Stromverdrängungsmotoren im Bereich $s < s_K$ gilt außerdem mit Kippschlupf s_K und Kippmoment M_K in ausreichender Näherung die Kloßsche Gleichung

$$\frac{M}{M_K} = \frac{2}{(s/s_K) + (s_K/s)} \quad \text{oder} \quad M_r = \frac{M}{M_N} = \frac{2\,M_K/M_N}{(s/s_K) + (s_K/s)} \tag{1.47}$$

so daß bei vorgegebenem Überlastungsverhältnis M_K/M_N und bekanntem Nenn-schlupf s_N (oder bekannter Nenndrehzahl n_N) der K i p p s c h l u p f

$$s_K = s_N \left[\frac{M_K}{M_N} \pm \sqrt{(M_K/M_N)^2 - 1} \right] \tag{1.48}$$

berechnet werden kann.

Ganz allgemein darf man damit rechnen, daß bei g l e i c h b l e i b e n d e m S c h l u p f und Ä n d e r u n g d e r S t r a n g s p a n n u n g von U_{Str} auf U^*_{Str} für die D r e h m o m e n t e

$$M^*/M = (U^*_{Str}/U_{Str})^2 \tag{1.49}$$

und die Ströme

$$I^*_{Str}/I_{Str} = U^*_{Str}/U_{Str} \tag{1.50}$$

gilt. Im Stillstand kann aber auch Drehmoment und Strom stärker absinken, z. B. beim Stern-Dreieck-Anlauf (s. Abschn. 2.332). Für weitere Einzelheiten s. a. Abschn. 3.122.

Betriebsbereiche. Die Drehstrom-Asynchronmaschine zeigt das in Bild 1.14 darge-stellte Betriebsverhalten. Wir unterscheiden eine Reihe von Betriebsbereichen: Im S t i l l s t a n d   ($n_r = \omega_r = 0; s = 1$) entwickelt der Motor sein Anzugsmoment M_A; im Läufer wird dann die Spannung U_{20} induziert. Motoren mit Schleifringläufer können daher auch als Drehtransformator benutzt werden.

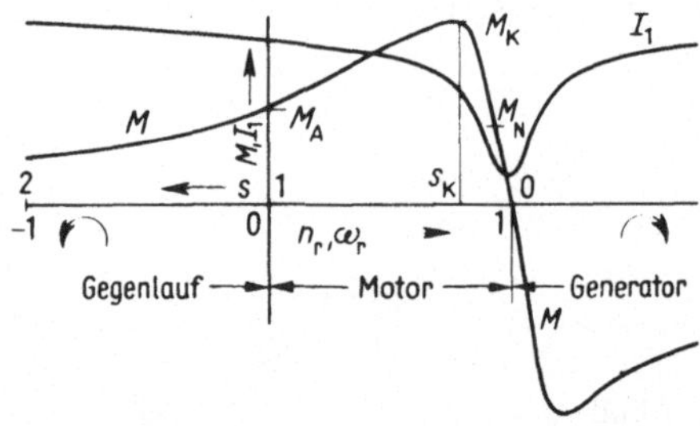

Bild 1.14
Strom- und Drehmoment-
Drehzahl-Kennlinien des
Drehstrom-Asynchronmotors
mit Schleifringläufer

Der M o t o r b e r e i c h ($0 < n_r = \omega_r < 1; 0 < s < 1$) ist der in der Antriebs-technik meist ausgenutzte Bereich; in ihm läuft der Motor hoch, und zwischen Leerlauf und Kippmoment M_K wird er im allgemeinen belastet. Sein hier relativ starres Drehzahlverhalten entsprechend Bild 1.15 ist oft von Vorteil. Allerdings ist der Leistungsfaktor cos φ für Teillast nicht besonders gut, so daß sich hierfür u. U. eine Umschaltung auf die Sternschaltung lohnt (s. Abschn. 4.31). Aus diesem Grund und wegen des im allgemeinen hohen Überlastungsverhältnisses M_K/M_N sollte ein Drehstrommotoren-Antrieb auch keinesfalls überdimensioniert werden.

Der S y n c h r o n l a u f ($n_r = \omega_r = 1; s = 0$) kann nicht vom Asynchronmotor allein aufrechterhalten werden, da er hier kein Drehmoment entwickelt. Der

G e n e r a t o r b e r e i c h $(n_r = \omega_r > 1;\ s < 0)$ wird in der Antriebstechnik
für das übersynchrone Bremsen ausgenutzt (s. Abschn. 2.423), wenn die elektrische Maschine durch die Arbeitsmaschine (z. B. ein Hebezeug) in diesen Bereich
hineingezogen wird. Der G e g e n l a u f b e r e i c h $(n_r = \omega_r < 0;\ s > 1)$ wird
beim Umsteuern aus dem Lauf heraus und beim Gegenstrombremsen durchfahren
(s. Abschn. 2.4).

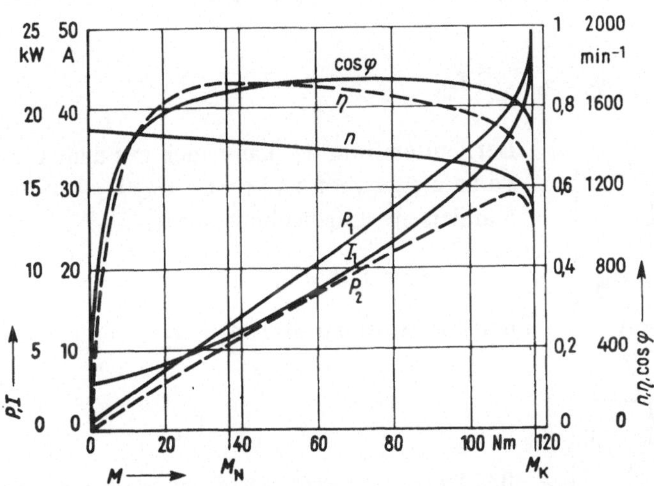

Bild 1.15 Belastungskennlinien eines Drehstrom-Asynchronmotors für 5,5 kW bei 380 V und 50 Hz

Richtwerte für Nennleistungsfaktor $\cos \varphi_N$ und Nennwirkungsgrad η_N enthält
Bild 1.16. Weitere Einzelheiten sind den Herstellerlisten und Band II/1, Abschn.
Drehstrom-Asynchronmotor, zu entnehmen.

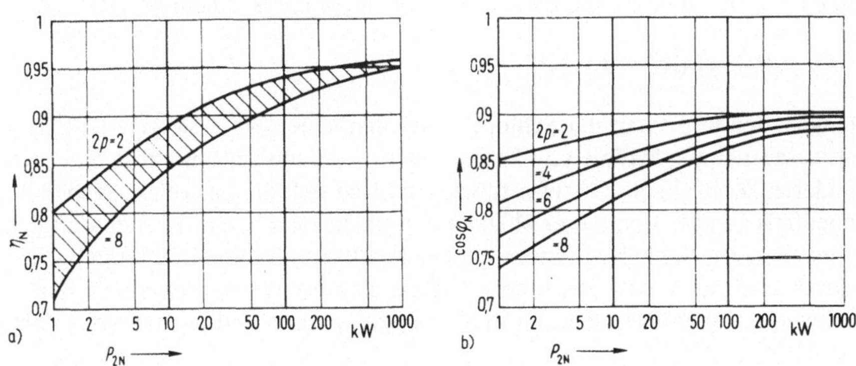

Bild 1.16 Richtwerte für Nennwirkungsgrad η_N und Nennleistungsfaktor $\cos \varphi_N$ von Drehstrom-Asynchronmotoren. 2p Polzahl

1.322 Drehstrom-Asynchronmotor mit Schleifringläufer. Diese Ausführung hat
nach Bild 1.17 außer den 3 Wicklungsanfängen U, V, W und den 3 Wick-

lungsenden X, Y, Z des Ständers noch die 3 Anschlußklemmen u, v, w, die zum Läufer gehören und es ermöglichen, über Schleifringe Widerstände oder andere Elemente in den Läuferkreis einzuschalten.

Wenn Läufer-Stillstandsspannung U_{20} und Läufernennstrom I_{2N} bekannt sind (z. B. aus der Herstellerliste), liegt in der meist ausgeführten Sternschaltung bei der im Läuferstrang induzierten Spannung $s_N U_{20}/\sqrt{3}$ am Läuferwirkwiderstand die Spannung $s_N U_{20} \cos \varphi_2/\sqrt{3}$, und es gilt für diesen L ä u f e r s t r a n g - w i d e r s t a n d

$$R_2 = s_N U_{20} \cos \varphi_{2N}/\sqrt{3}\ I_{2N} \tag{1.51}$$

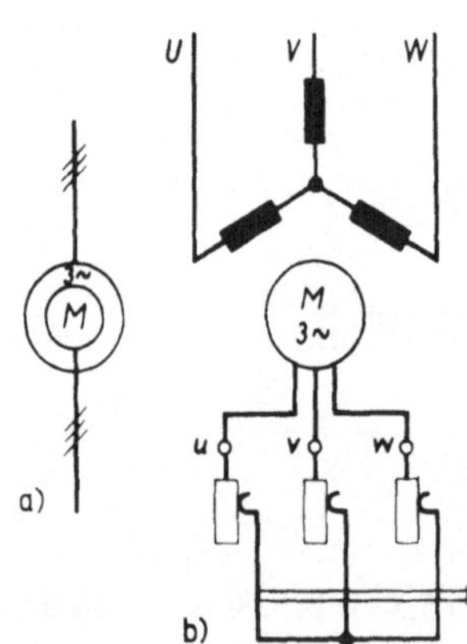

Der Läuferstrom I_2 kann auch mit dem Ü b e r - s e t z u n g s v e r h ä l t n i s U_{20}/U_1 auf die Ständerseite umgerechnet werden

$$I_2' = I_2 U_{20}/U_1 \tag{1.52}$$

und für Stillstand darf man $I_{2k}' = I_{1k}$ setzen.

Bild 1.17 Schaltkurzzeichen (a) und Schaltzeichen (b) des Drehstrom-Asynchronmotors mit Schleifringläufer und handbetätigtem Läuferanlasser

An den Leistungen und Strömen der Ersatzschaltung Bild 1.12a und somit auch am Drehmoment M ändert sich nichts, wenn beim Einschalten eines z u s ä t z - l i c h e n L ä u f e r w i d e r s t a n d e s R_{2V} die Bedingung

$$R_2/s = (R_2 + R_{2V})/s^* \tag{1.53}$$

eingehalten und somit der Schlupf s auf den neuen Wert s* gebracht wird. Leistungsaufnahme, Ströme und Drehmoment werden somit nur zusammengehörig anderen Drehzahlen n* zugeordnet, wodurch sich die Leistungsabgabe allerdings ebenfalls ändert. Von dieser Möglichkeit macht man beim Anlassen und Drehzahlverstellen mit Schlupfwiderständen Gebrauch (s. Abschn. 2.324 und 3.121). Hierdurch kann auch ein wesentlicher Teil der Läuferwiderstandsverluste (z.B. bei schwerem Anlauf) aus dem Läufer herausgenommen und leichter abgeführt werden (s. Abschn. 2.5).

Beispiel 1.11: Ein Drehstrom-Asynchronmotor mit Schleifringläufer für U = 500 V, f = 50 Hz hat laut Herstellerliste die folgenden Kenndaten: P_{2N} = 340 kW, n_N = 1480 min^{-1}, η_N = 0,947, cos φ_N = 0,91, I_{1N} = 455 A, M_N = 2,2 kNm, U_{20} = 790 V, I_{2N} = 310 A, M_K/M_N = 3,1. Zu ermitteln sind Kippschlupf s_K, Anzugsverhältnis M_A/M_N, Anlaufstromverhältnis I_{1k}/I_{1N} und Läuferstrangwiderstand R_2.

Mit der Drehfelddrehzahl $n_d = 1500$ min^{-1} (4polige Maschine bei $f = 50$ Hz) beträgt nach Gl. (1.38) der Nennschlupf

$$s_N = \frac{n_d - n_N}{n_d} = \frac{1500 \text{ min}^{-1} - 1480 \text{ min}^{-1}}{1500 \text{ min}^{-1}} = 0,0133$$

und nach Gl. (1.48) der Kippschlupf

$$s_K = s_N \left[\frac{M_K}{M_N} \frac{+}{-} \sqrt{\left(\frac{M_K}{M_N}\right)^2 - 1} \right] = 0,0133 \, (3,1 \pm \sqrt{3,1^2 - 1}) = 0,08$$

Dann gilt mit $s = 1$ und Gl. (1.47) für das Anzugsverhältnis

$$\frac{M_A}{M_N} = \frac{2 \, M_K/M_N}{(1/s_K) + s_K} = \frac{2 \cdot 3,1}{(1/0,08) + 0,08} = 0,493$$

Mit Gl. (1.43) und $R_{2k} = R_{2N}$ erhalten wir den Läuferstillstandsstrom

$$I_{2k} = I_{2N} \sqrt{\frac{M_A/M_N}{s_N}} = 310 \text{ A} \sqrt{\frac{0,493}{0,0133}} = 1885 \text{ A}$$

bzw. mit Gl. (1.52) das Anlaufstromverhältnis

$$\frac{I_{1k}}{I_{1N}} = \frac{I_{2k} U_{20}}{I_{1N} U_1} = \frac{1885 \text{ A} \cdot 790 \text{ V}}{455 \text{ A} \cdot 500 \text{ V}} = 6,55$$

Nach Gl. (1.46) gilt für den Nennphasenwinkel des Läuferstroms $\varphi_{2N} = $ arc tan $\varphi_{2N} = $ arc tan $s_N/s_K = $ arc tan $0,0133/0,08 = 9,5^0$. Es ist dann der Läuferstrangwiderstand nach Gl. (1.51)

$$R_2 = \frac{s_N U_{20} \cos \varphi_{2N}}{\sqrt{3} \, I_{2N}} = \frac{0,0133 \cdot 790 \text{ V} \cos 9,5^0}{\sqrt{3} \cdot 310 \text{ A}} = 0,0193 \; \Omega$$

1.323 Drehstrom-Asynchronmotor mit Käfigläufer. Die in Abschn. 1.321 abgeleiteten Zusammenhänge gelten auch für den stromverdrängungsfreien Käfigläufer, wenn man berücksichtigt, daß der Läufer nicht nur 3 Strangwicklungen hat und diese nicht mehr zugänglich sind. Außerdem haben Käfigläufer meist eine merkliche Stromverdrängung, so daß die Läuferwiderstände schlupfabhängig sind. Dann gelten nicht mehr das vereinfachte Kreisdiagramm von Bild 1.12a und die Drehmoment-Drehzahl-Kennlinie von Bild 1.14.

Man muß für den Strom- und Drehmomentverlauf sowohl die Art des Läufers entsprechend Bild 1.18 als auch die Größe des Motors entsprechend Bild 1.19 berücksichtigen. Anhand von Bild 1.13, der Belastungskennlinie in Bild 1.15 und einer Verlustaufteilung entsprechend Abschn. 1.321 kann man aber auch hier aus den Herstellerangaben mit ausreichender Genauigkeit die gewünschten Motorkenndaten ermitteln. Man rechnet dann nur mit auf den Ständer bezogenen Größen (Kennzeichen ') und erhält so z. B. aus Gl. (1.39) und (1.40) für den L ä u f e r - w i d e r s t a n d

$$R_2' = \frac{V_{Cu2}}{3 I_2'^2} = \frac{s P_2}{3 I_2'^2 (1 - s)} \qquad (1.54)$$

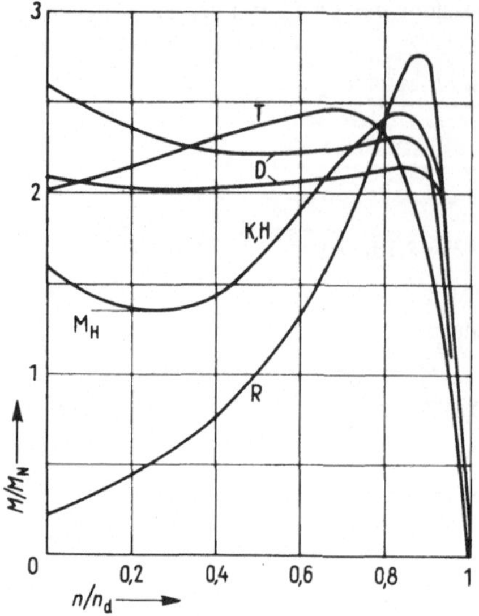
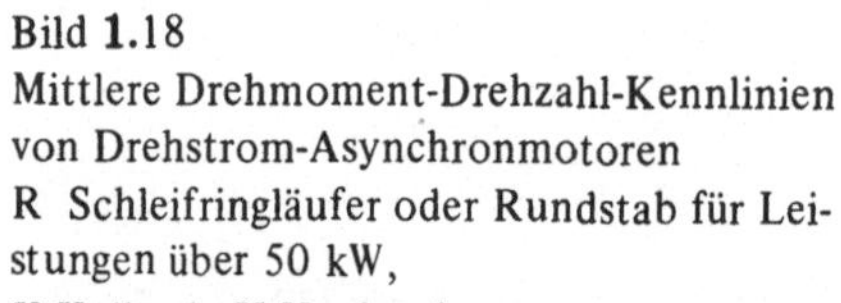

Bild 1.18
Mittlere Drehmoment-Drehzahl-Kennlinien
von Drehstrom-Asynchronmotoren
R Schleifringläufer oder Rundstab für Leistungen über 50 kW,
K Keilstab, H Hochstab,
D Doppelkäfigläufer
T Kleinmotoren bis 1 kW mit Tropfennut

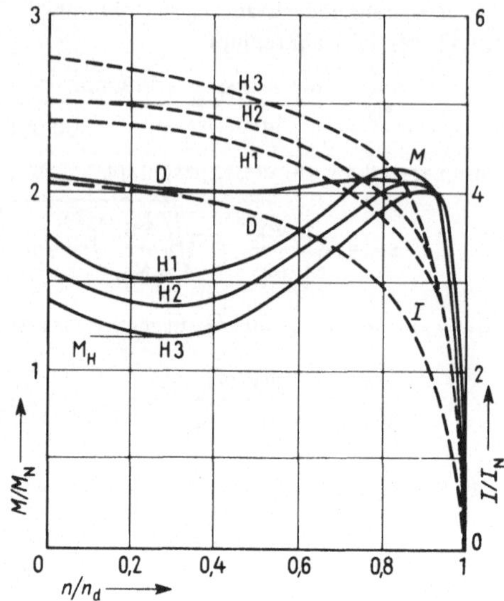

Bild 1.19
Strom- und Drehmoment-Drehzahl-Kennlinien
von Drehstrom-Asynchronmotoren mit Hochstabläufer (H) für 30 kW (H1), 75 kW (H2) und
200 kW (H3) sowie von Doppelkäfigläufern (D)
für 200 kW

Die Auswahl des Motors, insbesondere der Läuferart, richtet sich nach den Anforderungen, die der Antrieb stellt (s. Abschn. 4). Nach Bild 1.18 haben kleine Drehstrom-Asynchronmotoren schon ein hohes Anzugsmoment. Bei größeren Motoren bis etwa 200 kW erreicht man hohe Anzugsmomente mit Aluminium-Doppelkäfigläufern. Noch größere Motoren haben auch Hoch- oder Keilstab- und auch Doppelkäfigläufer mit in dieser Reihenfolge steigenden Anzugsmomenten infolge Stromverdrängung. Diese stärkere Stromverdrängung führt aber auch zu einem geringeren Überlastungsverhältnis und schlechterem Leistungsfaktor.

Käfigläufer können auch entsprechend Bild 1.18 und 1.19 Einsattelungen im Drehmomentverlauf infolge Stromverdrängung oder Oberfeldeinflüssen aufweisen. Bei schwierigen Anlaufbedingungen können dann solche S a t t e l m o m e n t e M_H den Hochlauf behindern. Im Gegenlaufbereich ist bei den Käfigläufermotoren das Drehmoment dagegen infolge von Oberfeldwirkungen, Stromverdrängung und Läuferzusatzverlusten meist erheblich größer als im Motorbereich. Für weitere Einzelheiten s. Band II/1, Abschn. Drehstrom-Asynchronmaschine.

Beispiel 1.12: Ein oberflächengekühlter Drehstrom-Asynchronmotor nach DIN 42 673 mit Käfigläufer für 380 V in Dreieckschaltung, 45 kW, 1465 min^{-1} hat nach Angaben des Herstellers die folgenden Kenndaten: $I_{1N} = 88$ A, $M_A/M_N = 2,5$, $M_H/M_N = 2,1$, $M_K/M_N = 2,7$,

$I_{1k}/I_{1N} = 5{,}8$, $\eta_N = 0{,}92$ und $\cos\varphi_N = 0{,}85$. Strom- und Drehmoment-Drehzahl-Kennlinie sind darzustellen. Die Widerstände der Ersatzschaltung Bild **1**.12a sind zu bestimmen.

Nach Bild **1**.13 dürfen wir hier die relative Leerlauf-Blindleistung $Q_0/P_{2N} = 0{,}7$ und somit auch den relativen Leerlaufstrom

$$\frac{I_{10}}{I_{1N}} = \frac{Q_0}{S_{1N}} = \frac{Q_0\eta_N \cos\varphi_N}{P_{2N}} \approx 0{,}7 \cdot 0{,}92 \cdot 0{,}85 = 0{,}55$$

erwarten. Weiterhin nehmen wir an, daß analog zu Bild **1**.19 Kippschlupf $s_K = 0{,}15$ und Schlupf des Hochlaufmoments $s_H = 0{,}3$ betragen sowie der Anlaufstrom beim Kippschlupf auf etwa $I_1/I_{1N} = 4$ abgeklungen ist. Mit diesen Überlegungen erhalten wir die Kennlinien für das relative Drehmoment $M_r = M/M_N$ und den relativen Ständerstrom $I_{1r} = I_{1N}$ in Bild **1**.20.

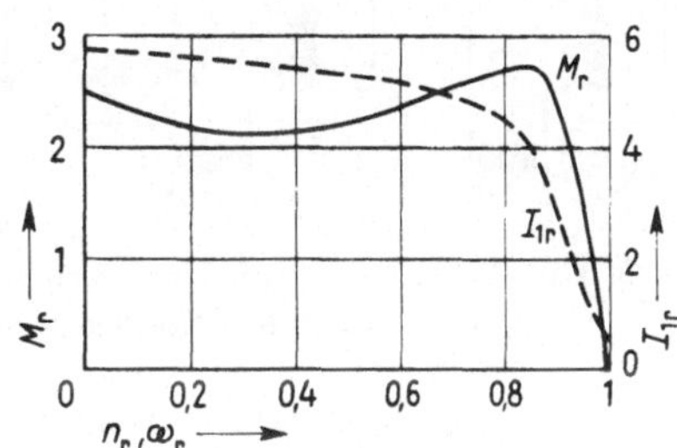

Bild **1**.20 Strom- und Drehmoment-Drehzahl-Kennlinien eines Drehstrom-Asynchronmotors für 30 kW (Beisp. 1.12)

Weiterhin beträgt der Nennschlupf

$$s_N = \frac{n_d - n_N}{n_d} = \frac{1500\ \text{min}^{-1} - 1465\ \text{min}^{-1}}{1500\ \text{min}^{-1}} = 0{,}0233$$

und man erhält über Gl. (1.40) die Nenndrehfeldleistung $P_{dN} \approx P_{2N}/(1 - s_N) = 45\ \text{kW}/(1 - 0{,}0233) = 46{,}1\ \text{kW}$, so daß die Nenn-Läuferkupferverluste $V_{Cu2N} \approx P_{dN} - P_{2N} \approx 46{,}1\ \text{kW} - 45\ \text{kW} = 1{,}1\ \text{kW}$ anzusetzen sind. Mit der Nennleistungsaufnahme $P_{1N}/\eta_N = 45\ \text{kW}/0{,}92 = 48{,}8\ \text{kW}$ ergeben sich andererseits die Nennverluste $V_N = P_{1N} - P_{2N} = 48{,}8\ \text{kW} - 45\ \text{kW} = 3{,}8\ \text{kW}$. Wir nehmen an, daß dann die Nennständerkupferverluste $V_{Cu1N} \approx (V_N - V_{Cu2N})/2 = (3{,}8\ \text{kW} - 1{,}1\ \text{kW})/2 = 1{,}35\ \text{kW}$ auftreten, und der Rest auf die übrigen Verluste entfällt. Dann erhalten wir nach Gl. (1.35) den Ständerstrangwiderstand der Dreieckschaltung

$$R_1 = V_{Cu1N}/3\ I_{1Nstr}^2 = V_{Cu1N}/I_{1N}^2 \approx 1{,}35\ \text{kW}/88^2\ \text{A}^2 = 0{,}175\ \Omega$$

Für den auf den Ständer bezogenen Läufernennstrom dürfen wir nach Bild **1**.12b setzen $I_{2N}' \approx I_{1N} \cos\varphi_N = 88\ \text{A} \cdot 0{,}85 = 74{,}8\ \text{A}$, so daß sich für den Läuferwiderstand des in Stern geschalteten Läufers nach Gl. (1.54) bei Nennbetrieb ergibt

$$R_{2N}' = V_{Cu2N}/3I_{2N}'^2 \approx 1{,}1\ \text{kW}/(3 \cdot 74{,}8^2\ \text{A}^2) = 0{,}065\ \Omega$$

Mit der Annahme $I_{2k}/I_{2N} \approx I_{1k}/I_{1N}$ wird schließlich nach Gl. (1.43)

$$\frac{R_{2k}}{R_{2N}} \approx \frac{M_A}{M_N}\left(\frac{I_{1N}}{I_{1k}}\right)^2 \frac{1}{s_N} = 2{,}5\ \frac{1}{5{,}8^2} \cdot \frac{1}{0{,}0233} = 3{,}19$$

und man erkennt, daß wegen $R_{2k}/R_{2N} > 1$ ein Stromverdrängungsläufer vorliegt.

1.324 Einphasenmotoren. Für Leistungen unter 0,5 kW wird der in Betriebsverhalten und Preis besonders günstige Drehstrommotor nur noch selten verwendet, da für diese Leistungen meist ein Einphasenanschluß gewünscht wird. Hier werden dann die Einphasenmotoren, deren Schaltbilder in Bild 1.21, deren Drehmoment-Drehzahl-Kennlinien in Bild 1.22 dargestellt und deren Eigenschaften in Tafel 1.23 einander gegenübergestellt sind, gebraucht. Auf die Behandlung großer Einphasenmotoren (z. B. des Bahnmotors) wird hier verzichtet. Für weitere Einzelheiten s. Band II/1, Abschn. Einphasen-Asynchronmotoren und Einphasen-Kommutatormotoren.

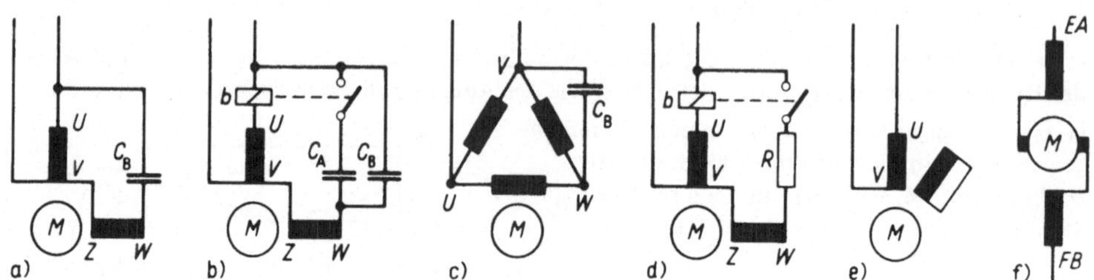

Bild 1.21 Schaltungen von Einphasenmotoren
a) zweisträngiger Kondensatormotor mit Betriebskondensator C_B
b) wie a), aber mit Doppelkondensator C_A und C_B sowie Anlaßhilfsschalter b
c) Steinmetzschaltung mit Betriebskondensator C_B
d) Widerstandshilfsphasenmotor mit Widerstand R und Anlaßhilfsschalter b
e) Spaltpolmotor f) Universalmotor

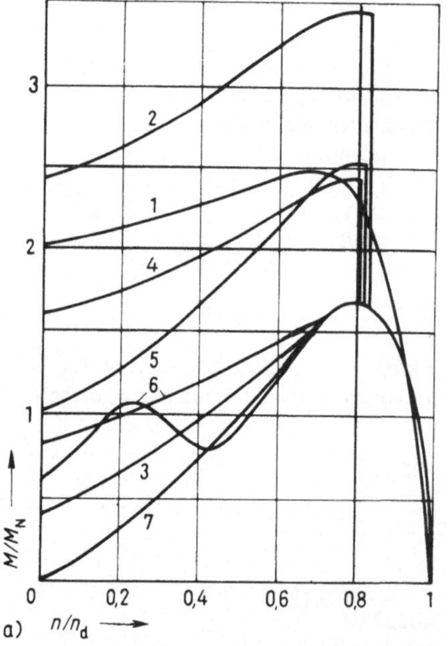

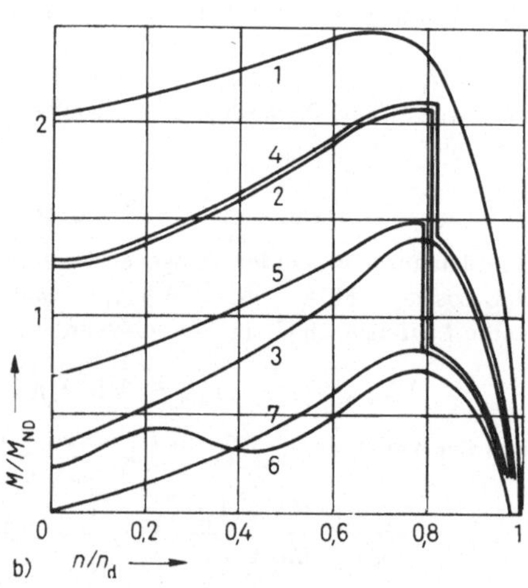

Bild 1.22 Drehmoment-Drehzahl-Kennlinien kleiner Asynchronmotoren bei gleichem Nennmoment (a) und gleicher Motorgröße (b)
1 Drehstrommotor 2 Einphasenmotor mit Anlaufkondensator 3 Einphasenmotor mit Betriebskondensator 4 Einphasenmotor mit Doppelkondensator 5 Widerstandshilfsphasenmotor 6 Spaltpolmotor 7 reiner Einphasenmotor

T a f e l 1.23 Eigenschaften kleiner Wechselstrommotoren

Motorart	Drehstrommotor	Kondensatormotor mit Betriebs-	Doppelkondenator	Widerstandshilfsphasenmotor	Spaltpolmotor	Universalmotor
Nennleistung P_{2N} in W	ab 50	5 bis 500			1 bis 200	5 bis 1 000
Nenndrehzahlen n_N in min^{-1} bei f = 50 Hz	2 800, 1 400, 900, 700					3 000 bis 20 000
Nennwirkungsgrad η N	0,5 bis 0,8			0,4 bis 0,7	0,1 bis 0,4	0,4 bis 0,7
Überlastungsverhältnis M_K/M_N	1,6 bis 3	1,6 bis 2				1,5 bis 10
Anzugsverhältnis M_A/M_N	1,6 bis 3	0,2 bis 1	1 bis 3	1 bis 2	0,4 bis 1	1,5 bis 10
Anlaufstromverhältnis I_k/I_N	1,5 bis 4	2 bis 5	2,5 bis 5	5 bis 8	1,2 bis 2,5	2 bis 10
Drehschwingungen mit $2f_1$	nein			ja		nein
relatives Motorvolumen V/V_{DM} [1]	1	1,1 bis 1,5	1,5 bis 2	1,6 bis 2,2	1,5 bis 4	1,5 bis 2,5
relativer Preis [1] K/K_{DM}	1	1,3 bis 2	1,5 bis 3	1,3 bis 2,5	0,6 bis 1,5	1,5 bis 2,5

1) bezogen auf gleiche Nenndrehzahl, Nennleistung, Belüftung und Erwärmung

Hauptsächlich eingesetzt werden die folgenden Einphasenmotoren:

Kondensatormotor. Die ausschließlich für Einphasenanschluß vorgesehenen Asynchronmotoren mit K ä f i g l ä u f e r haben meist eine A r b e i t s - und eine H i l f s w i c k l u n g (s. Bild 1.21a, b, d, e). Die Arbeitswicklung liegt unmittelbar am Netz, während der Hilfswicklung beim Kondensatormotor noch eine Kapazität C vorgeschaltet ist. Dabei bleibt der B e t r i e b s k o n d e n s a t o r C_B nach Bild 1.21a dauernd eingeschaltet; der A n l a u f k o n d e n s a t o r C_A wird beim Motor mit Doppelkondensator dagegen nur für den Anlauf durch ein A n l a ß h i l f s p h a s e n r e l a i s b parallelgeschaltet. Dieses Relais wird heute meist durch den Strom der Arbeitswicklung, der bei höheren Drehzahlen kleiner wird und das Relais zum Abfallen bringt, betätigt.

In der S t e i n m e t z s c h a l t u n g nach Bild 1.21c kann auch ein normaler Drehstrommotor am Einphasennetz betrieben werden, wenn die Strangwicklungen für die Einphasenspannung bemessen sind. Daher werden kleine Drehstrommotoren für 220 V/380 V ausgelegt, so daß sie in Sternschaltung ans 380 V-Drehstromnetz und in einer Steinmetz-Dreieckschaltung ans 220 V-Einphasennetz angeschlossen werden dürfen. Dann benötigt man eine Kapazität C_B von etwa 75 μF/kW.

In Wirkungsgrad und Überlastungsverhältnis ist der Kondensatormotor dem Drehstrommotor etwa gleichwertig. Der Betriebskondensator ermöglicht im allgemeinen aber nur ein geringes Anzugsmoment, das mit einem zusätzlichen Anlaufkondensator aber noch größer als beim Drehstrommotor werden kann. Motorvolumen und Preis sind dagegen größer als beim Drehstrommotor.

Widerstandshilfsphase. Mit einem erhöhten Wirkwiderstand in der Hilfsphase kann man ebenfalls den Einphasenmotor zum Anlaufen zwingen. Diese Widerstandshilfsphase muß dann wieder entsprechend Bild 1.21d nach dem Hochlauf über das Anlaßhilfsphasenrelais b vom Netz getrennt werden. Daher liegt im Nennbetriebsbereich ein reiner Einphasenmotor mit entsprechend geringer Leistung und Drehschwingungen zwischen Ständer und Läufer von doppelter Netzfrequenz $2f_1$ vor. Durch eine Schwingmetallaufhängung muß man vermeiden, daß dieser Körperschall als unangenehmer Luftschall abgestrahlt wird.

Der Wirkungsgrad des Widerstandshilfsphasenmotors ist aus diesen Gründen auch schlechter als beim Kondensatormotor. Er weist außerdem sehr hohe Einschaltströme auf, ermöglicht aber durch Einsparung des Kondensators geringe Herstellkosten.

Spaltpolmotor. Den einfachsten und betriebssichersten Aufbau aller Einphasenmotoren findet man beim Spaltpolmotor (s. Band II/1). Er hat je Pol oder Polpaar nur eine einzige Erregerspule, die Arbeitswicklung, während die Hilfswicklung, meist einige blanke Drahtwindungen oder Kupferringe, in sich kurz geschlossen ist. Diese einfache Ständerausführung ermöglicht in Verbindung mit dem Käfigläufer besonders niedrige Herstellkosten.

Spaltpolmotoren haben aber schlechte Wirkungsgrade, also hohe Verluste,und sind daher nur bis zu etwa 200 W Leistungsabgabe zu bauen. Sie haben außerdem meist kleine Anzugsmomente und benötigen einen relativ großen Einbauraum sowie intensive Belüftung.

Universalmotor. Diese Motorart ist aus dem Gleichstrom-Reihenschlußmotor (s. Abschn. 1.332) entstanden und zeigt ähnliche Eigenschaften. Sie verhält sich an Gleich- oder Wechselspannung in Drehzahl, Strom- und Leistungsaufnahme nicht sehr unterschiedlich. Bei Wechselstromanschluß sind alle Werte, also auch der Wirkungsgrad, etwas schlechter.

Wesentlicher Vorteil des Universalmotors ist, daß man die für f = 50 Hz bei den kleinen Asynchronmotoren auf etwa n = 2 900 min^{-1} begrenzte Drehzahl erheblich überschreiten kann und so besonders kleine Motoren erhält. Für einige Antriebe ist es auch von Vorteil, daß ein hohes Anzugsmoment zur Verfügung steht. Nachteilig ist gegenüber den Asynchronmotoren, die ein relativ starres Nebenschlußverhalten zeigen, gelegentlich das Reihenschlußverhalten, die starke Lastabhängigkeit der Drehzahl nach Bild 1.24. Durch Drehzahlregler kann man bei einigem Aufwand auch ein Synchronverhalten erzielen. Für die Drehzahlsteuerung gilt das gleiche wie beim Gleichstrom-Reihenschlußmotor (s. Abschn. 3.3). Nachteilig ist außerdem noch die geringe Lebensdauer der Kohlebürsten (maximal etwa 1 000 h) und die infolge des Stromwenders notwendige Funkentstörung. Für weitere Einzelheiten s. Band II/1.

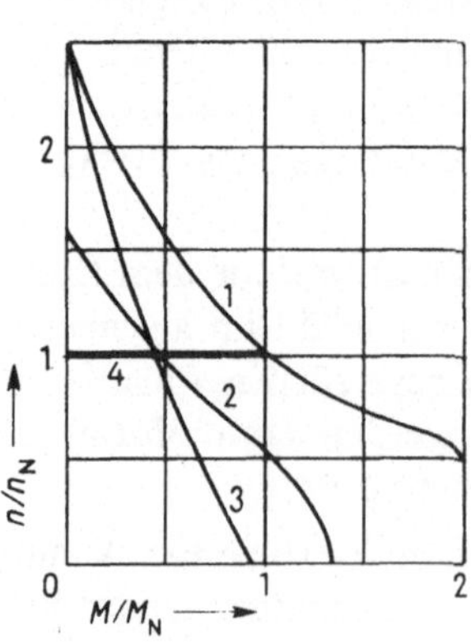

Bild 1.24 Drehzahlkennlinien des Universalmotors
1 normaler Betrieb   3 mit Vorwiderstand
2 mit Zusatzwicklung 4 mit Fliehkraftkontaktregler

1.325 Synchronmotoren. Das starre Synchronverhalten (Bild 1.11) wird nur für wenige Antriebe gefordert (z. B. Synchronuhren oder Spinnspulmaschinen, bei denen sogar noch durch Frequenzänderung die Drehzahl vieler paralleler Abtriebe gleichfrequent verändert werden kann). In diesen Fällen werden R e l u k t a n z - oder H y s t e r e s e l ä u f e r mit den Drehmoment-Drehzahl-Kennlinien von Bild 1.25 eingesetzt. Der Hystereseläufer ist im allgemeinen massiv und aus einem Werkstoff mit breiter Hystereseschleife (z. B. Alnico) hergestellt. Er kann jedes Trägheitsmoment in den Synchronismus ziehen. Dagegen ist der Reluktanzläufer ein normaler Käfigläufer, der durch eingefräste Nuten oder ähnliche Maßnahmen eine magnetische Vorzugsrichtung erhalten hat. Hier hängt das höchste Intrittfallmoment stark vom Trägheitsmoment ab. Große Trägheitsmomente werden deshalb nicht mehr synchronisiert. Das Außertrittfall-

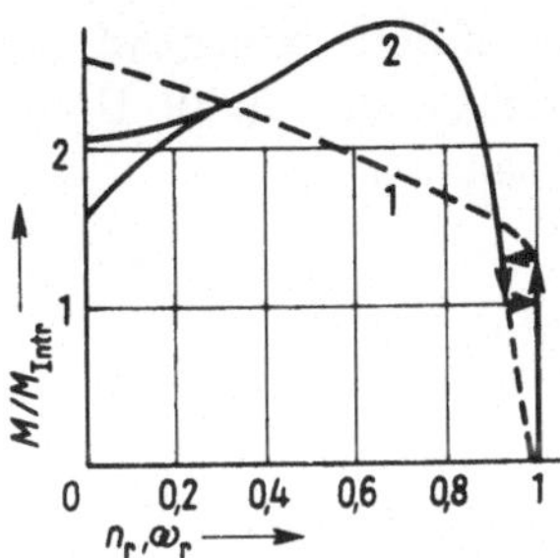

moment ist hiervon jedoch unabhängig. Diese Läufer können bis zu Leistungen von etwa 10 kW wirtschaftlich gebaut und auch in Einphasenmotoren eingesetzt werden. Ihre Herstellkosten betragen für gleiche Leistung etwa das Doppelte normaler Asynchronmotoren.

Bild **1.25** Drehmoment-Drehzahl-Kennlinien des Drehstrommotors mit Hystereseläufer (1) und Reluktanzläufer (2)

Sehr große Synchronmotoren haben demgegenüber nur geringfügig höhere Herstellkosten als die entsprechenden Asynchronmotoren, während der Wirkungsgrad wegen der fehlenden Läuferkupferverluste $V_{Cu2} = sP_d$ mit s = 0 um etwa 2 % besser ist. Außerdem kann man diese Motoren als Phasenschieber zur Blindstromkompensation heranziehen. Nachteilig ist jedoch, daß der Synchronmotor stärker als der Asynchronmotor zu Pendelschwingungen neigt, die sich bei einem ungleichförmigen Leistungsbedarf der angetriebenen Arbeitsmaschinen störend auswirken können. Für weitere Einzelheiten s. Band II/1, Abschn. Synchronmaschinen.

1.33 Betrieb von Gleichstrommotoren

Während der Drehstrom-Asynchronmotor mit Käfigläufer überall dort eingesetzt wird, wo eine oder mehrere in Stufen einstellbare feste Drehzahlen gefordert werden, hat der Gleichstrommotor seine Bedeutung für die stufenlose und verlustarme Drehzahlverstellung über einen größeren Bereich behauptet. Wir müssen daher hier das Betriebsverhalten von Gleichstrom-Nebenschluß-, -Reihenschluß- und -Doppelschlußmotor (Schaltbilder s. Bild 1.26) behandeln und gehen dabei von den in Band II/1 abgeleiteten Grundgleichungen aus.

Bild **1.26**
Schaltbilder für Gleichstrom-Nebenschluß- (a),
-Reihenschluß- (b) und
-Doppelschluß-Motor (c)
für Rechtslauf

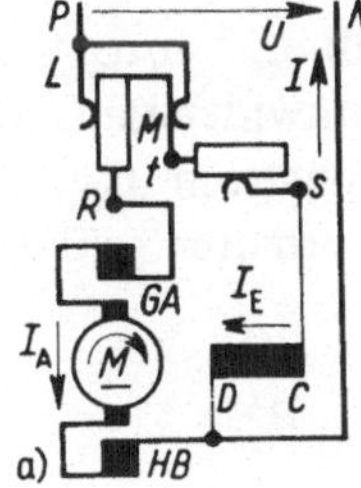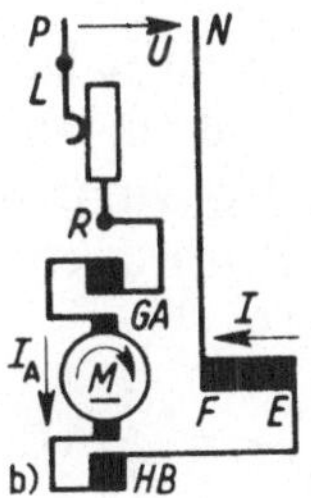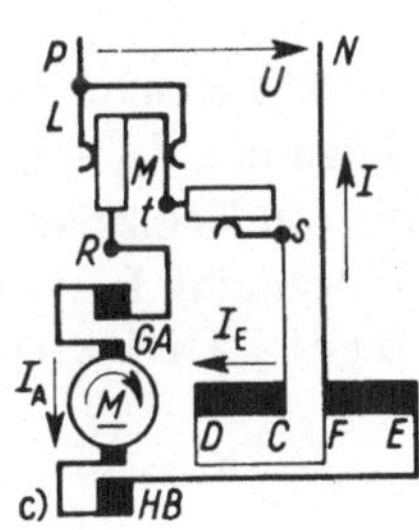

Mit Fluß Φ, Drehzahl n bzw. Winkelgeschwindigkeit ω und den von den Maschinenabmessungen abhängigen Konstanten c_u und c_m gilt nach Band II/1, Abschn. Betriebseigenschaften, für die in der Maschine erzeugte Q u e l l e n - s p a n n u n g

$$U_q = c_u\, n\, \Phi = c_m\, \omega\, \Phi \tag{1.55}$$

sowie mit dem Ankerstrom I_A für das von der Maschine erzeugte innere D r e h - m o m e n t

$$M_i = c_m\, I_A\, \Phi \tag{1.56}$$

Weiterhin müssen wir noch berücksichtigen, daß im stationären Betriebszustand der mit dem Ankerinnenwiderstand R_i entstehende innere Spannungsabfall $U_i = I_A R_i$ mit der Quellenspannung zusammen gleich der Netzspannung

$$U = U_q + I_A R_i \tag{1.57}$$

sein muß. (Der Bürstenspannungsabfall sei in U_i berücksichtigt.)

1.331 Gleichstrom-Nebenschlußmotor. Wenn man mit dem Index N die bei Nennbetrieb auftretenden Größen kennzeichnet, kann man nach Band II/1 aus Gl. (1.56) die Stromkennlinie

$$\frac{I_A}{I_{AN}} = \frac{M_i}{M_{iN}} \cdot \frac{\Phi_N}{\Phi} \tag{1.58}$$

entwickeln. Hier soll nun der relative Ankerstrom $I_{Ar} = I_A/I_{AN}$, das relative Drehmoment $M_r = M_i/M_{iN}$ (die Verlustmomente infolge Reibung und Eisenverluste werden also vernachlässigt) und der relative Fluß $\Phi_r = \Phi/\Phi_N$ eingeführt werden. Dann gilt für die S t r o m k e n n l i n i e

$$I_{Ar} = M_r/\Phi_r \tag{1.59}$$

Für die Ableitung der Drehzahlkennlinie setzen wir voraus, daß die Ankerklemmenspannung U geändert und der Widerstand R_V in den Ankerkreis eingeschaltet werden kann. Dann erhält man nach Band II/1 mit der ideellen Leerlaufdrehzahl n_d, also der Drehzahl, die sich ohne jede Last und ohne Reibungsmoment bei Nennspannung und Nennerregung einstellen würde, aus Gl. (1.55) und (1.57)

$$\frac{n}{n_d} = \frac{U}{U_N} \cdot \frac{\Phi_N}{\Phi} - \frac{I_{AN}(R_i + R_V)}{U_N} \cdot \frac{M_i}{M_{iN}} \cdot \left(\frac{\Phi_N}{\Phi}\right)^2 \tag{1.60}$$

Wir führen auch hier die relative Drehzahl $n_r = n/n_d = \omega_r = \omega/\omega_d$, die relative Spannung $U_r = U/U_N$ und mit dem Nennwiderstand $R_N = U_N/I_{AN}$ als Verhältnis von Nennspannung U_N zu Ankernennstrom I_{AN} den relativen Ankerkreiswiderstand $R_r = (R_i + R_V)/R_N$ ein und erhalten schließlich mit Gl. (1.59) die D r e h z a h l k e n n l i n i e

$$n_r = \frac{U_r}{\Phi_r} - \frac{M_r R_r}{\Phi_r^2} = \frac{1}{\Phi_r}\,(U_r - I_{Ar} R_r) \tag{1.61}$$

Das ist bei konstantem Fluß Φ_r, also Vernachlässigung der Ankerrückwirkung (s. Band II/1), oder bei Motoren mit Hilfsreihenschlußwicklung (s. Abschn. 1.333) oder Kompensationswicklung (s. Band II/1) die Gleichung einer Geraden, deren Leerlaufdrehzahl mit U_r/Φ_r und deren Steigung mit R_r/Φ_r^2 festliegt. Für $\Phi_r = 1$ ist daher der relative Drehzahlabfall Δn_r zwischen Leerlauf und Nennlast gleich dem relativen Widerstand R_r.

Steigung und Leerlaufwert der Drehzahlkennlinie können über U_r, R_r und Φ_r beeinflußt werden. Das zeigt für einige Beispielwerte Bild 1.27. Bei Änderung von Φ_r, für die der relative Erregerstrom $I_{Er} = I_E/I_{EN}$ entsprechend Bild 1.28 über den Feldsteller s,t (Bild 1.26a) verstellt werden muß, ändert sich auch der Strom I_{Ar}, während die übrigen Änderungen U_r^* und R_r^* ihn nicht beeinflussen. Da bei Dauerlast der Nennstrom nicht überschritten werden darf, schließt dann bei gleichbleibender Belüftung (z. B. durch besonderen Lüftermotor) die Grenzlinie DG in Bild 1.27 den Dauerlastbereich ein. Bei Eigenbelüftung muß bei herabgesetzter Drehzahl der Strom ebenfalls verringert werden (s. Abschn. 4). Für weitere Einzelheiten zur Drehzahländerung s. Abschn. 3.2.

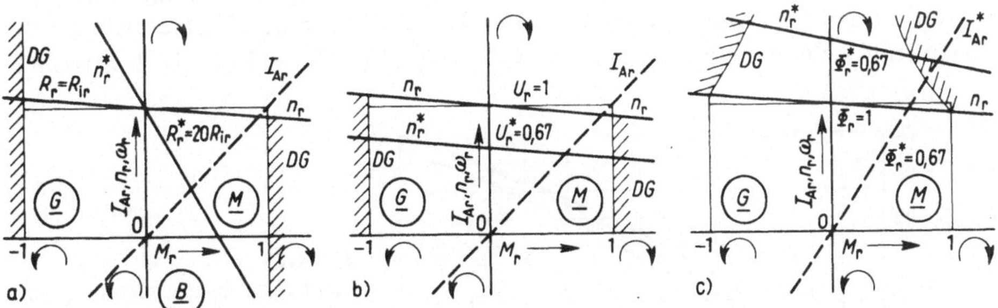

Bild 1.27 Strom-(– – –) und Drehzahl-Kennlinien (——) der Gleichstrom-Nebenschlußmaschine mit Drehzahlverstellung über Ankervorwiderstand R_r (a), Ankerspannung U_r (b) und Feld Φ_r (c). DG Grenze für Dauerlastbereich

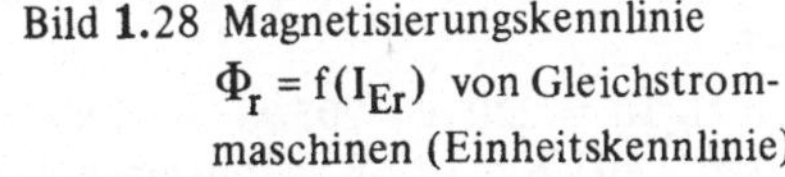

Bild 1.28 Magnetisierungskennlinie $\Phi_r = f(I_{Er})$ von Gleichstrommaschinen (Einheitskennlinie)

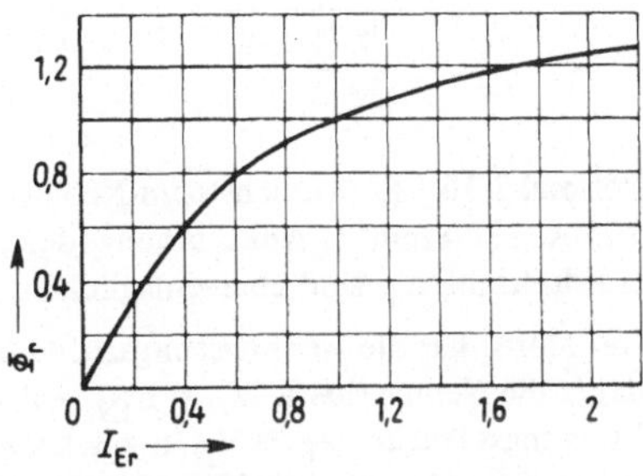

Bei unkompensierten Nebenschlußmotoren kann die mit der A n k e r r ü c k w i r k u n g verbundene Feldschwächung die Drehzahl bis zur Instabilität erhöhen und den für ein bestimmtes Drehmoment erforderlichen Ankerstrom zusätzlich vergrößern. Da die Ankerrückwirkung etwa quadratisch mit dem Ankerstrom wächst, treten diese unangenehmen Erscheinungen insbesondere bei Überlast und Betrieb mit Feldschwächung in Erscheinung. Sie können durch Kompensationswicklungen (bei größeren Maschinen oder für hohe Ansprüche) oder durch Hilfs-Reihenschlußwicklungen (bei kleineren Motoren) ausreichend klein gehalten werden.

Betriebsbereiche. Nach Bild 1.27 verhält sich die Gleichstrom-Nebenschlußmaschine im rechten oberen Bereich, in dem Drehmoment und Drehzahl die gleiche Richtung aufweisen, wie ein Motor M und im linken Bereich, in dem die Maschine ein Gegendrehmoment entwickelt und der Strom seine Richtung umgekehrt hat, wie ein Generator G. Im rechten unteren Bereich sind Drehmoment und Drehrichtung ebenfalls einander entgegengerichtet; hier wird die Maschine vom Antrieb durchgezogen und wirkt als Bremse B.

Verluste. Bei den Gleichstrommaschinen unterscheiden wir die

A n k e r k u p f e r v e r l u s t e	V_{CuA}	$= I_A^2\, R_i$	(1.62)
B ü r s t e n ü b e r g a n g s v e r l u s t e	$V_{Bü}$	$= I_A \cdot 2\,V$	(1.63)
E r r e g u n g s v e r l u s t e	V_E	$= U_E I_E$	(1.64)
Z u s a t z v e r l u s t e nach VDE 0530	V_Z	$= kP_{2N}(I_A/I_{AN})^2$	(1.65)

mit k = 0,01 für Maschinen o h n e und k = 0,005 für solche mit Kompensationswicklung sowie die E i s e n v e r l u s t e V_{Fe} und die R e i b u n g s v e r l u s t e V_R, die nur aus Versuchen bestimmt werden können. Dann gilt für den Wirkungsgrad (Richtwerte s. Bild 1.29) wieder Gl. (1.41). Für überschlägliche Betrachtungen genügt es vorauszusetzen, daß bei Nennlast Leer- und Lastverluste gleich groß sind und sich die Einzelverluste wie $V_{CuA} : V_E : V_{Fe} : V_R = 3 : 1 : 1 : 1$ aufteilen.

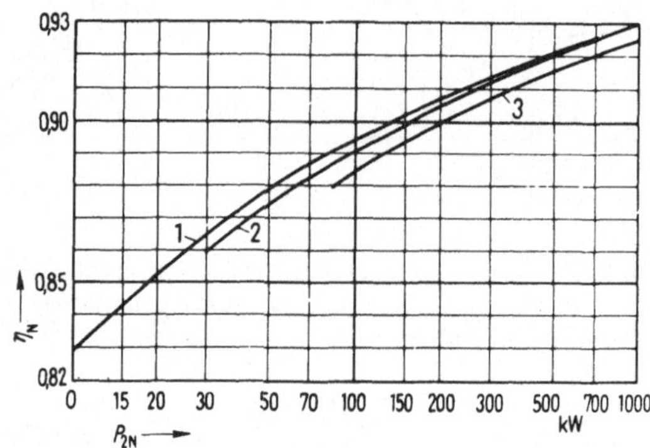

Bild 1.29
Richtwerte für den Nennwirkungsgrad η_N von Gleichstrommaschinen bei verschiedenen Nenndrehzahlen $n_N = 1500$ min^{-1} (Kurve 1), 1000 min^{-1} (2) und 500 min^{-1} (3)

Beispiel 1.13: Ein Gleichstrom-Nebenschlußmotor hat die Leistungsschilddaten 40 kW, 220 V, 205 A, 1380 min^{-1}. Ankerinnenwiderstand R_i, Erregerwicklungswiderstand R_E und Leerlaufdrehzahl n_d sind überschläglich zu bestimmen.

Der Motor hat die Nennleistungsaufnahme $P_{1N} = U_N I_N = 220$ V $\cdot$ 205 A $= 45,1$ kW und daher die Nennverluste $V_N = P_{1N} - P_{2N} = 45,1$ kW $- 40$ kW $= 5,1$ kW. Wir nehmen für die Erregungsverluste $V_E \approx V_N/6 = 5,1$ kW$/6 = 850$ W an und erhalten somit den Nennerregerstrom $I_{EN} = V_E/U_E \approx 850$ W$/220$ V $= 3,86$ A bzw. den Erregerwicklungswiderstand $R_E = U_E/I_{EN} \approx 220$ V$/3,84$ A $= 57\ \Omega$.

Es fließt dann der Ankerstrom $I_{AN} = I_N - I_{EN} \approx 205$ A $- 4$ A $= 201$ A. Für die Ankerkupferverluste setzen wir an $V_{CuAN} \approx V_N/2 = 5,1$ kW$/2 = 2,55$ kW, so daß wir mit Gl. (1.62) den Ankerinnenwiderstand $R_i = V_{CuAN}/I_{AN}^2 \approx 2,55$ kW$/201^2$ A$^2 = 0,063\ \Omega$ erhalten.

Mit dem Nennwiderstand $R_N = U_N/I_{AN} = 220$ V$/201$ A $= 1,094\ \Omega$ ergibt sich nun der relative Widerstand $R_r = R_i/R_N \approx 0,063\ \Omega/1,094\ \Omega = 0,0576$. Daher fällt die Drehzahl zwischen Leerlauf und Vollast um 5,76 % ab, bzw. die ideelle Leerlaufdrehzahl beträgt nach Gl. (1.61)

$$n_d = \frac{n_N}{1 - R_r} \approx \frac{1380 \text{ min}^{-1}}{1 - 0,0576} = 1465 \text{ min}^{-1}$$

Die tatsächliche Leerlaufdrehzahl n_0 liegt wegen der Leerlaufverluste etwas niedriger.

1.332 Gleichstrom-Reihenschlußmotor. Hier liegen Ankerkreis und Erregerwicklung in Reihe (s. Schaltbild 1.26b), und der Fluß Φ_r wird durch den Ankerstrom I_{Ar} erregt, wobei wir wieder die Magnetisierungskennlinie nach Bild 1.28 mit $I_{Ar} = I_{Er}$ zugrunde legen dürfen. Es gelten dann weiterhin für Strom und Drehzahl Gl. (1.59) und (1.61), wobei sich in $n_r = n/n_d$ die hier ideelle Leerlaufdrehzahl n_d für $M_r = 0$ und $U_r = \Phi_r = 1$ einstellen würde.

Für den linearen Teil der Magnetisierungskennlinie (Bild 1.28) gilt $\Phi_r = kI_{Ar}$, und man erhält durch Einsetzen für die S t r o m k e n n l i n i e

$$I_{Ar} = \sqrt{M_r/k} \tag{1.66}$$

sowie für die D r e h z a h l k e n n l i n i e

$$n_r = \frac{U_r}{\sqrt{kM_r}} - \frac{R_r}{k} \tag{1.67}$$

Die mit der Magnetisierungskennlinie aus Bild 1.28 unter Vernachlässigung der Ankerrückwirkung berechneten Kennlinien (s. Beisp. 1.14) zeigt Bild 1.30. Man erkennt, daß der Ankerstrom I_{Ar} beim Reihenschlußmotor bei Überlast wesentlich geringer mit dem Drehmoment M_r anwächst als beim Nebenschlußmotor (Bild 1.27). Reihenschlußmotoren haben daher auch (bezogen auf den gleichen Ankerstrom) ein größeres Anzugsmoment.

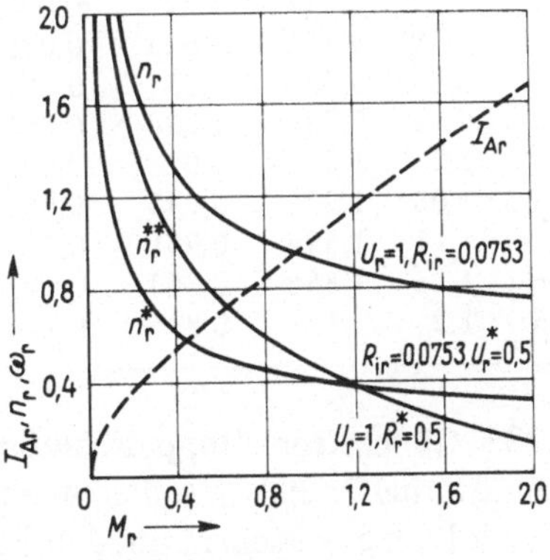

Bild **1.30** Belastungskennlinien des Gleichstrom-Reihenschlußmotors (Beisp. 1.14) für Drehzahl (——) und Strom (– – –)

Die Drehzahlkennlinie folgt annähernd einer Hyperbel, wobei unter Voraussetzung eines linearen Zusammenhangs zwischen I_{Ar} und Φ_r der relative Ankerkreiswiderstand R_r einen konstanten Drehzahlabfall R_r/k verursacht. Leerlauf ist bei Reihenschlußmotoren im allgemeinen nicht zulässig, da die dann auftretenden großen Fliehkräfte den Anker zerstören können. Reihenschlußmotoren müssen daher auch stets starr gekuppelt sein; Riementriebe oder ähnliche lösbare Verbindungen zwischen Motor und Arbeitsmaschine sind unzulässig. Die Drehzahl läßt sich wieder über U_r^* und R_r^* entsprechend Bild 1.30 verstellen. Weitere Einzelheiten hierzu s. Abschn. 3.3. Ein generatorischer Betrieb des Reihenschlußmotors ist im allgemeinen nicht möglich.

Beispiel 1.14: Ein Gleichstrom-Reihenschlußmotor hat die Leistungsschilddaten 40 kW, 220 V, 205 A, 1380 min^{-1}.

a) Die Belastungskennlinien n_r, $I_r = f(M_r)$ sind zu berechnen.

Die Nennverluste betragen hier ebenso wie beim Nebenschlußmotor in Beisp. 1.13 $V_N = 5{,}1$ kW. Wir teilen sie jetzt aber auf im Verhältnis $V_{CuAn} : V_{Fe} : V_R = 4 : 1 : 1$ und erhalten dann mit $V_{CuAn} \approx 4V_N/6 = 4 \cdot 5{,}1\,\text{kW}/6 = 3{,}4\,\text{kW}$ überschläglich den Ankerinnenwiderstand $R_i = V_{CuAN}/I_N^2 \approx 3400\,\text{W}/205^2\,\text{A}^2 = 0{,}0808\,\Omega$ sowie mit dem Nennwiderstand $R_N = U_N/I_N = 220\,\text{V}/205\,\text{A} = 1{,}072\,\Omega$ den relativen Widerstand $R_r = R_i/R_N \approx 0{,}0808\,\Omega/1{,}072\,\Omega = 0{,}0753$. Die Belastungskennlinien berechnen wir jetzt mit Hilfe von Gl. (1.59) und (1.61) sowie Bild 1.28 in Tafel 1.31. Sie sind in Bild 1.30 dargestellt.

b) Für $U_r^* = 0{,}5$ (bei $R_{ir} = 0{,}0753$) sowie $R_r^* = 0{,}5$ (bei $U_r = 1$) sind die Drehzahlkennlinien n_r^* und $n_r^{**} = f(M_r)$ zu berechnen.

Die Berechnung wird wieder mit Gl. (1.61) und Tafel 1.31 vorgenommen; die Ergebnisse sind ebenfalls in Bild 1.30 dargestellt.

T a f e l **1.31** Zur Berechnung der Belastungskennlinien des Gleichstrom-Reihenschlußmotors (Beisp. 1.14)

i_{Ar}	Φ_r	M_r	$\dfrac{1}{\Phi_r}$	$\dfrac{M_r R_{ir}}{\Phi_r^2}$	n_r	$\dfrac{U_r}{\Phi_r}$	n_r^*	$\dfrac{M_r R_r^*}{\Phi_r^2}$	n_r^{**}
0,2	0,31	0,062	3,23	0,0486	3,18	1,615	1,566	0,323	2,91
0,4	0,59	0,236	1,695	0,0507	1,644	0,847	0,796	0,336	1,35
0,6	0,8	0,48	1,25	0,0565	1,19	0,625	0,568	0,375	0,88
0,8	0,92	0,736	1,088	0,0655	1,023	0,544	0,438	0,425	0,663
1,0	1,0	1,0	1,0	0,0753	0,925	0,5	0,425	0,5	0,5
1,2	1,06	1,272	0,943	0,0858	0,857	0,472	0,386	0,570	0,373
1,4	1,11	1,554	0,901	0,0949	0,806	0,451	0,356	0,63	0,271
1,6	1,16	1,856	0,863	0,104	0,759	0,432	0,328	0,69	0,173
1,8	1,2	2,16	0,835	0,113	0,722	0,418	0,305	0,75	0,085

1.333 Gleichstrom-Doppelschlußmotor. Gleichstrommotoren, die ein Nebenschlußverhalten haben sollen, werden häufig mit einer H i l f s r e i h e n s c h l u ß w i c k l u n g versehen, um den Einfluß der Ankerrückwirkung herabzusetzen und Instabilität zu verhindern (s. Band II/1). Diese Wicklung erhöht gleichzeitig das Anzugsmoment. Ebenso erhalten Motoren mit Reihenschlußverhalten gelegentlich eine Nebenschlußwicklung als H a l t e w i c k l u n g, um zu hohe Drehzahlen im Leerlauf zu vermeiden. Diese Doppelschluß- oder Verbund-Motoren werden nach Bild 1.26c geschaltet. Ihre Eigenschaften weichen dementsprechend nicht sehr von dem Verhalten mit der am stärksten ausgelegten Erregerwicklung ab. Das V e r b u n d v e r h a l t e n liegt also zwischen Nebenschluß- und Reihenschlußverhalten nach Bild 1.11.

2 ZUSAMMENWIRKEN VON MOTOR UND ARBEITSMASCHINE

Während noch in Abschn. 1 die Eigenschaften der verschiedenen Arbeitsmaschinen und Antriebsmotoren unabhängig voneinander behandelt werden, müssen wir uns jetzt dem Verhalten des vollständigen Antriebs, also dem Zusammenwirken von Antriebsmotor und angetriebener Arbeitsmaschine zuwenden. Wir werden zunächst die Anforderungen an den normalen N e n n b e t r i e b und anschließend die verschiedenen Übergangszustände, wie A n l a s s e n, B r e m s e n und U m - s t e u e r n, betrachten.

2.1 Nennbetrieb

Jeder Elektromotor ist für bestimmte Anforderungen bemessen, die auf seinem Leistungsschild als N e n n w e r t e angegeben sind. Dieser Nennpunkt muß s t a b i l einstellbar sein.

2.11 Nennwerte

Zu den auf dem L e i s t u n g s s c h i l d (DIN 46 961) angegebenen Nennwerten des Elektromotors gehören N e n n s p a n n u n g, N e n n l e i s t u n g, N e n n - s t r o m, N e n n d r e h z a h l, N e n n b e t r i e b s a r t (s. Abschn. 4.112), Stromart (Gleich-, Einphasenwechsel- oder Drehstrom), Drehrichtung, Schutzart, Kühlung, Isolierstoffklasse sowie Hersteller, Modellbezeichnung und Fertigungsnummer. Hinzukommen können Angaben über eingehaltene Vorschriften und Normen sowie über zu verwendende Schmiermittel und Schaltglieder. Bei Wechselstrommotoren sind außerdem noch Nennfrequenz und Nennleistungsfaktor, bei gleichstromerregten Synchron- und fremderregten Gleichstrommotoren die Nennerregerspannung aufgeführt. Aus diesen Angaben können dann Nennleistungsaufnahme, Nennwirkungsgrad, Nennverluste und Nennmoment leicht errechnet werden.

Nennspannung und Nennfrequenz benötigt man beim Anschluß an das Netz, den Nennstrom zur Bemessung der Schalt- und Schutzeinrichtungen. Die N e n n - l e i s t u n g kann unter den angegebenen Nennbedingungen (Nennspannung, Nenndrehzahl) bei der angegebenen Nennbetriebsart a b g e g e b e n werden, ohne daß die zulässigen Wicklungserwärmungen überschritten werden. Es können auch verschiedene Nennleistungen für unterschiedliche Nenndrehzahlen oder Nennbetriebsbereiche festgelegt sein. Für abweichende Betriebsverhältnisse s. Abschn. 4.12.

Beispiel 2.1: Das Leistungsschild eines Drehstrom-Asynchronmotors enthält die Angaben: 500 V △, 45 kW, 1465 min⁻¹, 67 A, cos φ = 0,85. Zu berechnen sind Nennleistungsaufnahme, Nennverluste, Nennwirkungsgrad, Nennmoment und Energiekosten für einen achtstündigen Betrieb, wenn für 1 kWh der Arbeitspreis k_W = 0,08 DM/kWh zu bezahlen ist.

Nach Gl. (1.34) beträgt die Nennleistungsaufnahme

$$P_{1N} = \sqrt{3}\ U_{1N}I_{1N}\ \cos\varphi_N = \sqrt{3} \cdot 500\ V \cdot 67\ A \cdot 0,85 = 48,3\ kW$$

Daher ergeben sich die Nennverluste $V_N = P_{1N} - P_{2N} = 48,3\ kW - 45,0\ kW = 3,3\ kW$ und nach Gl. (1.41) der Nennwirkungsgrad $\eta_N = P_{2N}/P_{1N} = 45,0\ kW/48,3\ kW = 0,932$. Mit der Nennwinkelgeschwindigkeit $\omega_N = 2\,\pi\,n_N = 2\,\pi \cdot 1465\ min^{-1}\ min/60\ s = 153,2\ s^{-1}$ erhalten wir das Nennmoment

$$M_N = P_{2N}/\omega_N = 45\ kW/153,2\ s^{-1} = 294\ Nm = 29,9\ kpm$$

Schließlich gilt für die Kosten

$$K = P_{1N}t k_W = 48,3\ kW \cdot 8\ h \cdot 0,08\ DM/kWh = 30,9\ DM$$

2.12 Stabilität

Ein Antrieb, der mit einer bestimmten festen Drehzahl betrieben werden soll, muß diese Drehzahl auch nach vorübergehenden, geringen Störungen (z. B. Änderungen der Netzspannung oder des Lastmoments) wieder annehmen. Da im B e - t r i e b s p u n k t mit

$$M - M_L = 0 \tag{2.1}$$

Motormoment M und Lastmoment M_L gleich groß sein müssen, hat hierfür also ein s t a b i l e s G l e i c h g e w i c h t zu herrschen.

Um das Wesentliche eines stabilen Betriebspunktes zu erkennen, betrachten wir Bild 2.1. Nach dem Einschalten des gekuppelten Antriebs würde er mit dem überwiegenden Motormoment M bis zum Betriebspunkt 1 hochlaufen. In gleicher Weise würde nach einem Leeranlauf und anschließender Kupplung der Arbeitsmaschine der Antrieb bis zum Betriebspunkt 3 abgebremst werden. Geringe Spannungs- oder Lastschwankungen in der Nähe dieser Punkte führen auch nur zu geringen Drehzahländerungen. Das für höhere Drehzahlen überwiegende Lastmoment M_L und das für kleinere Drehzahlen vorherrschende Motormoment M werden stets dafür sorgen, daß nach dem Abklingen der Störung der alte Betriebspunkt wieder erreicht wird. Die Betriebspunkte 1 und 3 sind also s t a b i l .

Werden während des Leeranlaufs gerade bei der zum Betriebspunkt 2 gehörenden Drehzahl Motor und Arbeitsmaschine gekuppelt, so muß sich, da Gl. (2.1) erfüllt wird, ebenfalls ein Drehmoment-Gleichgewicht einstellen und somit ein möglicher Betriebspunkt ergeben. Im Drehzahlbereich zwischen den Punkten 1 und 2 wird aber der Antrieb sofort wegen des überwiegenden Lastmoments M_l auf den Betriebspunkt 1 abgebremst, während er im Bereich zwischen den Punkten 2 und 3 gleich auf den Betriebspunkt 3 beschleunigt wird.

In ähnlicher Weise wird sich jede geringfügige Störung im Betriebspunkt 2 auswirken. Dieser Betrieb ist also l a b i l.

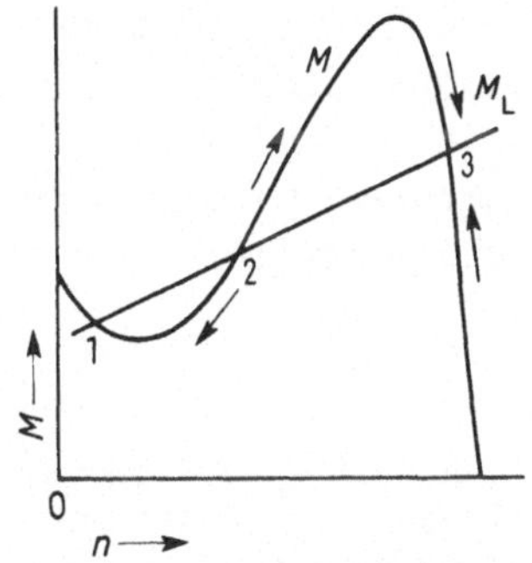

Bild **2**.1 Stabilität der Betriebspunkte
1, 3 stabil, 2 labil

Ein stabiler Betrieb ist daher nur gewährleistet für $dM_L/dn > dM/dn$, d. h. wenn also die Lastmomentänderung dM_L bezogen auf die Drehzahländerung dn in der Nähe des Betriebspunktes größer ist als die vergleichbare Motormomentänderung dM. Vom stabilen Betriebspunkt aus betrachtet muß dementsprechend für höhere Drehzahlen das Lastmoment M_L und für niedrigere Drehzahlen des Motormoment M überwiegen.

Ebenso wie in der Mechanik ist auch beim Antrieb ein i n d i f f e r e n t e r Gleichgewichtszustand möglich. Er tritt z. B. auf, wenn in Bild **2**.1 der Betriebspunkt mit dem höchsten Motormoment zusammenfällt. Keinesfalls kann man aber bei den Asynchronmotoren den Bereich zwischen diesem Kippunkt und Stillstand als labil ansprechen. Auch in diesem Bereich sind stabile Betriebspunkte möglich, wenn nur für eine entsprechend steile Lastkennlinie gesorgt wird. So werden z. B. in der Drehzahl verstellbare Lüfter häufig unterhalb der Kippdrehzahl betrieben.

Neben der bisher betrachteten s t a t i s c h e n S t a b i l i t ä t haben wir noch die d y n a - m i s c h e Stabilität zu beachten. Ein Antrieb wird bereits dann als instabil angesehen, wenn seine Drehzahl als Folge von Pendelmomenten periodisch schwankt. Diese Schwingungen können insbesondere bei Synchronmaschinen auftreten, da diese ein schwingungsfähiges System aus drehenden Massen und dem magnetischen Drehfeld als Feder darstellen. Durch dämpfende Glieder (z. B. Dämpferkäfig – s. Band II/1) kann man sie ausreichend klein halten. Zum Einfluß von Schwungrädern s. Abschn. 2.24, zur Frage der Stabilität eines geregelten Antriebs siehe Abschn. 3.418.

2.2 Behandlung von Übergangszuständen

Die Bemessung eines Antriebs für den stationären Zustand macht im allgemeinen keine großen Schwierigkeiten (s. Abschn. 4.1). Man muß jedoch bei der Bemessung eines Antriebsmotors, dessen Betriebszustände häufigen Änderungen unterworfen sind, die u. U. erheblichen Belastungen durch die Übergangsvorgänge berücksichtigen. Hier werden dann die in Abschn. 1 noch nicht beachteten M a s s e n k r ä f t e wirksam, deren Wirkung wir jetzt bei langsamen und schnelleren Drehzahländerungen betrachten müssen.

2.21 Massenträgheit und Beschleunigungskräfte

2.211 Beschleunigte Bewegungen. Bei einer g e r a d l i n i g b e s c h l e u n i g -
t e n B e w e g u n g gilt mit der treibenden Kraft F_M (z. B. Antriebskraft des
Motors), der hemmenden Kraft F_L (z. B. Last der Antriebsmaschine), der Masse
m des bewegten Antriebssystems und der B e s c h l e u n i g u n g (bzw. Verzögerung) a = dv/dt (mit v als Geschwindigkeit und t als Zeit) das N e w t o n-
sche Gesetz [10, 29, 30, 45] für die beschleunigende K r a f t

$$F = F_M - F_L = ma = m\, dv/dt \tag{2.2}$$

Da die Kraft F = 1 N der Masse m = 1 kg die Beschleunigung a = 1 m/s^2 erteilt, soll diese
SI-Krafteinheit N e w t o n heute verwendet werden. Demgegenüber ruft die Kraft F = 1 kp
bei der Masse m = 1 kg die Normalbeschleunigung g = 9,81 m/s^2 hervor, so daß für Umrechnungen gilt

$$1\ kp = 9,81\ N = 9,81\ kgm/s^2 \tag{2.3}$$

Analog zur geradlinig beschleunigten Bewegung muß man bei der b e s c h l e u -
n i g t e n D r e h b e w e g u n g, um dem T r ä g h e i t s m o m e n t J die
D r e h b e s c h l e u n i g u n g

$$\alpha = d\omega/dt \tag{2.4}$$

(mit $\omega = 2\pi n$ als Winkelgeschwindigkeit) zu erteilen, das B e s c h l e u n i -
g u n g s m o m e n t

$$M_B = J\alpha = J\, d\,\omega_t/dt = J \cdot 2\,\pi\, dn_t/dt \tag{2.5}$$

aufbringen. Nur infolge einer solchen Drehbeschleunigung kann sich die Drehzahl eines Antriebs ändern. Positive Beschleunigungsmomente erhöhen die Winkelgeschwindigkeit ω bzw. die Drehzahl n; negative Beschleunigungsmomente
(Bremsmomente) verringern sie.

2.212 Allgemeine Zustandsgleichung des Antriebs. Während des Hochlaufs eines
Antriebs, z. B. nach Bild 2.2, ist das Gleichgewicht nach Gl. (2.1) noch nicht erreicht, da neben Motormoment M und Lastmoment M_L das Beschleunigungsmoment M_B auftritt. Dann gilt die allgemeine Zustandsgleichung des Antriebs

$$M - M_L - M_B = 0 \tag{2.6}$$

und das im allgemeinen drehzahlabhängige B e s c h l e u n i g u n g s m o m e n t

$$M_{B\,\omega} = M_\omega - M_{L\omega} = J\alpha = J\, d\omega_t/dt = 2\,\pi\, J\, dn_t/dt \tag{2.7}$$

sorgt dafür, daß der Antrieb bis zur Lastdrehzahl n beschleunigt wird. (Wir haben
hier durch den Index ω berücksichtigt, daß alle betrachteten Drehmomente sich
allgemein mit der Winkelgeschwindigkeit ω (bzw. der Drehzahl n) ändern
können.) In gleicher Weise würde nach einem Leerlauf und anschließendem Ein-

kuppeln der Arbeitsmaschine das negative Beschleunigungsmoment (Verzögerungsmoment) den Antrieb
auf die Nenndrehzahl abbremsen.

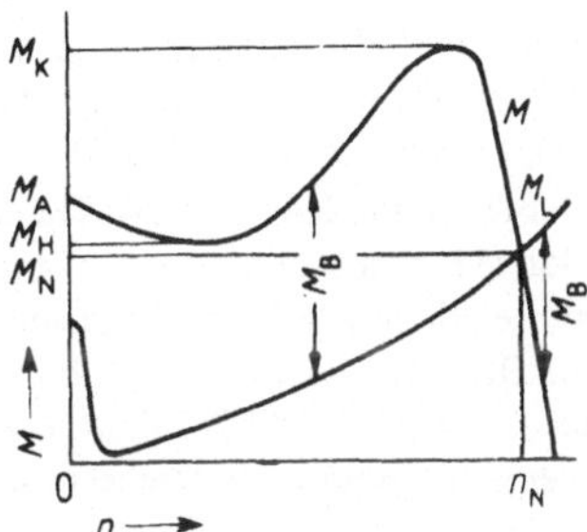

Bild 2.2 Hochlauf eines Antriebs
M Motormoment, M_A Anzugsmoment, M_B Beschleunigungsmoment, M_H Hochlaufmoment
(Sattelmoment), M_K Kippmoment, M_L Lastmoment, M_N Nennmoment, n_N Nenndrehzahl

2.213 Bestimmung von Trägheitsmomenten. Für das Trägheitsmoment
einer drehenden Masse m gilt allgemein mit den Masseteilchen dm, die sich auf
dem Radius r drehen

$$J = \int_0^m r^2 \, dm \tag{2.8}$$

Für homogene Körper (z. B. Schwungräder) läßt es sich also leicht errechnen
[10, 29, 30, 45]. Der Aufbau der Läufer von Elektromotoren ist jedoch meist
nicht so weit bekannt, daß man die Trägheitsmomente über Gl. (2.8) bestimmen
kann. Daher enthält Bild 2.3 Richtwerte für normale Ausführungen von Drehstrom-Asynchronmotoren und
Gleichstrommotoren.

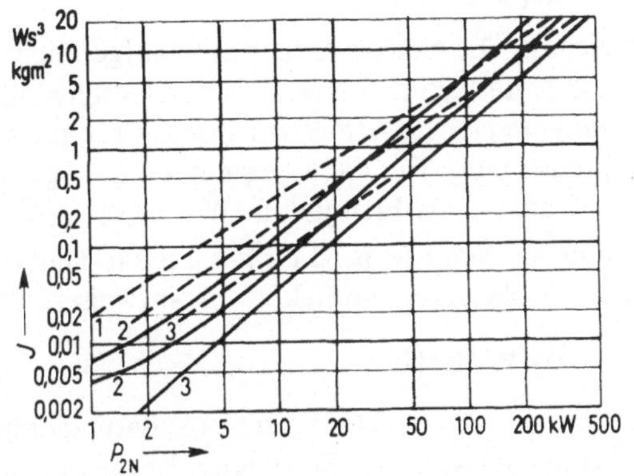

Bild 2.3
Richtwerte für Trägheitsmomente J
von Drehstrommotoren mit Käfigläufer (——) und Gleichstrommotoren (– – –) in Abhängigkeit von der
Nennleistung P_{2N} für $n_d = 1000$
min^{-1} (Kurve 1), 1 500 min^{-1} (2)
und 3000 min^{-1} (3)

Die Praxis gibt noch häufig das Trägheitsmoment als **Schwungmoment** GD^2
an. Dabei denkt man sich die gesamte Gewichtskraft G = mg auf einem Ring
mit dem Trägheitsdurchmesser D konzentriert. Daher gilt mit D = 2r für die
Umrechnung

$$J = mr^2 = mD^2/4 = GD^2/4g \tag{2.9}$$

Das Schwungmoment GD^2 wird meist in kpm^2 angegeben, und es entspricht das Schwungmoment $GD^2 = 1\ kpm^2$ dem Trägheitsmoment

$$J = \frac{GD^2}{4g} = \frac{1\ kpm^2}{4 \cdot 9,81\ m/s^2} = 0,0255\ kpms^2 = 0,0255 \cdot 9,81\ kgm^2 = 0,25\ kgm^2 = 0,25\ Ws^3$$

Es braucht also nur der Zahlenwert für das Schwungmoment GD^2 in kpm^2 durch 4 geteilt zu werden, wenn man den Zahlenwert des entsprechenden Trägheitsmoments J in Ws^3 (bzw. kgm^2) erhalten will.

Meßtechnisch läßt sich das Trägheitsmoment auch aus einem A u s l a u f v e r s u c h ermitteln. Man läßt den Motor (oder auch den ganzen Antrieb) frei auslaufen. Beim leerlaufenden Motor wirken dann alle Reibungsmomente bremsend (beim Antrieb alle wirksamen Lastmomente), und die Drehzahl verringert sich bis zum Stillstand. Für jede Winkelgeschwindigkeit der Auslaufkurve $\omega = f(t)$ nach Bild 2.4 kann man dann über eine Tangente die Steigung $\Delta\omega/\Delta t$ bestimmen. Wenn das bremsende Drehmoment $M_{B\omega}$ bekannt ist (z. B. durch eine Verlustbestimmung oder durch Messung mit der Pendelmaschine), ergibt sich hieraus entsprechend Gl. (2.5) das Trägheitsmoment

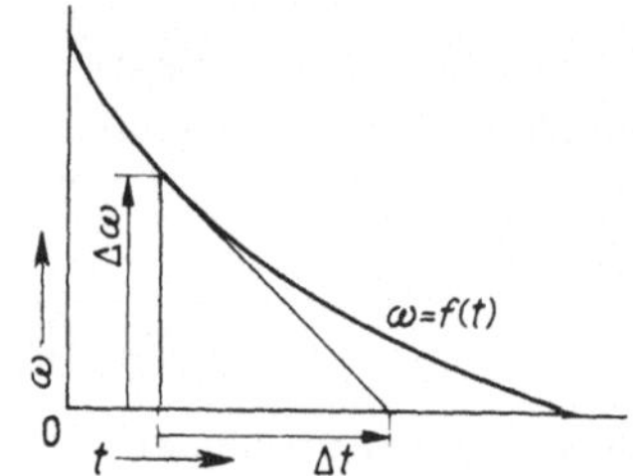

$$J = M_{B\omega}\Delta t/\Delta\omega \qquad (2.10)$$

Für weitere Verfahren s. [48, 79].

Bild **2.4** Auslaufkurve $\omega = f(t)$

2.214 Energie bewegter Massen. Wenn sich die Masse m g e r a d l i n i g mit der Geschwindigkeit v bewegt, ist in ihr nach [10, 29, 30, 32] die k i n e t i s c h e E n e r g i e

$$W_k = mv^2/2 \qquad (2.11)$$

gespeichert. Die gleiche Arbeit muß aufgebracht werden, wenn die Masse m von der Geschwindigkeit $v = 0$ auf diese Geschwindigkeit v beschleunigt werden soll, und die gleiche Arbeit wird frei, wenn die Masse wieder bis zum Stillstand abgebremst wird. Für die G e s c h w i n d i g k e i t s ä n d e r u n g von v_1 auf v_2 muß analog die Energie um $W = m(v_2^2 - v_1^2)/2$ geändert werden.

In ähnlicher Weise ist in d r e h e n d e n Massen, die das Trägheitsmoment J und die Winkelgeschwindigkeit ω aufweisen, die k i n e t i s c h e E n e r g i e

$$W_k = J\omega^2/2 \qquad (2.12)$$

gespeichert [10, 29, 30, 45], und für Beschleunigen und Bremsen gilt dasselbe wie bei der geradlinigen Bewegung. Ebenso benötigt bzw. gewinnt man bei Ä n - d e r u n g der W i n k e l g e s c h w i n d i g k e i t von ω_1 auf ω_2 die Arbeit

$$W = J(\omega_2^2 - \omega_1^2)/2 \qquad (2.13)$$

Ein Antriebsmotor wird nach VDE 0530 durch die T r ä g h e i t s k o n s t a n t e

$$H = J_M\,\omega_N^2/(2\,S_{1N}) = J_M\,\omega_N^2/(2\,U_N\,I_N) \qquad (2.14)$$

gekennzeichnet, die das Verhältnis der bei Nenn-Winkelgeschwindigkeit ω_N im Läufer gespeicherten kinetischen Energie $J_M\,\omega_N^2/2$ zur Nenn-Scheinleistung S_{1N} (bzw. bei Gleichstrommaschinen zum Produkt $U_N\,I_N$ der Nennwerte) darstellt und aus der umgekehrt das Trägheitsmoment J_M des Motorläufers berechnet werden kann.

2.215 Umrechnung von Trägheitsmomenten. Wenn in Antrieben träge Massen
mit verschiedenen Drehzahlen drehen oder drehende und geradlinige Bewegungen
gleichzeitig auftreten, ist es sinnvoll, die Wirkungen aller trägen Massen in einem
einzigen Trägheitsmoment vereint zu denken und so träge Massen und Trägheitsmomente auf e i n e Winkelgeschwindigkeit — meist die Motor-Winkelgeschwindigkeit — umzurechnen. Bei dieser Umrechnung hat man davon auszugehen, daß
die kinetische Energie erhalten bleibt.

Soll das Trägheitsmoment J, das bei der Winkelgeschwindigkeit ω auftritt, auf
die Winkelgeschwindigkeit ω' umgerechnet werden, so muß also mit dem umgerechneten Trägheitsmoment J' gelten $W = J\omega^2/2 = J'\omega'^2/2$, und es wird das
neue T r ä g h e i t s m o m e n t

$$J' = J(\omega/\omega')^2 = J(n/n')^2 \tag{2.15}$$

Trägheitsmomente dürfen also quadratisch mit der Winkelgeschwindigkeit ω oder
der Drehzahl n umgerechnet werden. Bezieht man das neue Trägheitsmoment
auf eine höhere Drehzahl, so wird es mit dem Übersetzungsverhältnis quadratisch
kleiner und umgekehrt.

Bei Umrechnung einer g e r a d l i n i g mit der Geschwindigkeit v bewegten
Masse m in ein gleichwertiges Trägheitsmoment J, zu dem die Winkelgeschwindigkeit ω gehört, gilt analog für die Energie $W = mv^2/2 = J\omega^2/2$. Mit dem Radius r erhält man daher für die Umfangsgeschwindigkeit $v = r\omega$ und das
g l e i c h w e r t i g e T r ä g h e i t s m o m e n t

$$J = m(v/\omega)^2 = m(r\omega/\omega)^2 = mr^2 \tag{2.16}$$

Analog zu Gl. (2.9) greift also hier wieder die Masse m konzentriert auf dem
Radius r an. Bei der Berechnung der erforderlichen Motormomente für Beschleunigung bzw. Bremsung ist dann noch der Wirkungsgrad η der zwischengeschal-
teten Übertragungsglieder (z. B. Getriebe oder Riementrieb) zu berücksichtigen.

Zur Kennzeichnung eines Antriebs benutzt man gern den T r ä g h e i t s f a k t o r

$$k_J = (J_M + \Sigma J')/J_M \tag{2.17}$$

der das Verhältnis aller im Antrieb wirksamen und auf die Motordrehzahl umgerechneten Trägheitsmomente J' und trägen Massen zum Trägheitsmoment J_M
des Motorläufers darstellt.

Beispiel 2.2: Ein Aufzug, der nach Bild 2.5 von einem Drehstrom-Asynchronmotor mit Schleifringläufer und den Leistungsschilddaten 15 kW, 380 V$\triangle$, 32,4 A, 1450 min^{-1}, $\cos\varphi = 0,8$,
$U_{20} = 196$ V, $I_{2N} = 49$ A bei dem Schwungmoment $GD^2 = 0,68$ kpm^2 über ein Schnecken-
getriebe (Getriebewirkungsgrad $\eta_G = 0,8$) angetrieben wird, hat einen vollen Gewichtsausgleich
mit $m_1 = 800$ kg (einschließlich Seil) und soll die Last $m_L = 600$ kg mit der maximalen Fördergeschwindigkeit $v = 2$ m/s heben. Die höchste Beschleunigung darf $a = 2,2$ m/s^2 betragen;
sie soll durch eine geeignete Steuerung konstant gehalten werden. Die Seilscheibe 1 hat das
Schwungmoment $GD_1^2 = 0,6$ kpm^2 und den Durchmesser $D = 0,2$ m. Das Schwungmoment
der Seilscheibe 2 mit dem Durchmesser $D = 0,2$ m beträgt einschließlich Getriebe $GD_2^2 = 1,2$ kpm^2.
Die größten Seilkräfte F_1 und F_2 für Senken und Heben und die dabei auftretende höchste
Motorbelastung sind zu bestimmen.

Bei dem in Bild **2.**5 dargestellten S e n k e n wirkt beim Anfahren auf den linken Seilteil sowohl die Beschleunigungskraft m_1a als auch die Gewichtskraft m_1g, also insgesamt die Seilkraft

$$F_1 = m_1(a + g) = 800 \text{ kg}(2,2 \text{ m}/s^2 + 9,81 \text{ m}/s^2) = 9610 \text{ N} = 980 \text{ kp}$$

Im rechten Seilteil wirkt insgesamt die Masse $m_2 = m_1 + m_L$, und Beschleunigungskraft und Gewichtskraft sind einander entgegengerichtet. Daher ist

$$F_2 = (m_1 + m_L)(- a + g) = (800 \text{ kg} + 600 \text{ kg})(- 2,2 \text{ m}/s^2 + 9,81 \text{ m}/s^2) = 10640 \text{ N} = 1085 \text{ kp}$$

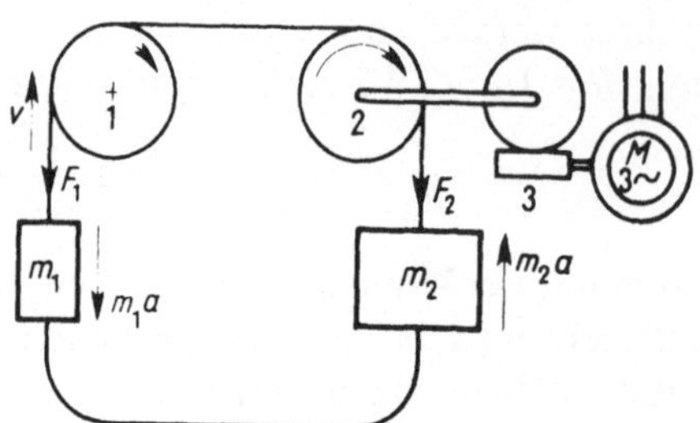

Bild **2.**5 Aufzug mit Gewichtsausgleich
1, 2 Seilscheiben, 3 Getriebe

Beim H e b e n kehrt sich die Beschleunigungskraft um, und es wird

$$F_1 = m_1(- a + g) = 800 \text{ kg}(- 2,2 \text{ m}/s^2 + 9,81 \text{ m}/s^2) = 6090 \text{ N} = 621 \text{ kp}$$

$$F_2 = (m_1 + m_L)(a + g) = (800 \text{ kg} + 600 \text{ kg})(2,2 \text{ m}/s^2 + 9,81 \text{ m}/s^2) = 16800 \text{ N} = 1713 \text{ kp}$$

Die größte Seilkraft tritt also, wie auch zu erwarten ist, im rechten Seilteil beim Heben auf. Sie führt zur höchsten Motorbelastung.

Mit $D = 0,2$ m und $r = D/2 = 0,2$ m$/2 = 0,1$ m ist das der zu bewegenden Masse (Seil + Last) entsprechende Trägheitsmoment nach Gl. (2.16)

$$J_L = (2 m_1 + m_L)r^2 = (2 \cdot 800 \text{ kg} + 600 \text{ kg})0,1^2 \text{ m}^2 = 22 \text{ kgm}^2 = 22 \text{ Ws}^3$$

Auf die gleiche Drehzahl n_s bezogen ist das Trägheitsmoment der Seilscheiben $J_s = (0,6 \text{ kpm}^2 + 1,2 \text{ kpm}^2)\text{Ws}^3/4 \text{ kpm}^2 = 1,8 \text{ kpm}^2\text{Ws}^3/4 \text{ kpm}^2 = 0,45 \text{ Ws}^3$. Zu beiden gehört die Winkelgeschwindigkeit $\omega_s = v/r = (2 \text{ m/s})/0,1 \text{ m} = 20 \text{ s}^{-1}$. Wenn wir diese Trägheitsmomente jetzt auf die Motor-Winkelgeschwindigkeit $\omega_M = 2\pi n_N = 2\pi \cdot 1450 \text{ min}^{-1} = 151,1 \text{ s}^{-1}$ umrechnen, erhalten wir $J^* = (J_L + J_s)(\omega_s/\omega_M)^2 = (22 \text{ Ws}^3 + 0,45 \text{ Ws}^3)(20 \text{ s}^{-1}/ 151,1 \text{ s}^{-1})^2 = 0,393 \text{ Ws}^3$. Die Seilbeschleunigung $a = 2,2 \text{ m/s}^2$ erfordert die Winkelbeschleunigung der Seilscheibe $\alpha_s = a/r = (2,2 \text{ m/s}^2)/0,1 \text{ m} = 22 \text{ s}^{-2}$ sowie die Winkelgeschwindigkeit des Motors $\alpha_M = \alpha_s\omega_M/\omega_s = 22 \text{ s}^{-2} \cdot 151,1 \text{ s}^{-1}/20 \text{ s}^{-1} = 166,2 \text{ s}^{-2}$. Mit dem Getriebewirkungsgrad $\eta = 0,8$ und dem Beschleunigungsmoment für die Last $M_{BL} = J^*\alpha_M/\eta = 0,393 \text{ Ws}^3 \cdot 166,2 \text{ s}^{-2}/0,8 = 81,6 \text{ Ws}$ sowie dem des Motors $M_{BM} = J_M\alpha_M = 0,17 \text{ Ws}^3 \cdot 166,2 \text{ s}^{-2} = 28,3 \text{ Ws}$ wird das Beschleunigungsmoment $M_B = M_{BL} + M_{BM} = 81,6 \text{ Ws} + 28,3 \text{ Ws} = 109,9 \text{ Ws}$.

Ferner ist nach Gl. (1.3) und (1.5) am Seil das Lastmoment $M_L = m_L gr = 600 \text{ kg}(9,81 \text{ m/s}^2)0,1 \text{ m} = 588 \text{ Nm}$ bzw. hierfür nach Gl. (1.13) an der Motorwelle das Drehmoment

$$M_L' = \frac{M_L\omega_s}{\eta_G\omega_M} = \frac{588 \text{ Ws} \cdot 20 \text{ s}^{-1}}{0,8 \cdot 151,1 \text{ s}^{-1}} = 97,3 \text{ Ws} = 97,3 \text{ Nm} = 9,92 \text{ kpm}$$

aufzubringen. Beim Anfahren zum Heben wird daher dem Motor nach Gl. (2.6) insgesamt das Drehmoment $M = M_L' + M_B = 97,3 \text{ Ws} + 109,9 \text{ Ws} = 207,2 \text{ Ws}$ abverlangt. Bei dem Nennmoment

$M_N = P_{2N}/\omega_N = 15 \text{ kW}/151,1 \text{ s}^{-1} = 99,2 \text{ Ws}$ wird der Motor also kurzzeitig im Verhältnis $M/M_N = 207,2 \text{ Ws}/99,2 \text{ Ws} = 2,09$ überlastet. Die Zulässigkeit solcher Überlastungen wird in Abschn. 4.12 untersucht.

2.22 Langsame Drehzahländerungen

Immer, wenn die Drehzahl geändert wird, müssen nach Abschn. 2.211 Drehmomente zum Überwinden der Massenträgheit aufgebracht werden. Dann sind aber auch mit der Drehzahländerung Stromänderungen verbunden. Wir wollen hier zunächst nur so langsame Drehzahländerungen betrachten, daß sich die Ströme für die einzelnen Betriebspunkte noch aus den stationären Kennlinien berechnen lassen, für die Ströme und Spannungen also quasistationäre Zustände vorliegen. Die Übergangsvorgänge in den Stromkreisen werden also zunächst vernachlässigt. Mit Gl. (2.7) benötigt man dann für die Änderung der Winkelgeschwindigkeit von ω_1 auf ω_2 allgemein die Z e i t

$$t_{12} = J \int\limits_{\omega_1}^{\omega_2} \frac{d\omega}{M_{B\omega}} = J \int\limits_{\omega_1}^{\omega_2} \frac{d\omega}{M_\omega - M_{L\omega}} \tag{2.18}$$

Da die zeitveränderliche D r e h z a h l allgemein mit der Anzahl der Umdrehungen z als

$$n_t = dz/dt \tag{2.19}$$

definiert werden kann, erhält man ebenso allgemein für die A n z a h l d e r U m - d r e h u n g e n, die zur Änderung der Winkelgeschwindigkeit von ω_1 auf ω_2 in der Zeit von t_1 bis t_2 auftreten muß

$$z = \int\limits_{t_1}^{t_2} n_t \, dt \tag{2.20}$$

Mit $\omega = 2\pi n$ und $M_{B\omega} = J \, d\omega/dt$ läßt sich Gl. (2.19) umwandeln, so daß man außerdem die Anzahl der Umdrehungen bestimmen kann aus

$$z = \frac{J}{2\pi} \int\limits_{\omega_1}^{\omega_2} \frac{\omega \, d\omega}{M_{B\omega}} \tag{2.21}$$

Da der zurückgelegte W e g (z. B. bei einem Fahrzeug oder einem Hebezeug)

$$s = 2\pi r z \tag{2.22}$$

mit dem Radius r aus dem Umfang $2\pi r$ und der Umdrehungszahl z des Rades zu berechnen ist, läßt sich über Gl. (2.20) oder (2.21) auch leicht ein W e g d i a - g r a m m aufstellen

Wir wollen jetzt die Verhältnisse für verschiedene Verläufe des Beschleunigungsmoments betrachten.

2.221 Konstantes Beschleunigungsmoment. Wenn entsprechend Bild 2.6a ein konstantes Beschleunigungsmoment vorliegt, ist die Integration von Gl. (2.18) besonders einfach, und man erhält für die Z e i t

$$t_{12} = J(\omega_2 - \omega_1)/M_B \tag{2.23}$$

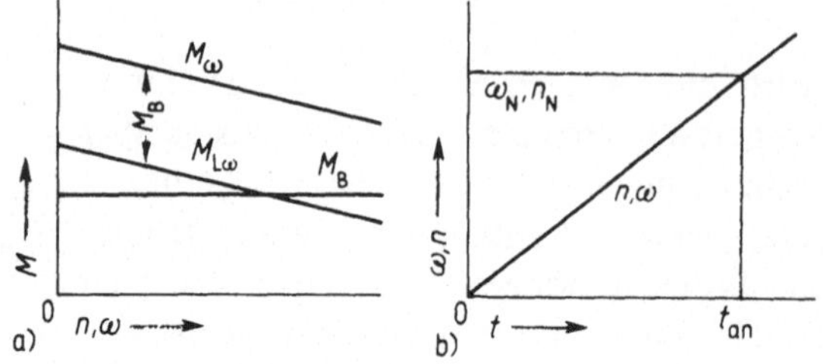

Bild **2.6**
Konstantes Beschleunigungsmoment
a) Drehmomentverlauf M_ω, $M_{L\omega}$, $M_B = f(n, \omega)$
b) Drehzahlanstieg n, $\omega = f(t)$

Führt man wieder wie in Abschn. 1.33 die relative Winkelgeschwindigkeit $\omega_r = \omega/\omega_d$ und ein relatives Beschleunigungsmoment $M_{Br} = M_B/M_N$ ein, so gilt

$$t_{12} = \frac{J\,\omega_d}{M_N} \cdot \frac{\omega_{2r} - \omega_{1r}}{M_{Br}} \tag{2.24}$$

Beim Hochlauf aus dem Stillstand ($\omega_1 = 0$) bis zur Winkelgeschwindigkeit $\omega_2 = \omega$ ergibt sich die A n l a u f z e i t

$$t_{an} = \frac{J\omega}{M_B} = \frac{J\omega_d}{M_N} \cdot \frac{\omega_r}{M_{Br}} \tag{2.25}$$

Nach Gl. (2.7) erhält man einen konstanten Drehzahlanstieg entsprechend Bild 2.6b, und es gilt für die D r e h z a h l

$$n_t = n_N\, t/t_{an} \tag{2.26}$$

Dann läßt sich über Gl. (2.20) auch leicht die Integration zur Bestimmung der A n z a h l d e r U m d r e h u n g e n durchführen, und es wird nach Einsetzen von Gl. (2.25)

$$z = (t_2^2 - t_1^2)n_N/2t_{an} \tag{2.27}$$

Läuft der Antrieb aus dem Stillstand ($n_1 = 0$ zur Zeit $t_1 = 0$) auf die Enddrehzahl n_N zur Zeit $t_2 = t_{an}$, so findet man mit $n_N = \omega_N/(2\,\pi)$ für die A n z a h l d e r A n l a u f u m d r e h u n g e n

$$z_{an} = n_N\, t_{an}/2 = \omega_N\, t_{an}/4\pi \tag{2.28}$$

2.222 Linear abnehmendes Beschleunigungsmoment. Nach Bild 2.7a folgt hier das Beschleunigungsmoment mit dem maximalen Beschleunigungsmoment M_{Bm} bei $\omega = 0$ und der Winkelgeschwindigkeit ω_{B0} für $M_B = 0$ der Gleichung einer Geraden

$$M_{B\omega} = M_{Bm} \left(1 - \frac{\omega}{\omega_{B0}}\right) = M_{Bm} \frac{\omega_{B0} - \omega}{\omega_{B0}} \qquad (2.29)$$

Eingesetzt in Gl. (2.18) ergibt sich für die Z e i t, die zwischen den Winkelgeschwindigkeitsänderung von ω_1 auf ω_2 verstreicht

$$t_{12} = \frac{J\omega_{B0}}{M_{Bm}} \int_{\omega_1}^{\omega_2} \frac{d\omega}{\omega_{B0} - \omega} \qquad (2.30)$$

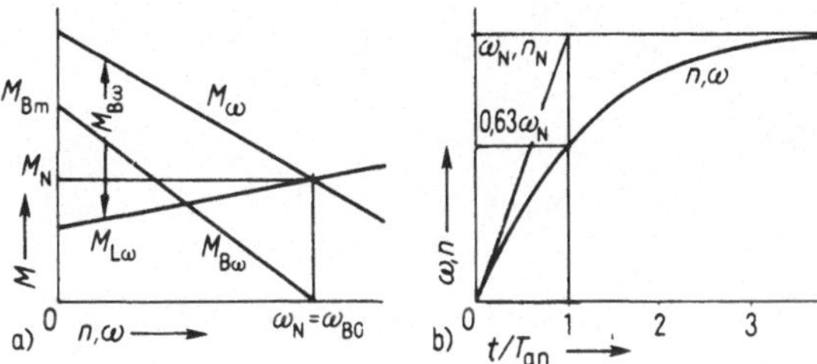

Bild 2.7 Linear abfallendes Beschleunigungsmoment
a) Drehmomentverlauf M_ω, $M_{L\omega}$, $M_{B\omega} = f(n,\omega)$
b) Drehzahlanstieg n, $\omega = f(t)$

Das Integral lösen wir mit der Substitution $x = \omega_{B0} - \omega$, also $d\omega = -dx$, und finden hiermit über

$$t_{12} = T_{an} \int_{\omega_1}^{\omega_2} \frac{d\omega}{\omega_{B0} - \omega} = T_{an} \int_{x_1}^{x_2} \frac{-dx}{x} = -T_{an} \ln x \Big|_{x_1}^{x_2} =$$

$$= -T_{an} \ln(\omega_{B0} - \omega) \Big|_{\omega_1}^{\omega_2} = -T_{an} \left[\ln(\omega_{B0} - \omega_2) + \ln(\omega_{B0} - \omega_1)\right]$$

schließlich

$$t_{12} = T_{an} \ln \frac{\omega_{B0} - \omega_1}{\omega_{B0} - \omega_2} \qquad (2.31)$$

Wir haben hier die A n l a u f - Z e i t k o n s t a n t e

$$T_{an} = J\,\omega_{B0}/M_{Bm} \qquad (2.32)$$

eingeführt. Verglichen mit Gl. (2.25) stellt sie also die Zeit T_{an} dar, die man für einen Antrieb mit dem Trägheitsmoment J benötigt, um ihn mit dem konstanten Beschleunigungsmoment M_{Bm} vom Stillstand bis zur Winkelgeschwindigkeit ω_{B0} zu beschleunigen.

In Gl. (2.31) dürfen wir auch die Winkelgeschwindigkeiten ω durch die relativen Winkelgeschwindigkeiten ω_r ersetzen und erhalten dann für die Zeit

$$t_{12} = T_{an} \ln \frac{\omega_{B0r} - \omega_{1r}}{\omega_{B0r} - \omega_{2r}} \qquad (2.33)$$

Bei $\omega_1 = 0$ zur Zeit $t_1 = 0$ benötigt man zur Erreichung der Winkelgeschwindigkeit $\omega_2 = \omega$ daher die A n l a u f z e i t

$$t_{an} = T_{an} \ln \frac{\omega_{B0}}{\omega_{B0} - \omega} = T_{an} \ln \frac{\omega_{B0r}}{\omega_{B0r} - \omega_r} \tag{2.34}$$

Die Winkelgeschwindigkeit ω_{B0r} wird erst nach unendlich langer Zeit erreicht. Den Verlauf der Winkelgeschwindigkeit erhält man durch Umformung von Gl. (2.34) in

$$\frac{t}{T_{an}} = \ln \frac{\omega_{B0r}}{\omega_{B0r} - \omega_r} \quad \text{und} \quad e^{t/T_{an}} = \frac{\omega_{B0r}}{\omega_{B0r} - \omega_r}$$

bzw.

$$\omega_r = \omega_{B0r}(1 - e^{-t/T_{an}}) \tag{2.35}$$

Der Drehzahlanstieg folgt also der in Bild 2.7b dargestellten Exponentialfunktion.

Für Motoren gibt man die M o t o r - A n l a u f - Z e i t k o n s t a n t e

$$\mathbf{T_M = J_M\, \omega_d / M_N} \tag{2.36}$$

an. Das ist die Anlaufzeit T_M für den Fall, daß nur das Trägheitsmoment J_M des Motorläufers mit dem Nennmoment M_N als konstantem Beschleunigungsmoment auf die ideelle Leerlauf-Winkelgeschwindigkeit ω_d beschleunigt wird. Sie wird auch m e c h a n i s c h e   Z e i t k o n s t a n t e genannt, ist aber im Gegensatz zu T_{an} vom gewählten Nennmoment M_N, also z. B. von der Betriebsart nach Abschn. 4.112, abhängig.

Die A n z a h l der erforderlichen U m d r e h u n g e n findet man hier durch Einsetzen von Gl. (2.29) in Gl. (2.21) über

$$z = \frac{J}{2\pi} \int_{\omega_1}^{\omega_2} \frac{\omega}{M_{Bm}} \cdot \frac{\omega_{B0}\, d\omega}{\omega_{B0} - \omega}$$

die Ausführung der Division $\omega/(\omega_{B0} - \omega) = -1 + \omega_{B0}/(\omega_{B0} - \omega)$, das Einsetzen der Anlauf-Zeitkonstanten T_{an} nach Gl. (2.32) sowie eine Integration wie bei Gl. (2.30) schließlich mit

$$z = \frac{T_{an}}{2\pi} \left(-\int_{\omega_1}^{\omega_2} d\omega + \int_{\omega_1}^{\omega_2} \frac{\omega_{B0}\, d\omega}{\omega_{B0} - \omega} \right) =$$

$$= \frac{T_{an}}{2\pi} \left(\omega_1 - \omega_2 + \omega_{B0} \ln \frac{\omega_{B0} - \omega_1}{\omega_{B0} - \omega_2} \right) \tag{2.37}$$

Beispiel 2.3: Der Gleichstrom-Nebenschlußmotor von Beisp. 1.13 für 40 kW, 220 V, 205 A, 1380 min⁻¹ ($\omega_N = 144{,}3\ \mathrm{s^{-1}}$) hat die ideelle Leerlaufdrehzahl $n_d = 1465\ \mathrm{min^{-1}}$ ($\omega_d = 153{,}5\ \mathrm{s^{-1}}$) und insgesamt das Schwungmoment $GD^2 = 3{,}6\ \mathrm{kpm^2}$ zu beschleunigen. Er wird mit dem Nennmoment konstant belastet. Durch einen Anlasser (s. Abschn. 2.321) wird der Anlaßspitzenstrom auf $I_{Anr} = 2,2$ begrenzt. Es ist für die 1. Anlaßstufe die Zeit t_{12} bis zum Erreichen der halben Leerlaufdrehzahl $(\omega_r = 0,5)$ zu bestimmen.

Entsprechend der Aufgabenstellung ist das relative Anzugsmoment bei $\Phi_r = 1$ nach Gl. (1.59) $M_{Ar} = I_{Anr}\,\Phi_r = 2,2 \cdot 1 = 2,2$, und man erhält die Motormoment-Kennlinie $M_r = f(\omega_r)$ in Bild 2.8. Mit $M_L = M_N = const.$ wird $M_{Lr} = 1$, so daß sich die in Bild 2.8 eingetragene Kennlinie $M_{Br} = f(\omega_r)$ mit $M_{Bmr} = 1,2$ und $\omega_{B0r} = 0,55$ ergibt. Für die Berechnung der Anlauf-Zeitkonstante nach Gl. (2.32) benötigen wir das Trägheitsmoment $J = 3,6/4\ Ws^3 = 0,9\ Ws^3$, das Nennmoment $M_N = P_{2N}/\omega_N = 40\ kW/144,3\ s^{-1} = 277\ Ws = 28,2\ kpm$, das maximale Beschleunigungsmoment $M_{Bm} = M_{Bmr}M_N = 1,2 \cdot 277\ Ws = 332\ Ws = 33,8\ kpm$ und die Winkelgeschwindigkeit $\omega_{B0} = \omega_{B0r}\omega_d = 0,55 \cdot 153,5\ s^{-1} = 84,5\ s^{-1}$, so daß wir erhalten $T_{an} = J\omega_{B0}/M_{Bm} = 0,9\ Ws^3 \cdot 84,5\ s^{-1}/332\ Ws = 0,229\ s$. Dann beträgt nach Gl. (2.33) die Zeit bis zum Erreichen von $\omega_r = 0,5$

$$t_{12} = T_{an}\ \ln \frac{\omega_{B0r}}{\omega_{B0r} - \omega_r} = 0,229\ s\ \ln \frac{0,55}{0,55 - 0,5} = 0,55\ s$$

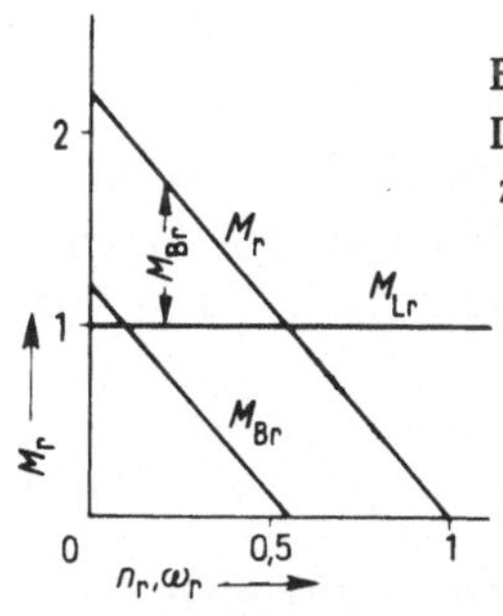

Bild 2.8
Drehmomentverlauf
zu Beisp. 2.3

Bild 2.9
Gleichungsmäßig schwer erfaßbares Beschleunigungsmoment mit Drehmomentverlauf $M_{r\omega}$, $M_{Lr\omega}$, $M_{Br\omega} = f(n_r, \omega_r)$

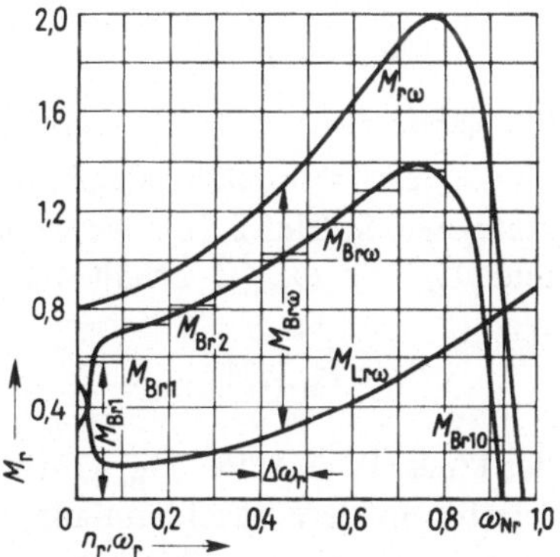

2.223 Beliebiger Verlauf des Beschleunigungsmoments.

Wenn Motormoment M_ω und Lastmoment $M_{L\omega}$ entsprechend Bild 2.9 einen mathematisch schwer zu formulierenden Verlauf zeigen und somit auch das Beschleunigungsmoment $M_{B\omega} = M_\omega - M_{L\omega} = f(\omega)$ nicht mehr durch eine einfache Gleichung zu erfassen ist, können Gl. (2.18) und (2.21) durch andere Integrationsverfahren gelöst werden.

Numerische Integration. Die Kennlinie $M_{Br} = f(\omega_r)$ wird nach Bild 2.9 in möglichst äquidistante Abschnitte der Breite $\Delta\omega_{ri}$ unterteilt und hierfür das mittlere Beschleunigungsmoment M_{Bri} durch einen Flächenausgleich gebildet. Analog zu Gl. (2.24) erhält man dann mit Berücksichtigung von Gl. (2.32) die zu jedem Winkelgeschwindigkeitsabschnitt $\Delta\omega_{ri}$ gehörende Zeit

$$t_i = T_{an}\ \Delta\omega_{ri}/M_{Bri} \qquad (2.38)$$

Analog zu Gl. (2.18) wird daher die G e s a m t z e i t

$$t_{12} = T_{an}\ \sum_i \Delta\omega_{ri}/M_{Bri} \qquad (2.39)$$

Wenn man außerdem für jeden Winkelgeschwindigkeitsabschnitt die mittlere relative Winkelgeschwindigkeit ω_{miri} bildet, erhält man analog zu Gl. (2.21) mit Berücksichtigung von Gl. (2.32) die in dieser Zeit auftretende g e s a m t e U m - d r e h u n g s z a h l

$$z = \frac{T_{an}\,\omega_d}{2\pi} \sum_i \omega_{miri} \frac{\Delta\omega_{ri}}{M_{Bri}} \tag{2.40}$$

Graphische Integration. Die mit Gl. (2.39) und (2.40) vorzunehmende numerische Integration läßt sich auch graphisch verwirklichen [6]. Wir führen hierfür noch die relative Zeit

$$\Delta t_{ri} = \Delta t_i / T_{an} \tag{2.41}$$

ein, formen Gl. (2.38) um, und erhalten

$$\Delta\omega_{ri}/\Delta t_{ri} = M_{Bri} \tag{2.42}$$

Wir haben also wieder das mittlere relative Beschleunigungsmoment M_{Bri} für die Winkelgeschwindigkeitsabschnitte $\Delta\omega_{ri}$ zu bilden. Die Kennlinien werden zweckmäßig wie in Bild 2.10 angeordnet. Mit den Längen l_M für $M_{Br} = 1$, l_t für $t_r = 1$ und 1_ω für $\omega_r = 1$ erhält man dann den Abstand

$$d_t = 1_M\, 1_t / 1_\omega \tag{2.43}$$

des Poles P_t auf der M_{Br}-Ordinate vom Nullpunkt 0. Nach Gl. (2.42) stellt das relative mittlere Beschleunigungsmoment M_{Bri} die Steigung $\Delta\omega_{ri}/\Delta t_{ri}$ für den i-ten Abschnitt dar. Man braucht daher nur M_{Bri} in die ω_r-Achse zu drehen (wie in Bild 2.10a für M_{Bmi1} und M_{Bmi2} angedeutet) und, mit M_{Bmi1} im 1. Abschnitt beginnend, von 0 aus eine Parallele zu $\overline{P_t M_{Bmil}}$ bis ω_{r1} zu ziehen. Von dort aus wird die Kurve $\omega_r = f(t_r)$ fortgesetzt mit der sich aus $\overline{P_t M_{Bmi2}}$ ergebenden Steigung bis schließlich im letzten Abschnitt (in Bild 2.10a bei ω_{r10}) die relative G e s a m t z e i t $t_{anr} = t_{an}/T_{an}$ gefunden wird.

Zur Ermittlung der A n z a h l d e r U m d r e h u n g e n gehen wir auf Gl. (2.19) zurück, die für die graphische Integration liefert $n_i = \Delta z_i/\Delta t_i = \omega_i/2\pi$ oder nach Einführung der relativen Größen

$$\Delta z_i/\Delta t_{ri} = \omega_{miri}\,\omega_d\,T_{an}/2\pi \tag{2.44}$$

Die Steigung der Umdrehungszahl im i-ten Abschnitt ist also der dort herrschenden mittleren relativen Winkelgeschwindigkeit ω_{miri} proportional. Wenn wir nun noch mit der Diagrammlänge l_z für $z = 1$ den Polabstand

$$d_z = \frac{2\pi}{\omega_d T_{an}} \cdot \frac{1_\omega l_t}{l_z} \tag{2.45}$$

und so den Pol P_z in Bild 2.10b auf der M_{Br}-Koordinate festlegen, können wir mit dem gleichen Verfahren wie für die Zeit t_{an} die Gesamtzahl der Umdrehungen z bestimmen.

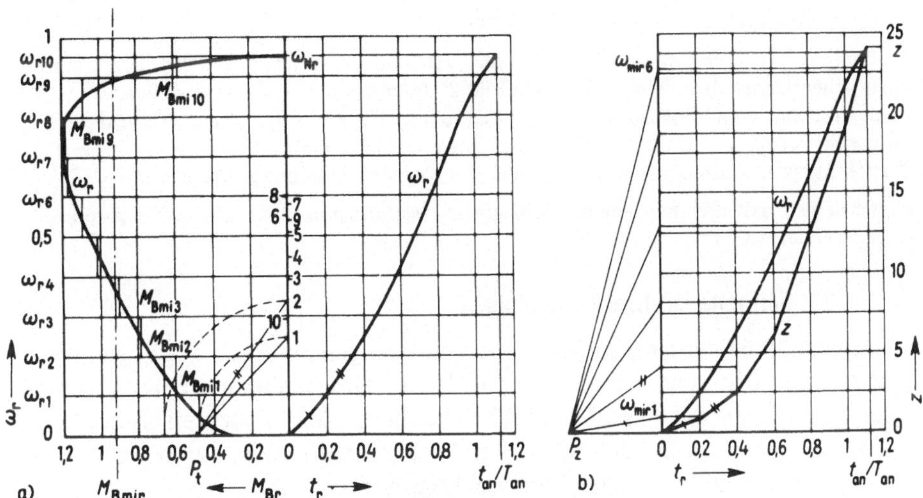

Bild **2**.10 Graphische Integration des Bewegungsablaufs zur Bestimmung der Zeit (a) und der Umdrehungszahl (b) in Beisp. 2.4

Beispiel 2.4: Beim direkten Einschalten eines Drehstrom-Asynchronmotors ergibt sich der in Bild **2**.10a dargestellte Verlauf des relativen Beschleunigungsmoments $M_{Br} = f(\omega_r)$. Die ideelle Leerlaufdrehzahl beträgt $n_d = 1500$ min$^{-1} \cong \omega_d = 157$ s^{-1}, die Anlaufzeitkonstante $T_{an} = 2$ s und der Nennschlupf $s_N = 0{,}05$.

a) Es sind unter Annahme eines mittleren Beschleunigungsmoments Anlaufzeit und Anlaufumdrehungen zu berechnen.

Für die Beschleunigungsmomentkurve kann man bei einem Flächenvergleich das mittlere relative Beschleunigungsmoment $M_{Bmir} = 0{,}91$ schätzen. Dann sind nach Gl. (2.25) mit $\omega_{Nr} = 1 - s_N = 1 - 0{,}05 = 0{,}95$ die Anlaufzeit

$$t_{an} = T_{an}\,\omega_{Nr}/M_{Bmir} = 2\ \text{s} \cdot 0{,}95/0{,}91 = 2{,}085\ \text{s}$$

und nach Gl. (2.28) mit $\omega_N = \omega_{Nr}\,\omega_d = 0{,}95 \cdot 157$ s$^{-1} = 149$ s^{-1} die Anlaufumdrehungen

$$z = \omega_N\,t_{an}/4\pi = 149\ \text{s}^{-1} \cdot 2{,}085\ \text{s}/4\pi = 25{,}9$$

b) Es sind nun durch graphische Integration genauere Werte für Anlaufzeit und Anlaufumdrehungen zu ermitteln.

Mit den gewählten Längen $l_M = 25$ mm, $l_t = 25$ mm und $l_\omega = 50$ mm erhalten wir nach Gl.(2.43) den Polabstand $d_t = l_M l_t/l_\omega = 25$ mm $\cdot$ 25 mm/50 mm $= 12{,}5$ mm, so daß man den Pol P_t in diesem Abstand vom Nullpunkt auf der M_{Br}-Ordinate eintragen kann. Wir drehen dann die Beschleunigungsmomente $M_{Bmi\,1}$ bis $M_{Bmi\,10}$ in die ω_r-Achse und können so, beginnend mit der Steigung der Strecke $\overline{P_t M_{Bmi\,1}}$, die Kurve $\omega_r = f(t_r)$ Abschnitt für Abschnitt zeichnen. Sie liefert $t_{an}/T_{an} = 1{,}12$, also die genauere Anlaufzeit $t_{an} = 1{,}12\ T_{an} = 1{,}12 \cdot 2$ s $= 2{,}24$ s.

Nach Teilaufgabe a) müssen wir mit den Anlaufumdrehungen $z = 25{,}9$ rechnen. Wir wählen daher für $z = 1$ die Länge $l_z = 50$ mm$/25 = 2$ mm und erhalten nach Gl. (2.45) den erforderlichen Polabstand

$$d_z = \frac{2\pi l_\omega l_t}{\omega_d T_{an} l_z} = \frac{2\pi \cdot 50 \text{ mm} \cdot 25 \text{ mm}}{157 \text{ s}^{-1} \cdot 2 \text{ s} \cdot 2 \text{ mm}} = 12{,}5 \text{ mm}$$

Jetzt könnte $z = f(t_r)$ mit in das Diagramm $\omega_r = f(t_r)$ eingetragen werden. Um das Verfahren übersichtlicher darzustellen, wird hier jedoch Bild **2.**10b mit $\omega_r = f(t_r)$ getrennt gezeichnet. Es werden die mittleren Winkelgeschwindigkeiten ω_{miri} für $\Delta t_r = 0{,}2$ und die Steigungen der Strecken $\overline{P_z \omega}_{mir1}$ bis $\overline{P_z \omega}_{mir6}$ gebildet sowie schließlich mit ihnen der Kurvenzug $z = f(t_r)$ abschnittsweise zusammengesetzt. Er liefert die Anlaufumdrehungszahl $z = 24$.

Es zeigt sich also, daß auch mit dem überschläglichen Verfahren nach Abschn. 2.221 gute Ergebnisse zu erzielen sind.

2.23 Schnelle Drehzahländerungen

Bei der Behandlung der langsamen Drehzahländerungen in Abschn. 2.22 werden die elektrischen Übergangsvorgänge vernachlässigt. Das ist aber nur zulässig, wenn der elektrische Kreis wegen seiner erheblich kleineren Zeitkonstanten als quasistationär anzusehen ist. Bei den folgenden Betrachtungen sollen nun die Übergangsvorgänge in den Wicklungen berücksichtigt werden.

2.231 Gleichstrom-Nebenschlußmotor. Für den in Bild 2.11 dargestellten, konstant fremderregten Gleichstrom-Nebenschlußmotor (also Erregerstrom $I_E = $ const.) gelten mit Berücksichtigung aller zeitabhängigen Größen (Kennzeichnung durch kleine Buchstaben oder Index t) die aus Gl. (1.55) bis (1.57) abzuleitenden Grundgleichungen

$$u_q = c_m \omega_t \Phi \qquad\qquad M_t = c_m i_A \Phi \qquad\qquad (2.46)\ (2.47)$$

$$u = u_q + R_i i_A + L_A \, di_A / dt \qquad\qquad\qquad (2.48)$$

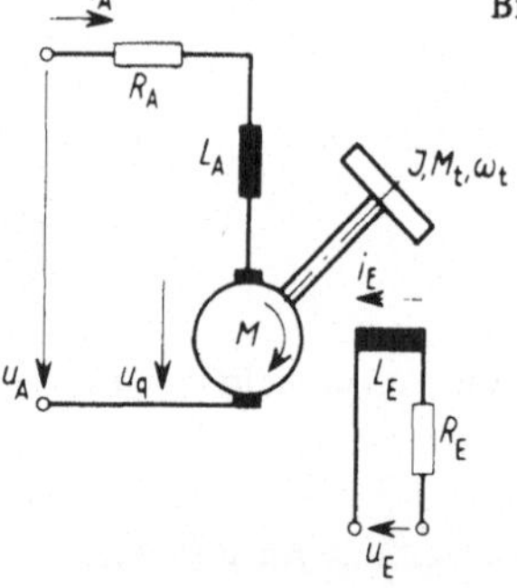

Bild **2.**11 Ersatzschaltung des Gleichstrom-Nebenschlußmotors für Übergangsvorgänge

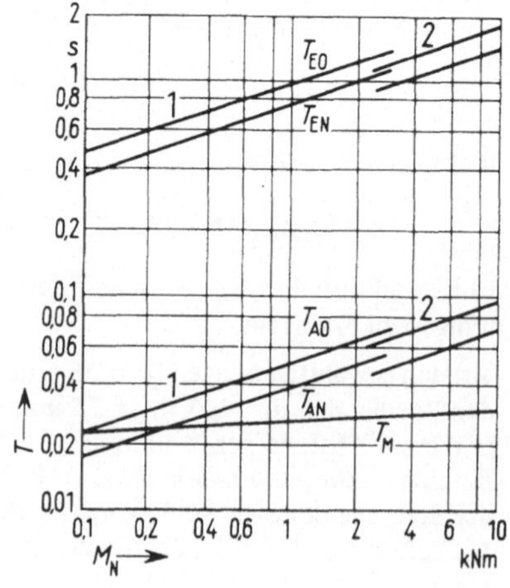

Bild **2.**12 Richtwerte für Zeitkonstanten von Gleichstrommaschinen für 4polige (1) und 6polige (2) Maschinen (nach Th. K e v e). T_{E0} Erregerkonstante unerregt, T_{EN} Erregerzeitkonstante bei Nennerregung, T_{A0} Ankerzeitkonstante unerregt, T_{AN} Ankerzeitkonstante bei Nennerregung, T_M Motor-Anlauf-Zeitkonstante

Hinzu kommt noch die allgemeine Zustandsgleichung des Antriebs Gl. (2.6), die wir umschreiben in

$$M_t = M_{Lt} + J \, d\omega/dt \qquad (2.49)$$

Wenn wir nun den Ankerkreiswiderstand $R_A = R_i + R_V$ als Summe von Innenwiderstand R_i und u. U. vorgeschaltetem Widerstand R_V (z. B. Anlasser), die Ankerkreis-Zeitkonstante

$$T_A = L_A / R_A \qquad (2.50)$$

als Verhältnis von Ankerkreisinduktivität L_A zu Ankerkreiswiderstand R_A (Richtwerte in Bild 2.12), die Schwungmassen-Zeitkonstante

$$T_J = k_J T_M \qquad (2.51)$$

mit Trägheitsfaktor k_J nach Gl. (2.17) und Motor-Anlauf-Zeitkonstante T_M nach Gl. (2.36) sowie Richtwerten in Bild 2.12 einführen und wieder alle Größen wie in Abschn. 1.331 auf die Nennwerte beziehen, also die Relativwerte $u_r = u/U_N$, $\omega_{tr} = \omega_t/\omega_d = n_t/n_d$, $R_r = R_A I_{AN}/U_N$, $i_{Ar} = i_A/I_{AN}$ und $M_{tr} = M_{Lt}/M_N$ benutzen, erhält man analog zu Gl. (1.59) und (1.61), wie in Band II/1, Abschn. Dynamisches Verhalten, ausführlich abgeleitet

$$u_r = \omega_{tr} + R_r i_{Ar} + R_r T_A \, di_{Ar}/dt \qquad (2.52)$$

und $\quad i_{Ar} = M_{tr} + T_J \, d\omega_{tr}/dt \qquad (2.53)$

Setzt man i_{Ar} und $di_{Ar}/dt = T_J \, d^2\omega_{tr}/dt^2$ für $M_L = const$ aus Gl. (2.53) in Gl. (2.52) ein, so ergibt sich die inhomogene Differentialgleichung 2. Ordnung

$$R_r T_A T_J \, \frac{d^2\omega_{tr}}{dt^2} + R_r T_J \, \frac{d\omega_{tr}}{dt} + \omega_{tr} = u_r - M_{tr} R_r \qquad (2.54)$$

Sie hat die allgemeine Form

$$a \, d^2 y/dt^2 + b \, dy/dt + cy = F(t) \qquad (2.55)$$

und ist von den erzwungenen Schwingungen (z. B. Schaltvorgänge – s. Band I) bekannt. Die Störfunktion $f(t)$ kann hier Änderungen der Spannung in u_r, des Lastmoments in M_{tr} oder des Ankerkreiswiderstands in R_r darstellen. Die Differentialgleichung hat daher die spezielle Lösung (Endwert)

$$\omega_{tre} = u_r - M_{tr} R_r \qquad (2.56)$$

Wenn die vom Schwingkreis (s. Band I) bekannten Größen

$$\text{A b k l i n g k o n s t a n t e} \quad \delta = b/2a = 1/(2T_A) \qquad (2.57)$$

$$\text{E i g e n f r e q u e n z} \quad \Omega_0 = \sqrt{\frac{c}{a}} = \frac{1}{\sqrt{R_r T_A T_J}} = \frac{U_N}{\omega_d \sqrt{J L_A}} \qquad (2.58)$$

$$\text{D ä m p f u n g s g r a d} \quad \vartheta = \frac{\delta}{\Omega_0} = \frac{1}{2} \sqrt{\frac{R_r T_J}{T_A}} = \frac{\omega_d R_A}{2 U_N} \sqrt{\frac{J}{L_A}} \qquad (2.59)$$

eingeführt werden, hat die charakteristische Gleichung [6] die Wurzeln

$$\lambda_{1,2} = -\delta \pm \Omega_0 \sqrt{d^2 - 1} \qquad (2.60)$$

Mit dem Anfangswert ω_{tr0} gilt schließlich allgemein für die relative W i n k e l -
g e s c h w i n d i g k e i t

$$\omega_{tr} = \omega_{tre} + (\omega_{tre} - \omega_{tr0}) \frac{\lambda_2 e^{\lambda_1 t} - \lambda_1 e^{\lambda_2 t}}{\lambda_1 - \lambda_2} \qquad (2.61)$$

und den relativen A n k e r s t r o m

$$i_{Ar} = M_{tr} + (\omega_{tre} - \omega_{tr0}) \frac{\lambda_1 \lambda_2 T_J}{\lambda_1 - \lambda_2} (e^{\lambda_1 t} - e^{\lambda_2 t}) \qquad (2.62)$$

Bild 2.13 zeigt diese Funktionen $\omega_{tr} = f(t)$ und $i_{Ar} = f(t)$ für verschiedene Dämp-
fungen d und den Anfangswert $\omega_{tr0} = 0$ bei sprungförmiger Änderung der Störfunktion F (t). Verglichen mit den in Abschn. 3.41 allgemeiner behandelten Bau-
gliedern verhält sich der konstant fremderregte Gleichstrom-Nebenschlußmotor
daher wie ein Verzögerungsglied 2. Ordnung. Wir unterscheiden hierfür den Schwing-
fall mit $\vartheta < 1$ und den Kriechfall mit $\vartheta \geqq 1$. Mit dem Dämpfungsgrad ϑ nach
Gl. (2.59) neigen daher Motoren mit kleinem Ankerkreiswiderstand R_A, kleinem
Trägheitsmoment J und großer Ankerkreisinduktivität L_A bei Spannungs- und
Laststößen oder beim Anlassen (Ändern von R_r) zum Überschwingen der Drehzahl und zu hohen Stromspitzen.

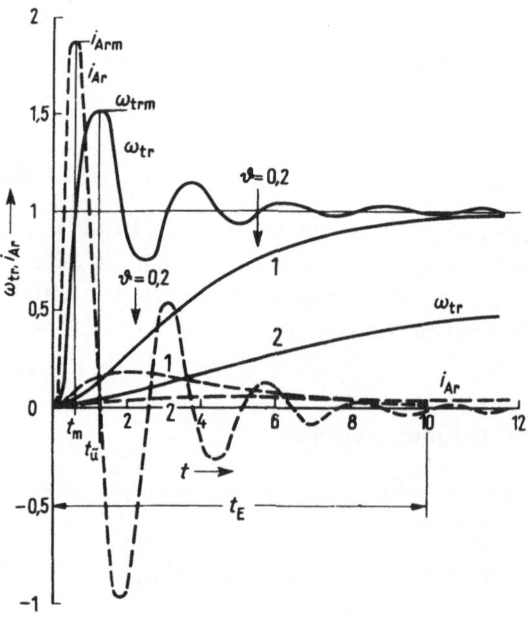

Bild 2.13
Sprungantwort von relativer Winkelgeschwindigkeit ω_{tr} (——) und
relativem Ankerstrom i_{Ar} (— — —)
für $\delta = 0,5$, $\omega_{tre} = 1$, $\omega_{tr0} = 0$ und
verschiedene Dämpfungsgrade ϑ

Wir wollen hier noch den Höchstwert der relativen Winkelgeschwindigkeit ω_{trm}, den relativen Stromhöchstwert i_{Arm} durch Differenzieren und Nullsetzen der zugehörigen Funktionen bzw. die Einschwingzeit t_E (entsprechend Bild 2.13) für Abklingen des Übergangsvorgangs auf 0,01 entsprechend Band II/1, Abschn. Dynamisches Verhalten, betrachten.

Kriechfall ($\vartheta \geqq 1$). Der Höchstwert des Stromes tritt zur Zeit

$$t_m = \ln (\lambda_2/\lambda_1)/(\lambda_1 - \lambda_2) \tag{2.63}$$

auf. Man erhält ihn aus Gl. (2.62), wenn dort $t = t_m$ eingesetzt wird. Für $|\lambda_2| \gg |\lambda_1|$ darf man die E i n s c h w i n g z e i t

$$t_E = - 5/\lambda_1 \tag{2.64}$$

setzen. Bei $\lambda_2 \approx \lambda_1$ nähert sich der zeitliche Verlauf dem a p e r i o d i s c h e n G r e n z f a l l ($\vartheta = 1$ in Bild 2.13). Hierfür ändert man Gl. (2.61) um in

$$\omega_{tr} = \omega_{tre} - (\omega_{tre} - \omega_{tr0}) (1 + \delta t)e^{-\delta t} \tag{2.65}$$

und Gl. (2.62) in

$$i_{Ar} = M_{tr} + (\omega_{tre} - \omega_{tr0})T_J \delta^2 te^{-\delta t} \tag{2.66}$$

Dann tritt der relative Höchstwert des Ankerstroms

$$i_{Arm} = M_{tr} + (\omega_{tre} - \omega_{tr0})T_J \delta/e \tag{2.67}$$

zur Zeit $t_m = 1/\delta$ auf, und für die Einschwingzeit gilt

$$t_E = 5/\delta = 10T_A \tag{2.68}$$

Schwingfall ($\vartheta < 1$). Es wird noch die B e t r i e b s f r e q u e n z

$$\Omega_b = \sqrt{\Omega_0^2 - \delta^2} \tag{2.69}$$

eingeführt, und Gl. (2.61) und (2.62) werden umgeformt in

$$\omega_{tr} = \omega_{tre} - (\omega_{tre} - \omega_{tr0})(\cos\Omega_b t + \frac{\delta}{\Omega_b} \sin \Omega_b t)e^{-\delta t} \tag{2.70}$$

$$i_{Ar} = M_{tr} + T_J (\omega_{tre} - \omega_{tr0}) \frac{\Omega_0^2}{\Omega_b} e^{-\delta t} \sin \Omega_b t \tag{2.71}$$

Die Winkelgeschwindigkeit schwingt dann zur Zeit $t_{\ddot{u}} = \pi/\Omega_b$ maximal über und erreicht dabei den Relativwert

$$\omega_{trm} = \omega_{tre} + (\omega_{tre} - \omega_{tr0})e^{-\pi\delta/\Omega_b} \tag{2.72}$$

Der Stromhöchstwert stellt sich ein zur Zeit

$$t_m = \frac{1}{\Omega_b} \text{arc tan} \frac{\Omega_b}{\delta} \tag{2.73}$$

und ist mit $t = t_m$ über Gl. (2.71) zu berechnen. Für die Einschwingzeit gilt wieder Gl. (2.68).
Wenn dem Gleichstrommotor weitere Stellglieder (z. B. Leonardumformer oder Stromrichter mit Transformatoren) vorgeschaltet sind, müssen noch die in diesen Geräten wirksamen Zeitkonstanten beachtet werden. Da sie vorzugsweise in geregelten Antrieben eingesetzt werden, soll ihr Einfluß hier nur in diesem Zusammenhang in Abschn. 3.4 untersucht werden. Auch verzichten wir auf die Behandlung des Reihenschlußmotors, da dort die Wirkungen von Eisensättigung und Ankerrückwirkung keinesfalls mehr vernachlässigt werden dürfen.

Beispiel 2.5: In Beisp. 2.3 wird für einen Gleichstrom-Nebenschlußmotor mit den Kenndaten 40 kW, 220 V, 205 A, 1380 min^{-1} vorausgesetzt, daß er den relativen Anlaßspitzenstrom $I_{Anr} = 2{,}2$ führt. Weiterhin bekannt sind aus Beisp. 1.13 und 2.3 Ankernennstrom $I_{AN} = 201$ A, ideelle Leerlaufdrehzahl $n_d = 1465$ min^{-1} ($\omega_d = 153{,}5$ s^{-1}), Innenwiderstand $R_i = 0{,}063$ Ω, Trägheitsmoment $J = 0{,}9$ Ws^3 und Nennmoment $M_N = 277$ Ws. Der tatsächlich auftretende Anlaßspitzenstrom ist zu bestimmen.

Für das Nennmoment $M_N = 277$ Ws $= 277$ Nm $= 28{,}2$ kpm muß man nach Bild **2**.12 mit der Ankerzeitkonstante $T_{AN} = 0{,}026$ s für den Motor ohne Anlaßwiderstand rechnen. Mit $I_{An} = 2{,}2\,I_{AN}$ braucht man aber insgesamt den Ankerkreiswiderstand $R_A = U_N/2{,}2\,I_{AN} = 220$ V/ $2{,}2 \cdot 201$ A $= 0{,}497$ Ω, so daß nun die Ankerzeitkonstante $T_A = T_{AN}R_i/R_A = 0{,}026$ s $\cdot 0{,}063\,\Omega/$ $0{,}497\,\Omega = 0{,}0033$ s wirksam ist. Gleichzeitig beträgt der relative Widerstand

$$R_r = R_A\,\frac{I_{AN}}{U_N} = \frac{U_N I_{AN}}{2{,}2\,I_{AN}U_N} = \frac{1}{2{,}2} = 0{,}455$$

und die Schwungmassen-Zeitkonstante $T_J = J\omega_d/M_N = 0{,}9$ Ws$^3 \cdot 153{,}5$ s$^{-1}/277$ Ws $= 0{,}499$ s. Der Hochlaufvorgang wird daher bestimmt durch die Abklingkonstante $\delta = 1/(2\,T_A) = 1/(2 \cdot 0{,}0033$ s$) = 151{,}6$ s^{-1}, die Eigenfrequenz

$$\Omega_0 = 1/\sqrt{R_r T_A T_J} = 1/\sqrt{0{,}455 \cdot 0{,}0033\ \text{s} \cdot 0{,}499\ \text{s}} = 36{,}5\ \text{s}^{-1}$$

und den Dämpfungsgrad $\vartheta = \delta/\Omega_0 = 151{,}6$ s$^{-1}/36{,}5$ s$^{-1} = 4{,}15$. Daher liegt der Kriechfall vor, und wir erhalten die Wurzeln

$$\lambda_1 = -\delta + \Omega_0\sqrt{d^2 - 1} = -151{,}6\ \text{s}^{-1} + 36{,}5\ \text{s}^{-1}\sqrt{4{,}15^2 - 1} = 4{,}6\ \text{s}^{-1}$$

$$\lambda_2 = -\delta - \Omega_0\sqrt{d^2 - 1} = -298{,}6\ \text{s}^{-1}$$

Dann tritt nach Gl. (2.63) der Stromhöchstwert auf zur Zeit

$$t_m = \frac{\ln(\lambda_2/\lambda_1)}{\lambda_1 - \lambda_2} = \frac{\ln(-298{,}6\ \text{s}^{-1}/-4{,}6\ \text{s}^{-1})}{-4{,}6\ \text{s}^{-1} + 298{,}6\ \text{s}^{-1}} = 0{,}01415\ \text{s}$$

Für $t = 0$ ist mit $\omega = 0$ auch $\omega_{tr0} = 0$ sowie mit dem Lastanlauf $M_{tr} = 1$. Mit dem Spannungssprung $u_r = 1$ wird der relative Winkelgeschwindigkeitsendwert $\omega_{tre} = u_r - M_{tr}R_r = 1 - 1 \cdot 0{,}455 = 0{,}545$, und man erhält mit Gl. (2.62) den relativen S t r o m h ö c h s t w e r t

$$i_{Arm} = M_{tr}(\omega_{tre} - \omega_{tr0})\,\frac{T_J\lambda_1\lambda_2}{\lambda_1 - \lambda_2}\,(e^{\lambda_1 t_m} - e^{\lambda_2 t_m})$$

$$= 1 + (0{,}545 - 0)\,\frac{0{,}499\ \text{s}(-4{,}6\ \text{s}^{-1})(-298{,}6\ \text{s}^{-1})}{-4{,}6\ \text{s}^{-1} + 298{,}6\ \text{s}^{-1}}\,\times$$

$$\times\,(e^{-4{,}6\ \text{s}^{-1}\,\cdot\,0{,}01415\ \text{s}} - e^{-298{,}6\ \text{s}^{-1}\,\cdot\,0{,}01415\ \text{s}}) = 2{,}173$$

Der Anlaßspitzenstrom ist also gegenüber der Annahme $I_{A\,nr} = 2{,}2$ nur unwesentlich abgesunken, so daß die vereinfachenden Betrachtungen in Abschn. 2.22 für die meisten Fälle zulässig sind.

Beispiel 2.6: Der Gleichstrom-Nebenschlußmotor aus Beispiel 2.5 werde bei Vollast plötzlich entkuppelt. Die dann auftretende höchste Drehzahl ist zu bestimmen.

Nach der Entlastung sind nur noch wirksam $T_A = T_{AN} = 0{,}026$ s, $T_J = 0{,}024$ s $(= T_M$ aus Bild 2.12 für $M_N = 277$ Nm$)$ und $R_r = R_i I_{AN}/U_N = 0{,}063\,\Omega \cdot 201$ A$/220$ V $= 0{,}0575$. Daher sin

$$\delta = 1/(2T_A) = 1/(2 \cdot 0{,}026 \text{ s}) = 19{,}22 \text{ s}^{-1}$$

$$\Omega_0 = 1/\sqrt{R_r T_A T_J} = 1/\sqrt{0{,}0575 \cdot 0{,}026 \text{ s} \cdot 0{,}024 \text{ s}} = 167 \text{ s}^{-1}$$

$$\vartheta = \delta/\Omega_0 = 19{,}22 \text{ s}^{-1}/167 \text{ s}^{-1} = 0{,}115 < 1$$

$$\Omega_b = \sqrt{\Omega_0^2 - \delta^2} = \sqrt{167^2 \text{ s}^{-2} - 19{,}22^2 \text{ s}^{-2}} = 166{,}1 \text{ s}^{-1}$$

Mit $M_{tr} = 0$ ist der Endwert der relativen Leerlauf-Winkelgeschwindigkeit $\omega_{tre} = u_r - M_{tr}R_r = 1 - 0 \cdot 0{,}0575 = 1$, der Anfangswert mit $M_{tr} = 1$ dagegen $\omega_{tr0} = u_r - M_{tr}R_r = 1 - 1 \cdot 0{,}0575 = 0{,}9452$. Für den hier wegen $\vartheta < 1$ vorliegenden Schwingfall ergibt sich daher mit Gl. (2.72) der Höchstwert der relativen Drehzahl

$$n_{trm} = \omega_{trm} = \omega_{tre} + (\omega_{tre} - \omega_{tr0})\, e^{-\pi\delta/\Omega_b}$$

$$= 1 + (1 - 0{,}9452)\, e^{-\pi \cdot 19{,}22 \text{ s}^{-1}/166{,}1 \text{ s}^{-1}} = 1{,}00152$$

bzw. die höchste Drehzahl $n_m = n_{trm}n_d = 1{,}00152 \cdot 1465$ min$^{-1} = 1467{,}2$ min^{-1}, die dann wieder auf $n_d = 1465$ U/min^{-1} abklingt.

2.232 Drehstrom-Asynchronmotor. Hier haben wir zu unterscheiden zwischen den Übergangszuständen, die beim Schalten induktiver Kreise auftreten und z. B. in Abschn. 2.231 für die Gleichstrommaschine behandelt werden, und den Ausgleichsvorgängen, die von den im Läuferkreis auftretenden Schlupffrequenzänderungen herrühren. Die r e i n e n S c h a l t v o r g ä n g e rufen insbesondere Pendelmomente hervor, für die Wellen, Kupplungen und Getriebe ausreichend bemessen werden müssen. Bei dem schnellen Hochlauf nach Bild 2.14 kann z. B. das Drehmoment 2 zunächst nur mit waagerechter Anfangssteigung entstehen. Es führt Pendelschwingungen mit annähernd doppelter Netzfrequenz aus und klingt nach wenigen Perioden auf das Drehmoment 1 des stationären Betriebs ab.

S c h n e l l e S c h l u p f ä n d e r u n g e n verringern während des Hochlaufs insbesondere das Kippmoment und lassen die Drehzahl über die Leerlaufdrehzahl hinausschwingen. Nach P f a f f und J o r d a n[1] ist hierfür der H o c h l a u f - f a k t o r

$$k_H = \frac{\Omega^3 J R'_{2K}\, s_K}{3p^2 U_1^2} \qquad (2.74)$$

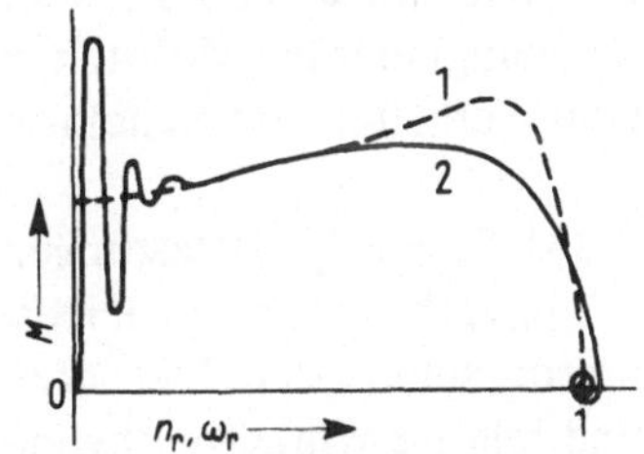

Bild **2.**14   Drehmoment-Drehzahl-Kennlinien von Drehstrom-Asynchronmotoren mit stationärem (1) und dynamischem Verlauf (2)

1) P f a f f , G., und J o r d a n , H.: Dynamische Kennlinien von Drehstromasynchronmotoren, ETZ-A 83 (1962) S. 388 bis 392

mit der Kreisfrequenz $\Omega = 2\pi f$, dem Trägheitsmoment J, dem auf den Ständer umgerechneten und beim Kippmoment wirksamen Läuferwiderstand R'_{2K}, dem Kippschlupf s_K, der Polpaarzahl p und der wirksamen Ständerspannung U_1 maßgebend. Für Werte $k_H < 2,5$ s muß man mit dem Überschreiten der Drehfelddrehzahl n_d entsprechend Bild 2.14 rechnen. Die Verkleinerung des Kippmoments vom stationären Wert M_K auf den dynamischen Wert M_{Kd} gibt Bild 2.15 an.

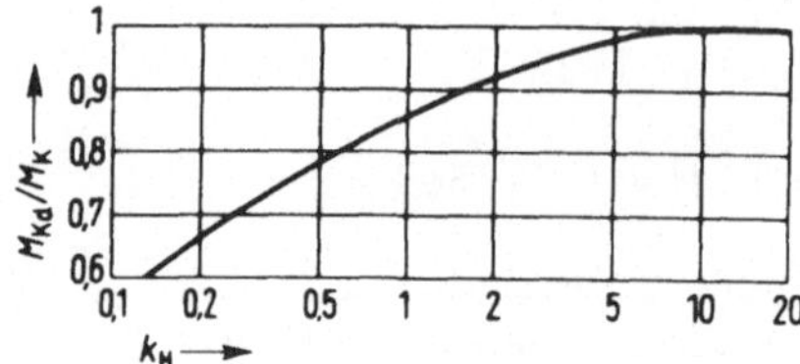

Bild 2.15 Verringerung des Kippmoments von Drehstrom-Asynchronmotoren (nach P f a f f und J o r d a n)

Beispiel 2.7: Der in Beisp. 1.12 behandelte Drehstrom-Asynchronmotor mit Käfigläufer für 380 V, 45 kW, 1465 min^{-1}, 50 Hz hat den auf den Ständer bezogenen Läuferwiderstand für Nennbetrieb $R'_{2N} = 0,065\ \Omega$ und den Kippschlupf $s_K = 0,15$. Er werde direkt eingeschaltet und soll dann das Trägheitsmoment $J = 2,4\ \text{Ws}^3 \,\hat{=}\, GD^2 = 9,6\ \text{kpm}^2$ beschleunigen. Mit welcher Kippmomentabsenkung muß man hier rechnen?

Bei der Netzfrequenz f = 50 Hz beträgt die Kreisfrequenz $\Omega = 2\pi f = 2\pi \cdot 50\ \text{s}^{-1} = 314\ \text{s}^{-1}$ und der betrachtete Motor hat die Polpaarzahl p = 2. Daher ist der Hochlauffaktor nach Gl. (2.74)

$$k_H = \frac{\Omega^3 J R'_{2K} s_K}{2p^2 U_1^2} = \frac{314^3\ \text{s}^{-3} \cdot 2,4\ \text{Ws}^3 \cdot 0,065\ \Omega \cdot 0,15}{3 \cdot 2^2 \cdot 380^2\ \text{V}^2} = 0,421$$

Nach Bild 2.15 geht daher das Kippmoment beim schnellen Hochlauf auf $M_{Kd}/M_K = 0,77$ zurück.

2.24 Schwungradantriebe

Nach Abschn. 2.21 und 2.22 verhindern große Trägheitsmomente schnelle Drehzahländerungen. Daher kann man Schwungräder mit entsprechenden Trägheitsmomenten einsetzen, um die Wirkungen von Laststößen oder anderen ungleichförmigen Belastungen abzuschwächen. Wir beschränken uns hier auf das Verhalten dieser Schwungräder bei Motoren mit N e b e n s c h l u ß v e r h a l t e n. Für das Schwingungsverhalten von Synchronmotoren s. [5, 34, 39, 52, 66].

2.241 Stoßartige Belastungen. Bei den hier zu betrachtenden Motoren mit Nebenschlußverhalten, also Gleichstrom-Nebenschlußmotor oder Drehstrom-Asynchronmotor, sind in dem hier interessierenden Nennbereich relatives Drehmoment M_r und relative Winkelgeschwindigkeit ω_r einander reziprok proportional, so daß bei Laststößen mit konstantem Lastmoment M_L nach Bild 2.16 mit der sinkenden Winkelgeschwindigkeit das Beschleunigungsmoment M_B linear zunehmen muß.

Dann wird nach Abschn. 2.222 die Winkelgeschwindigkeit exponentiell abnehmen und das relative Motormoment M_r wie in Bild 2.16 nach einer Exponentialkurve zunehmen müssen. Wir brauchen nur den stärksten Laststoß zu betrachten, so daß nach Ablauf der Zeit t_{12} mit der Anlauf-Zeitkonstante $T_{an} = J\omega_{BO}/M_{Bm}$ nach Gl. (2.32) das relative Motormoment

$$M_r = M_{1r} + (M_{Lmr} - M_{1r})(1 - e^{-t_{12}/T_{an}}) \tag{2.75}$$

erreicht wird. Durch Logarithmieren erhält man

$$\frac{t_{12}}{T_{an}} = \frac{t_{12}M_{Bm}}{J\omega_{BO}} = \ln\frac{M_{Lmr} - M_{1r}}{M_{Lmr} - M_r} \tag{2.76}$$

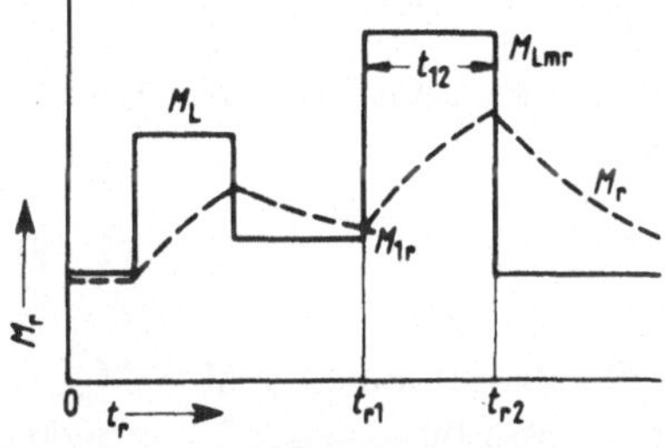

Bild **2.16** Lastverlauf mit Laststößen

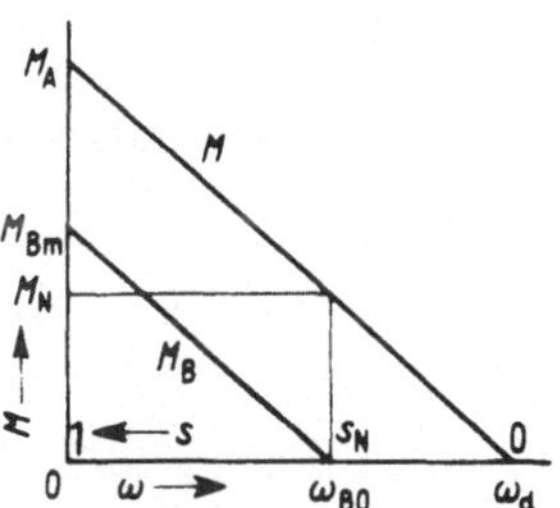

Bild **2.17** Drehmomentkennlinie von Motore
mit Nebenschlußverhalten

Nach Bild 2.17 ist außerdem mit dem Nennschlupf $s_N = \omega_d - \omega_{BO}/\omega_d$ die Winkelgeschwindigkeit $\omega_{BO} = \omega_d(1 - s_N)$ und das maximale Beschleunigungsmomer $M_{Bm} = M_N(1 - s_N)/s_N$. Dann erhält man über Gl. (2.17) mit dem zulässigen relativen Motormoment M_{rzu} aus Gl. (2.76) den erforderlichen T r ä g h e i t s f a k - t o r

$$k_J = \frac{J}{J_M} = \frac{t_{12}M_N}{J_M\omega_d s_N} \bigg/ \ln\frac{M_{Lmr} - M_{1r}}{M_{Lmr} - M_{rzu}} \tag{2.77}$$

der mit einem entsprechend bemessenen Schwungrad erzielt werden kann. Nach Vergrößerung des Schlupfes s_N könnte man daher mit einem kleineren Schwungrad auskommen. Üblich sind Schlupfwerte $s_N \approx 0,15$, die beim Gleichstrom-Nebe schlußmotor durch eine Reihenschlußwicklung (Doppelschlußmotor) und beim Drehstrom-Asynchronmotor mit Schleifringläufer durch Läuferwiderstände zu verwirklichen sind. Mit dem zulässigen relativen Motormoment M_{rzu} übersteigen dann auch Motorstrom und Leistungsaufnahme nicht die zu diesem Drehmoment gehörenden Werte.

In den vorhergehenden Betrachtungen werden die in Abschn. 2.23 behandelten elektrischen Ausgleichsvorgänge vernachlässigt. Sie können für einen bestimmten Antrieb und bei periodischen Laständerungen mit dem in Abschn. 3.419 beschriebenen Störverhalten berücksichtigt werden.

Beispiel 2.8: Ein Motor mit der Motor-Anlauf-Zeitkonstante $T_M = J_M \omega_d / M_N = 0{,}45$ s, dem Nennschlupf $s_N = 0{,}1$ wird ausgehend vom relativen Drehmoment $M_{1r} = 0{,}5$ während der Zeit $t_{12} = 3$ s mit Laststößen $M_{Lmr} = 2{,}5$ belastet. Der Motor habe das Trägheitsmoment $J_M = 0{,}3$ Ws^3, der ganze Antrieb $J = 1{,}5$ Ws^3, also $GD^2 = 6{,}0$ kpm^2. Es ist das Trägheitsmoment des Schungrades J_S so zu bestimmen, daß der 1,5fache Motor-Nennstrom bei diesen Laststößen nicht überschritten wird.

Die Begrenzung auf den 1,5fachen Motor-Nennstrom bedingt $M_{rzu} = 1{,}5$, und man erhält mit Gl. (2.77) den erforderlichen Trägheitsfaktor

$$k_J = \frac{t_{12}}{T_M s_N} \bigg/ \ln \frac{M_{Lmr} - M_{1r}}{M_{Lmr} - M_{rzu}} = \frac{3\text{ s}}{0{,}45\text{ s} \cdot 0{,}1} \bigg/ \ln \frac{2{,}5 - 0{,}5}{2{,}5 - 1{,}5} = 96{,}3$$

Es wird also insgesamt das Trägheitsmoment $J' = k_J J_M = 96{,}3 \cdot 0{,}3$ $Ws^3 = 28{,}9$ Ws^3 und für das Schwungrad $J_S = J' - J = 28{,}9$ $Ws^3 - 1{,}5$ $Ws^3 = 27{,}4$ Ws^3 oder $GD^2 = 109{,}7$ kpm^2 benötigt.

2.242 Periodisch schwankende Belastungen. Das w i n k e l a b h ä n g i g e   L a s t - m o m e n t nach Bild 1.9 kann in die Fourierreihe

$$M_{Lt} = M_N + \sum_\nu M_\nu \sin (\omega_\nu t + \varphi_\nu) \tag{2.78}$$

zerlegt werden. Nach Bild 2.17 gilt für den Verlauf des Motormoments $M = s M_A$. Außerdem muß unter Zugrundelegung linearer Verhältnisse für jede der Teilschwingungen der Ordnungszahl ν mit der Drehmomentamplitude M_ν, der Kreisfrequenz ω_ν und dem Phasenwinkel φ_ν die allgemeine Zustandsgleichung (2.6) gelten. Wir führen noch mit dem zeitabhängigen Schlupf $s_t = s_N + s_{dt}$ die Abweichung s_{dt} vom Nennschlupf s_N ein, berücksichtigen die zeitabhängige Winkelgeschwindig-keit $\omega_t = \omega_d (1 - s_t)$ bzw. $d\omega_t / dt = \omega_d \, ds_{dt}/dt$ und erhalten dann für $\varphi_\nu = 0$ mit $M_A s_N = M_N$ nach Bild 2.17 die a l l g e m e i n e   Z u s t a n d s g l e i c h u n g der νten Teilschwingung

$$M_A s_{dt} + J \omega_d \, ds_{dt}/dt = M_\nu \sin \omega_\nu t \tag{2.79}$$

Von dieser inhomogenen Differentialgleichung interessiert nur der eingeschwungene Zustand. Setzen wir weiterhin lineare Verhältnisse voraus, so kann der Schlupf nur rein sinusförmige Schwingungen

$$s_{dt} = s_\nu \sin (\omega_\nu t + \varphi_\nu) \tag{2.80}$$

ausführen. Eingesetzt in Gl (2.79) gilt daher

$$M_A s_\nu \sin (\omega_\nu t + \varphi_\nu) + J \omega_d s_\nu \omega_\nu \sin (\omega_\nu t + \varphi_\nu + 90°) = M_\nu \sin \omega_\nu t \tag{2.81}$$

Diese Sinusschwingungen stellt man entsprechend der in der Wechselstromtechnik üblichen Betrachtungsweise durch komplexe Größen dar. Da nach Bild 2.17 $M_A / \omega_d = M_{Bm} / \omega_{BO}$ ist, dürfen wir auch die Anlauf-Zeitkonstante $T_{an} = J \omega_d / M_A$ entsprechend Gl. (2.32) einführen und erhalten dann

$$\underline{s}_\nu + j\omega_\nu T_{an}\,\underline{s}_\nu = \underline{M}_\nu/M_A \tag{2.82}$$

oder für das Verhältnis von erreichter Motormomentänderung $s_\nu M_A$ zur verursachenden Lastmomentänderung M_ν schließlich

$$\frac{\underline{s}_\nu M_A}{\underline{M}_\nu} = \frac{1}{1 + j\omega_\nu T_{an}} \tag{2.83}$$

Ein Vergleich mit den Eigenschaften des in Abschn. 3.412 behandelten Verzögerungsgliedes 1. Ordnung zeigt, daß mit Gl. (2.83) bei $j\omega_\nu = p$ der F r e q u e n z - g a n g eines solchen Gliedes beschrieben wird und nach Bild 3.36 der relative Schwingungsscheitelwert

$$M_{\nu r} = \frac{s_\nu M_A}{M_\nu} = 1 \Big/ \sqrt{1 + \omega_\nu^2 T_{an}^2} \tag{2.84}$$

mit wachsender Frequenz ω_ν abnimmt. In gleicher Weise werden die Leistungs- und Stromschwankungen im Netz kleiner. Es brauchen also nur die kleineren Frequenzen ω_ν der Fourierreihe betrachtet zu werden.

Der Schwingungsscheitelwert kann praktisch nur über die Anlauf-Zeitkonstante $T_{an} = J\omega_d s_N/M_N$ und, da der Nennschlupf s_N nicht beliebig vergrößert werden darf, durch das Trägheitsmoment J verkleinert werden. Das e r f o r d e r l i c h e T r ä g h e i t s m o m e n t, um die Leistungsschwankungen auf $M_{\nu r}$ zu begrenzen, erhält man daher aus

$$J = \frac{M_N}{s_N\,\omega_d\,\omega_\nu}\,\sqrt{(1/M_{\nu r})^2 - 1} \tag{2.85}$$

Mit $\omega_{max} = \omega_d(1 - s_N + s_\nu)$ und $\omega_{min} = \omega_d(1 - s_N - s_\nu)$ kann man auch den entsprechend Gl. (1.33) definierten und durch die νte Teilschwingung verursachten Ungleichförmigkeitsgrad

$$\delta_\nu = \frac{2\,M_\nu/M_A}{1 - s_N}\Big/\sqrt{1 + \omega_\nu^2 T_{an}^2} \tag{2.86}$$

oder das zur Einhaltung eines bestimmten Ungleichförmigkeitsgrades erforderliche Trägheitsmoment

$$J = \frac{M_N\,\sqrt{4(M_\nu/M_N)^2 s_N^2 - (1 - s_N)^2 \delta_\nu^2}}{s_N\,(1 - s_N)\,\omega_d\,\omega_\nu \delta_\nu} \tag{2.87}$$

ermitteln. Die elektrischen Ausgleichsvorgänge können wieder entsprechend Abschn. 3.419 berücksichtigt werden.

Beispiel 2.9: Ein Motor mit der Nennleistung $P_{2N} = 15$ kW, dem Nennschlupf $s_N = 0{,}03$ und der ideellen Leerlauf-Winkelgeschwindigkeit $\omega_d = 157\ \text{s}^{-1}$ treibt einen Kolbenkompressor an, der ähnlich wie in Bild 1.9 eine Lastmomentschwingung mit $M_\nu/M_N = 0{,}5$ bei der Winkelgeschwindigkeit $\omega_\nu = 2\,\omega_d\,(1 - s_N)$ aufweisen soll. Es ist das Trägheitsmoment zur Einhaltung des Ungleichförmigkeitsgrades $\delta_\nu = 0,01$ zu bestimmen.

Für das Nennmoment gilt

$$M_N = \frac{P_{2N}}{\omega_N} = \frac{P_{2N}}{\omega_d(1 - s_N)} = \frac{15\ \text{kW}}{157\ \text{s}^{-1}\,(1 - 0,03)} = 98,5\ \text{Ws}$$

Dann beträgt mit Gl. (2.87) das erforderliche Trägheitsmoment

$$J = \frac{M_N\,\sqrt{4(M_\nu/M_N)^2\,s_N^2 - (1 - s_N)^2\,\delta_\nu^2}}{2\,s_N(1 - s_N)^2\,\omega_d^2\,\delta_\nu} = \frac{98,5\ \text{Ws}\,\sqrt{4 \cdot 0,5^2 \cdot 0,03^2 - (1 - 0,03)^2 \cdot 0,01^2}}{2 \cdot 0,03(1 - 0,03)^2 \cdot 157^2\ \text{s}^{-2} \cdot 0,01}$$

$$= 0,21\ \text{Ws}^3 \,\hat{=}\, 0,84\ \text{kpm}^2$$

Nach Bild 2.3 würde also das natürliche Trägheitsmoment des Antriebs schon ausreichen, um diese Forderung zu erfüllen.

2.3 Anlauf

Im Gegensatz zu den meisten Verbrennungskraftmaschinen ermöglicht der Elektromotor einen Anlauf unter Last. Sein Anzugsmoment kann durch Anlaßhilfsmittel (Anlasser oder Schaltungen) auf den gewünschten Wert eingestellt werden. Um andere Verbraucher nicht zu stören und Schäden am Wicklungskopf oder Stromwender zu vermeiden, muß außerdem häufig der Einschaltstrom begrenzt werden. Wir behandeln daher hier die verschiedenen, heute üblichen Anlaßverfahren.

Für den Anlauf unterscheiden wir das im Stillstand wirksame Anzugsmoment M_A, den Stillstandsstrom I_k und die während des Anlaufs auftretenden Größen Anlaufdrehmoment M_{an} und Anlaufstrom I_{an}, der meist mit steigender Drehzahl kleiner wird. Das während des Hochlaufs auftretende kleinste Drehmoment nennen wir Hochlaufmoment M_H (s. Bild 2.2), das höchste Drehmoment Kippmoment M_K. Beim Einsatz von Anlassern treten noch Anlaßspitzenstrom I_{An} und Schaltstrom I_{Sch} auf.

2.31 Anlasser

Die Anlasser sind Schaltgeräte mit Widerständen, die während des Anlassens stufenweise oder kontinuierlich aus dem Stromkreis der Motoren herausgenommen bzw. verkleinert werden. Man unterscheidet verschiedene B a u a r t e n, deren E i g e n s c h a f t e n durch besondere Kenngrößen beschrieben werden. Weitere Angaben enthalten VDE 0660 und DIN 46 062.

2.311 Aufbau. Wir unterscheiden hauptsächlich zwei Bauarten:

Flüssigkeitsanlasser. In einem Stahltopf befinden sich der Elektrolyt, meist eine 0,1- bis 2prozentige Sodalösung, und, da Flüssigkeitsanlasser nur für Schleifringläufer benutzt werden, die 3 Elektroden aus Stahl, die zum Sternpunkt verbunden sind. Durch Hineindrehen der Elektroden oder Einpumpen des Elektrolyten ändert sich die Elektrodenfläche, die für den Stromübergang benutzt wird, und somit der Übergangswiderstand.

Die festen Elektroden sind durch Zwischenwände voneinander getrennt. Die unterschiedliche Erwärmung im Elektrolyten sorgt für thermischen Auftrieb und eine Abgabe der Verlustwärme an die Stahlwandung oder eingebaute Kühlschlangen. Die Wärmekapazität ist meist groß. Die zulässige Stromdichte beträgt etwa $S = 40\,A/dm^2$.

Flüssigkeitsanlasser ermöglichen s t e t i g e Widerstandsänderungen. Auch kann der Widerstandsbereich leicht durch Änderung der Elektrolytkonzentration oder der Elektrodenform angepaßt werden.

Metallanlasser. Der W i d e r s t a n d s d r a h t ist auf keramische Isolationskörper (s. Bild 2.18) oder in Widerstandsrahmen aufgewickelt. Daneben gibt es Widerstandsgitter aus Gußeisen oder Stahl sowie Widerstandsgewebe mit Kettenfäden aus Asbest oder Glasseide und Schußfäden aus Widerstandsdraht.

Diese Widerstände werden entweder mit dem S t u f e n s c h a l t e r zusammengebaut oder getrennt untergebracht. Für die Stufenschaltung unterscheidet man:

F l a c h b a h n a n l a s s e r für kleine Leistungen (bis etwa 100 kW) bei geringer Anlaßhäufigkeit (s. Abschn. 2.313): Ein beweglicher Kontakt überstreicht in einer Ebene angeordnete feste Kontakte (Bild 2.18).

Bild **2.18**
Flachbahnanlasser (SSW)

Bild **2.19** Walzenbahnanlasser (AEG)

T r o m m e l b a h n a n l a s s e r (Verwendung wie Flachbahnanlasser): Die festen Kontakte sind auf einer Zylinderfläche angeordnet.

W a l z e n b a h n a n l a s s e r für mittlere Leistungen (bis etwa 800 kW) bei geringer Anlaßhäufigkeit: Eine mit Ringkontakten versehene Walze bewegt sich an festen Kontakten vorbei (Bild 2.19).

S t e u e r s c h a l t e r für mittlere Anlaßhäufigkeit: Mehrere Einzelschalter (meist mit besonderer Lichtbogenlöschung) werden durch Nocken und Kurvenscheiben betätigt (s. Abschn. 5.12).

S c h ü t z e n s t e u e r u n g e n für große Anlaßhäufigkeit: Mehrere Schütze (s. Abschn. 5.14) werden elektrisch (z. B. durch Programmschaltwerke) geschaltet. Wird hierbei der Anlaßvorgang selbsttätig gesteuert, so spricht man von S e l b s t - a n l a s s e r.

Bei Läuferanlassern unterscheidet man noch die s y m m e t r i s c h e Ausführung, die den Schlupfwiderstand in den 3 Strängen gleichmäßig verstellt, und die u n - s y m m e t r i s c h e, die in jeder Kontaktstellung nur einen Strangwiderstand ändert. Der unsymmetrische Anlasser enthält weniger Stufen und spart daher Kontakte und Raum; er verursacht jedoch unsymmetrische Ströme und u. U. Sattelmomente.

Anlasser mit L u f t k ü h l u n g erlauben wegen ihrer geringen Wärmekapazität in Verbindung mit schnellerer Wärmeabgabe eine größere Anlaßhäufigkeit, aber eine geringere Anlaßzahl (s. Abschn. 2.312) als Anlasser mit Ö l k ü h l u n g, die sich besonders für staubige Betriebe eignen. Bild 2.20 zeigt die Anwendungsbereiche der Anlasserarten.

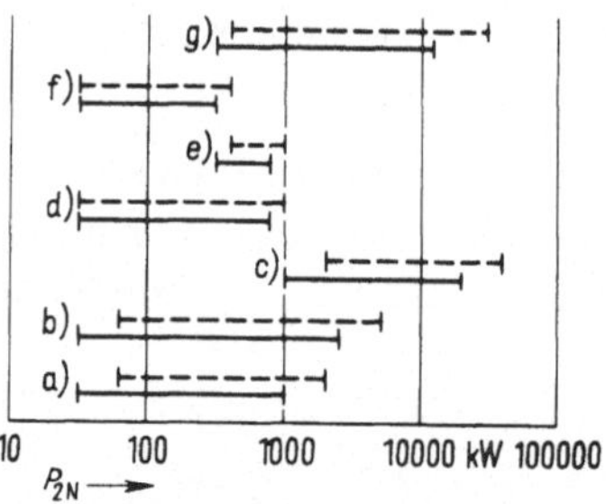

Bild **2.20** Anwendungsbereiche (nach Siemens) von Anlassern für (——) Vollast- und (———) Halblastanlauf mit Wärmespeicherung im Widerstandswerkstoff (a), Widerstandswerkstoff und Öl (b) und Lauge (c) sowie von Anlaßstellern bei Drehzahlminderung auf 0,5 n_N für Verlauf des Lastmoments M_L = const. (——) und $M_L \sim n^2$ (———) mit Wärmeabgabe durch Konvektion (d), Fremdbelüftung (e), Öl/Wasser (f) und Lauge/Wasser (g)

2.312 Kenngrößen. Für die Auswahl und Berechnung des Anlassers unterscheiden wir:

A n l a ß s p i t z e n s t r o m I_{An} ist der Strom, der beim Einschalten einer Anlaßstufe auftritt (Bild 2.21) — bei Dreiphasenmotoren der Läuferstrom.

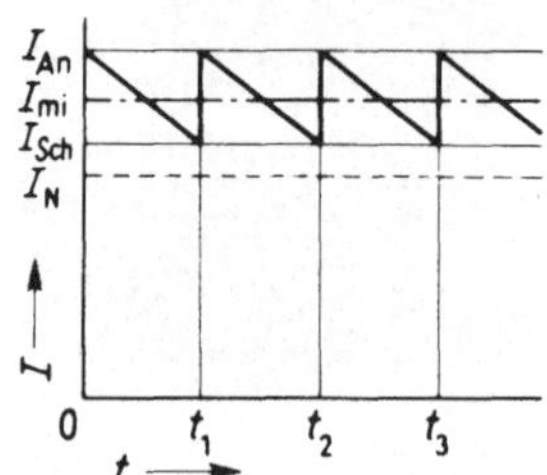

S c h a l t s t r o m I_{Sch} ist der Strom, bei dem auf die nächste Anlaßstufe umgeschaltet werden soll (Bild 2.21). Er ist meist etwas größer als der Nennstrom I_N des

Bild **2.21** Verlauf des Anlaufstroms

S t u f e n z a h l m gibt die Anzahl der abschaltbaren Teilwiderstände an und ist für handbetätigte Anlasser in DIN 46062 für die verschiedenen Motorleistungen festgelegt. Selbstanlasser sollen möglichst wenige Stufen aufweisen, da jede Stufe einen Schaltschütz benötigt und diese die Kosten des Anlassers bestimmen. Eine kleine Stufenzahl verursacht jedoch große Strom- und Drehmomentsprünge. Gelegentlich werden auch V o r s t u f e n mit solchen Widerständen eingesetzt, daß mit den dann fließenden Strömen der Motor noch nicht anlaufen kann, zu harte Drehmomentstöße aber vermieden werden.

A n l a ß z e i t t_{an} ist die Zeit, in der die Anlaßstufen Strom führen. Sie kann mit der Motor-Nennleistung P_{2N} überschläglich bestimmt werden aus

$$t_{an} = 4 \text{ s } \sqrt[3]{P_{2N}/kW} \tag{2.88}$$

A n l a ß z a h l Z_{an} gibt die Anzahl der hintereinander möglichen Anläufe bis zum Erreichen der zulässigen Anlaßerwärmung an, wenn zwischendurch eine Pause t_p von der doppelten Anlaßzeit $2t_{an}$ vorgesehen wird.

A n l a ß h ä u f i g k e i t h_{an} ist die Anzahl der stündlich in gleichmäßigen Abständen bei betriebswarmem Gerät dauernd zulässigen Anlaßvorgänge.

A n l a ß a r b e i t W_{an} ist die mittlere Leistungsaufnahme $P_{1\,mi}$ während des Anlassens mal der Anlaßzeit t_{an}, also

$$W_{an} = P_{1\,mi} t_{an} \tag{2.89}$$

Der m i t t l e r e A n l a ß s t r o m I_{mi} bestimmt die im Anlasser umgesetzte Wärme. Für ihn darf nach DIN 46062 bei vielstufigen Anlassern, deren Anlaßspitzenstrom I_{An} und Schaltstrom I_{Sch} sich nicht allzu sehr unterscheiden,

$$I_{mi} = (I_{An} + I_{Sch})/2 \tag{2.90}$$

gesetzt werden. Bei grober Stufung sollte man die je Anlasserstufe durch den zeitabhängigen Strom i_{12} in dem Zeitraum t_1 bis t_2 erzeugte Wärmemenge mit dem Integral

$$W_i = \int_{t_1}^{t_2} i_{12} R_i \, dt \tag{2.91}$$

oder nach Abschn. 2.51 ermitteln.

A n l a ß s c h w e r e f stellt das Verhältnis von mittlerer Leistungsaufnahme während des Anlaufs zur Nennleistungsaufnahme dar. Nach DIN 46062 dürfen wir mit dem Motor-Nennstrom I_N hierfür auch setzen

$$f = I_{mi}/I_N \tag{2.92}$$

Die Normwerte in Tafel 2.22 ergeben eine ausreichende Beschleunigungsreserve, wenn während des Anlaufs durch die Arbeitsmaschine die weiter angegebenen Verhältnisse Lastmoment M_{Lt} zu Nennmoment M_N nicht überschritten werden.

Die in DIN 46062 geforderten Anlaßstufenzahlen begrenzen dann den Anlaßspitzenstrom auf die in Tafel 2.22 angegebenen Relativwerte.

H a l b l a s t a n l a u f ist der Anlauf von Antrieben, die während des Hochlaufs noch kein Lastmoment erfordern, also z. B. erst nach dem Leeranlauf zusam-

T a f e l 2.22 Anlaufschwere f, zulässiges relatives Lastmoment M_{Lt}/M_N und eingehaltener relativer Anlaßspitzenstrom I_{Anr} nach DIN 46062

Art des Anlaufs	f	M_{Lt}/M_N	I_{Anr}
Halblastanlauf	0,7	0,5	1,0
Vollastanlauf	1,4	1,0	1,8
Schweranlauf	2,5	1,4	2,5

mengekuppelt werden, oder von Arbeitsmaschinen, deren Lastmoment quadratisch mit der Drehzahl wächst (s. Abschn. 1.231).

V o l l a s t a n l a u f liegt vor, wenn das Lastmoment schon während des Hochlaufs praktisch gleich dem Nennmoment ist (z. B. Hebezeuge, belastet hochlaufende Kolbenmaschinen).

S c h w e r a n l a u f ist ein infolge großer Trägheitsmomente hohe Beschleunigungsmomente erfordernder Anlauf (z. B. Zentrifugen, Walzwerke, Fahrzeuge).

L ä u f e r a n l a s s e r nach DIN 46062 werden mit der Anlaßschwere f entsprechend der A n l a s s e r k e n n z a h l

$$k_a = 1,4 \, k/f$$

ausgewählt. Hierbei ist bei der Läufer-Stillstandsspannung U_{20} und dem Läufer-Nennstrom I_{2N} (jeweils an den Schleifringen gemessen) der L ä u f e r k e n n w e r t

$$k = U_{20}/(\sqrt{3} \, I_{2N}) \tag{2.94}$$

Die Anlasserkennzahlen k_a folgen den Normzahlen 0,4 bis 16 der Reihe R 10, wobei die kleinen Werte für Schweranlauf und die großen für Halblastanlauf gelten. Zwischenwerte werden entsprechend der Reihe R 20 zugeordnet. Daher sind die Anlasserkennwerte im Verhältnis 1 : 1,25 gestuft, und der Anlaßspitzenstrom weicht maximal im Verhältnis $\sqrt{1,25} = 1,12$ ab.

Anlasser sind nach DIN 46062 für Leistungen von 1,7 bis 2000 kW genormt, wobei Mindestwerte für Anlaßzeit t_{an}, Anlaßzahl z_{an}, Anlaßhäufigkeit h_{an} für Luft- und Ölkühlung sowie Anzahl der Vor- und Ablaßstufen vorgeschrieben sind. Wenn die vorgegebenen Produkte

$$h_{an} \, t_{an} \quad \text{und} \quad z_{an} \, t_{an} \tag{2.95}$$

durch die verlangten Werte nicht überschritten werden, darf man auch Anlaßzahl z_{an}, Anlaßzeit t_{an} und Anlaßhäufigkeit h_{an} gegenüber den genormten Werten verändern, wobei die Anlaßzeit t_{an} allerdings nicht vergrößert werden darf.

Die genormten Anlasser tragen auf dem Leistungsschild noch eine Kennzeichnung aus 3 Buchstaben mit folgender Bedeutung

G Gleichstrom,	L Luft-,	g grob-,
D Drehstrom-	Ö Öl-	n normal-,
Anlasser	kühlung	f feingestuft

Beispiel 2.10: Für den in Beispiel 1.13, S. 32 behandelten Gleichstrom-Nebenschlußmotor mit den Nenndaten $P_{2N} = 40$ kW, $U_N = 220$ V, $I_N = 205$ A und $n_N = 1380$ min^{-1} ist bei der Anlaßhäufigkeit $h_{an} = 6$ h^{-1} und der Anlaßzeit $t_{an} = 8$ s ein Anlasser für Vollastanlauf nach DIN 46062 auszuwählen.

Wir nehmen eine normalgestufte Ausführung für Gleichstrom mit Luftkühlung, die nach DIN 46062 bei Vollastanlauf für eine Motorleistung von 40 kW oder bei Halblastanlauf für 80 kW bzw. bei Schweranlauf für 28 kW ausreicht und die Bestellangaben „Anlasser DIN 46062 GLn für 40 kW Vollastanlauf, Nennspannung 220 V" hat.

Dieser genormte Anlasser weist ferner die Mindestwerte Anlaßzeit $t_{an} = 14$ s, Anlaßzeit $z_{an} = 3$, Anlaßhäufigkeit $h_{an} = 4$ h^{-1} bei einer Vorstufe und 4 Anlaßstufen auf. Nach Gl. (2.95)

ist mit $h_{an}\,t_{an} = 6\ h^{-1} \cdot 8\ s = 48\ s/h < 4\ h^{-1} \cdot 14\ s = 56\ s/h$ hier auch die geforderte Anlaßhäufigkeit zulässig.

2.313 Bemessung. In den Anlasserwiderständen wird die mit Gl. (2.91) berechen-
bare Wärmemenge umgesetzt. Die Leistung der Anlasser wird durch die z u l ä s-
s i g e E r w ä r m u n g begrenzt (s. VDE 0660). Bei Luftkühlung kann man an der
der Widerstandsoberfläche ohne zusätzliche Belüftung etwa 0,8 W/cm² und bei
Ölkühlung etwa 1 bis 1,5 W/cm² abführen. Die Rohroberfläche luftgekühlter Schie-
bewiderstände kann man mit höchstens 0,6 W/cm² beanspruchen.

Da bei Vergrößerung der Widerstandsoberfläche der Querschnitt quadratisch
wächst, muß bei gleichbleibender Wärmeabgabe je Flächeneinheit die Stromdichte
gleichzeitig kleiner gewählt werden. Dadurch wird aber die E r w ä r m u n g s-
Z e i t k o n s t a n t e größer. Bei luftgekühlten Gußeisenwiderständen beträgt
diese Zeitkonstante 2 bis 4 min, beim Draht von Widerstandszylindern 1 bis 4 min
und bei den Widerstandszylindern selbst etwa 10 min.

Bei K u r z z e i t b e t r i e b (s. Abschn. 4.112) kann man die Wärmekapazität
der Widerstände ausnutzen und entsprechend Bild 2.23 über die Betriebszeit t_b
mit der für Kurzzeitbetrieb zulässigen Verlustleistung V_{KB} meist eine wesentlich
höhere Belastung als bei der zulässigen Dauerlast V_D erreichen. Normale Anlasser
sollen mit einer Pause t_p gleich der doppelten Anlaßzeit $2t_{an}$ drei Anläufe hintereinander aushalten. Da die Anlaßzeiten im allgemeinen nur wenige s betragen und
die Abkühlung in den kurzen Pausen vernachlässigbar ist, kann die zulässige Belastung der Widerstände mit Bild 2.23 auch hierfür bestimmt werden, wenn als
Belastungszeit die d r e i f a c h e A n l a ß z e i t $3t_{an}$ eingesetzt wird. Für die
Pause nach diesen 3 Anläufen muß aber gewährleistet sein, daß sich die Widerstände
wieder auf die Raumtemperatur abkühlen.

Für A u s s e t z b e t r i e b (s. Abschn. 4.112) ist die zulässige Verlustleistung
V_{AB} mit Betriebszeit t_b und Spieldauer t_s (meist 10 min) über die relative Einschaltdauer $t_{Er} = t_b/t_s$ Bild 2.24 zu entnehmen. Die Angaben in Bild 2.23 und
Bild 2.24 dürfen für Überschlagsrechnungen auch auf ähnliche Widerstandsaus-
führungen angewendet werden.

Bild 2.23 Überlastungsfähigkeit V_{KB}/V_D für
K u r z z e i t b e t r i e b als Funktion
der Belastungszeit t_b für Widerstandszylinder (——), 3,7 bis 34 Ω (Kurve 1),
0,35 Ω (Kurve 2) und Gußeisenelemente (- - -), 0,4 Ω (Kurve 3), 0,1
bis 0,2 Ω (Kurve 3). Die Dauerlast
V_D der Widerstandszylinder beträgt
100 W und der Gußeisenelemente
400 W bei der Widerstands-Endtem-
peratur 300 °C und der Raumtemperatur 20 °C

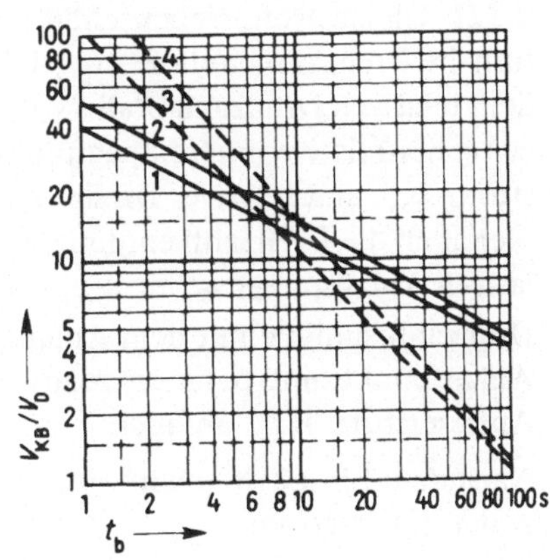

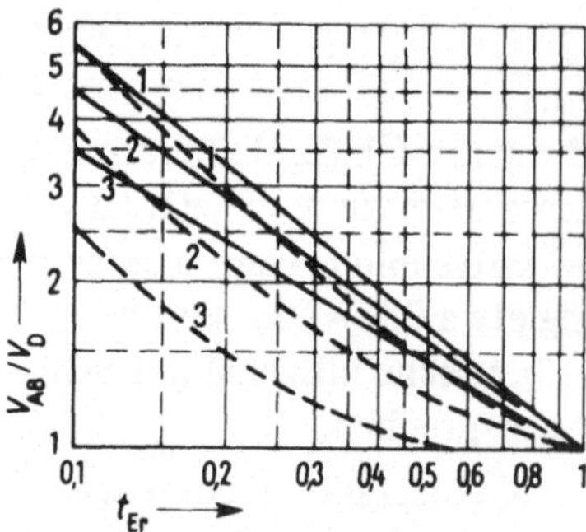

Bild 2.24 Überlastungsfähigkeit V_{AB}/V_D für
A u s s e t z b e t r i e b als Funktion der relativen Einschaltdauer
$t_{Er} = t_b/t_s$ für Widerstandszylinder,
0,35 bis 34 Ω (———) und Gußeisenelemente, 0,1 bis 0,4 Ω (– – –) bei
den Spieldauern t_s = 10 min
(Kurve 1), t_s = 5 min (Kurve 2)
und t_s = 2,5 min (Kurve 3). Für
die Dauerlast gilt dasselbe wie bei
Bild 2.23

Für die Bemessung der I s o l a t i o n sind neben anderen Faktoren bei Gleichstrom die Nennspannung U_N , bei Drehstrom die Läufer-Stillstandsspannung U_{20}
maßgebend. Bei reinem Anlaßbetrieb wird bei Drehstrom nur mit $0{,}67\,U_{20}$ und
bei Gegenstrombetrieb mit $1{,}7\,U_{20}$ gerechnet.

2.32 Anlassen von Gleichstrommotoren

Gleichstrommotoren mit Nennleistungen über 0,5 kW erhalten zur Begrenzung von
Einschaltstrom und Anzugsmoment im allgemeinen Anlasser, die als Vorwider-
stand R_V in den Ankerkreis geschaltet werden (s. Bild 1.26). Man versucht, den
Anlaßspitzenstrom I_{An} entsprechend der Anlaßschwere (Tafel 2.22) konstant
einzustellen und wählt den Schaltstrom meist mit I_{Schr} = 1,1 bis 1,2. Hierdurch
wird der Hochlaufvorgang in den einzelnen Stufen vorzeitig abgebrochen und die
Anlaßzeit verkürzt.
Mit dem Anlasser wird ein Teil der Netzspannung vom Motor ferngehalten. Dieses
S p a n n u n g s a n l a s s e n muß daher mit Verlusten im Anlasser erkauft werden
(s. Abschn. 2.5). Anlaufverluste sind nur durch Zuführen einer mit der Drehzahl
wachsenden Spannung zu vermeiden. Ein solches stufenloses und (fast) verlust-
freies Anlassen kann man mit Stellgliedern verwirklichen, deren Spannung stufen-
los steuerbar ist, wie z. B. durch Stelltransformator mit Gleichrichter, Transduktor,
Leonardumformer oder gesteuerten Stromrichter (s. a. Abschn. 3.2 und 3.3).

2.321 Gleichstrom-Nebenschlußmotor. In Bild 2.25 ist wie in Bild 1.27 die natürliche Drehzahlkennlinie n_r = f(M_r) eines Gleichstrom-Nebenschlußmotors mit
dem relativen Drehzahlabfall s_N = $I_{ANr}R_{ir}$ bei Nennlast dargestellt, der auch gleichzeitig der relative innere Spannungsabfall ist. Da nach Abschn. 1.33 relativer Ankerstrom I_{Ar} und relatives Drehmoment M_r für Φ_r = 1 identisch sind, dürfen wir
hier auch die Drehzahlkennlinie n_r = f(I_{Ar}) betrachten. Wenn man jetzt den relativen Anlaßspitzenstrom I_{Anr} = I_{An}/I_{AN} wählt, kann man auch die zugehörige
Drehzahlkennlinie mit dem Anlaufpunkt I_{Ar} = I_{Anr} bei n_r = 0 einzeichnen. Im
Anlaufpunkt muß dann die relative Spannung $I_{Anr}R_{mr}$ = U_{Nr} = 1 in der letzten
Anlasserstufe R_{mr} abfallen.

Nach dem Einschalten wird mit dem relativen Ankerkreiswiderstand R_{mr} der
Anlaßspitzenstrom I_{Anr} auftreten und der Antrieb entsprechend der zugehörigen

Drehzahlkennlinie n_{rm} hochlaufen. Wenn bei dem relativen Schaltstrom I_{Schr} auf den relativen Anlaßspitzenstrom I_{Anr} umgeschaltet werden soll, muß die Drehzahlkennlinie n_{r2} mit dem relativen Ankerkreiswiderstand R_{2r} und schließlich für die letzte Anlasserstufe R_{ir} insgesamt vorhanden sein. Nach Abzug des relativen Innenwiderstandes R_{ir} erhält man somit die erforderlichen Anlasserstufen-Widerstände R_{Sr}.

Mit den in Bild 2.25 eingetragenen Bezeichnungen ergibt sich wegen der Ähnlichkeit der Dreiecke und bei voller Aussteuerung jeder Anlasserstufe

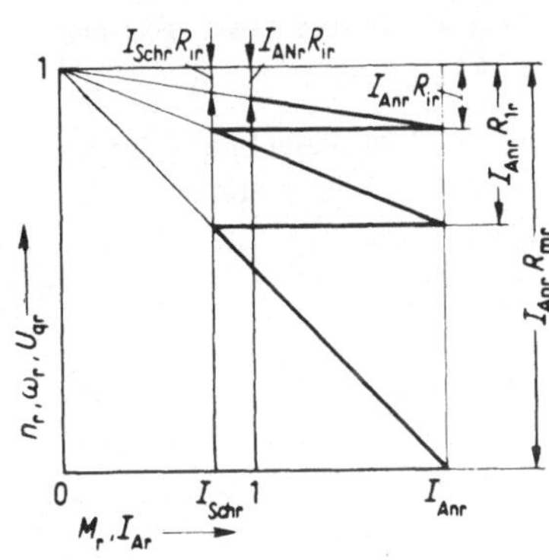

$$\frac{I_{Anr} R_{1r}}{I_{Anr} R_{ir}} = \frac{I_{Anr}}{I_{Schr}}$$

$$R_{1r} = R_{ir} I_{Anr}/I_{Schr} \qquad (2.96)$$

oder aus

$$\frac{I_{Anr} R_{2r}}{I_{Anr} R_{1r}} = \frac{I_{Anr}}{I_{Schr}}$$

$$R_{2r} = R_{1r} I_{Anr}/I_{Schr} = R_{ir}(I_{Anr}/I_{Schr})^2 \qquad (2.97)$$

Bild 2.25
Anlaßvorgang des Gleichstrom-Nebenschlußmotors

Man erhält also ganz allgemein mit

$$\frac{I_{An}}{I_{AN}} = I_{Anr} = \frac{U_N}{I_{AN} R_m} = \frac{R_N}{R_m} = \frac{1}{R_{mr}}$$

den relativen Ankerkreiswiderstand der m-ten Stufe aus

$$R_{mr} = R_{ir}(I_{Anr}/I_{Schr})^m = 1/I_{Anr} \qquad (2.98)$$

Die Anlasserstufen (einschließlich Innenwiderstand R_i und Stufenwiderständen R_S) müssen also nach einer geometrischen Reihe gestuft werden. Somit erhält man auch den folgenden Stufenwiderstand durch Multiplikation des vorhandenen mit dem Faktor I_{Anr}/I_{Schr}. Daher gilt auch für den relativen Anlaßspitzenstrom

$$I_{Anr} = \sqrt[m+1]{I_{Schr}^m / R_{ir}} \qquad (2.99)$$

den relativen Schaltstrom

$$I_{Schr} = \sqrt[m]{R_{ir} I_{Anr}^{(m+1)}} \qquad (2.100)$$

und die Stufenzahl

$$m = \frac{\lg(R_{mr}/R_{ir})}{\lg(I_{Anr}/I_{Schr})} \qquad (2.101)$$

Beispiel 2.11: Ein Gleichstrom-Nebenschlußmotor hat die Kenndaten $P_{2N} = 3$ kW, $U_N = 220$ V, $I_N = 17$ A, $n_N = 1450$ min^{-1}, $R_i = 1,1\ \Omega$ und $R_E = 220\ \Omega$. Er soll für den relativen Anlaßspitzenstrom $I_{Anr} = 2$ einen zweistufigen Anlasser erhalten. Die Stufenwiderstände sind zu berechnen.

Mit dem Nennerregerstrom $I_{EN} = U_N/R_E = 220\,V/220\,\Omega = 1{,}0\,A$ erhält man den Ankernennstrom $I_{AN} = I_N - I_{EN} = 17\,A - 1\,A = 16\,A$ und somit den relativen Ankerkreiswiderstand $R_{ir} = R_i I_{AN}/U_N = 1{,}1\,\Omega \cdot 16\,A/220\,V = 0{,}08$. Nach Gl. (2.100) beträgt dann mit $m = 2$ der relative Schaltstrom

$$I_{Schr} = \sqrt[m]{R_{ir}I_{Anr}^{(m+1)}} = \sqrt[2]{0{,}08 \cdot 2^{(2+1)}} = 0{,}8$$

und man benötigt nach Gl. (2.98) den relativen Ankerkreiswiderstand der letzten Stufe $R_{mr} = 1/I_{Anr} = 1/2 = 0{,}5$ bzw. insgesamt den Widerstand $R_m = R_{mr}U_N/I_{AN} = 0{,}5 \cdot 220\,V/16\,A = 6{,}87\,\Omega$.

<table>
<tr><td colspan="4">T a f e l 2.26 Berechnung der Stufen-
widerstände R_S ,</td></tr>
<tr><td>Anlasserstellung</td><td>R_{mr}</td><td>R_{Sr}</td><td>R_S in Ω</td></tr>
<tr><td>2</td><td>1,0</td><td rowspan="2">0,6
0,24</td><td rowspan="2">4,12
1,65</td></tr>
<tr><td>1</td><td>0,4</td></tr>
<tr><td>0</td><td>0,16</td><td></td><td></td></tr>
</table>

Mit den Werten $R_{ir} = 0{,}08$, $I_{Anr} = 2$ und $I_{Schr} = 0{,}8$ läßt sich das Diagramm in Bild 2.25 zeichnen. Der je Stufe erforderliche Gesamtwiderstand R_{mr} kann unmittelbar dem Diagramm entnommen werden. Die Stufenwiderstände R_S müssen jeweils die Differenz von zwei erforderlichen Gesamtwiderständen ausmachen, und in Stellung 0 muß wieder allein der Innenwiderstand R_i wirksam sein. Die Berechnung erfolgt mit Tafel 2.26. Der Motor kann so mit $I_{Schr} = 0{,}8$ nur gegen ein relatives Lastmoment $M_{Lr} \leqslant 0{,}8$ anlaufen.

2.322 Gleichstrom-Reihenschlußmotor. Die Anlasserwiderstände des Gleichstrom-Reihenschlußmotors lassen sich grundsätzlich ebenso wie beim Nebenschlußmotor bestimmen. Man muß jedoch beachten, daß entsprechend Bild 1.30 die Drehmomentordinate für M_r nicht unmittelbar mit gleichem Maßstab in die Stromordinate für I_{Ar} umbenannt werden darf. Man zeichnet vielmehr zweckmäßig die Drehzahl-Kennlinienschar für verschiedene relative Ankerkreiswiderstände R_r entsprechend Bild 2.27 und versucht, hier hinein nach Wahl von Anlaßspitzenstrom I_{An} und Schaltstrom I_{Sch} die Anlasserstufen durch Interpolieren weiterer Kennlinienteile zu legen. Die Kennlinien lassen sich mit Gl. (1.61) bei $U_r = 1$ und $\Phi_r = f(I_{Ar})$ aus Bild 1.28 bestimmen.

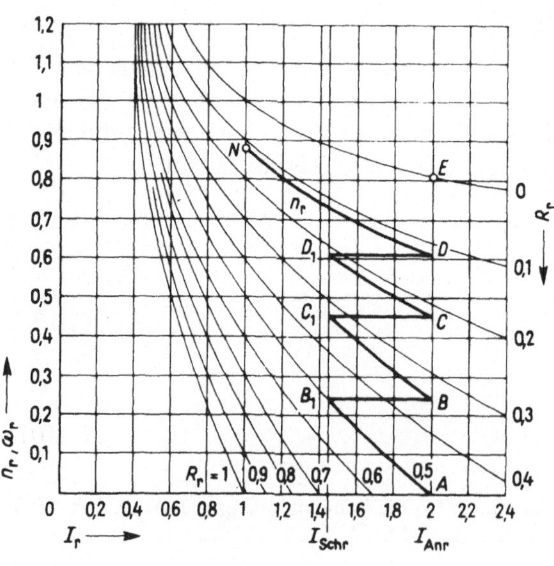

Bild 2.27
Anlaßvorgang des Gleichstrom-Reihenschlußmotors

Man wählt bei Gleichstrom-Reihenschlußmotoren den relativen Anlaßspitzenstrom mit $I_{Anr} = 2{,}5$ und den relativen Schaltstrom I_{Schr} meist etwas größer als beim Nebenschlußmotor. Der mittlere Anlaßstrom I_{mi} darf dann mit Gl. (2.90) berechnet werden. Das zugehörige mittlere Drehmoment liefert Bild 1.30. Es ermöglicht die Bestimmung der Anlaßzeit entsprechend Abschn. 2.22.

Beispiel 2.12: Ein Gleichstrom-Reihenschlußmotor hat die Kenndaten $P_{2N} = 5$ kW, $U_N = 220$ V, $I_N = 27{,}2$ A, $n_N = 1400$ min^{-1} und $R_i = 1{,}0\ \Omega$. Der Motor soll mit dem relativen Anlaßspitzenstrom $I_{Anr} = 2$ und $m = 3$ Anlasserstufen anlaufen. Die Stufenwiderstände des Anlassers sind zu bestimmen.

Der relative Innenwiderstand beträgt $R_{ir} = R_i I_N / U_N = 1{,}0\ \Omega \cdot 27{,}2$ A$/220$ V $= 0{,}1235$, und es gilt nach Gl. (1.61) für die relative Nenndrehzahl mit $U_r = 1$, $\Phi_r = 1$ und $M_r = 1$ außerdem $n_{Nr} = n_N / n_d = 1 - R_{ir} = 1 - 0{,}1235 = 0{,}8765$. Hiermit finden wir den in Bild 2.27 eingetragenen Nennbetriebspunkt N. Durch ihn muß die natürliche Drehzahlkennlinie n_r verlaufen. Das Einschalten mit $I_{Anr} = 2$ verlangt im Einschaltpunkt den relativen Ankerkreiswiderstand $R_{mr} = 1/I_{Anr} = 1/2 = 0{,}5$ und den letzten Umschaltpunkt D auf der natürlichen Drehzahlkennlinie n_r. Die dazwischen liegenden Umschaltpunkte B und C mit den zugehörigen Schaltpunkten B_1, C_1 und D_1 sowie den relativen Schaltstrom $I_{Schr} = 1{,}45$ findet man durch Probieren und Interpolieren der Kennlinien.

Im Stillstand muß daher der Gesamtwiderstand $R_m = R_{mr} I_N / U_N = 0{,}5 \cdot 220$ V$/27{,}2$ A $= 4{,}04\ \Omega$ vorhanden sein. Er entspricht in Bild 2.27 der Strecke $\overline{EA}$. Nach dem Abschalten der letzten Anlasserstufe muß der Ankerkreiswiderstand der Strecke $\overline{EB}$ entsprechen, so daß durch Ausmessen dieser Strecken die Stufenwiderstände R_S bestimmt werden können. Für Bild 2.27 gilt also $\overline{EA} = 40{,}2$ mm $= 4{,}04\ \Omega$. Die übrigen Werte werden mit Tafel 2.28 ermittelt.

Die für den Anlasser maßgebenden Ströme sind

$$I_{An} = I_{Anr} I_N = 2 \cdot 27{,}2 \text{ A} = 54{,}4 \text{ A} \qquad I_{Sch} = I_{Schr} I_N = 1{,}45 \cdot 27{,}2 \text{ A} = 39{,}7 \text{ A}$$

$$I_{mi} = I_{mir} I_N = \sqrt{I_{Anr} I_{Schr}}\ I_N = \sqrt{2 \cdot 1{,}45} \cdot 27{,}2 \text{ A} = 46{,}5 \text{ A}$$

Zu $I_{mir} = \sqrt{2 \cdot 1{,}45} = 1{,}71$ gehört nach Bild 1.30 das mittlere relative Anlaufmoment $M_{mir} = 2{,}02$ sowie mit der Nennwinkelgeschwindigkeit $\omega_N = 2\pi n_N = 2\pi \cdot 1400$ s$^{-1}/60 = 146{,}4$ s^{-1} und dem Nennmoment $M_N = P_{2N} / \omega_N = 5$ kW$/146{,}4$ s$^{-1} = 34{,}1$ Ws schließlich das mittlere Anlaufmoment $M_{mi} = M_{mir} M_N = 2{,}02 \cdot 34{,}1$ Ws $= 68{,}8$ Ws $= 68{,}8$ Nm $= 7$ kpm.

T a f e l 2.28 Berechnung der Stufenwiderstände (Widerstände in Ω)

Anlasserstellung	Strecke	in mm	R_m	R_S
3	$\overline{EA}$	40,2	4,04	
2	$\overline{EB}$	27,2	2,73	1,31
1	$\overline{EC}$	17,5	1,76	0,97
0	$\overline{ED}$	9,7	$0{,}97 \approx R_i$	0,79

2.323 Gleichstrom-Doppelschlußmotor. Da der Doppelschlußmotor mit seinem Verbundverhalten ähnliche Drehzahlkennlinien wie der Nebenschlußmotor aufweist, genügt es meist, die Anlasserwiderstände wie beim Gleichstrom-Nebenschlußmotor (Abschn. 2.321) zu bestimmen.

2.324 Gleichspannungs-Pulswandler. Gleichstrom-Anlasser sollen allgemein dafür sorgen, daß der Ankerstrom bestimmte Grenzwerte nicht übersteigt. Diese Aufgabe läßt sich mit gesteuerten Siliziumzellen (Thyristoren) wesentlich besser erfüllen. Durch Steuerung von Gleichstrom-Impulsen kann der Gleichstrom-Mittelwert auf den gewünschten Wert fast verlustlos eingestellt und auch in seiner Richtung umgekehrt werden (z. B. zum Bremsen). Diese Gleichspannungs-Pulswandler haben den Vorteil, daß man mit konstanten Strömen gleichbleibende Drehmomente und Beschleunigungen erhält und Verluste vermieden werden. Ihre Kosten stehen aber bisher noch einer größeren Verbreitung entgegen (s. Abschn. 3.13 und 3.213).

2.33 Anlaßverfahren für Drehstrom-Asynchronmotoren

Drehstrom-Asynchronmotoren weisen A n l a u f s t r o m v e r h ä l t n i s s e I_k/I_N = 4 bis 8 auf (kleine Werte für große Polzahlen oder geringe Leistungen), und der Anlaufstrom ändert sich zwischen Stillstand und Kippunkt nur wenig. Anlaufstrom und Anzugsmoment müssen daher häufig verstellt werden. Wir werden hier aber nur die wichtigsten Anlaßverfahren für Käfigläufer und Schleifringläufer betrachten.

2.331 Direktes Einschalten. Die Vereinigung deutscher Elektrizitätswerke (VDEW) läßt Drehstrommotoren mit Stromverdrängungsläufer nur bis zu einer Nennleistung von 4 kW zum direkten Einschalten an das 380 V-Netz zu, um Störungen anderer Verbraucher durch Spannungseinbrüche (z. B. Verminderung des Lichts oder Abfallen magnetisch betätigter Schaltgeräte) zu vermeiden. Auch werden die Schaltgeräte und die Wicklungsköpfe der Motoren hierbei stark beansprucht (z. B. durch die Stromkräfte), so daß dieses an sich einfachste Anlaßverfahren für Käfigläufer nicht immer eingesetzt werden kann.

Wenn Störungen anderer Verbraucher nicht zu beachten sind (z. B. Motoranschluß hinter einem Verteilungstransformator oder Eigenversorgung), darf man am Netztransformator beim Anlauf einen relativen Spannungsfall bis etwa $u_{\varphi k}$ = 0,1 zulassen. Nach Band II/1, Abschn. Spannungsänderung, gilt mit dem relativen Wirkspannungsfall u_R, dem relativen Streuspannungsfall u_σ, dem Phasenwinkel φ_k des stillstehenden Motors, seiner Scheinleistung S_k und der Nennleistung des Transformators S_N für diesen relativen Spannungsfall $u_{\varphi k} = (u_R \cos \varphi_k + u_\sigma \sin \varphi_k) \cdot \cdot S_k/S_N$.

In neuzeitlichen Versorgungsnetzen kann man annehmen, daß bis zur Transformator-Nennleistung S_N = 500 kVA die Oberspannung bei Belastungsschwankungen unverändert bleibt. Dann wird im Stillstand vom Motor mit der auf $(1 - u_{\varphi k})$ verminderten Spannung, der Motor-Nennleistung P_{2N}, seinem Nennleistungsfaktor $\cos \varphi_N$, seinem Nennwirkungsgrad η_N und seinem Anlaufstromverhältnis I_k/I_N die Scheinleistung

$$S_k = \frac{P_{2N}}{\eta_N \cos \varphi_N} \cdot \frac{I_k}{I_N} (1 - u_{\varphi k})^2$$

aufgenommen, so daß der relative Spannungsabfall

$$u_{\varphi k} = \frac{P_{2N} (u_R \cos \varphi_k + u_\sigma \sin \varphi_k)(1 - u_{\varphi k})^2 I_k/I_N}{S_N \eta_N \cos \varphi_N}$$

auftritt. Setzen wir nun mit der relativen Kurzschlußspannung u_k des Transformators für mittlere Verhältnisse $u_R \cos \varphi_k + u_\sigma \sin \varphi_k = u_k \eta_N \cos \varphi_N$, so erhalten wir schließlich die für das direkte Einschalten zulässige Motornennleistung

$$P_{2N} = \frac{S_N \, u_{\varphi k}}{u_k (1 - u_{\varphi k})^2 I_k / I_N} \tag{2.102}$$

In Kraftwerken werden Lüfter mit Leistungen bis zu einigen 1000 kW direkt eingeschaltet. Hierbei soll die einzuschaltende Motorleistung höchstens ein Viertel der Generatorleistung betragen.

Die S c h a l t g e r ä t e (s. Abschn. 5.1) müssen dem hohen Einschaltstrom, der bei Tippbetrieb (kurzzeitiges Einschalten) auch in fast voller Höhe abgeschaltet werden muß, standhalten. Sie sind entsprechend der geforderten Lebensdauer zu bemessen (s. Abschn. 5.116). Der Nennstrom der vorgeschalteten, stets trägen Sicherungen ist, damit sie den Anlauf nicht vorzeitig unterbrechen, gleich 1,5 bis $2I_N$ des Motors zu wählen.

Vor Anwendung des direkten Einschaltens ist zu prüfen, ob das zu erwartende Anzugsmoment in der anzutreibenden Arbeitsmaschine keinen Schaden anrichtet. Für Möglichkeiten zur Anzugsmomentverringerung s. Abschn. 2.336.

Beispiel 2.13: Eine Maschinenfabrik ist über einen Drehstromtransformator mit der Nennscheinleistung $S_N = 315\ \text{kVA}$ und der Kurzschlußspannung $u_k = 0,06$ an das (hier als starr angenommene) Netz angeschlossen. Welche größte Motorleistung darf unter Zulassung des relativen Spannungsfalls $u_{\varphi k} = 0,1$ bei dem Anlaufstromverhältnis $I_k / I_N = 8$ direkt eingeschaltet werden?

Nach Gl. (2.102) ist zulässig

$$P_{2N} = \frac{S_N u_{\varphi k}}{u_k (1 - u_{\varphi k})^2 I_k / I_N} = \frac{315\ \text{kVA} \cdot 0,1}{0,06 \cdot (1 - 0,1)^2 \cdot 8} = 81,1\ \text{kW}$$

2.332 Stern-Dreieck-Umschaltung. Dieses Verfahren kann nur für Motoren mit betriebsmäßiger Dreieckschaltung eingesetzt werden. Zum Anschluß an das 380 V-Netz muß das Leistungsschild also die Angaben 380 V △ oder 380/660 V aufweisen.

Wird der Motor entsprechend Bild 2.29 aus der betriebsmäßigen Dreieckschaltung auf die Sternschaltung umgeschaltet, so geht die Strangspannung und nach Gl. (1.50) mit ihr der Strangstrom auf das $1/\sqrt{3}$ fache zurück. Der Außenleiterstrom sinkt somit auf 1/3. Nach Gl. (1.49) gilt dasselbe für das Drehmoment, und man erhält, wenn alle Werte der Sternschaltung mit Y und alle Werte der Dreieckschaltung mit △ gekennzeichnet werden, bei festem Schlupf (also auch im Stillstand)

$$I_\triangle / I_Y = M_\triangle / M_Y = P_{1\triangle} / P_{1Y} = 3 \tag{2.103}$$

Dies gilt nur, wenn die Widerstände des Drehstrom-Asynchronmotors strom- und spannungsunabhängig sind. Infolge von Sättigungserscheinungen kann das in

Gl. (2.103) angegebene Verhältnis aber auch zwischen 3 und 4 liegen. Es entstehen die in Bild 2.30 dargestellten Kennlinien. Wegen der starken Drehmomentverminderung sollten für die Stern-Dreieck-Umschaltung nur S t r o m v e r d r ä n g u n g s -l ä u f e r verwendet werden.

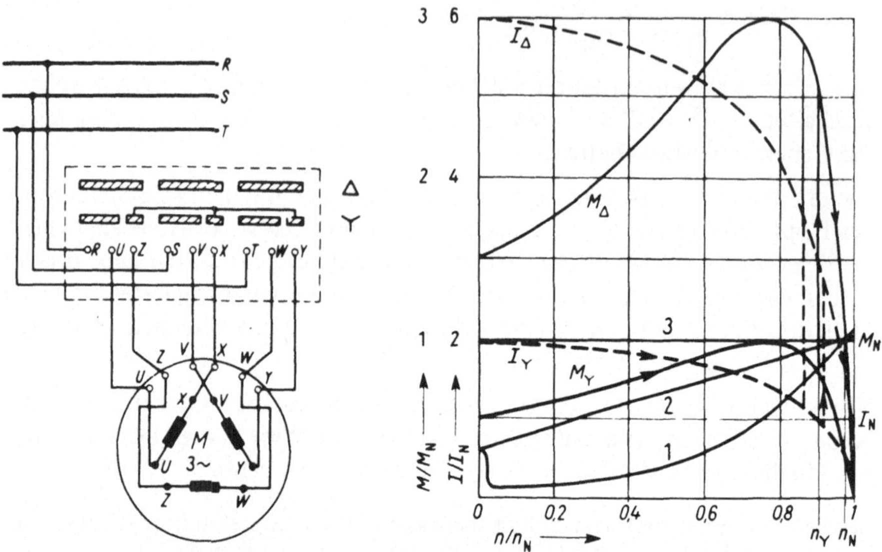

Bild 2.29 Stern-Dreieck-Umschalter mit Drehstrommotor

Bild 2.30 Strom- (– – –) und Drehmoment-Drehzahl-Kennlinien (——) eines Drehstrom-Asynchronmotors für Stern- (Y) und Dreieckschaltung (Δ). 1 bis 3 Lastkennlinien

In Bild 2.30 sind auch noch drei verschiedene Lastkennlinien eingetragen. Bei der Kennlinie 1 reicht das in der Sternschaltung zur Verfügung gestellte Anzugsmoment aus, um den Antrieb entsprechend den eingetragenen Pfeilen zu beschleunigen. Auch der Stromstoß beim Umschalten von Stern- auf Dreieckschaltung bleibt mit $I_{Y\Delta}/I_N = 2{,}7$ ausreichend klein. Für die Lastkennlinie 2 ist noch ein Hochlauf gewährleistet; der Stromstoß beim Umschalten ist jedoch mit $I_{Y\Delta}/I_N = 3{,}5$ schon so hoch, daß hier der Gewinn durch die Stern-Dreieck-Umschaltung kaum noch ins Gewicht fällt. Für einen Lastverlauf nach Kennlinie 3 ist dagegen die Stern-Dreieck-Umschaltung ungeeignet, da in der Sternschaltung kein Beschleunigungsmoment zur Verfügung steht und der Antrieb dann nicht anlaufen kann. Daher ist stets anhand von Last- und Motorkennlinien zu prüfen, ob ein Stern-Dreieck-Anlauf sinnvoll ist.

Auch ist zu beachten, daß in der Sternschaltung die während des Hochlaufs in den Motorwicklungen entstehende Verlustwärme größer sein kann als in der Dreieckschaltung, wenn der Hochlauf unter Last erfolgt (s. Beisp. 2.19). Thermische Überlastungsschutzeinrichtungen sind außerdem bei Stern-Dreieck-Umschaltung unmittelbar vor die Strangwicklungen zu legen und auf den Strang-Nennstrom (also $I_N /\sqrt{3}$) einzustellen.

Bild 2.29 zeigt einen Walzenschalter für die Stern-Dreieck-Umschaltung. Bei einer
Schützensteuerung kann man in der Sternschaltung den Kontaktstrom des Stern-
punkt-Schützes auf das $1/\sqrt{3}$ fache herabsetzen und somit u. U. mit einem kleineren Schütz auskommen, wenn man die in Bild 2.31 dargestellte Schaltung der
Kontaktstücke ausnutzt. Für die Anwendung einer D r e i e c k - S t e r n - Umschaltung s. Abschn. 4.31.

Beispiel 2.14: Ein Drehstrom-Asynchronmotor mit Käfigläufer hat die Kenndaten $P_{2N} = 22$ kW,
$U_N = 380$ V $\triangle$, f = 50 Hz, $I_{1N} = 41,5$ A, $n_N = 1455$ min^{-1}, $M_{K\triangle}/M_N = 3,2$, $M_{A\triangle}/M_N = 2,3$,
$M_{H\triangle}/M_N = 2,1$, $I_{1k\triangle}/I_{1N} = 7,0$, $s_K = 0,15$, $s_H = 0,8$, $M_{AY}/M_N = 0,7$ und $I_{1kY}/I_{1N} = 2,1$. Er treibt
eine Arbeitsmaschine mit der Lastkennlinie $M_L = kn$ (s. Abschn. 1.231) bei dem erforderlichen
Losbrechmoment $M_{LA} = 0,6$ M_N an. Es ist zu untersuchen, ob für diesen Betrieb Stern-Dreieck-
Umschaltung möglich ist und welcher Stromstoß beim Umschalten von Stern- auf Dreieckschaltung auftritt.

Mit den oben aufgeführten Listenangaben lassen sich die Kennlinien von Bild 2.32 zeichnen.
Das Anzugsmoment ist in der Sternschaltung sehr knapp, so daß bei Unterspannung mit An-
laufschwierigkeiten gerechnet werden muß. Außerdem tritt beim Umschalten mit $I_{Y\triangle}/I_N = 4$
eine recht hohe Stromspitze auf, so daß für diesen Fall der Stern-Dreieck-Anlauf nicht mehr zu
empfehlen ist.

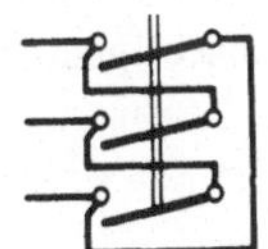

Bild 2.31
Schaltung des Sternpunkt-
Schützes bei Stern-Dreieck-
Umschaltung

Bild 2.32
Strom- und Drehmomentkennlinien
für Beisp. 2.14

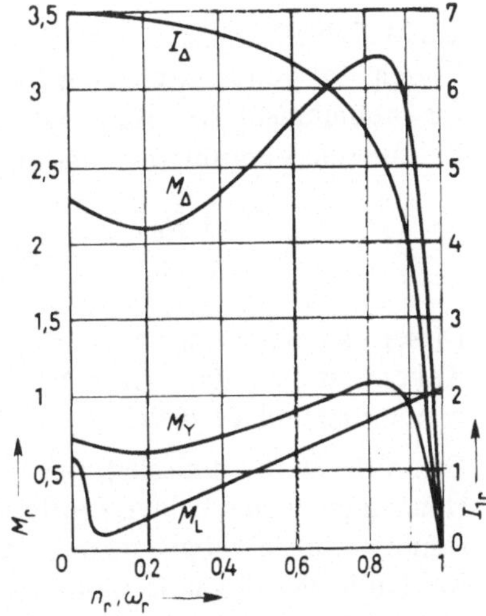

2.333 Anlaßtransformator. Mit einem Anlaßtransformator kann im Gegensatz zur
Stern-Dreieck-Umschaltung, die nur eine Änderung der Strangspannungen im Ver-
hältnis $1 : \sqrt{3}$ erlaubt, die Motorspannung in beliebiger Höhe (und beliebig vielen
Stufen) verstellt werden. Wegen der hohen Kosten wird er aber meist nur von Mo-
torleistungen ab 500 kW angewandt und dann als Spartransformator ausgeführt.
Er ist auch nur für den L e e r a n l a u f von Käfigläufern geeignet.

Wenn wir alle durch den Anlaßtransformator geänderten Größen mit dem Index T
kennzeichnen, gilt analog zu Gl. (2.103) bei festem Schlupf

$$I_T/I = M_T/M = P_{1T}/P_1 = (U_T/U_N)^2 \tag{2.104}$$

In der zweistufigen Schaltung nach Bild 2.33 wird zunächst der Sternpunktschalter 2 und dann der Hauptschalter 3 eingelegt, so daß der Motor mit der vom Transformator 1 gelieferten Sekundärspannung hochlaufen kann. Nun wird der Sternpunktschalter 2 geöffnet und hierdurch ein Teil des Transformators dem Motor als Drossel vorgeschaltet. Dadurch wird die Motorspannung erhöht. Schließlich wird der Überbrückungsschalter 4 geschlossen und der Motor an die volle Netzspannung gelegt.

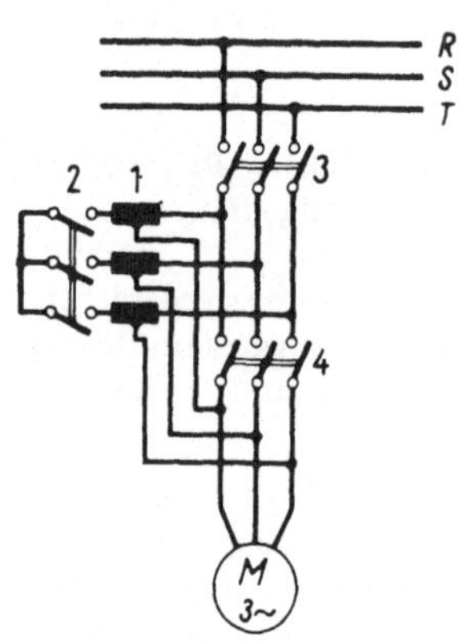

Bild 2.33   Schaltung des Drehstrom-Asynchronmotors mit Anlaßtransformator (1) über Sternpunktschalter (2), Hauptschalter (3) und Überbrückungsschalter (4)

2.334 Schleifringläufer-Anlasser. Nach Abschn. 1.332 und Gl. (1.53) bewirkt das Einschalten von zusätzlichem Läuferwiderstand R_{2V} bei gleichbleibenden Werten für Drehmoment M, Ständerstrom I_1, Läuferstrom I_2 und Leistungsaufnahme P_1 nur eine Vergrößerung des Schlupfes auf

$$s^* = s \, \frac{R_2 + R_{2V}}{R_2} \tag{2.105}$$

Dieser Läufervorwiderstand R_{2V} wirkt also ebenso wie der Anlaßwiderstand im Ankerkreis des Gleichstrom-Nebenschlußmotors. Er verursacht eine Drehzahlverminderung und Verluste.

Damit die Verbindungsleitungen zwischen Schleifringläufer und Läufervorwiderständen möglichst keinen Einfluß haben, dürfen sie nur vernachlässigbare Widerstandswerte aufweisen, sie müssen kurz und im Querschnitt groß sein. Zuweilen werden Schleifringläufermotoren mit Kurzschließern für die Schleifringe versehen, die nach dem Hochlauf die Schleifringe überbrücken. Sie verlangen jedoch Sicherheitssperren, die das Einschalten des Motors bei kurzgeschlossenen Schleifringen verhindern.

Gl. (1.47) beschreibt mit genügender Näherung den Drehmomentverlauf größerer Schleifringläufermotoren (ab etwa 10 kW), und Gl. (2.18) ermöglicht die Berechnung der zur Drehzahländerung benötigten Zeit. Mit beiden Gleichungen kann man auch berechnen, bei welchem Kippschlupf s_K bzw. Läuferwiderstand $R_m = R_2 + R_{2V}$ die kürzeste Änderungszeit zu erreichen ist. So ergibt sich z. B. nach [80] für das Lastmoment $M_L = 0$ bei dem Nennschlupf $s_N = 0,02$ die kürzeste Hochlaufzeit mit dem Kippschlupf $s_K = 0,35$, die kürzeste Bremszeit für das Gegenstrombremsen (s. Abschn. 2.423) mit dem Kippschlupf $s_K = 1,47$ und die kürzeste Umsteuerzeit (s. Abschn. 2.412) mit $s_K = 0{,}66$. Dieser Kippschlupf s_K^* läßt sich nach Gl. (2.105) mit dem Läufervorwiderstand

$$R_{2V} = R_2 \left[(s_K^*/s_K) - 1 \right] \tag{2.106}$$

einstellen.

Gl. (1.51) ergibt für den Leistungsfaktor $\cos\varphi_{2N} = 1$ den Läuferwiderstand $R_2 = s_N U_{20Str}/I_{2N}$. Nach Einführen des Läufer-Nennwiderstandes $R_{2N} = U_{20Str}/I_{2N}$ als Bezugswiderstand erhält man den relativen Läuferwiderstand $R_{2r} = R_2/R_{2N} = s_N$ oder mit $R_m = R_2 + R_{2V}$ allgemein

$$R_{mr} = R_m/R_{2N} = s \tag{2.107}$$

Der Läuferkreis von Drehstrom-Schleifringankermotoren muß immer über die Anlaßwiderstände geschlossen sein. Mit offenem Läuferkreis und einem am Netz liegenden Ständer käme der Motor zwar wegen des fehlenden Läuferstroms zum Stehen, es würde aber weiterhin der Magnetisierungsstrom fließen, und die durch ihn entstehenden Ständerverluste könnten den Ständer infolge der fehlenden Kühlung zu sehr erwärmen. Auch könnten beim Schalten des Ständers an den offenen Läuferklemmen gefährliche Schaltüberspannungen auftreten.

Die nach Gl. (1.47) für einen Drehstrom-Schleifringläufermotor berechneten Drehmoment-Drehzahl-Kennlinien sind in Bild 2.34 für verschiedene relative Ankerwiderstände aufgetragen. Im Schlupfbereich $0 < s < s_K/2$, also bis zum halben Kippschlupf, kann man die Drehmoment-Kennlinie annähernd als Gerade ansehen, und in diesem Bereich kann auch der relative Läuferstrom I_{2r} gleich dem relativen Drehmoment M_r gesetzt werden. Unter Benutzung der Strangwerte lassen sich für den geradlinigen Bereich Widerstansberechnungen wie für Gleichstrom-Nebenschluß-motoren (s. Abschn. 2.321) durchführen. Im Schlupfbereich $0 < s < s_K$ bleibt man

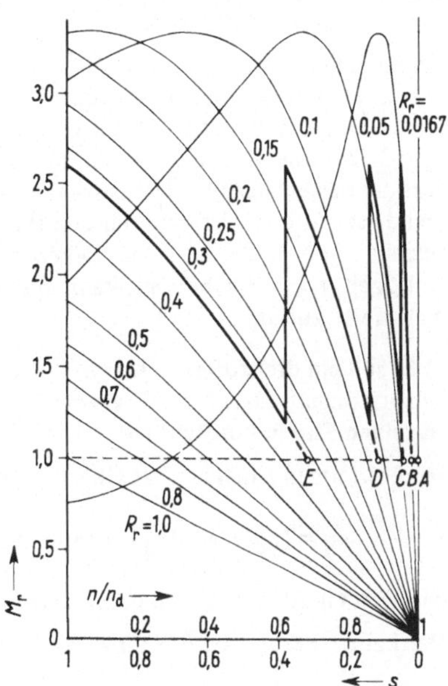

Bild 2.34 Drehmoment-Drehzahl-Kennlinien eines Drehstrom-Asynchronmotors mit dreistufigem Läuferanlasser

aber nur, wenn der Anlauf über viele Anlaßstufen vorgenommen wird, wenn also Drehmoment-Spitzen- und Schaltwert nahe beieinander liegen. Für schützenge-steuerte Anlasser versucht man aus Kostengründen mit möglichst wenigen Wider-standsstufen auszukommen, weil jede Stufe einen Schütz erfordert. Bei kleinen Stufenzahlen gerät man stets in den Bereich $s > s_K/2$; hier haben die Drehmo-ment-Drehzahl-Kennlinien einen gekrümmten Verlauf, und der relative Läufer-strom I_{2r} ist nicht mehr gleich dem relativen Drehmoment M_r. Die Anlaßwider-stände können dann nicht mehr nach Abschn. 2.321 und mit den dort angegebe-nen Gleichungen bestimmt werden. Da für Anlaufvorgänge das Drehmoment maßgebend ist, muß man nach den Kennlinien in Bild 2.34 stufen und, da man den Läuferstrom nicht kennt, die im Läuferkreis und den Widerständen entste-henden Verluste nach Abschn. 2.51 und 2.52 bestimmen.

Für die Stufung legt man die Stufenzahl m fest und wählt das Schalt-Drehmo-ment $M_{Schr} = 1,1$ bis $1,2\ M_L$, um eine endliche Beschleunigungszeit zu erhalten. Durch Probieren findet man im Kennlinienfeld die Abstufung, wenn man zwischen den vorhandenen Kennlinien z. B. so interpoliert, daß die Drehmoment-Spitzen-werte gleich groß werden. Die so gefundenen, gestuften Drehmoment-Kennlinien schneiden die Parallele zur Abszissenachse durch $M_r = 1$ und ergeben die zu den jeweiligen Kennlinien gehörigen Schlupf- bzw. die relativen Widerstandswerte R_{mr}, weil ja hier $M_r = 1 = I_{2r}$. Es ist dann $R_m = R_{mr}\ R_N$, und der Stufenwiderstand wird $R_S = R_m - R_{m-1}$.

Beispiel 2.15: Ein Drehstrom-Schleifringläufermotor hat die Kenndaten $P_{2N} = 30$ kW, $n_N =$ $= 1475$ min^{-1}, $U_{1N} = 380$ V, $I_{1N} = 57$ A, $M_K/M_N = 3,35$, $U_{20} = 275$ V, $I_{2N} = 71$ A.

a) Es soll ein normal gestufter Anlasser für Halblastanlauf nach DIN 46062 für die Anlaßzeit $t_{anl} = 8$ s ausgewählt werden.

Wir berechnen mit Gl. (2.94) den Läuferkennwert $k = U_{20}/\sqrt{3} \cdot I_{2N} = 275$ V/($\sqrt{3} \cdot 71$ A) $=$ $= 2,23$ und mit der Anlaßschwere $f = 0,7$ (s. Tafel 2.22) für Halblastanlauf nach Gl. (2.93) die Anlasserkennzahl $k_a = 1,4$ $k/f = 1,4 \cdot 2,23$ $\Omega/0,7 = 4,46$ Ω, für die der genormte Wert $k_a = 5$ Ω zu nehmen ist. Die normalgestufte Ausführung für Drehstrom mit Luftkühlung erfor-dert die Bestellangabe: ,,Drehstromanlasser DIN 46 062 DLn für 31 kW Halblastanlauf, $k_a = 5$``, und dieser Anlasser ist dann für den Halblastanlauf bei der Anlaßzeit $t_{an} = 10$ s und der An-laßzahl $z_{an} = 3$, der Anlaßhäufigkeit $h_{an} = 4$ h^{-1} und $m = 4$ Anlaßstufen geeignet. Da die Anlaßzeit $t_{anl} = 8$ s beträgt, kann man nach Gl. (2.95) $h_{anl} = h_{an}\ t_{an}/t_{anl} = 4$ h$^{-1} \cdot 10$ s/8 s $= 5$ Anläufe/h zulassen.

b) Es soll ein dreistufiger Anlasser entworfen werden, dessen Widerstandsstufen bei dem unteren Schaltmoment $M_{Schr} = 1,2$ abgeschaltet werden und für den das Spitzen-Drehmoment für die einzelnen Stufen konstant ist.

Wir bestimmen zunächst mit Gl. (1.38) den Nennschlupf

$$s_N = (n_d - n_N)/n_d = (1500 \text{ min}^{-1} - 1475 \text{ min}^{-1})/1500 \text{ min}^{-1} = 0,0167 = R_{2r}$$

der nach Gl. (2.107) gleich dem relativen Läuferwiderstand ist.

Der Läufer-Bezugs- oder Nennwiderstand R_N (auch Läuferkennwert k) ist

$$R_N = U_{20Str}/I_{2N} = 275 \text{ V}/(\sqrt{3} \cdot 71 \text{ A}) = 2,235\ \Omega$$

Mit Gl. (2.107) wird $R_2 = R_{2r} R_N = s_N R_N = 0{,}0167 \cdot 2{,}235\ \Omega = 0{,}0372\ \Omega$. Durch Probieren erhalten wir in Bild 2.34 eine Stufung mit dem Spitzendrehmoment $M_r = 2{,}6$. Die Verlängerungen der Drehmoment-Kennlinien bis $M_r = 1$ schneiden die Waagerechte in den Punkten B bis E und liefern die in Tafel 2.35 eingetragenen Schlupf- bzw. relativen Widerstandswerte. Die Strecke $\overline{AE}$ entspricht dem Gesamtwiderstand einschl. Eigenwiderstand des Läufers. Die zugehörigen Werte für $R_m = R_r R_n$ und die Stufenwiderstände $R_S = R_m - R_{m-1}$ sind ebenfalls in Tafel 2.22 aufgeführt.

T a f e l 2.35 Berechnung der Stufenwiderstände.

Anlasserstellung	Strecke	$s = R_{mr}$	R_m in Ω	R_S in Ω
0	EA	0,32	0,715	0,470
1	DA	0,115	0,257	0,145
2	CA	0,045	0,100	0,0628
3	BA	0,0167	0,0372	

Der Anlasser erhält also für jeden der drei Stränge Stufenwiderstände mit $0{,}47\ \Omega$, $0{,}145\ \Omega$ und $0{,}0628\ \Omega$.

2.335 Weitere Anlaßverfahren. Für g r o ß e Asynchronmotoren finden gelegentlich auch noch die folgenden Anlaßverfahren Anwendung:

F r e q u e n z a n l a u f liegt vor, wenn der Motor mit einem besonderen Generator oder Frequenzumrichter mit wachsender Frequenz und Spannung hochgefahren und dann auf das Netz umgeschaltet wird. Dieser aufwendige Anlauf lohnt sich nur, wenn mit dem Anfahrgenerator nacheinander mehrere Motoren hochlaufen sollen.

Wenn der Hauptmotor mit einem Schleifringläufer doppelter Polzahl, dem A n w u r f m o t o r , gekuppelt und mit einem Läuferanlasser auf die halbe Drehzahl hochgefahren wird, braucht dieser Anwurfmotor meist nur für eine geringe Leistung bemessen zu werden, und der Hauptmotor kann von der halben Drehzahl mit erheblich verkleinertem Anlaufstrom und genügendem Beschleunigungsmoment hochlaufen.

Beim T e i l w i c k l u n g s a n l a u f besteht die Ständerwicklung aus zwei parallelen Zweigen. Während des Anlaufs ist nur der eine Zweig in Stern eingeschaltet. Hierdurch wird der Streublindwiderstand vergrößert. Anlaufstrom und Anzugsmoment werden so auf die Hälfte herabgesetzt. Nach dem Hochlauf schaltet man die zweite Wicklung zu.

Wenn der Motor im Leeranlauf hochläuft, kann anschließend mit einer A n l a u f k u p p l u n g die anzutreibende Arbeitsmaschine zugeschaltet und hochgefahren werden. Dann wird die für das Trägheitsmoment der Arbeitsmaschine aufzubringende Beschleunigungsarbeit (s. Abschn. 2.5) vom Läuferkreis ferngehalten und in der Anlaufkupplung umgesetzt.

Anlaufschaltungen mit Ständer-Vorschaltdrossel oder -Vorschaltwiderstand werden nur noch selten eingesetzt.

Alle betrachteten Schaltungen sind — bis auf den Einsatz von Läuferanlassern — auch für den Anlauf von Drehstrom-S y n c h r o n m o t o r e n mit Dämpferkäfig geeignet.

2.336 Verminderung des Anzugsmoments. Textil- und Papiermaschinen verlangen ein sanftes Anfahren ohne zu große Beschleunigungsänderungen, damit Fäden oder Papierbahnen nicht reißen. Da das Anzugsmoment quadratisch mit der Spannung absinkt, kann man einen sanften Anlauf sehr einfach durch einen A n l a u f t r a n s f o r m a t o r nach Abschn. 2.333 erreichen, muß dann aber darauf achten, daß durch die Umschaltungen keine zu hohen Beschleunigungen entstehen. Auch empfiehlt sich zu prüfen, ob Motoren mit R u n d s t a b- oder S c h l e i fr i n g l ä u f e r mit ihren i. allg. kleinen Anzugsmomenten den gestellten Bedingungen genügen. Jedenfalls ist diese Lösung wirtschaftlicher als eine Sonderschaltung für einen normalen Stromverdrängungsläufer, der stets ein hohes Anzugsmoment aufweist.

Bild 2.36 Kusa-Schaltung (a) und Widerstandsfaktor (b)
    für Drehstrom-Asynchronmotoren

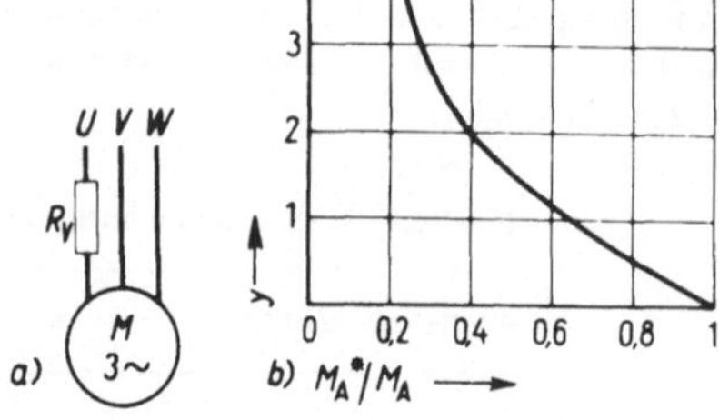

Bei der K u s a - S c h a l t u n g (s. Band II/1) wird nach Bild 2.36 a in eine der drei Zuleitungen ein Widerstand R_V gelegt, mit dem das Anzugsmoment M_A^* zwischen 0 und dem natürlichen Anzugsmoment M_A eingestellt werden kann. Für den Vorwiderstand gilt dann mit dem Widerstandsfaktor y nach Bild 2.36 b, der Nennspannung U_N und dem Stillstandsstrom I_k

$$R_V = yU_N/\sqrt{3}\, I_k \tag{2.108}$$

2.4 Umsteuern und Bremsen

Es ist ein besonderer Vorteil des Elektromotors, daß er im allgemeinen sehr einfach in seiner Drehrichtung umgekehrt, also umgesteuert, und auch zum Abbremsen des Antriebs eingesetzt werden kann. Dadurch können unproduktive Nebenzeiten in der Fertigung klein gehalten und es kann u. U. Energie in das Netz zurückgeliefert werden.

2.41 Umkehrschaltungen

2.411 Gleichstrommotoren. Die Drehrichtung von Gleichstrommotoren wird durch Vertauschen der Netzanschlüsse von Anker o d e r Feld umgekehrt. Da nach Bild 2.12 die Zeitkonstante der Erregerwicklung um etwa eine Zehnerpotenz größer ist als die des Ankerkreises, der Erregerstrom also entsprechend langsamer ansteigt und das Abschalten des Erregerkreises zu Schaltüberspannungen und unzulässigen Drehzahlerhöhungen führen kann, wird jedoch meist die U m s t e u e r u n g a n d e n A n k e r k l e m m e n bevorzugt.

Beim D o p p e l s c h l u ß m o t o r muß die Reihenschlußwicklung ebenfalls umgeschaltet werden, da sonst die gegengeschaltete Reihenschlußerregung mit steigender Last das Erregerfeld schwächen und ein instabiles Drehzahlverhalten bewirken würde. Gleichstrom-Doppelschlußmotoren werden daher für Umkehrantriebe (und auch Bremsschaltungen) nicht gern eingesetzt.

2.412 Drehstrommotoren. Bei den Drehstrommotoren wird die Drehrichtung des Drehfeldes durch das V e r t a u s c h e n z w e i e r N e t z a n s c h l ü s s e umgekehrt. Drehstrommotoren können daher auf diese Weise leicht umgesteuert werden. Allerdings treten hierbei wegen des Schlupfs $s = 2$ hohe Ströme und bei Stromverdrängungsläufern sehr hohe Drehmomente auf. Zu ihrer Verringerung können wieder alle in Abschn. 2.33 behandelten Verfahren eingesetzt werden.

2.413 Einphasenmotoren. Der Einphasenmotor mit B e t r i e b s k o n d e n - s a t o r läßt sich im allgemeinen nicht aus dem Lauf heraus umsteuern, da das Gegendrehfeld im Nenndrehzahlbereich ein so hohes Drehmoment erzeugt, daß er in der alten Richtung weiter dreht (s. Band II/1). Mit einem A n l a u f k o n - d e n s a t o r ist dagegen eine Umsteuerung im Lauf möglich. Das gilt auch für viele W i d e r s t a n d s h i l f s p h a s e n m o t o r e n. Wegen der fest einge-bauten Hilfswicklung kann dagegen der S p a l t p o l m o t o r ebenfalls nicht umgesteuert werden. Diese Einphasenmotoren haben im Gegenlaufbereich den selben Ständerstromverlauf wie im Motorbereich, so daß nach dem Umschalten zunächst nur geringe Netzströme fließen. Der U n i v e r s a l m o t o r ist für das Umsteuern ebenso wie der Gleichstrom-Reihenschlußmotor (s. Abschn. 2.411) zu behandeln.

2.42 Bremsschaltungen

Motorbremsschaltungen erlauben im allgemeinen kein Abbremsen bis zum Still-stand, da sie entweder im Stillstand kein Bremsmoment entwickeln oder das Brems-moment nur schwierig auf den gerade erforderlichen Wert eingestellt werden kann. Es sind daher stets noch mechanische Bremsen erforderlich, wenn ein aktives Last-moment (s. Abschn. 1.235) vorliegt. Diese Bremsen werden jedoch durch die elek-trische Bremsung von der hohen Bremswärme entlastet und können daher kleiner bemessen werden. Fahrzeuge und Hebezeuge erfordern zudem aus Sicherheits-gründen weitere Bremssysteme.

2.421 Gleichstrom-Nebenschlußmotor. Wenn die Gleichstrom-Nebenschlußma-schine über ihre zur jeweils eingestellten Ankerspannung gehörende Leerlaufdreh-zahl hinaus angetrieben wird, arbeitet sie entsprechend den Kennlinien in Bild 1.27 als Generator, und es wird Energie unter Abbremsung der antreibenden Arbeits-maschine in das Netz zurückgeliefert: N u t z b r e m s u n g NB. Mit einem er-höhten Ankerkreiswiderstand R_{r2} kann man die Bremsdrehzahl n_{r2} entspre-chend Bild 2.37 heraufsetzen. Die Stromkennlinie ändert sich dadurch nach Gl. (1.59) nicht. Diese Bremsschaltung wird z. B. beim längeren Senkbremsen von Lasten ausgenutzt. Nachteilig ist, daß die Bremsdrehzahl größer als die Leerlauf-drehzahl ist. Nutzbremsung bis zum Stillstand ist möglich, wenn die Ankerspan-nung, z. B. über Stromrichter, herabgesetzt wird.

Kleinere Bremsdrehzahlen erhält man auch, wenn der Ankerkreis bei weiterhin konstanter Erregung vom Netz getrennt und auf besondere Bremswiderstände geschaltet wird: W i d e r s t a n d s b r e m s u n g WB. Mit den relativen Ankerkreiswiderständen R_{r3} und R_{r4} (Bild 2.37) kann man die Steilheit der Drehzahlkennlinien beeinflussen und die gewünschte Bremsdrehzahl einstellen. Die gesamte Bremsarbeit (s. Abschn. 2.5) wird in den Ankerkreiswiderständen in Wärme umgesetzt. Diese Schaltung wird beim Senkbremsen oder zum schnellen Stillsetzen eines Antriebs eingesetzt. Sie entwickelt im Stillstand kein Drehmoment, ist also zum Festhalten der Last nicht geeignet, bewirkt aber auch keinen erneuten Anlauf.

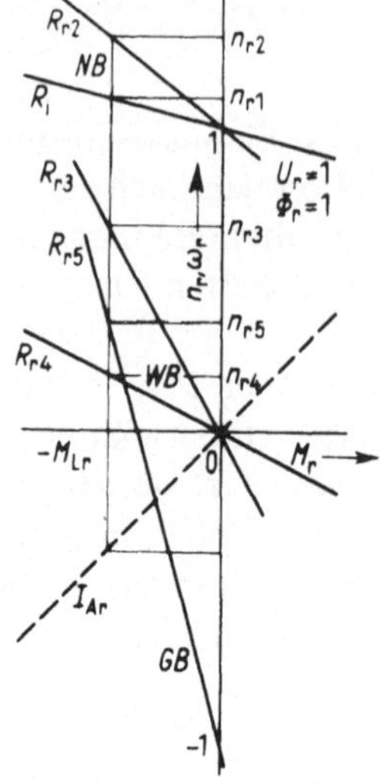

Bild 2.37 Bremskennlinien des Gleichstrom-Nebenschlußmotors
  NB Nutzbremsung
  WB Widerstandsbremsung
  GB Gegenstrombremsung

Wird der Motor unter Zwischenschaltung eines großen Ankervorwiderstandes umgesteuert, so ist bei entsprechender Bemessung des Ankerkreiswiderstandes R_{r5} (Bild 2.37) die Arbeitsmaschine (z. B. ein Hebezeug) in der Lage, den Antrieb in die dem Motordrehwillen entgegengesetzte Drehrichtung durchzuziehen: G e - g e n s t r o m b r e m s u n g GB. Wird der Anker nicht rechtzeitig vom Netz getrennt, so kann der Motor in die falsche Drehrichtung hochlaufen. Man muß daher B r e m s w ä c h t e r, die das rechtzeitige Abschalten besorgen, vorsehen. Da außerdem sehr hohe Verluste auftreten (s. Abschn. 2.521), wird diese Schaltung selten eingesetzt.

Beispiel 2.16: Der in Beisp. 2.11 behandelte Gleichstrom-Nebenschlußmotor mit den Kenndaten P_{2N} = 3 kW, U_N = 220 V, I_N = 17 A, n_N = 1450 min^{-1} (ω_N = 152 s^{-1}), R_i = 1,1 Ω, R_{ir} = 0,08 hat den Ankerkreiswiderstand R_m = 6,87 Ω für den Anlauf mit dem relativen Anlaßspitzenstrom I_{Anr} = 2. Er soll jetzt von der Nennlast beim Trägheitsmoment J = 3 Ws^3 $\cong$ GD^2 = 12 kpm^2 und mit dem relativen Bremsspitzenstrom I_{Anr} = 2 durch Widerstandsbremsung zum Stillstand gebracht werden. Der Bremswiderstand, der zusätzlich zum Anlasser nach Beisp. 2.11 einzuschalten ist, und die Bremszeit sind für Belastung mit Nennmoment zu bestimmen.

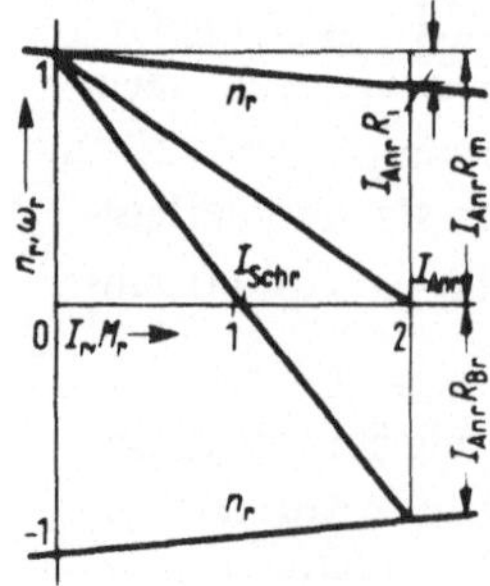

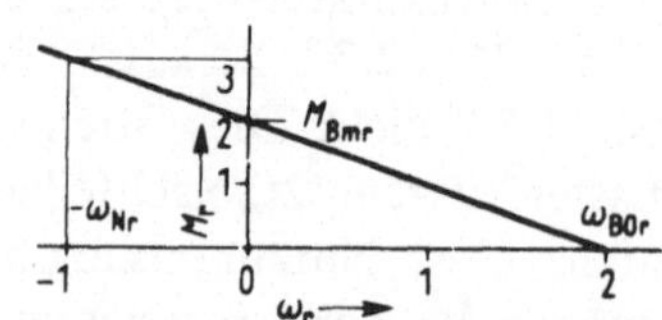

Bild 2.39 Bremsmomentverlauf für Beisp. 2.16

Bild 2.38 Drehzahlkennlinien für Beisp. 2.16

Bild 2.38 zeigt sofort, daß bei Abbremsung von der Drehzahl $-n_N$ der Bremswiderstand $R_{Br} = R_m - R_i = 6,87\,\Omega - 1,1\,\Omega = 5,77\,\Omega$ erforderlich ist. Dann tritt nach Bild 2.38 im Stillstand der relative Schaltstrom $I_{Schr} = 1,04$ auf.

Beim Einsetzen der Bremsung bei $\omega_r = -\omega_{Nr}$ steht, da das Lastmoment $M_L = M_N$ ebenfalls antreibend wirkt, das Bremsmoment $M_r = 3$ zur Verfügung. Es fällt linear mit der Winkelgeschwindigkeit auf $M_r = 2$ bei $\omega_r = 0$ ab. Mit $\omega_{B0} = 2\,\omega_N$ und $M_{Bm} = 2\,M_N = 2\,P_{2N}/\omega_N$ nach Bild 2.39 ist die Anlauf-Zeitkonstante nach Gl. (2.32)

$$T_{an} = J\omega_{B0}/M_{Bm} = J\omega_N^2/P_{2N} = 3\,Ws^3 \cdot 152^2\,s^{-2}/3\,kW = 23,1\,s$$

und es beträgt nach Gl. (2.31) mit $\omega_1 = -\omega_N$ und $\omega_2 = 0$ die Bremszeit

$$t_{Br} = T_{an}\ln\frac{\omega_{B0} - \omega_1}{\omega_{B0} - \omega_2} = 23,1\,s\ln\frac{3}{2} = 9,35\,s$$

2.422 Gleichstrom-Reihenschlußmotor.

N u t z b r e m s u n g kann bei Reihenschlußmaschinen nicht angewendet werden, da der generatorische Betrieb keine Stabilität gewährleistet. Gelegentlich wird in Sonderschaltungen der Reihenschlußmotor in eine Nebenschlußmaschine umgeschaltet (z. B., wenn 4 Fahrmotoren vorhanden sind und der eine als Generator die Fremderregung für die drei anderen liefert). Hierfür ergeben sich wieder die Kennlinien NB von Bild 2.37.

W i d e r s t a n d s b r e m s u n g WB mit den Kennlinien von Bild 2.40 wird ebenfalls gern bei Bahnmotoren eingesetzt. Da hier meist mehrere Fahrmotoren vorhanden sind, läßt man entweder zwei Motoren parallel auf einen Bremswiderstand arbeiten oder schaltet zwei Motoren in K r e u z s c h a l t u n g zusammen

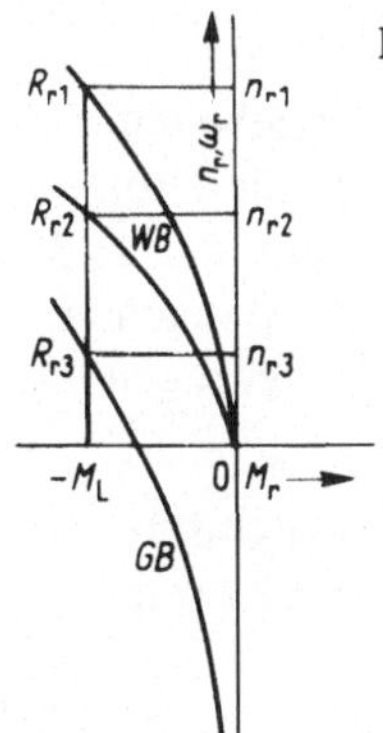

Bild 2.41
Bremskennlinien des Drehstrom-Asynchronmotors mit Käfigläufer (a) und Schleifringläufer (b) mit Läufer-Vorwiderstand
NB   Nutzbremsung
GB   Gegenstrombremsung
GsB Gleichstrombremsung

Bild 2.40   Bremskennlinien des Gleichstrom-Reihenschlußmotors
WB   Widerstandsbremsung
GB   Gegenstrombremsung

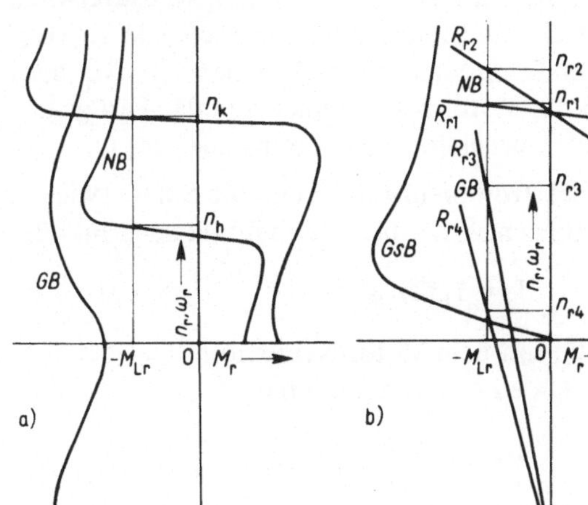

(d. h., die Erregerwicklung des einen Motors wird mit dem Anker des anderen in Reihe geschaltet).

Außerdem ist wie beim Nebenschlußmotor Gegenstrombremsung GB möglich, wenn die Drehrichtung des Reihenschlußmotors umgekehrt und der Ankerkreiswiderstand R_{r3} (Bild 2.40) so groß gemacht wird, daß der Anker in die dem Drehwillen entgegengesetzte Drehrichtung durchgezogen wird. Wegen der hohen Verluste ist diese Bremsschaltung nur kurzzeitig zulässig.

2.423 Drehstrom-Asynchronmotoren. Für K ä f i g l ä u f e r wendet man praktisch nur Nutz- und Gegenstrombremsung an. Eine Nutzbremsung NB liegt bei der ü b e r s y n c h r o n e n S e n k b r e m s u n g vor, wenn die Last nach Bild 2.41 a die Asynchronmaschine in den generatorischen Bereich zieht und so Leistung in das Netz zurückgeliefert wird. Diese Bremsschaltung hat besondere Vorteile bei polumschaltbaren Motoren (s. Abschn. 3.11), da man dann beim Bremsen leicht von der kleineren (n_k) auf die höhere Polzahl (n_h) umschalten kann und somit sofort in den generatorischen Bereich kommt. Ein Abbremsen bis zum Stillstand ist in beiden Fällen nicht möglich.

Beim G e g e n s t r o m b r e m s e n GB werden zwei Netzanschlüsse vertauscht. Dadurch wird der Asynchronmotor in den Gegenlaufbereich umgeschaltet. Käfigläufer entwickeln dann im allgemeinen entsprechend Bild 2.41a ein hohes Bremsmoment (bei hohem Strom), das die Drehzahl des Antriebs schnell vermindert. Ein B r e m s w ä c h t e r muß durch Abschalten des Netzes kurz vor dem Stillstand dafür sorgen, daß der Motor nicht in die falsche Drehrichtung hochläuft. Diese Schaltung wird wegen ihrer Einfachheit gern in Werkzeugmaschinen eingesetzt.

S c h l e i f r i n g l ä u f e r haben den Vorteil, daß bei den oben beschriebenen Bremsschaltungen noch zusätzliche Läuferwiderstände eingeschaltet werden können, die die Bremskennlinien nach Bild 2.41b günstig verändern. So kann man z. B. beim G e g e n s t r o m b r e m s e n GB die Läuferwiderstände so groß machen, daß der Motor beim Senken von der Last gegen seinen Drehwillen durchgezogen wird (Gegenstrom-Senkbremsschaltung).

Gleichstrombremsung. Wenn die Ständerwicklung eines Drehstrom-Asynchronmotors entweder in der Schaltung nach Bild 2.42a mit dem G l e i c h s t r o m

$$I_g = 1{,}22 I_{1N} \tag{2.109}$$

wofür mit dem Motor-Nennstrom I_{1N} bei dem Ständer-Strangwiderstand R_1 die G l e i c h s p a n n u n g

$$U_g = 2{,}44 R_1 I_{1N} \tag{2.110}$$

aufzubringen ist, oder in der Schaltung nach Bild 2.42b mit

$$I_g = 1{,}41 I_{1N} \quad \text{bei} \quad U_g = 2{,}12 R_1 I_{1N} \tag{2.111}$$

gespeist wird, herrschen bei der Nenn-Schlupfdrehzahl die gleichen Verhältnisse wie bei normalem Drehstromanschluß im Nennpunkt (z. B. gleiche Ständerkupferverluste und gleiches Drehmoment). Es sind auch gleichwertige Dreieckschaltungen möglich, die aber wegen der geringeren Gleichspannung kaum eingesetzt werden.

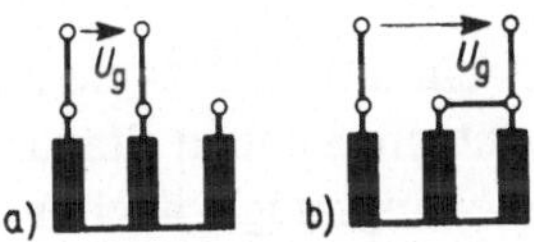

Bild 2.42 Ständerschaltungen für Gleichstrombremsung von Drehstrom-Asynchronmotoren

Bei Drehfelderregung gilt für relative Winkelgeschwindigkeit ω_r und Schlupf $s = 1 - \omega_r$, während für diese Gleichstrombremsung GsB wegen der Gleichstromerregung $(f = 0)$ $s' = \omega_r$ ist. Da bei der Gleichstrombremsung stets der Läuferwirkwiderstand R_2 gegenüber dem Streublindwiderstand $X_{2\sigma}$ stark erhöht werden muß und dann auch die Ständerwiderstände vernachlässigt werden dürfen, darf man nach A y m a n n s[1]) das Ersatzschaltbild 1.12 des Asynchronmotors für die Berechnung der Bremskennlinien zur Ersatzschaltung in Bild 2.43 vereinfachen. Allerdings muß man wegen der Vertauschung von Stillstand und Synchronlauf den Läuferwiderstand $R_2'/(1 - s)$ einführen, wenn der Schlupf s seine Bedeutung nach Gl. (1.38) behalten soll. Ebenso entsteht dann im Gegensatz zu Abschn. 1.321 mit der relativen Winkelgeschwindigkeit $\omega_r = \omega/\omega_d = 1 - s$ im Läufer die auf den Ständer bezogene Spannung

$$U_{2Str}' = U_{1Str}\,\omega_r = U_{1Str}\,(1 - s) = I_2'\,R_2' \tag{2.112}$$

und es werden die Läuferverluste

$$V_{Cu2} = 3U_{2Str}'\,I_2' = P_d = M_G\,\omega_d \tag{2.113}$$

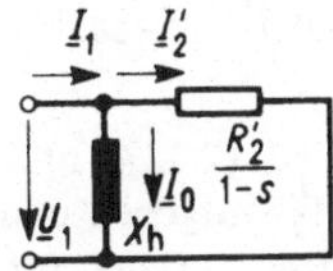

Bild 2.43   Ersatzschaltung des Asynchronmotors für Gleichstrombremsung

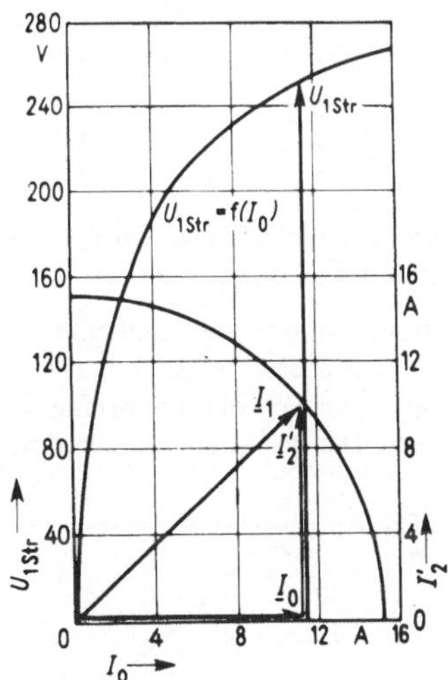

Bild 2.44   Leerlaufkennlinie $U_{1Str} = f(I_0)$ und Stromdiagramm für $I_1 = $ const

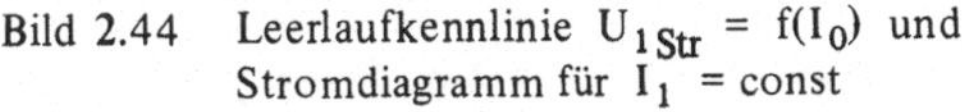

1) Aymanns, K.: Gleichstrombremsung von Drehstrom-Induktionsmotoren. BBC-Nachr. 35 (1953) S. 126 bis 130

erzeugt, die von dem Bremsmoment M_G als Drehfeldleistung $P_d = M_G\,\omega_d$ aufgebracht werden müssen. Es ist nun zu beachten, daß bei der Gleichstromerregung der zur Magnetisierung dienende Leerlaufstrom I_0 nach Bild 2.44 viel größer als bei Drehstrombetrieb werden kann. Es muß daher die Leerlaufkennlinie $U_{1Str} = f(I_0)$ berücksichtigt werden.

Zur Ermittlung der Bremskennlinie (Bild 2.41b) trägt man in Bild 2.44 den der Gleichstromerregung nach Gl. (2.109) oder (2.111) entsprechenden Ständerstrom I_1 ein und sucht sich für I_1 verschiedene Aufteilungsmöglichkeiten in I_0 und I_2'. Mit der zugehörigen Ständer-Strangspannung U_{1Str} findet man dann über Gl. (2.112) und (2.113) das B r e m s m o m e n t

$$M_G = 3U_{1Str}\,I_2'/\omega_d \tag{2.114}$$

und die zugehörige relative W i n k e l g e s c h w i n d i g k e i t bzw. Drehzahl

$$\omega_r = \omega/\omega_d = n_r = I_2'\,R_2'/U_{1Str} \tag{2.115}$$

Beispiel 2.17: Ein Drehstrom-Asynchronmotor mit Schleifringläufer für 7,5 kW, 220/380 V, 26,3/15,2 A, 1440 min^{-1} hat außerdem die Kenndaten $U_{20} = 106,5$ V, $R_1 = 0,59\ \Omega$ (warm), $R_2 = 0,058\ \Omega$, $s_K = 0,165$, $\omega_d = 157\ \text{s}^{-1}$ und die Leerlaufkennlinie $U_1 = f(I_0)$ von Bild 2.44. Es sind für Gleichstrombremsung die erforderlichen Werte für Gleichstrom I_g und Gleichspannung U_g, der Läufervorwiderstand R_{2V} und die Bremsmomentkennlinie $M_G = f(\omega_r)$ zu bestimmen.

Wir wählen für die Gleichstromerregung die Schaltung nach Bild 2.42b, da hierbei die Erregungsverluste am besten auf die drei Strangwicklungen verteilt werden. Dann müssen nach Gl. (2.111) der Gleichstrom $I_g = 1,41I_{1N} = 1,41 \cdot 15,2$ A $= 21,4$ A und die Gleichspannung $U_g = 2,12R_1I_{1N} = 2,12 \cdot 0,59\ \Omega \cdot 15,2$ A $= 19$ V aufgebracht werden. Um günstige Bremsverhältnisse zu erhalten, müssen wir den Kippunkt mindestens in den Stillstand verlegen. Daher gilt mit Gl. (1.53) und $s_K^* = 1$ für den vorzuschaltenden Läuferwiderstand

$$R_{2V} = \left(\frac{1}{s_K} - 1\right)R_2 = \left(\frac{1}{0,165} - 1\right)0,058\ \Omega = 0,293\ \Omega$$

und auf den Ständer umgerechnet ist insgesamt wirksam $R_2' = (R_2 + R_{2V})(U_1/U_{20})^2 = (0,058\ \Omega + 0,293\ \Omega)(380\ \text{V}/106,5\ \text{V})^2 = 4,48\ \Omega$.

Bremsmoment M_G und relative Winkelgeschwindigkeit berechnen wir mit Gl. (2.114) und (2.115) über Tafel 2.46, indem wir Werte für den bezogenen Läuferstrom I_2' vorgeben und die zugehörige Ständer-Strangspannung U_{1Str} in der Leerlaufkennlinie $U_{1Str} = f(I_0)$ aufsuchen. Die Bremsmomentkennlinie $M_G = f(\omega_r)$ ist in Bild 2.45 dargestellt.

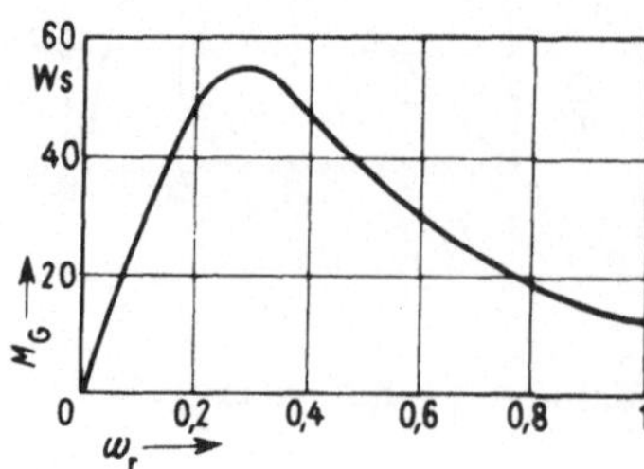

Bild 2.45 Bremsmomentkennlinie für Gleichstrombremsung (Beisp. 2.17)

T a f e l 2.46 Berechnung der Bremsmomentkennlinie

I_2'	in A	2,0	6,0	10,0	14,0	15,0	15,1
U_{1Str}	in V	266	262	254	212	135	86
M_G	in Ws	10,2	30,0	48,5	56,6	38,6	24,8
ω_r		0,034	0,103	0,177	0,296	0,498	0,702

2.424 Bremsmotoren. Bei den Drehstrommotoren erfordern die Bremsschaltungen einigen Aufwand. Für das Stillsetzen ist außerdem bei aktivem Lastmoment eine besondere mechanische Bremse notwendig. Daher wird bei den Bremsmotoren nach Bild 2.47 diese mechanisch wirkende und im allgemeinen elektrisch gelüftete Bremse mit dem Motor zusammengebaut. Diese Bremsen ermöglichen besonders schnelle Bremsungen und entlasten den Motor von der unvermeidlichen Bremswärme (s. Abschn. 2.5).

Die mechanischen Bremsen können einfache Scheiben-, Lamellen- oder Kegelbremsen sein (Bild 2.47 links). Die Bremskraft wird durch Federn bewirkt, so daß sie auch im spannungslosen Zustand vorhanden ist. Gelüftet werden die Bremsen im allgemeinen durch Elektromagnete, die als Ringspulen- oder Schützmagnete ausgeführt sein können. Man kann aber auch den Käfigläufer kegelförmig ausbilden, so daß er beim Einschalten in die ebenfalls kegelförmige Ständerbohrung hineingezogen, so axial bewegt wird und dann gegen eine Feder eine Kegelbremse lüftet (Bild 2.47 rechts). Bei Hebezeugen sind auch elektro-hydraulisch betätigte Bremsen üblich.

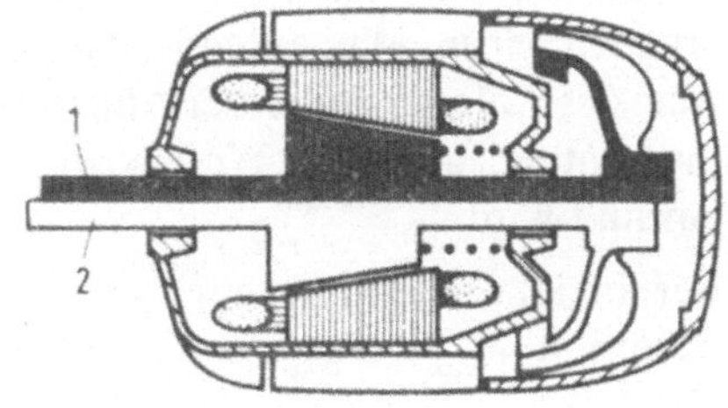

Bild 2.47 Bremsmotor, links mit angebauter Magnetbremse (AEG), rechts mit Verschiebeläufer (Demag) in Bauart B 3 und Schutzart I P 44, 1 Laufstellung, 2 Bremsstellung

2.5 Verluste bei Drehzahländerungen

Um eine Winkelgeschwindigkeit von ω_1 auf ω_2 zu ändern, benötigt man nach Gl. (2.14) die Arbeit $W = (\omega_2^2 - \omega_1^2)J/2$, die dann bei der Winkelgeschwindigkeit ω_2 in den drehenden Massen als kinetische Energie gespeichert ist. Während des Beschleunigungsvorgangs treten zusätzliche Verluste im beschleunigenden Motor auf, die jetzt betrachtet werden sollen.

2.51 Bestimmung der Verlustwärme

2.511 Gleichstrom-Nebenschlußmotor. Bei einer Drehzahländerung in der Zeit von t_1 bis t_2 geht im zeitabhängig veränderten (z. B. wegen der Anlasserstufung)

Ankerkreiswiderstand $R_{At} = R_i + R_{Vt}$ mit dem ebenfalls zeitabhängigen Ankerstrom i_A die Stromwärme

$$W_{12} = \int_{t_1}^{t_2} i_A^2 R_{At}\, dt \qquad (2.116)$$

verloren. Nach Gl. (1.57) dürfen wir mit der Klemmenspannung U, der Quellenspannung U_q, dem Drehmoment M, der ideellen Winkelgeschwindigkeit ω_d
und der herrschenden Winkelgeschwindigkeit ω bei Vernachlässigung der Eisen-
und Reibungsverluste die Leistungsaufnahme $UI_A = U_q I_A + I_A^2 R_A$ aufteilen
in die ideelle Leistung $UI_A = M\omega_d$, die Leistungsabgabe $U_q I_A = M\omega$ und die
Stromwärmeverluste $I_A^2 R_A$. Wir dürfen also

$$i_A^2 R_{At} = M_\omega(\omega_d - \omega) \qquad (2.117)$$

setzen. Mit dem Beschleunigungsmoment $M_{B\omega}$ nach Gl. (2.5) und mit Gl. (2.117)
können wir jetzt bei Einführung des Schlupfes $s = (\omega_d - \omega)/\omega_d$ sowie mit $ds =$
$-d\omega/\omega_d$ Gl. (2.116) umformen in

$$W_{12} = J \int_{\omega_1}^{\omega_2} \frac{M_\omega(\omega_d - \omega)}{M_{B\omega}}\, d\omega = - J\omega_d^2 \int_{s_1}^{s_2} \frac{M_\omega}{M_{B\omega}}\, s\, ds \qquad (2.118)$$

wo die von der Winkelgeschwindigkeit abhängigen Drehmomente den Index ω
erhalten haben. Man erkennt, daß die verlorengehende Stromwärme von der Stufung des Anlassers oder der Anlaufzeit völlig unabhängig ist, sondern nur vom Drehmomentverlauf $M_\omega = f(\omega)$ sowie $M_{B\omega} = f(\omega)$ und dem Trägheitsmoment J beeinflußt wird.

Für r e i n e B e s c h l e u n i g u n g s a r b e i t , also Lastmoment $M_L = 0$, ist
daher mit $M_\omega = M_{B\omega}$ die Stromwärme

$$W_{12} = - J\omega_d^2 \int_{s_1}^{s_2} s\, ds = \frac{1}{2} J\omega_d^2(s_1^2 - s_2^2) \qquad (2.119)$$

aufzubringen. Für einen b e l i e b i g e n L a s t v e r l a u f erhält man mit $M_\omega =$
$M_{B\omega} + M_{L\omega}$ aus Gl. (2.118) die S t r o m w ä r m e

$$W_{12} = J\omega_d^2 \left[\frac{1}{2}(s_1^2 - s_2^2) + \int_{s_2}^{s_1} \frac{M_{L\omega}}{M_{B\omega}}\, s\, ds \right] \qquad (2.120)$$

Sie ist also um das letzte Glied größer als bei reiner Beschleunigungsarbeit.

Beispiel 2.18: Für die in Beisp. 2.11 bestimmten Stufenwiderstände eines Gleichstromanlassers
sind die je Halblastanlauf mit dem Trägheitsmoment $J = 3$ Ws³ $\triangleq GD^2 = 12$ kpm² umgesetzten
Stromwärmemengen zu berechnen und entsprechend Abschn. 2.313 geeignete Widerstandsele-
mente zu bestimmen. Nach Tafel 2.26 sind für $R_{mr} = s$ mit den Schlupfwerten $s_1 = 0,4$ und
$s_3 = 0,16$ die Stufenwiderstände $R_{S1} = 4,12\ \Omega$ und $R_{S2} = 1,65\ \Omega$ sowie der Innenwiderstand $R_i = 1,1\ \Omega$ vorhanden.

Wir berechnen zunächst mit der Nennwinkelgeschwindigkeit $\omega_N = 152\ \text{s}^{-1}$ über Gl. (1.61) und $n_{Nr} = 1 - R_{ir} = \omega_{Nr} = \omega_N/\omega_d$ die ideelle Leerlauf-Winkelgeschwindigkeit $\omega_d = \omega_N/(1 - R_{ir}) = 152\ \text{s}^{-1}/(1 - 0{,}08) = 165{,}2\ \text{s}^{-1}$.

Um mit Gl. (2.120) die in jeder Anlasserstufe umgesetzte Wärmemenge berechnen zu können, bestimmen wir mit Bild 2.48, das aus Bild 2.25 durch Umzeichnung gewonnen wird, die Gleichung für den Verlauf $M_L\omega/M_B\omega = f(s)$. Für die Stufe 2 findet man $M_{L\omega2}/M_{B\omega2} = 1/(4\,s - 1)$, so daß das Integral

$$\int_{s_2}^{s_1} \frac{s\,ds}{4s-1} = \frac{1}{16}\int_{x_2}^{x_1}\left(1+\frac{1}{x}\right)dx = \frac{1}{16}\left(x_1 - x_2 + \ln x_1/x_2\right) = \frac{1}{16}\left(3 - 0{,}6 + \ln 3/0{,}6\right) = 0{,}25$$

mit der Substitution $x = 4\,s - 1$ über $dx/ds = 4$ und $ds = dx/4$ bzw. $s = (x+1)/4$ und den Grenzen $x_1 = 4\,s_1 - 1 = 4 \cdot 1 - 1 = 3$ sowie $x_2 = 4\,s_2 - 1 = 4 \cdot 0{,}4 - 1 = 0{,}6$ gelöst werden kann. Die in Stufe 2 umgesetzte Stromwärme beträgt daher nach Gl. (2.120)

$$W_{12} = J\omega_d^2\left[\frac{1}{2}(s_1^2 - s_2^2) + \int_{s_2}^{s_1}\frac{M_L\omega}{M_B\omega}\,s\,ds\right] =$$

$$= 3\ \text{Ws}^3 \cdot 165{,}2^2\ \text{s}^{-2}\left[\frac{1}{2}(1^2 - 0{,}4^2) + 0{,}25\right] = 55\ \text{kWs}$$

Sie tritt im gesamten Ankerkreiswiderstand $R_m = R_i + R_{S1} + R_{S2} = 1{,}1\ \Omega + 1{,}65\ \Omega + 4{,}12\ \Omega = 6{,}87\ \Omega$ auf, so daß auf den Stufenwiderstand R_{S2} entfallen $W_{S2} = W_2 R_{S2}/R_m = 55\ \text{kWs} \cdot 4{,}12\ \Omega/6{,}87\ \Omega = 33\ \text{kWs}$.

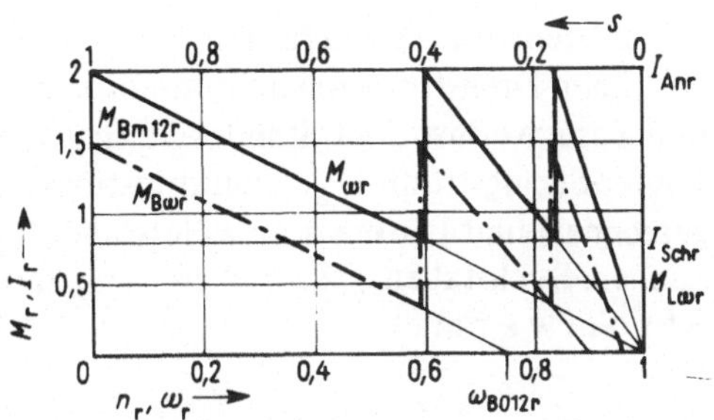

Bild 2.48 Drehmomentverlauf für Beisp. 2.18

Für das Durchlaufen der Stufe 2 wird mit dem Nennmoment $M_N = P_{2N}/\omega_N = 3\ \text{kW}/152\ \text{s}^{-1} = 19{,}75\ \text{Ws} = 2{,}015\ \text{kpm}$ nach Bild 2.48 das maximale Beschleunigungsmoment $M_{Bm2} = 1{,}5\ M_N = 1{,}5 \cdot 19{,}75\ \text{Ws} = 29{,}6\ \text{Nm} = 3{,}02\ \text{kpm}$ wirksam, und es verschwindet für $\omega_{BO2} = 0{,}75\ \omega_d = 0{,}75 \cdot 165{,}2\ \text{s}^{-1} = 124\ \text{s}^{-1}$. Daher benötigt man nach Gl. (2.31) und (2.37) die Zeit

$$t_{12} = \frac{J\omega_{BO2}}{M_{Bm2}}\ln\frac{\omega_{BO2r} - \omega_{1r}}{\omega_{BO2r} - \omega_{2r}} = \frac{3\ \text{Ws}^3 \cdot 124\ \text{s}^{-1}}{29{,}6\ \text{Ws}}\ln\frac{0{,}75 - 0}{0{,}75 - 0{,}6} = 20{,}2\ \text{s}$$

Der Stufenwiderstand 2 ist nur während dieser Zeit eingeschaltet. Setzen wir noch voraus, daß ein dreimaliger Anlauf nacheinander möglich sein muß, so beträgt seine Betriebszeit $t_{b2} = 3t_{12} = 3 \cdot 20{,}2\ \text{s} = 60{,}6\ \text{s}$. Hierfür darf nach Bild 2.23 bei Widerstandszylindern mit der Dauerlast $V_D = 100\ \text{W}$ die Kurzzeitlast $V_{KB} = 5\,V_D = 5 \cdot 100\ \text{W} = 500\ \text{W}$ zugelassen werden. Im Mittel wird die Stufe 2 mit der Leistung $P_{mi2} = W_{S2}/t_{12} = 33\ \text{kWs}/20{,}2\ \text{s} = 1365\ \text{W}$ belastet, so daß mindestens $z_{zmin2} = P_{mi2}/V_{KB} = 1365\ \text{W}/500\ \text{W} = 2{,}7$ Widerstandszylinder notwendig sind. Wir wählen $z_{z2} = 3$ Zylinder, die je den Widerstand $R_{z2} = R_{S2}/z_{z2} = 4{,}12\ \Omega/3 = 1.37\ \Omega$ aufweisen müssen. I. allg. wird der so berechnete Wert nicht listenmäßig sein. Man muß dann Widerstandszylinder mit kleineren Widerstandswerten benutzen und hieraus den verlangten Stufenwiderstand (mit höherer Zylinderzahl) zusammensetzen, ohne daß der geforderte Widerstandswert wesentlich überschritten wird; denn sonst ändern sich alle errechneten Daten.

Stufe 1 wird auch noch nach dem Abschalten von Stufe 2 belastet. Die analog zu Stufe 2 berechneten Werte sind in Tafel 2.49 zusammengefaßt. Aus Bild 2.48 findet man $M_{L\omega 1}/M_{B\omega 1}$ = 1/(10 S − 1). Hiermit beträgt die Stromwärme W_1 = 9,6 kWs, die jetzt nur noch auf Stufenwiderstand R_{S1} und Innenwiderstand R_i aufzuteilen ist. Im Stufenwiderstand R_{S1} wird daher die Arbeit W_{S1} = 13,2 kWs + 5,76 kWs = 18,76 kWs umgesetzt. Bild 2.48 liefert außerdem $M_{Bm\ r}$ = 4,5 und ω_{BO1r} = 0,9, so daß die Zeit t_{23} zum Durchlaufen der Stufe 1 berechnet werden kann. Bei Bestimmung der mittleren Leistung P_{mi1} geht man wieder von der Zeit t_{12} + t_{23} = 20,2 s + 8,07 s = 28,3 s aus. Alle übrigen Werte werden analog zu Stufe 2 errechnet.

T a f e l 2.49 Bemessung der Anlasserwiderstände

Stufe	2	1	Stufe	2	1
R_S in Ω	4,12	1,65	t_b in s	60,6	84,8
W_{S12} in kWs	33	13,2	V_{KB}/V_D	5,0	4,3
W_{S23} in kWs	−	5,76	V_{KB} in W	500	430
W_S in kWs	33	18,76	z_{zmin}	2,7	1,53
t_{12} in s	20,2	20,2	z_z	3	2
t_{23} in s	−	8,07	R_z in Ω	1,37	0,825

2.512 Drehstrom-Asynchronmotor. Während irgendwelcher Drehzahländerungen tritt beim Drehstrom-Asynchronmotor bei Vernachlässigung der Eisen-, Reibungs- und Zusatzverluste mit Ständer-Strangstrom $I_{1\,Str}$, Ständerstrangwiderstand R_1, Läufer-Strangstrom $I'_{2\,Str}$ (bei dreisträngigem Läufer und auf den Ständer umgerechnet) und Läuferstrangwiderstand R'_2, die als zeitabhängige Größen mit kleinen Buchstaben geschrieben bzw. mit dem Index t versehen werden, die S t r o m w ä r m e

$$W_{12} = \int_{t_1}^{t_2} 3(i^2_{1\,Str}R_{1t} + i'^2_{2\,Str}R'_{2t})\ dt \tag{2.121}$$

auf. Bei Vernachlässigung des Leerlaufstroms ist $I_1 = I'_2$, und es gilt mit guter Annäherung bei größeren Schlupfwerten

$$W_{12} = \int_{t_1}^{t_2} 3i'^2_{2\,Str} R'_{2t}\left(1 + \frac{R_{1t}}{R'_{2t}}\right)dt \tag{2.122}$$

Nach Gl. (1.37) bis (1.39) ist aber auch

$$3i'^2_{2\,Str}R'_2 = sM_\omega \omega_d = M_\omega (\omega_d - \omega) \tag{2.123}$$

Wir dürfen daher die auf Gl. (2.117) folgenden Überlegungen auch hier anstellen und und erhalten so analog zu Gl. (2.118) für die S t r o m w ä r m e

$$W_{12} = J\omega_d^2 \int_{s_2}^{s_1} \frac{M_\omega}{M_{B\omega}}\left(1 + \frac{R_{1\omega}}{R'_{2\omega}}\right)s\ ds \tag{2.124}$$

Man erkennt, daß hier gegenüber Gl. (2.118) die gesamten Stromwärmeverluste um den Faktor $1 + R_{1\omega}/R'_{2\omega}$ größer ausfallen, z. B. bei normalen Motoren mit $R_1 \approx R'_2$ etwa doppelt so groß wie bei vergleichbaren Gleichstrommotoren werden. Lediglich bei Stromverdrängungsläufern, die einen mit dem Schlupf s wachsenden Läuferwiderstand aufweisen, und den Schleifringläufern mit Läuferanlasser sind die Verluste im Ständer kleiner. Für die Läufer-Stromwärme allein gilt wieder Gl. (2.120), für die Läufer-Stromwärme bei reiner Beschleunigungsarbeit Gl. (2.119).

Beispiel 2.19: Für den in Beisp. 2.14 behandelten Drehstrom-Asynchronmotor sind die Stromwärmen für direkte Einschaltung und Stern-Dreieck-Anlauf überschläglich miteinander zu vergleichen.

Wir stellen die aus Bild 2.32 zu gewinnenden Kennlinien der Beschleunigungsmomente $M_{B\triangle}$ und $M_{BY} = f(\omega_r)$ in Bild 2.50 dar und bilden die Mittelwerte $M_{Bmi\triangle r} = 2$, $M_{BmiYr} = 0{,}32$, $M^*_{Bmi\triangle r} = 0{,}94$ und des relativen Lastmoments $M_{Lmir} = 0{,}55$; außerdem sind die Schlupfwerte $s_1 = 1$, $s_2 = 0{,}03$ und der Umschaltschlupf $s_{Y\triangle} = 0{,}08$ zu berücksichtigen. Dann ist bei direktem Einschalten nach Gl. (2.120) die Stromwärme

$$W_\triangle = \frac{J\omega_d^2}{2}(s_1^2 - s_2^2)\left(1 + \frac{M_{Lmir}}{M_{Bmi\triangle r}}\right) = \frac{J\omega_d^2}{2}(1^2 - 0{,}03^2)\left(1 + \frac{0{,}55}{2}\right) = 1{,}27\,\frac{J\omega_d^2}{2}$$

und beim Stern-Dreieck-Anlauf die Stromwärme

$$W_{Y\triangle} = \frac{J\omega_d^2}{2}\left[(s_1^2 - s_{Y\triangle}^2)\left(1 + \frac{M_{Lmir}}{M_{BmiYr}}\right) + (s_{Y\triangle}^2 - s_2^2)\left(1 + \frac{M_{Lmir}}{M_{Bmi\triangle r}}\right)\right] =$$

$$= \frac{J\omega_d^2}{2}\left[(1^2 - 0{,}08^2)\left(1 + \frac{0{,}55}{0{,}32}\right) + (0{,}08^2 - 0{,}03^2)\left(1 + \frac{0{,}55}{0{,}94}\right)\right] = 1{,}70\,J\omega_d^2/2$$

Beim Stern-Dreieck-Anlauf ist also schon nach dieser überschläglichen Betrachtung die Stromwärme um den Faktor 1,7/1,27 = 1,34, also um 34 %, größer.

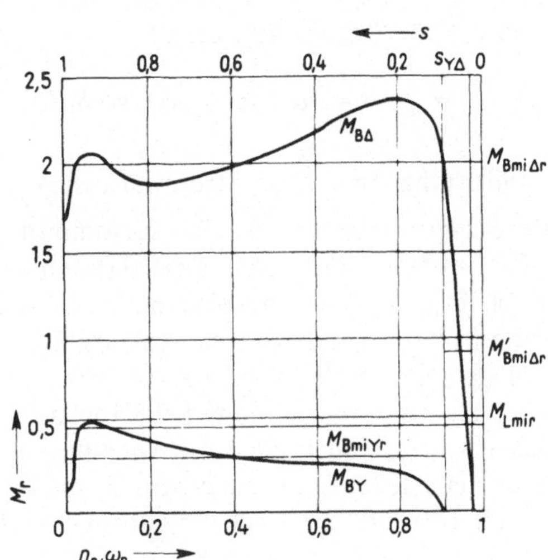

Bild 2.50 Beschleunigungsmomentverlauf für Beisp. 2.19

2.52 Anwendung des Verlustgesetzes

2.521 Anlaufen, Bremsen und Umsteuern. Nach Gl. (2.119) geht bei L e e r a n -
l a u f von $s_1 = 1$ auf $s_2 = 0$ im Läufer der Drehstrom-Asynchronmotoren und
im Ankerkreis der Gleichstrommotoren die S t r o m w ä r m e

$$W_{an} = \frac{1}{2} J \omega_d^2 \, (s_1^2 - s_2^2) = \frac{1}{2} J \omega_d^2 = W_k \tag{2.125}$$

verloren. Da nach Abschn. 2.214 im Leerlauf in den drehenden Massen die kinetische Energie $W_k = \frac{1}{2} J \omega_d^2$ gespeichert ist, benötigt man zur Erreichung dieses
Zustandes also gerade die Energie $2\,W_k$, wenn der Anlauf mit konstanter Netzspannung erfolgt. Dabei ist es gleichgültig, ob ein Anlasser benutzt wird oder nicht.

Beim mechanischen oder elektrischen B r e m s e n muß die in den drehenden
Massen gespeicherte kinetische Energie W_k wieder in Wärme umgesetzt werden.
Wird von außen keine weitere Energie zugeführt (z. B. beim Widerstands- oder
Gleichstrombremsen), so tritt also nur auf die B r e m s w ä r m e

$$W_{Br} = W_k \tag{2.126}$$

Beim G e g e n s t r o m b r e m s e n wird jedoch nach dem Umschalten auf die
Bremsschaltung von $s_1 = 2$ auf $s_1 = 1$ abgebremst. Bei reiner Beschleunigungsarbeit wird dann die S t r o m w ä r m e

$$W_{BrGB} = \frac{1}{2} J \omega_d^2 (s_1^2 - s_2^2) = W_k \, (2^2 - 1^2) = 3\,W_k \tag{2.127}$$

umgesetzt.

Beim U m s t e u e r n ist dagegen $s_1 = 2$ und $s_2 = 0$, so daß wir hier für die aufzubringende Stromwärme erhalten

$$W_{Um} = \frac{1}{2} J \omega_d^2 \, (s_1^2 - s_2^2) = W_k (2^2 - 0) = 4\,W_k \tag{2.128}$$

Somit verhalten sich die Stromwärmen $W_{an} : W_{Br} : W_{BrGB} : W_{Um} = 1 : 1 : 3 : 4$.

Bei Schleifringläufer- und Gleichstrommotoren kann der größte Teil der Anlauf-
oder Umsteuerwärme über die Anlasser abgeführt werden. Bei den Käfigläufern
verbleibt jedoch die Anlaufwärme im Läufer. Sie kann (z. B. bei Doppelkäfigläufern) dazu führen, daß der Anlaufkäfig zu hohe Temperaturen annimmt und
Schaden erleidet. Während bei Motoren unter 100 kW solche Schwierigkeiten i.allg.
nicht zu erwarten sind, muß bei Käfigläufermotoren größerer Leistung entweder
das Schwungmoment oder die Anlaufzeit begrenzt werden. Diese Grenzwerte sind
in den Herstellerlisten angegeben. So muß z. B. bei einem 4poligen Käfigläufermo-
tor für 1000 kW der Trägheitsfaktor Gl. (2.17) auf $k_J = 6$ oder die Anlaufzeit
auf $t_{an} = 8$ s begrenzt werden.

2.522 Verminderung der Anlaufwärme. Abschn. 2.511 und 2.512 zeigen, daß die Anlasser bei konstanter Spannung an der Reihenschaltung Anlasser-Motor keinen Einfluß auf die Anlaufwärme haben. Der Anlauf mit im Verhältnis 1 : 2 p o l u m-s c h a l t b a r e n A s y n c h r o n m o t o r e n (s. Abschn. 3.11) hat dagegen den Vorteil, daß für den ersten Hochlauf bei der größeren Polzahl auf $0,5\,\omega_d$ nach Gl. (2.13) mit der kinetischen Energie W_k für ω_d nur die Stromwärme $W_k/4$ aufzubringen ist und nach dem Umschalten auf die kleinere Polzahl für den Hochlauf von $0,5\,\omega_d$ auf ω_d nach Gl. (2.125) nochmals $W_k(0,5^2 - 0) = W_k/4$ auftritt, insgesamt also nur die Stromwärme $W_k/2$ umgesetzt wird. Die gleichen Verhältnisse ergeben sich, wenn zwei Gleichstrommotoren für den Anlauf zunächst i n R e i h e und dann p a r a l l e l geschaltet werden.

Die für den Anlauf benötigte Stromwärme kann durch mehrfache Polumschaltungen oder mehrfache Reihen-Parallelschaltungen weiter verringert werden. Sie kann bei k o n t i n u i e r l i c h e r , d r e h z a h l p r o p o r t i o n a l e r S p a n-n u n g s r e g e l u n g (z. B. über Stromrichter) praktisch ganz vermieden werden. Bei Anwendung einer A n l a u f k u p p l u n g wird nur ein Teil der Anlaufwärme in die Kupplung verlagert.

Beispiel 2.20: Es ist für den Leeranlauf von 4 gleichartigen Gleichstrommotoren, die optimal geschaltet werden sollen, die benötigte Stromwärme zu bestimmen.

In der 1. Anlaßstufe werden die Motoren in Reihe geschaltet, so daß sie, da sie an der Spannung $U_N/4$ liegen, auf 1/4 der Leerlaufdrehzahl hochlaufen können. Hierfür benötigt man nach Gl. (2.13) und Abschn. 2.513 die Stromwärme $W_k/16$. In der 2. Anlaßstufe werden je 2 Motoren in Reihe und zu den beiden anderen parallel geschaltet. Jeder Motor liegt daher an $U_N/2$ und läuft somit weiter auf die halbe Leerlaufdrehzahl hoch. Für den Hochlauf von $s = 0,5$ auf $s = 0$ geht nach Abschn. 2.514 nochmals die Stromwärme $W_k/16$ verloren. Schließlich werden in der 3. Anlaßstufe alle Motoren parallel geschaltet und müssen nun von der halben Drehzahl auf die volle Leerlaufdrehzahl hochlaufen. Hierfür benötigt man die Stromwärme $W_k/4$, so daß insgesamt erforderlich wird die Anlaufwärme

$$W_{an} = \left(\frac{1}{16} + \frac{1}{16} + \frac{1}{4}\right) W_k = \frac{3}{8} W_k = 0,375 W_k$$

2.523 Schaltbetrieb. Wegen der in Abschn. 2.521 behandelten Anlaß- und Umsteuerwärme dürfen Elektromotoren nicht beliebig häufig angelassen und umgesteuert werden. Kleine Drehstrommotoren werden aber gelegentlich im Schaltbetrieb, also mit einem dauerndem, periodischen Wechsel zwischen Anlaufen, Belasten, Bremsen und Pause, eingesetzt. Bei diesen Umsteuerungen geht nach Abschn. 2.521 jedes Mal die Stromwärme $4W_k$ verloren. Wir nennen die je h zulässige Anzahl der Schaltspiele S c h a l t h ä u f i g k e i t und unterscheiden die bei reiner Motorbeschleunigung auftretende Motor-Schalthäufigkeit h_{sM} und die Last-Schalthäufigkeit h_s, wenn der Motor nach jedem Hochlauf noch belastet wird und Trägheitsmomente des Antriebs zu beschleunigen hat. Richtwerte für die Motor-Schalthäufigkeit enthält Bild 2.51.

Da das Trägheitsmoment nach Gl. (2.121) die Stromwärme linear erhöht, müssen wir eine Erhöhung des für die Motor-Schalthäufigkeit zugrunde gelegten Motor-

Trägheitsmoments mit dem Trägheitsfaktor k_J nach Gl. (2.17) berücksichtigen. Bei Belastung des Antriebs ist noch die relative Last $P_{2r} = P_2/P_{2N}$ als Verhältnis von auftretender Leistungsabgabe P_2 zu Nennleistungsabgabe P_{2N} und die relative Lastdauer $t_{Lr} = t_b/t_E$ als Verhältnis von Betriebszeit t_b zu Einschaltzeit t_E zu beachten. Richtwerte für den sich hieraus ergebenden Belastungsfaktor k_b enthält Bild 2.52. Für die L a s t - S c h a l t h ä u f i g k e i t gilt dann

$$h_s = k_b h_{sM}/k_J \qquad (2.129)$$

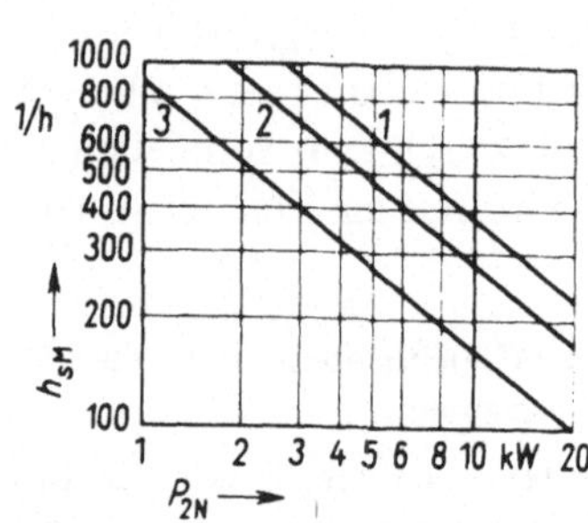

Bild 2.51
Richtwerte für Motor-Schalthäufig-keit h_{sM} von Drehstrommotoren mit Käfigläufer in Abhängigkeit von der Nennleistung P_{2N} für $n_d = 1000$ min^{-1} (1), 1500 min^{-1} (2) und 3000 min^{-1} (3)

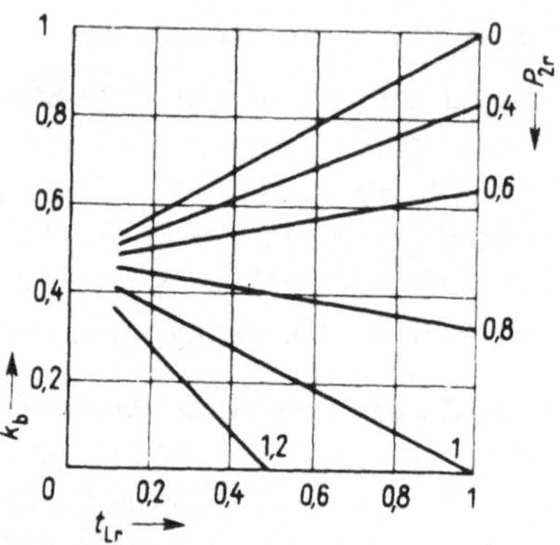

Bild 2.52
Belastungsfaktor k_b in Abhängigkeit von der relativen Laufdauer t_{Lr} für verschiedene relative Belastungen $P_{2r} = P_2/P_{2N}$ von Drehstrommotoren (nach AEG)

Beispiel 2.21: Die Last-Schalthäufigkeit eines Drehstrom-Asynchronmotors für 5,5 kW bei 2870 min^{-1} ist für die relative Lastdauer $t_{Lr} = 0,5$ bei der relativen Last $P_{2r} = 0,4$ und dem Trägheitsfaktor $k_J = 2,5$ zu bestimmen.

Bild 2.51 liefert die Motor-Schalthäufigkeit $h_{sM} = 250$ h^{-1}, Bild 2.52 außerdem den Belastungsfaktor $k_b = 0,65$. Damit beträgt die zulässige Last-Schalthäufigkeit nach Gl. (2.129)

$$h_s = k_b h_{sM}/k_J = 0,65 \cdot 250 \text{ h}^{-1}/2,5 = 65$$

3 DREHZAHLVERSTELLUNG UND ANTRIEBSREGELUNG

Nur für einfache Antriebe reicht eine einzige Drehzahl aus. Bei den meisten Industrieantrieben, aber auch bei Fahrzeugen und Hebezeugen sowie bei einigen Hausgeräten muß die Drehzahl verändert werden können. Wir unterscheiden dann zwischen einfachen stufigen und aufwendigen stetigen Drehzahl v e r s t e l l u n g e n. Dabei verlangt ein großer Stellbereich naturgemäß einen größeren Aufwand. Wir werden daher zunächst die Verstellmöglichkeiten der heute vorzugsweise eingesetzten Drehstrom-Asynchronmotoren und anschließend der besonders gut verstellbaren Gleichstrommotoren untersuchen. Einphasenmotoren lassen sich ähnlich wie die Drehstrommotoren steuern. Für die hier nicht behandelten Drehstrom-Kommutatormotoren wird auf Band II/1 verwiesen.

Bei den hochwertigen Antrieben wird sehr häufig außerdem noch eine R e g e - l u n g von Drehzahl, Gleichlauf, Weg, Bandzug und anderen physikalischen Grössen verlangt. Wir werden daher die Grundbegriffe der Regelungstechnik und die Berechnung von Regelkreisen kurz betrachten und diese Verfahren für den Aufbau und die zweckmäßige Bemessung von Antriebsregelungen benutzen.

3.1 Drehzahlverstellung des Drehstrom-Asynchronmotors

Mit Frequenz f, Polpaarzahl p, Drehfelddrehzahl $n_d = f/p$ und den i. allg. kleinen Schlupfwerten s liegt nach Gl. (1.38) die D r e h z a h l

$$n = (1 - s)\, n_d = (1 - s)\, f/p \tag{3.1}$$

des Asynchronmotors in recht engen Grenzen fest. Sie läßt sich ganz allgemein durch Änderung der Polzahl 2 p, des Schlupfes s oder der Frequenz f verstellen. Wir werden hier nur die wichtigsten und allgemein gebräuchlichen Verfahren behandeln.

3.11 Polumschaltung

Bei der normalen Netzfrequenz f = 50 Hz lassen sich in Drehstrom-Asynchronmotoren Drehfelddrehzahlen entsprechend Tafel 3.1 erreichen. Die Nenndrehzahl ist nach Gl. (3.1) um den Nennschlupf (normale Werte sind s_N = 0,04 bis 0,01) kleiner. Wenn der Ständer 2 Wicklungen für 2 verschiedene Polzahlen erhält, kann man, da der hier eingesetzte K ä f i g l ä u f e r i. allg. für alle üblichen Polzahlen geeignet ist, die gewünschte Stufung der Drehzahl bewirken. Wird bei hoher und niedriger Polzahl (z. B. 4- und 6polig) dasselbe Nennmoment verlangt, so ist eine verschachtelte Wicklungsanordnung, die sich auch für Hochspannung gut eignet, vorteilhaft. Bei stärker abweichender Polzahl und einem mit der Drehzahl sich änderndem Lastmoment wählt man übereinanderliegende Wicklungen.

T a f e l **3.1** Polzahl 2p und Drehfelddrehzahl n_d (in min⁻¹) von Wechselstrommaschinen für die Frequenz f = 50 Hz

2p	2	4	6	8	10	12	14	16	18	20	22	24
n_d	3000	1500	1000	750	600	500	428	375	333	300	273	250

Stets wird aber für diese ge t r e n n t e n Ständerwicklungen ein vergrößerter Nutenquerschnitt benötigt, so daß als Nennleistung nur etwa das 0,5- bis 0,7fache der Bauleistung normaler Motoren erreicht werden kann. Vorteilhaft (insbesondere für Schützensteuerungen) ist die geringe Zahl der Anschlußklemmen.

T a f e l **3.2** Dahlanderschaltungen (Index k für kleine, Index h für hohe Drehzahl)

Schaltung	Eigenschaften	Anwendung
$\Delta/\curlyvee\curlyvee$	$\dfrac{M_{Nk}}{M_{Nh}} \approx 1$	normale Dahlanderschaltung
	$\dfrac{P_{Nk}}{P_{Nh}} \approx 0{,}65$	Antriebe mit M_L = const $P_L \sim n$
$\curlyvee\curlyvee/\Delta$	$\dfrac{M_{Nk}}{M_{Nh}} \approx 1{,}7$	umgekehrte Dahlanderschaltung
	$\dfrac{P_{Nk}}{P_{Nh}} \approx 1$	Antriebe mit $M_L \sim 1/n$ P_L = const
$Y/\curlyvee\curlyvee$	$\dfrac{M_{Nk}}{M_{Nh}} \approx 0{,}75$	
	$\dfrac{P_{Nk}}{P_{Nh}} \approx 0{,}4$	Antriebe mit $M_L \sim n^2$ $P_L \sim n^3$

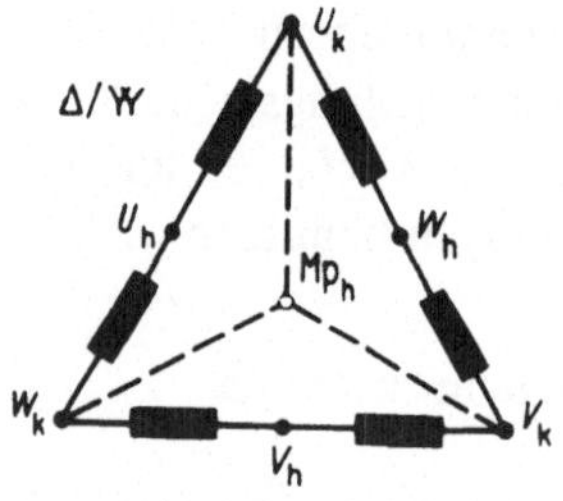

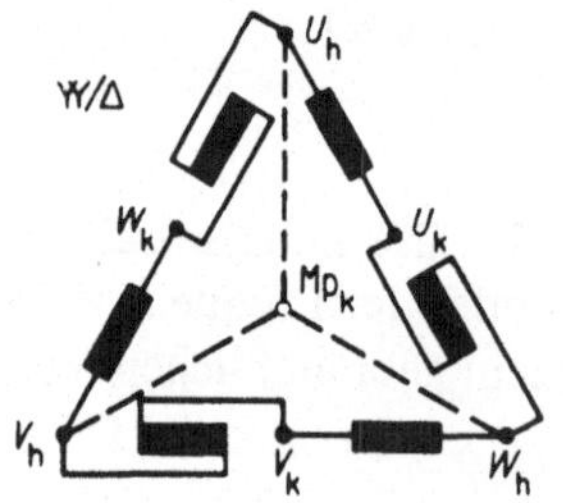

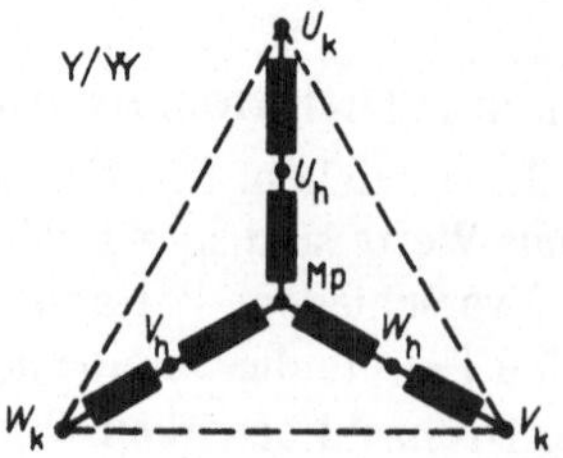

Eine höhere Ausnutzung ergibt sich durch Anwendung von E i n w i c k l u n g s -
schaltungen. Hier sind die Strangwicklungen unterteilt, so daß sie z. B. bei den
D a h l a n d e r s c h a l t u n g e n (s. Band II/1) nach Tafel 3.2 angeschlossen
werden können. Dabei ist darauf zu achten, daß die Klemmen bei den kleinen
Drehzahlen (Index k) und bei den hohen Drehzahlen (Index h) entgegengesetzt
aufeinanderfolgen müssen, wenn die gleiche Drehrichtung erzielt werden soll. Die
Typenleistung bei der hohen Drehzahl beträgt etwa das 0,6- bis 0,75fache der
Bauleistung des normalen Motors. Die Kosten für einen polumschaltbaren Motor
steigen daher nach Tafel 4.13 verglichen bei der hohen Drehzahl auf etwa das 1,3-
bis 1,7fache. Man sollte daher stets überprüfen, ob ein Zweimotorenantrieb oder
ein Schaltgetriebe nicht vorteilhafter ist. Für die Vorteile der Polumschaltung beim
Anlauf und Bremsen s. Abschn. 2.52.

3.12 Schlupfverstellung mit mechanisch bewegten Stellgliedern

Den Schlupf kann man einmal beim S c h l e i f r i n g l ä u f e r durch Eingriffe
in den Läuferkreis, z. B. durch zusätzliche Schlupfwiderstände, verändern. Beim
K ä f i g l ä u f e r ist der Läuferkreis nicht zugänglich. Hier ist es möglich, durch
Herabsetzen der Ständerspannung das zu einem bestimmten Schlupf gehörende
Drehmoment zu verkleinern und daher bei vorgegebener Lastkennlinie den Schlupf
zu vergrößern oder mit Bremsen die Belastung zu erhöhen und somit die Drehzahl
herabzusetzen. Auch in einer besonderen Schlupfkupplung kann ein zusätzlicher
Schlupf verursacht werden.

Nachteilig bei dieser Art der Drehzahlverstellung ist stets, daß entsprechend dem
Gesetz der Aufspaltung der Drehfeldleistung $P_d = \omega_d M_i$ (s. Bd. II/1) die im Läuferkreis nach Gl. (1.39) auftretenden S t r o m w ä r m e v e r l u s t e $V_{Cu\,2} =$
$sP_d = s\omega_d M_i$ mit dem Schlupf s anwachsen und der Wirkungsgrad somit verschlechtert wird. Daher ist diese Drehzahlverstellung bei längerem Betrieb nur
für Antriebe mit einem stark von der Drehzahl n abhängenden Lastmoment, z. B.
$M_L \approx n^2$, vertretbar. Weil sich außerdem mit sinkender Drehzahl die Belüftung
verschlechtert, sind dann nur kleinere Läuferströme I_2 und Drehmomente M
entsprechend Bild 3.3 zulässig, bzw. es muß die Bauleistung P_{2B} auf einen entsprechenden Wert erhöht werden.

Bild **3.3**
Zulässiger relativer Läuferstrom I_2^*/I_{2N} und
zulässiges relatives Drehmoment M^*/M_N
(——) sowie erforderliche Bauleistungser-
höhung P_{2B}/P_2^* (– – –) bei Schlupfverstellung
eigenbelüfteter Drehstrommotoren für Dauerbetrieb in Abhängigkeit vom Drehzahlverhältnis n^*/n_N bzw. ω^*/ω_N

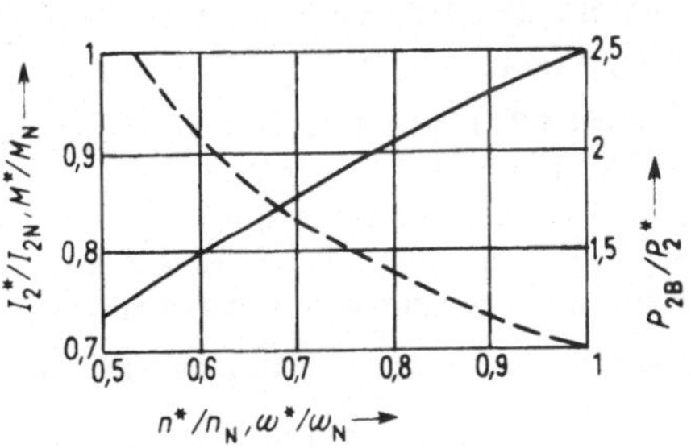

Beispiel 3.1: Ein Drehstrom-Asynchronmotor mit Schleifringläufer soll mit $P_{2N} = 55$ kW bei $n_N = 1460$ min^{-1} und $P_2^* = 40$ kW bei $n^* = 1000$ min^{-1} dauernd betrieben werden können. Es ist die erforderliche Bauleistung zu bestimmen.

Mit $n^*/n_N = (1000$ min$^{-1})/(1460$ min$^{-1}) = 0,685$ findet man in Bild **3.3** den Wert $P_{2B}/P_2^* = 1,75$, so daß die Bauleistung $P_{2B} = 1,75$ $P_2^* = 1,75 \cdot 40$ kW $= 70$ kW oder ein Motor mit der nächstgrößeren Nennleistung $P_{2N} = 75$ kW erforderlich ist.

3.121 Schlupfwiderstände. Wenn der Schlupfwiderstand R_{2V} zusätzlich zum Läuferwiderstand R_2 in den Läuferkreis eingeschaltet wird, vergrößert sich bei konstantem Drehmoment und gleichbleibenden Ständer- und Läuferströmen, also konstanter Leistungsaufnahme, der S c h l u p f s nach Gl. (2.101) auf den Wert $s^* = s(R_2 + R_{2V})/R_2$. Die neuen Strom- und Drehmoment-Drehzahl-Kennlinien entstehen somit durch eine einfache proportionale Verschiebung über dem Schlupf s (s. Bild 3.4). Wenn bei dem Drehmoment M = const. daher der Schlupf s auf s* geändert werden soll, benötigt man den S c h l u p f w i d e r s t a n d

$$R_{2V} = R_2 \left(\frac{s^*}{s} - 1 \right) \tag{3.2}$$

Im Schlupfwiderstand treten dann die V e r l u s t e

$$V_V = (s^* - s)P_d^* = (s^* - s)\omega_d M^* \tag{3.3}$$

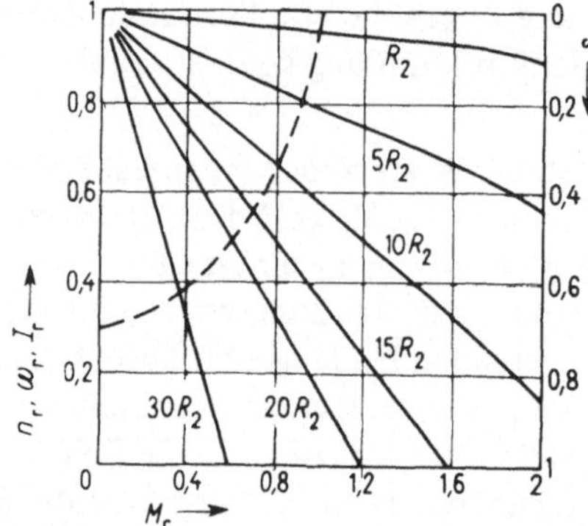

Bild **3.4**

Strom- (— — —) und Drehzahlkennlinien (———) beim Schleifringläufer für verschiedene Läuferwiderstände R_2

auf, für die der Widerstand zu bemessen ist. Außerdem beträgt der Preis eines Schleifringläufermotors nach Tafel **4.13** etwa das 2,3- bis 3fache eines Käfigläufermotors gleicher Leistung, und die Motorlänge ist wegen der Schleifringe etwa 1,1- bis 1,4fach.

Beispiel 3.2: Ein Drehstrom-Asynchronmotor mit Schleifringläufer für $P_{2N} = 5,5$ kW, $U_N = 380$ V, $I_{1N} = 11,7$ A, $\cos \varphi_N = 0,84$, f = 50 Hz, $U_{20} = 132$ V und $I_{2N} = 27,5$ A treibt mit $n_N = 1445$ min^{-1} (also $\omega_N = 151,5$ s^{-1}) einen R a d i a l l ü f t e r mit $P_L \sim \omega^3$, also $M_L \sim \omega^2$, an. Die Luftleistung soll über einen Schlupfwiderstand auf die Hälfte herabgesetzt werden. Der Schlupfwiderstand ist zu bestimmen.

Die halbe Luftleistung erhält man nach Abschn. 1.221 und 1.231 für die Winkelgeschwindigkeit

$$\omega^* = \sqrt[3]{1/2} \; \omega_N = \sqrt[3]{0,5} \cdot 151,5 \text{ s}^{-1} = 120,2 \text{ s}^{-1}$$

bzw. die Drehzahl $n^* = 1146 \text{ min}^{-1}$ und den Schlupf $s^* = (\omega_d - \omega^*)/\omega_d = (157 s^{-1} - 120,2 \text{ s}^{-1})/157 \text{ s}^{-1} = 0,234$. Bei dem Nennmoment $M_N = P_{2N}/\omega_N = 5,5 \text{ kW}/151,5 \text{ s}^{-1} = 36,3 \text{ Nm} = 3,7 \text{ kpm}$ sinkt das Drehmoment auf $M^* = M_N(\omega^*/\omega_N)^2 = 36,3 \text{ Nm}(120,2 \text{ s}^{-1}/151,5 \text{ s}^{-1})^2 = 22,85 \text{ Nm} = 2,33 \text{ kpm}$. Mit dem Nennschlupf $s_N = (\omega_d - \omega_N)/\omega_d = (157 \text{ s}^{-1} - 151,5 \text{ s}^{-1})/157 \text{ s}^{-1} = 0,035$ dürfen wir annehmen, daß sich Drehmoment und Schlupf proportional ändern und daher für M^* der Schlupf $s = s_N M^*/M_N = 0,035 \cdot 22,85 \text{ Nm}/36,3 \text{ Nm} = 0,0225$ ohne Schlupfwiderstand auftreten würde.

Wir müssen jetzt noch den Läuferwiderstand R_2 ermitteln. Bei Nennlast ist die Läuferspannung $U_{2N} = s_N U_{20} = 0,035 \cdot 132 \text{ V} = 4,62 \text{ V}$ wirksam. Dann darf bei der geringen Läuferfrequenz $f_{2N} = s_N f_1 = 0,035 \cdot 50 \text{ Hz} = 1,75 \text{ Hz}$ der Läuferstreublindwiderstand vernachlässigt und angenommen werden, daß die gesamte Läuferspannung am Läuferwirkwiderstand R_2 abfällt. Wenn man Sternschaltung der Läuferwicklung voraussetzt, ist also

$$R_2 = \frac{U_{2N}}{\sqrt{3}\ I_{2N}} = \frac{4,62 \text{ V}}{\sqrt{3} \cdot 27,5 \text{ A}} = 0,097\ \Omega$$

Somit benötigt man nach Gl. (3.2) den S c h l u p f w i d e r s t a n d

$$R_{2V} = R_2\left(\frac{s^*}{s} - 1\right) = 0,097\ \Omega\left(\frac{0,234}{0,0225} - 1\right) = 0,911\ \Omega$$

Wenn wir von den Reibungsverlusten absehen, ist die Drehfeldleistung $P_d^* = \omega_d M^* = 157 \text{ s}^{-1} \cdot 22,85 \text{ Nm} = 3,59 \text{ kW}$ aufzubringen. Daher ist der Schlupfwiderstand nach Gl. (3.3) für die Verlustleistung $V_V = (s^* - s)P_d^* = (0,234 - 0,0225)3,59 \text{ kW} = 760 \text{ W}$ oder, mit einem Sicherheitszuschlag, für 800 W zu bemessen. Mit $M^*/M_N = 22,85 \text{ Nm}/36,3 \text{ Nm} = 0,63$ bei $\omega^*/\omega_N = 120,2 \text{ s}^{-1}/151,5 \text{ s}^{-1} = 0,793$ ist dieser Betrieb nach Bild **3.3** dauernd zulässig.

3.122 Spannungsänderung. Nach Gl. (1.49) gilt bei konstanter Läuferfrequenz für das Drehmoment $M^*/M = (U_{Str}^*/U_{Str})^2$. Wegen der Sättigungserscheinungen und der Reibungsverluste muß man jedoch mit geringen Abweichungen entsprechend Bild 3.5 rechnen. Die Kennlinien M_K/M_{KN} und $M_A/M_{AN} = f(U/U_N)$ gehen nicht durch Null, da sich hier die Reibungsverluste auswirken. Das Anzugsmoment M_A (Index N für Werte bei Nennspannung) steigt außerdem im Nenn-

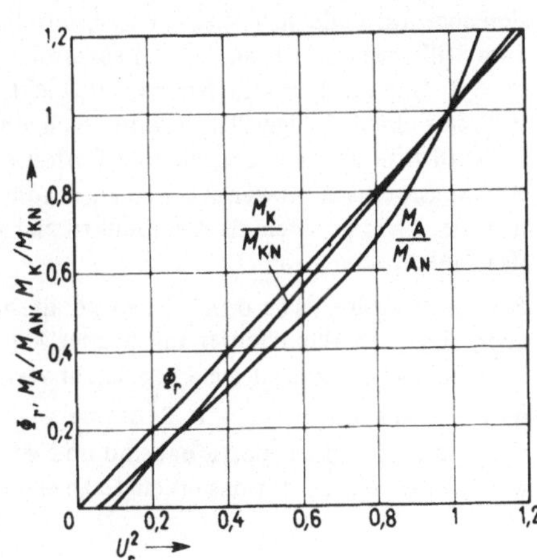

Bild **3.5**
Änderung des relativen Flusses Φ_r sowie des relativen Anzugsmomentes M_A/M_{AN} und des relativen Kippmoments M_K/M_{KN} in Abhängigkeit vom relativen Spannungsquadrat U_r^2

spannungsbereich wegen der Sättigung der Streupfade (s. Band II/1) stärker als quadratisch an, während sich Kippmoment M_K sowie das Drehmoment im Nennbereich praktisch quadratisch mit der Spannung ändern. Für die Ströme darf man stets voraussetzen, daß sie sich linear mit der Spannung ändern, obwohl Leerlauf- und Anlaufstrom im Nennspannungsbereich im allgemeinen stärker als linear mit der Spannung anwachsen (s. Band II/1).

Bei kleinen Motoren bis etwa 100 W wendet man zur Herabsetzung der Spannung einfache V o r w i d e r s t ä n d e an, für Leistungen bis etwa 10 kW u. U. Drosselspulen und für größere Leistungen S p a r t r a n s f o r m a t o r e n, die dann auch als Anlaßtransformatoren (s. Abschn. 2.333) ausgenutzt werden können.

Eine einfache Strangspannungsänderung im Verhältnis $\sqrt{3} : 1$ erhält man auch durch Umschaltung von D r e i e c k i n S t e r n (s. Abschn. 2.332). Ein Betrieb unterhalb der Kippdrehzahl ist aber nur möglich, wenn die Stabilitätsbedingungen (s. Abschn. 2.12) eingehalten sind.

Beispiel 3.3: Ein Lüftermotor, der zunächst bei der Spannung $U = 220$ V mit der Drehzahl $n = 2000$ min^{-1} mit $P_1 = 18$ W läuft, soll mit $n^* = 1500$ min^{-1} betrieben werden. Es erweist sich, daß dieser Betrieb mit $U^* = 162$ V bei $I_1^* = 0,13$ A und $\cos \varphi_1^* = 0,47$ erreicht wird. Der erforderliche Vorwiderstand ist zu bestimmen.

Der Motor zeigt bei dieser Belastung den Scheinwiderstand $Z^* = U^*/I_1^* = 162$ V/0,13 A $= 1246 \,\Omega$ und die Teilwiderstände $R^* = Z^* \cos \varphi_1^* = 1246 \,\Omega \cdot 0,47 = 585 \,\Omega$ und $X^* = Z^* \sin \varphi_1^* = 1246 \,\Omega \cdot 0,882 = 1100 \,\Omega$. Mit dem Vorwiderstand R_V muß insgesamt der Scheinwiderstand $Z = U/I_1^* = 220$ V/0,13 A $= 1690 \,\Omega$ verwirklicht werden. Dann muß sein

$$R_V = \sqrt{Z^2 - X^{*2}} - R^* = \sqrt{1690^2 \,\Omega^2 - 1100^2 \,\Omega^2} - 585 \,\Omega = 700 \,\Omega$$

Dieser Vorwiderstand ist für die Verlustleistung $V_V = I_1^{*2} R = 0,13^2 \,A^2 \cdot 700 \,\Omega = 11,8$ W zu bemessen.

3.123 Mechanische und elektrische Bremsen. Grundsätzlich kann man jede Bremseinrichtung zum Herabsetzen der Drehzahl benutzen. M e c h a n i s c h wirkende Reibungsbremsen lassen sich aber nur schlecht auf eine bestimmte Bremskraft einstellen, so daß sie im allgemeinen nur zum Stillsetzen (s. Abschn. 2.42) eingesetzt werden. Die E l d r o - R e g e l b r e m s e (AEG) ist z. B. eine mechanische Bremse, die elektrohydraulisch betätigt wird. Mit ihr kann man praktisch nur einen einzigen Drehzahlbereich einstellen oder den Motor im Stillstand festbremsen. Sie wird z. B. bei Hebezeugen zum Einfahren in eine gewünschte Lasthöhe benutzt. Fliehkraft-Reibungsbremsen verwendet man auch zum Begrenzen der Drehzahl, Fliehkraft-Kontaktregler u. a. bei Kleinmotoren als Zweipunktregler zum Einstellen einer bestimmten Drehzahl (s. Band II/1 und Abschn. 1.324).

Bei der W i r b e l s t r o m b r e m s e dreht sich eine Kupfer- oder Aluminiumscheibe oder auch ein Eisen-Massivläufer im magnetischen Gleichfeld des Ständers, das mit Hilfe einer G l e i c h s t r o m e r r e g u n g leicht verändert werden kann. Da die in der Scheibe erzeugten Wirbelstromverluste $V_w = k_1 B^2 \omega^2 = \omega M_L$ den Quadraten von Induktion B und Winkelgeschwindigkeit ω proportional sind und von der mechanischen Leistung ωM_L aufgebracht werden müssen, gilt für das erzeugte Drehmoment

$$M_L = k_2 B^2 \omega \tag{3.4}$$

Es ergeben sich daher die Kennlinien von Bild **3.**6, die aber wegen der Stromverdrängung eine geringere Steigung bei höheren Drehzahlen aufweisen.

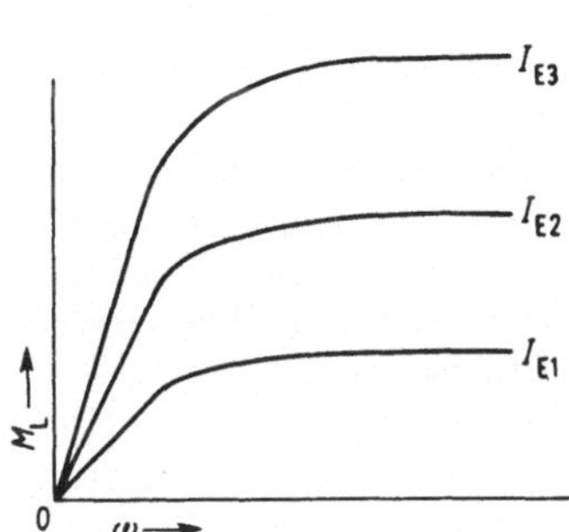

Bild 3.6
Lastkennlinien $M_L = f(\omega)$ einer Wirbelstrombremse für verschiedene Erregerströme I_E

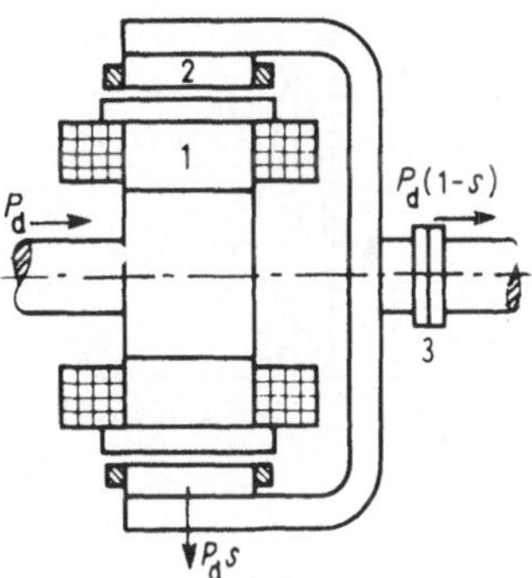

Bild 3.7
Querschnitt durch eine elektrische Schlupfkupplung
1 Polrad   2 Käfigläufer   3 Schleifringe

3.124 Schlupfkupplung. Bei der elektrischen Schlupfkupplung sind der K ä f i g - l ä u f e r einer Asynchronmaschine und das P o l r a d einer Synchronmaschine zusammengebaut. Die I n n e n p o l kupplung nach Bild 3.7 trägt die mit Gleichstrom erregten Pole auf dem inneren Polrad. Ebenso gut können aber auch bei der A u ß e n p o l kupplung die Pole in den äußeren Läufer verlegt werden.

Wir dürfen die Schlupfkupplung als Asynchronmaschine auffassen, deren Primärseite – dem konstant erregten und das Drehfeld aufbauenden Polrad – mit konstantem Strom betrieben wird. Wenn sich die beiden Kupplungshälften gegeneinander drehen, werden im Käfigläufer Ströme induziert, die mit dem Drehfeld Kräfte erzeugen und dafür sorgen, daß die eine Kupplungshälfte von der schneller drehenden mitgenommen wird. Die dem Polrad mechanisch zugeführte Drehfeldleistung P_d wird dann wieder, entsprechend Abschn. 1.321, über den Schlupf s in die mechanisch abgegebene Leistung $P_{mech} = P_d (1 - s)$ und die sekundären Stromwärmeverluste $V_{Cu2} = P_d s$ aufgespalten. Die Schlupfkupplung muß daher je nach Auslegung ähnliche Kennlinien wie die üblichen Asynchronmotoren zeigen. Gegenüber den an konstanter Spannung liegenden Asynchronmotoren hat sie jedoch nach Bild 3.8 wegen der konstanten Erregung einen geringeren Kippschlupf s_K und einen stärkeren Drehmomentabfall zu höheren Schlupfwerten hin. Durch einen erhöhten Läuferwiderstand und Änderung des Polrad-Erregerstroms kann man sie für Drehzahlregelungen geeignet machen.

Dann sind jedoch die hohen Verluste $P_d s$ sehr nachteilig, so daß ihr Hauptanwendungsgebiet der S c h i f f s a n t r i e b ist. Mit der Kennlinie 1 in Bild **3.**8 erreicht man geringe Schlupfwerte bei kleinen Verlusten (Wirkungsgrad $\eta \approx 0,97$), Verhinderung von Drehschwingungen, die sonst infolge des ungleichmäßigen Dieselmotorantriebs entstehen könnten, gute Manövrierfähigkeit für den Propeller und einen Getriebeschutz, da der Antrieb nach Überschreiten des Kippmoments bei geringem Drehmoment zum Stillstand kommt.

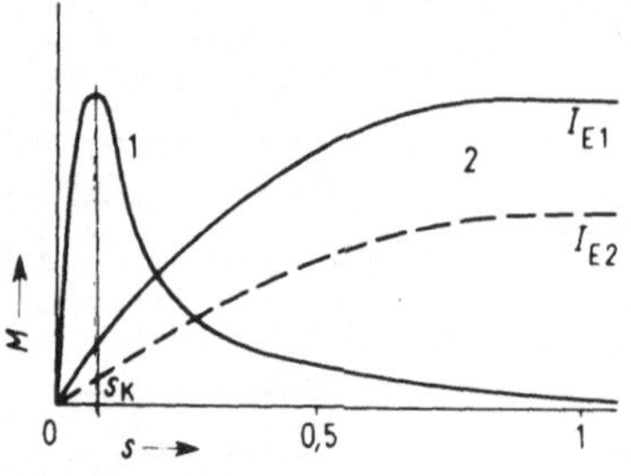

Bild **3.8**
Drehmomentkennlinien M = f(s) einer elektrischen Schlupfkupplung mit normalem Läuferwiderstand (1) und erhöhtem Läuferwiderstand (2) für verschiedene Erregerströme I_E

3.13 Kontaktlose stetige Schlupfverstellung

Bei Schlupfverstellung treten nach Gl. (1.39) Läuferkupferverluste $V_{Cu2} = sP_d = s\omega_d M$ auf, die den Wirkungsgrad auf $\eta < 1 - s$ verschlechtern. Außerdem muß die volle Verlustwärme aus dem Läufer abgeführt werden, sofern nicht ein Schleifringläufer mit äußerem Läuferwiderstand vorgesehen wird. Das gilt für jede Art von Schlupfverstellung, gleichgültig ob sie im Läufer oder im Ständer erfolgt. Deshalb eignet sich auch die stetige Schlupfverstellung nur für Antriebe, bei denen das Drehmoment stark mit der Drehzahl sinkt (s. Abschn. 1.231), oder für kurzzeitige Drehzahländerungen (z. B. Anlassen oder Umsteuern, s. Abschn. 2.33). Günstigere Verhältnisse lassen sich nur dann erzielen, wenn die Schlupfleistung wieder in das Netz zurückgespeist wird, z. B. mit K a s k a d e n s c h a l t u n g e n, die aber nur bei Schleifringläufern angewendet werden können. Heute wird überwiegend die S t r o m r i c h t e r kaskade eingesetzt, mit der nahezu der Wirkungsgrad eines stellbaren Gleichstromantriebs erreicht wird.

Als S t e l l g l i e d e r für Spannungen und Ströme werden in der Antriebstechnik vorwiegend Stromrichter verwendet. Ihre Kenntnis ist für die folgenden Abschnitte nützlich. Die Wirkungsweise von Stromrichtern ist in [27] eingehend behandelt. Hier wird nur ein Überblick über die wichtigsten Eigenschaften gegeben.

Wesentliches Bauglied der Stromrichterschaltung ist das elektrische V e n t i l (Halbleitergleichrichter, Thyristor). Nicht steuerbare Ventile sind dann leitend, wenn der Strom in Durchlaßrichtung fließt. Steuerbare Ventile kann man als Schalter mit den Zuständen „leitend" und „gesperrt" ansehen. Sie sperren zunächst auch in Durchlaßrichtung, bis sie durch einen Z ü n d i m p u l s gezündet werden, der durch besondere Zündgeräte erzeugt wird. Danach bleiben sie bis zum Stromnulldurchgang leitend und können vorher auch durch einen negativen Steuerimpuls nicht wieder gesperrt werden. Steuerbare Stromrichter arbeiten mit Zündverzögerung um den elektrischen Winkel α gegenüber dem natürlichen Zündzeitpunkt, der im Schnittpunkt der Strangspannungen liegt (Bild 3.9). Die Ausgangsspannung u_a des Stromrichters kann bei Steuerung vorübergehend auch negativ

werden, wenn der Strom während dieser Zeit positiv ist, z. B. durch die Wirkung
der Drossel L. Ist bei Steuerwinkeln $\alpha > 90°$ auch der Mittelwert der Ausgangsspannung u_a negativ, so kann ein positiver Strom nur noch durch eine aktive
Gleichspannungsquelle aufrecht erhalten werden. Dann wird Leistung in das Wech-
selstromnetz zurückgeliefert: W e c h s e l r i c h t e r b e t r i e b. Der Mittelwert
der ideellen Spannung U_{di} des ungesteuerten Stromrichters hat ein schaltungs-
abhängiges festes Verhältnis zur Wechselspannung. Im gesteuerten Zustand ist der
Mittelwert der Stromrichter-Quellenspannung $U_{di\alpha} = U_{di}$ cos α. Unabhängig
vom Steuerwinkel α ist mit dem Gleichstrom I_d die wechselstromseitige Scheinleistung $S = U_{di}I_d$. Für den Leistungsfaktor darf daher cos $\varphi \approx$ cos $\alpha = U_{di\alpha}/U_{di}$
gesetzt werden. Durch besondere Maßnahmen (Teilaussteuerung, halbgesteuerte
Brücken) läßt sich der Leistungsfaktor verbessern.

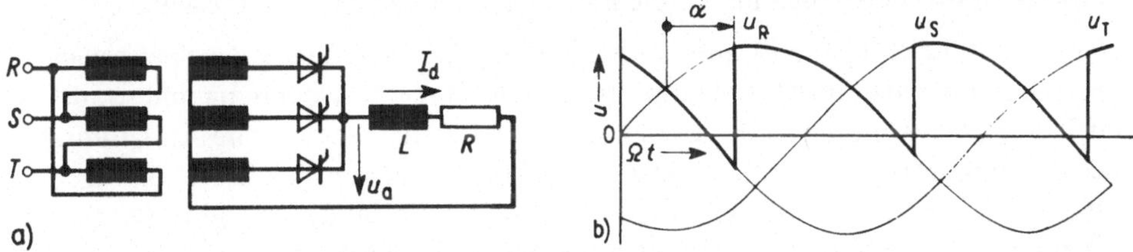

Bild **3.**9 Stromrichter in Dreiphasen-Mittelpunktschaltung (a) und Verlauf von Strangspannungen
und Ausgangsspannung bei einem Steuerwinkel α (b)

Neben den Schaltungen für netzgeführte Stromrichter gibt es Wechselrichterschal-
tungen mit Zwangskommutierung, die eine Frequenzverstellung in einem weiten
Bereich erlauben und auch Blindleistung liefern können (s. Abschn. 3.142 und
[27]), sowie zwangskommutierte G l e i c h s t r o m s t e l l e r, deren Wirkungsweise an Bild 3.10 und 3.11 erläutert werden soll.

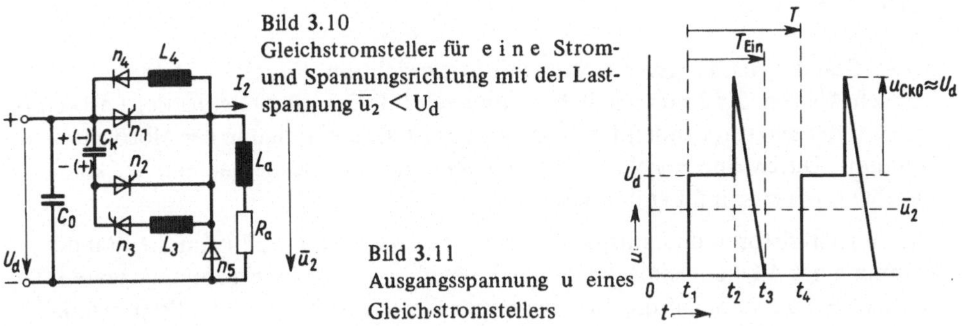

Bild 3.10
Gleichstromsteller für e i n e Strom-
und Spannungsrichtung mit der Lastspannung $\bar{u}_2 < U_d$

Bild 3.11
Ausgangsspannung u eines
Gleichstromstellers

Im Zeitpunkt t_1 werden Hauptthyristor n1 und Umschwingthyristor n3 gezündet. Dadurch wird einmal die Speisespannung U_d an die Last durchgeschaltet,
und der Laststrom beginnt durch den Thyristor n1 zu fließen. Außerdem schwingt
die Ladung des Kommutierungskondensators C_k, die zunächst vom vorhergehenden Kommutierungsvorgang noch oben positiv ist, in einer Sinushalbschwingung
des Reihenschwingkreises aus Induktivität L_3 und Kapazität C_k um. Im Strom-

nulldurchgang des Umschwingstroms, also im Scheitelwert der Spannung u_{Ck}, sperrt der Thyristor n3, so daß die Kondensatorladung mit der eingeklammerten Polarität erhalten bleibt.

Zum Löschen des Hauptthyristors n1 wird im Zeitpunkt t_2 der Kommutierungsthyristor n2 gezündet. Jetzt übernimmt wegen der Spannung am Kondensator C_k, die sich als Sperrspannung an den Thyristor n1 legt, das Ventil n2 den Laststrom. Infolge der Reihenschaltung der Spannungen U_d und u_{Ck} (Anfangswert u_{Cko}) erhöht sich die Lastspannung um u_{Ck}. Durch den Laststrom wird anschließend der Kondensator C_k entladen und schließlich umgeladen. Damit die Umladung auch bei Leerlauf des Motors abläuft, wird der Kondensator C_k über die Induktivität L_4 und die Diode n4 zu einem Reihenschwingkreis ergänzt. Nach der Zündung des Thyristors n2 fließt in diesem Schwingkreis ein Umschwingstrom, der sich im Kondensator C_k dem Laststrom überlagert.

Hat im Zeitpunkt t_3 die Kondensatorspannung u_{Ck} den Betrag der Speisespannung U_d erreicht (Polarität oben positiv), so wird die Lastspannung und somit auch die Sperrspannung an der Freilaufdiode n5 Null. Eine weitere Aufladung des Kondensators C_k ist nun nicht mehr möglich, weil n5 den Laststrom übernimmt. Das Ventil n2 wird dadurch stromlos und die Diode n5 führt den Strom bis zur erneuten Zündung des Hauptthyristors im Zeitpunkt t_4.

An der Last, hier bestehend aus Induktivität L_a und Wirkwiderstand R_a, erscheint die in Bild 3.11 dargestellte Spannung. Der gestrichelt eingetragene Mittelwert $\bar{u}_2 \approx U_d T_{Ein}/T$ läßt sich durch Verändern der relativen Einschaltdauer T_{Ein}/T in sehr weiten Grenzen verstellen. Mit dieser Schaltung ist eine stetige Herabsteuerung der Gleichspannung U_d bei nur einer Stromrichtung möglich. Es gibt daneben weitere Schaltungen, mit denen die Gleichspannung erhöht werden kann und andere, durch die auch eine Umkehr von Spannung und Strom ermöglicht wird [27].

3.131 Ständerspannungsverstellung mit Stromrichtern. Ein s t a b i l e r B e t r i e b ist nach Abschn. 2.12 nur möglich, wenn nach Bild 2.1 die Steigung der Lastkennlinie bei der einzustellenden Drehzahl größer ist als die Steigung der Motormomentkennlinie. Durch eine Regelung läßt sich aber auch der Betrieb an einem an sich instabilen Arbeitspunkt stabilisieren.

Mit drei Thyristoren und antiparallelen Dioden nach Bild 3.12 kann die Ständerspannung des Asynchronmotors von nahe Null bis nahe Nennspannung verstellt werden. Bei dieser Schaltung und bei reiner Wirklast sinkt mit dem Steuerwinkel α der für den Fluß des Motors maßgebende Gleichricht-Mittelwert nach der Funktion $|u|^* = |u|(1 + \cos\alpha)/2$. Bei der induktiven Last des Motors kann dagegen der Thyristor immer erst dann gezündet werden, wenn der Strom durch Null gegangen ist, also bei $\alpha > |\varphi|$. Die Steuerung ist wirkungslos, solange der Steuerwinkel $\alpha < |\varphi|$ eingestellt wird; in diesem Falle behält die Motorspannung ihren vollen Wert. Da die Spannung Null jedoch wie bei Wirklast bei $\alpha = 180°$ erreicht wird, verläuft die Steuerkennlinie leistungsfaktorabhängig entsprechend steiler.

Anstelle der Thyristoren und Dioden können auch Triacs eingesetzt werden, die einer Antiparallelschaltung von zwei Thyristoren entsprechen. Nach Gl. (3.6) sinkt das innere Drehmoment $M_i^* = M_i(|u|^*/|u|)^2$ proportional dem Quadrat des Spannungsmittelwertes $\overline{|u|}^*$ (durch * sind die Größen bei Spannungsänderung gekennzeichnet). Dies gilt für jeden Punkt der Drehmomentkennlinie $M_i = f(n)$. Die Verschlechterung des Wirkungsgrades spielt nicht eine so große Rolle, wenn nach Bild 3.13 die Steuerung nur zum Anlassen und Umsteuern mit verringerter Beschleunigung benutzt wird (z. B. bei Hebezeugen). Die Thyristorsätze I und IV werden bei Rechtslauf des Motors angesteuert, die Sätze II und III bei Linkslauf. Der Thyristorsatz V muß in beiden Drehrichtungen angesteuert werden. Die Sperrspannungen der Thyristoren sind für die verkettete Spannung zu bemessen. Zusätzlich zu den Läuferverlusten, die durch die Verschlechterung des Wirkungsgrads bei Drehzahlstellung bedingt sind, treten Verluste durch Stromoberschwingungen auf, die durch den Anschnitt der Sinusspannung verursacht werden. Durch sie wird die zulässige Motorleistung weiter herabgesetzt.

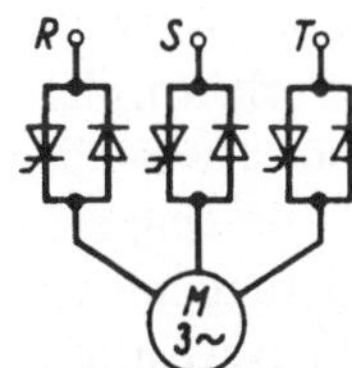

Bild 3.12
Steuerung eines Drehstrom-Asynchronmotors mit Thyristoren

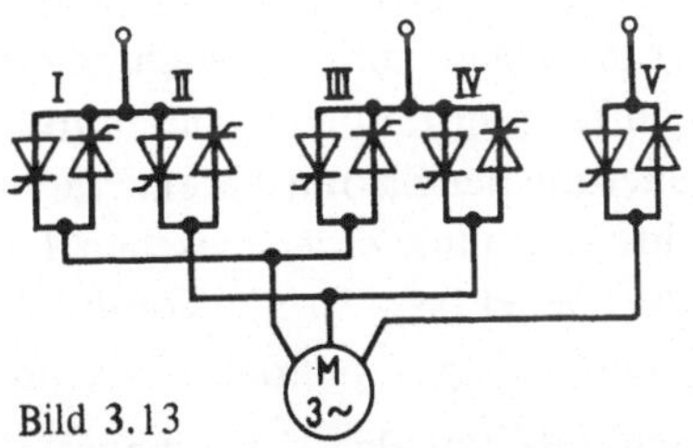

Bild 3.13
Reversierschaltung für einen Drehstrom-Asynchronmotor mit Thyristoren

3.132 Pulswandler mit Thyristoren im Läuferkreis. Bei Vergrößerung des Läuferwiderstands R_2 um den äußeren Vorwiderstand R_{2V} vergrößert sich nach Gl. (2.105) der Schlupf auf $s^* = s(R_2 + R_{2V})/R_2$. Die Drehzahl-Drehmoment-Kennlinie wird also, wie aus Bild 3.14b ersichtlich, nach unten gestreckt. Dabei ist es unerheblich, ob der Widerstand direkt im Läuferkreis liegt oder nach Bild 3.14a über eine Gleichrichterschaltung angeschlossen wird. Es muß dann lediglich der Widerstandswert transformiert werden, z. B. über eine Leistungsbetrachtung. Ver-

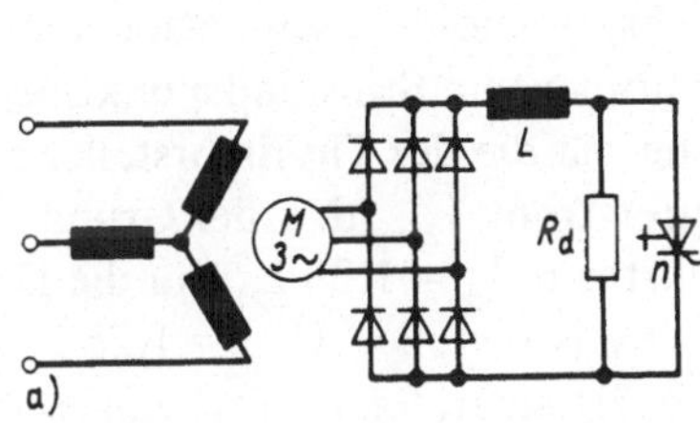

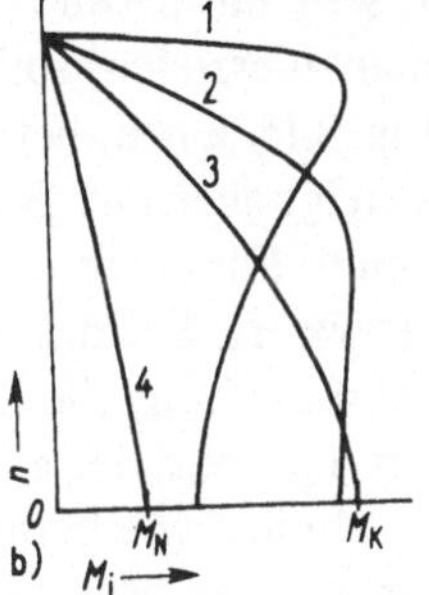

Bild 3.14 Drehzahlstellung durch Thyristorsteller im Läuferkreis
    a) Schaltung
    b) Drehzahl-Drehmoment-Kennlinien für verschiedene Widerstände

gleicht man die Sternschaltung der Widerstände R_{2V} mit dem Widerstand R_d im Gleichstromkreis einer Drehstrombrückenschaltung, so gilt für die Leistungen $P = \Sigma\, U^2/R$, somit $3\,U_{Str}^2/R_{2V} = U_{di}^2/R_d$. Mit dem ideellen Gleichspannungsmittelwert $U_{di} = 2{,}34\,U_{Str}$ für die Drehstrombrückenschaltung wird der wirksame Läufervorwiderstand $R_{2V} = 3\,R_d/2{,}34^2 = 0{,}548\,R_d$.

Die bisher noch nicht berücksichtigte Ventilanordnung n in Bild 3.14a stellt einen vollständigen zwangskommutierten Gleichstromsteller ähnlich Bild 3.10 dar. Er schaltet den gleichgerichteten Läuferstrom zwischen dem Widerstand R_d und dem Hauptthyristor n1 in Bild 3.10 (das ist praktisch ein Kurzschluß) hin und her. Die Schaltfrequenz kann mit einigen 100 Hz wesentlich über der Schlupffrequenz liegen. Dadurch tritt im Gleichstromkreis (mit der Schaltperiodenzeit T und der Einschaltzeit für den Hauptthyristor T_{Ein}) ein transformierter Widerstand $R_d^* = R_d(T - T_{Ein})/T$ auf. Entsprechend ist für den Läufer der transformierte Vorwiderstand $R_{2V}^* = R_{2V}(T - T_{Ein})/T$. Das Einschaltverhältnis T_{Ein}/T wird nicht nur durch den Abstand der Zündimpulse für Haupt- und Kommutierungsthyristor festgelegt, sondern auch dadurch beeinflußt, daß zeitweise der Läuferstrom in den Kommutierungskondensator fließt. Dieses Verhältnis läßt sich durch die Steuerung des Stromrichters von nahe Null bis nahe 1 verstellen, so daß jede gewünschte Kennlinie etwa zwischen 1 und 4 in Bild 3.14b eingestellt werden kann. Besonders bedeutsam ist die Kombination dieser Schaltung mit einer Drehzahlregelung, deren Regelverstärker steuernd auf das Einschaltverhältnis einwirkt.

Die mit der Schlupf-Winkelgeschwindigkeit ω_s, der Drehfeld-Winkelgeschwindigkeit ω_d und dem Drehmoment M anfallenden Läuferkreisverluste $P_s = M\,\omega_s = = M\,s\,\omega_d$ des Motors teilen sich im Verhältnis R_2/R_{2V} auf den Läufer und den Widerstand R_d auf. Die Wirkung der Pulsfrequenz auf den Motor ist nämlich wegen der Glättungsdrossel L vernachlässigbar. Der Effektivwert des Läuferstroms vergrößert sich aber wegen des Oberschwingungsgehalts im Strom der Drehstrombrückenschaltung um 4,5 %, so daß das Nennmoment M_N des Motors um 4,5 % herabgesetzt werden muß.

Durch die Größe des Widerstandes R_d wird die niedrigste erreichbare Kennlinie bestimmt und der mögliche Drehzahlstellbereich festgelegt, der, wie Bild 3.14b zeigt, sehr stark vom Drehmoment abhängig ist. Um einen möglichst großen Stellbereich zu erzielen, sollte R_d möglichst hochohmig sein, etwa entsprechend Kurve 4 in Bild 3.14b, bei der das Nennmoment im Stillstandspunkt liegt. Andererseits steigt aber mit R_d die Spannung, für die der Thyristorsteller bemessen werden muß. Für einen bestimmten Läuferstrom I_{21} (d. i. der Grundschwingungs-Effektivwert) beträgt mit dem Gleichstrom $I_d = 1{,}28\,I_{21}$ für die Drehstrombrückenschaltung die Spannung am Thyristorsteller $U_{dm} = 1{,}28\,I_{21}\,R_d$. Für den Strom I_{21} muß der größte betriebsmäßig auftretende Wert eingesetzt werden. Er kann, ähnlich wie beim Gleichstromnebenschlußmotor, durch eine unterlagerte Stromregelung begrenzt werden (s. Abschn. 3.432). Beim Anlauf des Motors ist die größte auftretende Spannung $U = 2{,}34\,U_{20Str}$, sofern der Thyristorsteller hierbei gesperrt bleibt.

Beispiel 3.4: Ein Dreiphasen-Asynchronmotor mit Schleifringläufer hat die Daten $P_{2N} = 56$ kW, $n_d = 1500$ min$^{-1} = \omega_d = 157{,}1$ s^{-1}, $n_N = 1458$ min$^{-1} \stackrel{\wedge}{=} \omega_N = 152{,}7$ s^{-1} (somit Nennschlupf $s_N = (\omega_d - \omega_N)/\omega_d = 0{,}028$), Läuferstillstandspannung $U_{20} = 200$ V, Kippschlupf $s_k = 0{,}14$ und Läufernennstrom $I_{2N} = 171$ A. Mit einem Thyristorsteller nach Bild 3.14a soll bei M = $= 0{,}4\ M_N$ ein Drehzahlstellbereich bis herab auf 1000 min^{-1} erreicht werden. Das größte Motormoment beträgt $M_{max} = 1{,}5\ M_N$. Zu bestimmen sind der erforderliche Widerstand R_d und die größte am Thyristorsteller auftretende Spannung.

Nach Gl. (1.46) ist $\tan\varphi_{2N} = s_N/s_k = 0{,}028/0{,}14 = 0{,}2$, also $\cos\varphi_{2N} = 0{,}98$. Daher ergibt sich nach Gl. (1.51) der Läuferwiderstand $R_2 = s_N U_{20} \cos\varphi_{2N}/(\sqrt{3}\ I_{2N}) = 0{,}028 \cdot 200$ V $\cdot$ $\cdot\ 0{,}98/(\sqrt{3} \cdot 171$ A$) = 0{,}01853\ \Omega$. Ersetzt man näherungsweise die Drehzahl-Drehmoment-Kennlinie bis zum Nennmoment durch eine Gerade, so wird für $0{,}4\ M_N$ der Schlupf $s_{0,4}$ $= 0{,}4\ s_N = 0{,}4 \cdot 0{,}028 = 0{,}0112$. Die Drehzahl n = 1000 min^{-1} entspricht dem Schlupf $s^* = (n_d - n)/n = (1500$ min$^{-1} - 1000$ min$^{-1})/1500$ min$^{-1} = 0{,}333$. Mit Gl. (2.105) gilt auch $s^* = s(R_2 + R_{2V})/R_2$, und somit erhält man den üblicherweise benötigten Läufervorwiderstand $R_{2V} = (R_2 s^*/s) - R_2 = (0{,}01853\ \Omega \cdot 0{,}333/0{,}0112) - 0{,}01853\ \Omega = 0{,}532\ \Omega$. Da aber hier der Widerstand R_d verwendet werden soll, wird $R_d = R_{2V}/0{,}548 = 0{,}532\ \Omega/0{,}548 = 0{,}972\ \Omega$.

Näherungsweise fließt bei 1,5-fachem Nennmoment im Läufer auch der 1,5-fache Nennstrom, so daß $I_{21max} = 1{,}5\ I_{2N} = 1{,}5 \cdot 171$ A $= 257$ A wird. (Wegen der Oberschwingungen im Strom der Drehstrombrückenschaltung wird mit dem Grundschwingungswert I_{21} gerechnet). Setzt man für die Drehstrombrückenschaltung $I_{dmax} = 1{,}28\ I_{21max} = 1{,}28 \cdot 257$ A $= 329$ A, so wird die größte am Thyristorsteller auftretende Spannung $U = I\ R = 329$ A $\cdot\ 0{,}972\ \Omega = 320$ V. Die Läuferstillstandspannung verursacht dagegen die Gleichspannung $U_{d0} = 2{,}34\ U_{20}/\sqrt{3} = = 2{,}34 \cdot 200$ V$/\sqrt{3} = 270$ V. Der Thyristorsteller beherrscht daher auch den Anlauf, sofern der Strom hierbei auf den 1,5-fachen Läufer-Nennstrom begrenzt wird.

Nicht berücksichtigt wird in dieser Rechnung der Spannungsabfall an den Gleichrichterventilen und der Drossel sowie der Kommutierungsspannungsabfall des Gleichrichters. Der Schlupf wird hierdurch ein wenig vergrößert, so daß der Widerstand R_d entsprechend verringert werden könnte.

3.133 Frequenzwandler im Läuferkreis (Stromrichterkaskade). Das Gesetz für die Läuferverluste $V_{Cu2} = sP_d$, das bei sämtlichen bisher besprochenen Schaltungen wirksam ist, läßt sich nur dann umgehen, wenn die Schlupfleistung nicht in Wärme umgesetzt, sondern wieder in das Netz zurückgespeist wird. Dazu ist ein F r e - q u e n z w a n d l e r erforderlich.

Stromrichter, die mit Thyristoren bestückt werden, ermöglichen günstige Lösungen. Von den vielen möglichen Ausführungen soll hier nur die Grundschaltung nach Bild 3.15 besprochen werden. Dort wird der Stromrichter SR I von der Läuferspannung gespeist. Er arbeitet voll im G l e i c h r i c h t e r b e t r i e b (Zündwinkel $\alpha = 0$), sofern der Motor motorisch im untersynchronen Bereich oder generatorisch im übersynchronen Bereich gefahren wird. Bei Beschränkung auf diese Möglichkeiten braucht er nicht steuerbar zu sein. Der Stromrichter SR II arbeitet in diesem Falle als n e t z g e f ü h r t e r W e c h s e l r i c h t e r, d. h., seine Steuerimpulse werden von der Netzfrequenz abgeleitet, und er bezieht seine Blindleistung aus dem Netz. (Zur Arbeitsweise von Stromrichtern s. [27].) Der Stromrichter SR II speist die Schlupfleistung in das Netz zurück. Durch Zündwinkelverstellung bei SR II können die Spannung des Gleichstromkreises sowie Läuferspannung und Schlupf verstellt werden. Beim Zündwinkel $\alpha = 90°$ (Gleichspannung 0) wird die Nenndrehzahl erreicht. Soll im übersynchronen Bereich motorisch oder im untersynchronen Bereich generatorisch gefahren werden, so muß der Stromrichter SR I als Wechselrichter arbeiten (Zündwinkel α möglichst nahe 180°) und Leistung in den Läuferkreis einspeisen. Seine Zündimpulse müssen aus der Läuferspannung abgeleitet werden, und sein Blindleistungsbedarf wird aus dem Läufer gedeckt. Dadurch verringert sich die Motorleistung geringfügig. Der Stromrichter SR II arbeitet nun als Gleichrichter ($0 < \alpha < 90°$). Die Drehzahl wird auch jetzt durch den Stromrichter SR II eingestellt. Die Stromrichtung im Gleichstromkreis bleibt erhalten, Spannungsrichtung und somit die Richtung der Leistungsübertragung kehren sich um.

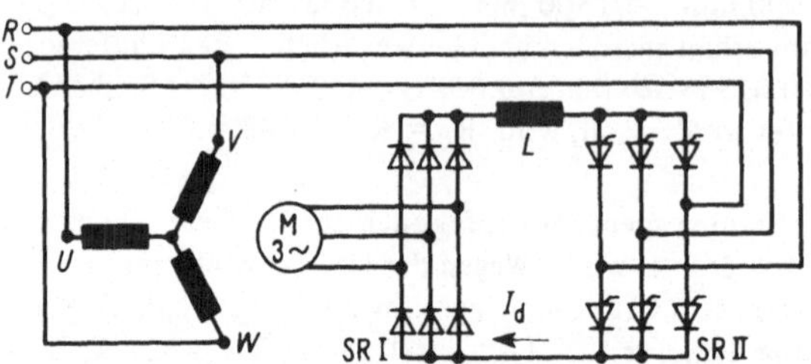

Bild **3.15**
Untersynchrone Stromrichterkaskade mit Gleichstrom-Zwischenkreis (Für übersynchronen Betrieb muß auch SR I steuerbar sein.)

Bei Auslegung der Stromrichter für Läufer-Nennspannung, die bei Betrieb ohne Transformator etwa der Netzspannung entsprechen muß, kann ein Drehzahlbereich vom Stillstand bis zur doppelten synchronen Drehzahl überstrichen werden. In der Nähe der synchronen Drehzahl ist allerdings die Kommutierung (Stromübergang von einem Ventil auf das nächste) beim Stromrichter SR I problematisch, weil Läuferfrequenz und -spannung nahezu Null sind. Außerdem müssen die Ventile strommäßig überdimensioniert werden, wenn bei kleinen Frequenzen die Ventil-Stromflußzeiten in die Nähe ihrer Erwärmungszeitkonstanten kommen. Wird der Antrieb nur für einen kleineren Drehzahlbereich ausgelegt, so kann auch die Leistung der Stromrichter verringert werden. Dann muß zum Anfahren jedoch auf Schlupfwiderstände umgeschaltet werden.

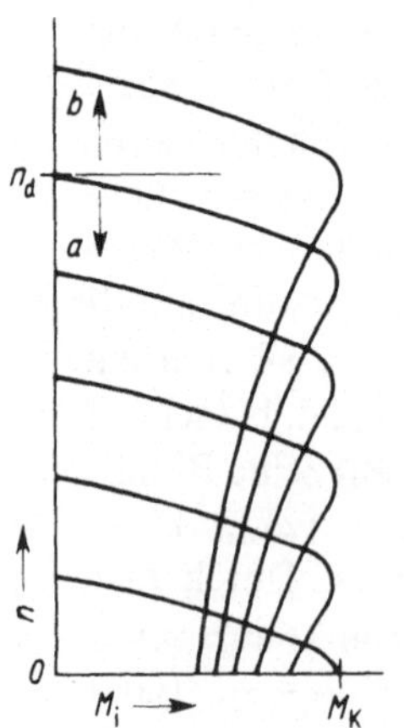

Die Stromrichterkaskade hat den Nachteil, daß bei Nennbetrieb des Motors ($\alpha_{II} \approx 90°$) die volle Leistung des Stromrichters II als Blindleistung auftritt. Deshalb sollte der Drehzahlstellbereich nicht größer als notwendig gewählt werden. Für Nennbetrieb kann auch durch einen Kurzschließer am Läufer der Stromrichter außer Betrieb gesetzt werden. Die Drehmoment-Drehzahl-Kennlinien des Motors werden durch die Stromrichterkaskade um einen

Bild 3.16
Drehzahl-Drehmoment-Kennlinien eines Drehstrom-Asynchronmotors mit Stromrichterkaskade und bei Ständerfrequenzänderung mit konstantem Fluß. Untersynchroner Betrieb (a) und übersynchroner Betrieb (b)

einstellbaren Betrag parallel verschoben (Bild 3.16). Wegen des Ventilspannungsabfalls des Stromrichters SR I wird der Nennschlupf etwas erhöht. Die Neigung der einzelnen Kennlinien vergrößert sich sogar durch den Einfluß der Innenwiderstände beider Stromrichter. Das Klippmoment bleibt jedoch in jeder Einstellung erhalten. Wenn der Motor vorübergehend überlastet werden soll, was wegen des fehlenden Kollektors ja ohne weiteres möglich ist, so müssen die Ventile wegen ihrer kleineren Erwärmungs-Zeitkonstante überdimensioniert werden.

Beispiel 3.5: Mit einer untersynchronen Stromrichterkaskade soll die Drehzahl eines Asynchronmotors für P_{2N} = 560 kW, 380 V $\triangle$, 50 Hz auch im Leerlauf bis auf 80 % der Nenndrehzahl herabgesetzt werden. Die verkettete Läuferspannung bei offenen Schleifringen ist U_{20} = 500 V, die Drehfelddrehzahl n_d = 1500 min^{-1}, die Nenndrehzahl n_N = 1480 min^{-1} $\cong$ ω_N = 155 s^{-1}, der Kippschlupf s_K = 0,16. Der Stromrichter soll sowohl auf der Gleichrichter- als auch auf der Wechselrichterseite in Drehstrombrückenschaltung ausgeführt und mit Siliziumgleichrichtern und Thyristoren bestückt werden. Die wichtigsten Daten der Schaltung sind zu bestimmen.

Das Nennmoment beträgt M_N = P_{2N}/ω_N = 560 kW/155 s^{-1} = 3 610 Ws = 3 610 Nm = 368 kpm. Aus der Nenndrehzahl ergibt sich der Nennschlupf s_N = $(n_d - n_N)/n_d$ = (1500 min^{-1} − 1480 min^{-1})/1500 min^{-1} = 0,01333. Die kleinste Drehzahl ist n_{min} = 0,8 n_N = 1184 min^{-1}. Das entspricht dem größten Schlupf s_{max} = $(n_d - n_{min})/n_d$ = (1500 min^{-1} − 1184 min^{-1})/1500 min^{-1} = 0,2105. Hierzu gehört die Läuferstrang-Quellenspannung U_{2Str} = $U_{20}s_{max}/\sqrt{3}$ = 500 V · 0,2105$/\sqrt{3}$ = 60,8 V. Der Läufernennstrom läßt sich näherungsweise bestimmen aus $M_N \omega$ $\approx$ $M_{iN} \omega_d$ = 3$I_{2N}U_{20Str}$ cosφ_{2N}. Für Nennbetrieb gilt nach Gl. (1.46) tan φ_{2N} = s_N/s_K = 0,01333 /0,16 = 0,0834. Somit ist cos φ_{2N} = 0,996. Daher beträgt der Läufernennstrom

$$I_{2N} = \frac{M_N \omega_d}{3U_{20Str} \cos \varphi_{2N}} = \frac{3610 \text{ Nm} \cdot 157 \text{ s}^{-1}}{3 \cdot (500/\sqrt{3})\text{V} \cdot 0,996} = 656 \text{ A}$$

Der Stromrichter ist daher für einen Strangstrom mit den Grundschwingungs-Effektivwert I_{21} = 656 A auszulegen. Bei der Strangspannung U_{2Str} = 60,8 V und D r e h s t r o m b r ü c k e ns c h a l t u n g wird nach [27] die ideelle Gleichspannung U_{di} = 2,34 · 60,8 V = 142,3 V und die Gleichspannung nach Abzug des Ventilspannungsabfalls (2 mal 1,2 V für Siliziumventile) im Leerlauf etwa U_d = 140 V. Aus der Gleichheit von ideeller Gleichstromleistung und Wechselstromleistung der Grundschwingung $I_d U_{di}$ = 3 I_{21} U_{2Str} läßt sich der Gleichstrom des Stromrichters I_d = 3 I_{21} U_{2Str}/U_{di} = 3 · 656 A · 60,8 V/142,3 V = 841 A bestimmen. Im Leerlauf tritt die größte Gleichspannung auf und somit der größte Steuerwinkel des Wechselrichters α_{max}. Wird α_{max} = 160° angenommen, so ist die Strangspannung des Wechselrichters

$$U_{Str} = \frac{-U_d + 2U_v}{2,34 \cos \alpha_{max}} = \frac{-140 \text{ V} + 2,4 \text{ V}}{2,34 \cdot \cos 160°} = 62,5 \text{ V}$$

(Kommutierungsspannungsabfall und Wirkspannungsabfall sind im Leerlauf Null.) Zur Rückspeisung in das Drehstromnetz muß bei der Strangspannung 220 V daher ein Transformator mit dem Leerlauf-Spannungsübersetzungsverhältnis 62,5 V/220 V vorgesehen werden. Sein sekundärer Nennstrom muß gleich dem Läufernennstrom des Motors I_{2N} = 656 A sein. Es wurde in der Rechnung bisher aber noch nicht berücksichtigt, daß die Motorleistung wegen der Stromoberschwingungen herabgesetzt werden muß. Der wechselstromseitige Effektivwert bei Drehstrombrückenschaltung beträgt I = $I_d\sqrt{2}/\sqrt{3}$ = 841 A $\sqrt{2}/\sqrt{3}$ = 686 A.

Das sind etwa 4,5 % mehr als der Grundschwingungsstrom bei Nennmoment. Bei Dauerbetrieb mit der Stromrichterkaskade muß daher das Nennmoment um 4,5 % verkleinert werden. Netzspannungsschwankungen brauchen dagegen nicht berücksichtigt zu werden, da Gleichrichter- und und Wechselrichterspannungen den gleichen relativen Schwankungen unterliegen.

3.14 Frequenzänderung

3.141 Motorverhalten. Nach Band II/1, Abschn. Spannungs- und Frequenzänderung gilt bei g l e i c h b l e i b e n d e r L ä u f e r f r e q u e n z $f_2 = sf_1$, also auch gleichbleibender Schlupfdrehzahl $n_s = sn_d = n_d - n$ bei Änderungen mit den durch * gekennzeichneten neuen Größen für

Ständerstrom
$$\frac{I_1^*}{I_1} = \frac{\Phi^*}{\Phi} = \frac{U_1^* f_1}{U_1 f_1^*} \qquad (3.5)$$

Drehmoment
$$\frac{M^*}{M} = \left(\frac{\Phi^*}{\Phi}\right)^2 = \left(\frac{U_1^* f_1}{U_1 f_1^*}\right)^2 \qquad (3.6)$$

Schlupf
$$s^*/s = f_1/f_1^* \qquad (3.7)$$

Drehzahl
$$\frac{n^*}{n} = \frac{n_d^*(1 - s^*)}{n_d(1 - s)} = \frac{1 - sf_1/f_1^*}{1 - s} \cdot \frac{f_1^*}{f_1} \qquad (3.8)$$

Die Ständerkupferverluste und die Kupfererwärmung werden durch den Strom I_1 bestimmt, die Eisenausnutzung durch den Fluß Φ. Werden diese Größen bei Frequenzänderung konstant gehalten, so bleibt auch das Drehmoment M konstant. Bei konstantem Fluß ist außerdem das Kippmoment M_K konstant und das Überlastungsverhältnis M_K/M_N. Dies ist nur dann zulässig, wenn für entsprechende Belüftung gesorgt wird. Bei kleinen Drehzahlen ist daher Fremdbelüftung vorzusehen. Nach Gl. (3.5) und (3.6) muß dabei $U_1^* / f_1^* = $ const eingehalten werden. Die Ständerspannung U (genau genommen die Hauptblindspannung U_h) muß also proportional mit der Ständerfrequenz f_1 verstellt werden. Der Schlupf s ändert sich dann nach Gl. (3.7) bei gleichbleibender Schlupffrequenz f_2 umgekehrt proportional zur Ständerfrequenz f_1. Die Drehmoment-Drehzahl-Kennlinien werden somit wieder entsprechend Bild 3.16 parallel verschoben. Bei kleinen Schlupfwerten gilt weiterhin mit $n^*/n \approx f_1^*/f_1$ in guter Näherung für die L e i s t u n g s a b g a b e

$$\frac{P_{2N}^*}{P_{2N}} = \left(\frac{U_1^*}{U_1}\right)^2 \frac{f_1}{f_1^*} \qquad (3.9)$$

bei frequenzproportionaler Spannung also $P_{2N}^*/P_{2N} = f_1^*/f_1$. Kann von einer bestimmten Frequenz an die Spannung nicht mehr erhöht werden (z. B. bei Stromrichterspeisung, da Stromrichter für eine bestimmte Grenzspannung bemessen werden), so wird der Motor im F e l d g e s c h w ä c h t. Nach Gl. (3.6) sinkt dann das Drehmoment bei konstant bleibender Spannung U_1 und gleichbleibender Schlupffrequenz f_2 quadratisch mit steigender Frequenz f_1. Ebenso sinkt das Kippmoment M_K. Bei ausreichendem Überlastungsverhältnis M_K/M_N braucht das Drehmoment M dann zunächst nur umgekehrt proportional zur Ständerfrequenz f_1 verkleinert zu werden ($M_N^* = 1/f_1^*$; $P_{2N}^* = $ const), wobei die

Schlupffrequenz sich erhöht. Bei höheren Frequenzen, wenn sich das quadratisch sinkende Kippmoment dem Lastmoment nähert, muß letzteres ebenfalls quadratisch mit steigender Frequenz verringert werden.

Beispiel 3.6: Ein Drehstrom-Asynchronmotor mit Käfigläufer für $U = 380$ V, $P_{2N} = 120$ kW, $n_N = 1470$ min^{-1} bei $f_1 = 50$ Hz hat den Kippschlupf $s_K = 0,15$. Durch Speisung mit veränderbarer Frequenz soll a) im Bereich von 0 min^{-1} bis 1800 min^{-1} die Drehzahl bei konstantem Fluß (näherungsweise bei frequenzproportionaler Ständerspannung U_1) und b) darüber bis 2200 min^{-1} bei konstanter Ständerspannung verstellt werden. Zu bestimmen sind Spannungen, Frequenzen und bei b) das zulässige Drehmoment.

Zu a): Die Schlupfdrehzahl ist $n_s = n_d - n_N = 1500$ min^{-1} $- 1470$ min^{-1} $= 30$ min^{-1}, der Nennschlupf $s_N = n_s/n_d = 30$ min$^{-1}/1500$ min^{-1} $= 0,02$. Zur Drehzahl $n* = 1800$ min^{-1} gehört daher die Drehfelddrehzahl $n_d^* = 1830$ min^{-1}. Die zugehörige Frequenz ist $f_1^* = f_1 n_d^*/n_d = 50$ Hz $\cdot 1830$ min$^{-1}/1500$ min^{-1} $= 61$ Hz und nach Gl. (3.5) die zugehörige Spannung $U^* = U f_1^*/f_1 = 380$ V $\cdot 61$ Hz$/50$ Hz $= 463$ V. Für diese Spannung ist der Frequenzwandler bei $f_1^* = 61$ Hz auszulegen.

Zu b): Im höheren Drehzahlbereich bleibt die Spannung $U_1 = 463$ V = const. Aus Sicherheitsgründen soll das Überlastungsverhältnis $M_K/M_N = 2$ sein. Nach Gl. (1.47) darf man bei Nennfrequenz mit $M_K^*/M_N^* = (s_N/s_K + s_K/s_N)/2 = (0,02/0,15 + 0,15/0,02)/2 = 3,82$ rechnen. Wenn das Lastmoment mit $M^*/M_N = f_1/f_1^*$ jetzt umgekehrt proportional zur Frequenz herabgesetzt und entsprechend Gl. (3.6) die Verringerung des Kippmoments auf $M_K^*/M_K = (f_1/f_1^*)^2$ berücksichtigt wird, so findet man nach Division dieser Gleichungen

$$\frac{M_K M^*}{M_N M_K^*} = \frac{f_1^*}{f_1} = \frac{3,82}{2} = 1,91$$

Es dürfen also Frequenz und Drehfelddrehzahl bis auf das $1,91$fache erhöht werden, bis dieser Grenzwert erreicht wird. Daher darf auch von 1800 min^{-1} bis 2200 min^{-1} mit konstanter Leistung gefahren werden. In diesem Bereich steigt die Schlupfdrehzahl n_s näherungsweise proportional mit der Drehzahl. Daher ist $n_s^* = n_s n^*/n = 30$ min^{-1} $\cdot 2200$ min$^{-1}/1800$ min^{-1} $= 36,7$ min^{-1}. Somit wird die Drehfelddrehzahl $n_d^* = 2237$ min^{-1} und die Ständerfrequenz $f_1^* = f_1 n_d^*/n_d = 61$ Hz $\cdot 2237$ min$^{-1}/1830$ min^{-1} $= 74,5$ Hz. Das zulässige Drehmoment ist nun $M^* = M_N f_1/f_1^* = M_N 61$ Hz$/74,5$ Hz $= 0,819$ M_N.

3.142 Frequenzumrichter. Es sind verschiedene Umrichtungsverfahren möglich. Der primärnetzgeführte Umrichter ohne Gleichstromzwischenkreis nach Bild 3.17 bezieht seinen Blindleistungsbedarf aus dem Primärnetz. Auch die Lage der Steuerimpulse wird durch das Primärnetz bestimmt.

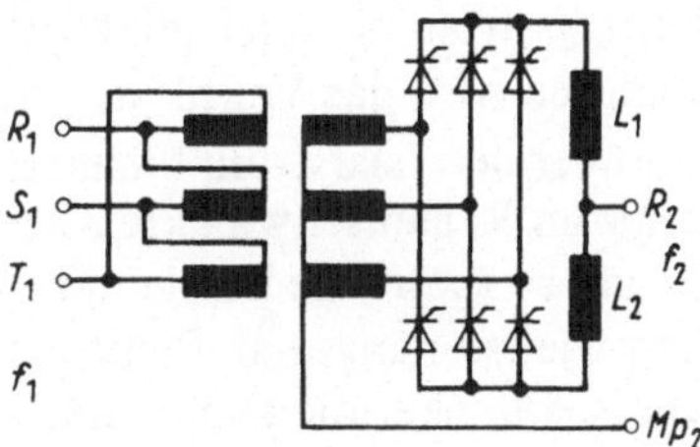

Bild **3.17**
Primärnetzgeführter Frequenzumrichter ohne Gleichstrom-Zwischenkreis für eine Phase des Sekundärnetzes

Er enthält für jeden Motorstrang zwei steuerbare Stromrichter, die z. B. antiparallel geschaltet werden können. Ein Stromrichter arbeitet immer im Gleichrichter-, der andere im Wechselrichterbetrieb, wobei ihre Spannungen gleich sein müssen. Daher werden die Zündwinkel α gegenläufig verstellt. Durch schnelles Umsteuern kann auf der „Gleichstromseite" auch eine Wechselspannung erzeugt werden. Die Frequenz ist hier allerdings auf etwa die halbe Speisefrequenz begrenzt. Es lassen sich deshalb Frequenzen zwischen 0 und 25 Hz erzielen, wobei der Antrieb mit stetigem Durchfahren der Drehzahl Null reversiert werden kann. Er kann auch bei allen Drehzahlen motorisch und generatorisch arbeiten. Die Ventile der Stromrichter arbeiten mit n a t ü r l i c h e r   K o m m u t i e r u n g [27] durch die speisende Wechselspannung. Die Steuerung bereitet deshalb keine besonderen Schwierigkeiten und kann mit primärnetzabhängigen Steuergeräten aufgebaut werden.

Eine Frequenzverstellung über einen größeren Bereich läßt sich mit Umrichtern erreichen, die einen G l e i c h s t r o m - Z w i s c h e n k r e i s haben. Da der Asynchronmotor nicht die Kommutierungsblindleistung für den Stromrichter liefern kann, sondern sogar selbst Blindleistung aufnimmt, müssen die Ventile des sekundären Stromrichters z w a n g s k o m m u t i e r t werden. Eine der möglichen Grundschaltungen für einen s e l b s t g e f ü h r t e n   W e c h s e l r i c h t e r zeigt Bild 3.18. Der Übergang von dem leitenden in den sperrenden Zustand eines Ventils ist nur möglich, wenn der Strom Null wird und bis zum Ablauf der Freiwerdezeit, d. h., bis das Ventil seine Sperrfähigkeit wiedererlangt hat, Null bleibt.

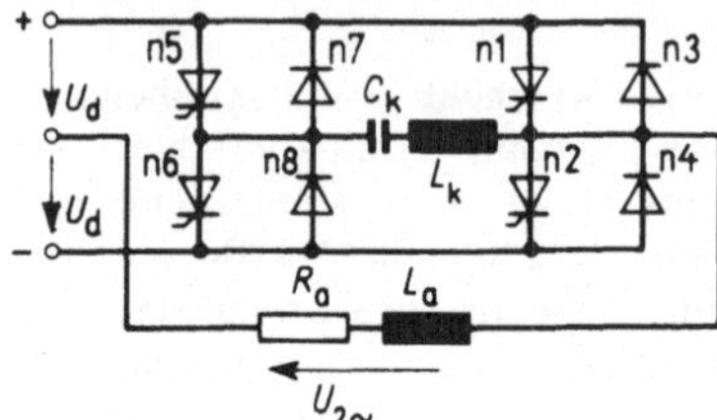

Bild **3.18**
Prinzipschaltung eines einphasigen selbstgeführten Wechselrichters. R_a, L_a Motorstranggrößen

n1 und n2 sind die eigentlichen Wechselrichterventile, denen die Dioden n3 und n4 antiparallel geschaltet sind, um Leistungsrückspeisung zu ermöglichen (der Strom ist nicht immer mit der Spannung in Phase). Führt Ventil n1   Strom, so ist die rechte Seite des Kommutierungskondensators C_k durch den vorausgegangenen Einschwingvorgang positiv geladen. Wird jetzt das Kommutierungsventil n5 gezündet, so entlädt sich C_k über die Kommutierungsdrossel L_k und n1 bzw. n3. Der Reihenschwingkreis aus L_k und C_k muß so ausgelegt sein, daß der Kommutierungsstrom i_k über eine ausreichend lange Zeit größer ist als der Laststrom. Dadurch wird das Ventil n1 stromlos. Der Anteil des Kommutierungsstromes, der über den Laststrom hinausgeht, fließt über die Diode n3. Wird anschließend der vom Reihenschwingkreis gelieferte Kommutierungsstrom kleiner als der Laststrom, so sperrt die Diode n3 wieder. Da inzwischen auch n1 seine Sperrfähigkeit wiedererlangt hat, fließt der Laststrom zunächst über den Kommutierungskreis und später über die Diode n4, wodurch die Spannung am Verbraucher umgepolt wird. Mit dem bei induktiver Last später folgenden Nulldurchgang des Laststroms muß dann das Ventil n2 gezündet werden. Durch das Umpolen der Lastspannung wird der Reihenschwingkreis aus L_k und C_k zusätzlich angestoßen. Beim Stromnulldurchgang in diesem Kreis, also wenn die Spannung an C_k ihren negativen Höchstwert hat, sperrt das Ventil n5, so daß der Kondensator C_k seine Ladung behält. Hiermit ist der nächste Kommutierungsvorgang vorbereitet. Er wird durch Zünden des Kommutierungsventils n6 eingeleitet und führt zur Sperrung des Wechselrichterventils n2. Die mit dieser Schaltung erzielbare größte Frequenz ist durch die Freiwerdezeit der Ventile bestimmt und liegt bei Thyristoren in der Größenordnung von einigen kHz.

In Bild 3.19 ist ein d r e i p h a s i g e r F r e q u e n z u m r i c h t e r mit selbstgeführtem Wechselrichter zur Speisung eines Asynchronmotors dargestellt. Die Einrichtungen zur Kommutierung der Ventile sind dort weggelassen. Die Spannung des Gleichstrom-Zwischenkreises wird durch die antiparallelen Stromrichter SR I und SR II bestimmt. SR I arbeitet im Gleichrichterbetrieb und benötigt nur dann steuerbare Ventile, wenn die Spannung des Gleichstrom-Zwischenkreises verstellt werden soll. Mit Dioden ist allerdings keine kreisstromfreie Schaltung möglich (s. Abschn. 3.214). SR II ist nur dann erforderlich, wenn der Asynchronmotor auch generatorisch arbeiten soll (Bremsbetrieb), also Leistung ins Netz zurückgeliefert werden muß. Kurze Energierücklieferungen, die durch die Phasenverschiebung zwischen Strom und Spannung entstehen, nimmt der Kondensator C_1 auf. Der Stromrichter SR II arbeitet ständig im Wechselrichterbetrieb und wird bei kreisstrombehafteten Schaltungen häufig auch mit einer größeren Wechselspannung als SR I betrieben. Dadurch läßt sich der Kreisstrom zwischen beiden Stromrichtern gering halten. Bei diesem Verfahren kann der Motor bei allen Drehzahlen bis zur mechanisch zulässigen Höchstdrehzahl motorisch und generatorisch betrieben und auch stetig reversiert werden. Der Wirkungsgrad liegt nur wenig unter dem eines Gleichstrommotors mit Stromrichterspeisung. Die Motorspannung muß allerdings an die jeweilige Frequenz angepaßt werden, z. B. durch Verstellen der Spannung des Gleichstrom-Zwischenkreises. Dabei verschlechtert sich jedoch der Leistungsfaktor entsprechend des für Stromrichter geltenden Gesetzes $\cos\varphi = \cos\alpha$ (s. Abschn. 3.13). Außerdem ist bei kleineren Spannungen die Löschung der Ven-

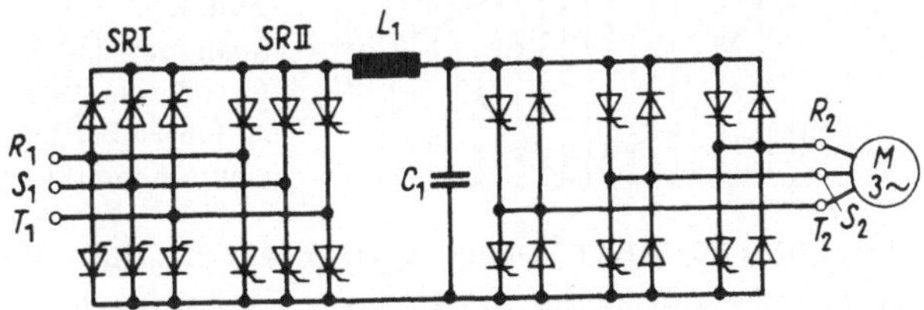

Bild 3.19 Dreiphasiger Frequenzumrichter zur Speisung eines Asynchronmotors ohne Darstellung der Kommutierungseinrichtung. Speisung durch Stromrichter in kreisstromfreier Antiparallelschaltung.
SR I Gleichrichter, SR II netzgeführter Wechselrichter, rechts selbstgeführter Wechselrichter.

tile durch den Reihenschwingkreis aus L_k und C_k nach Bild 3.13 nicht mehr gewährleistet, so daß ein anderes Kommutierungsverfahren gewählt werden muß.

Diese Nachteile entfallen, wenn die Spannung durch den zwangskommutierten Stromrichter selbst verstellt wird. Bei Reihenschaltung von zwei Wechselrichtern kann die Breite der resultierenden Spannungsblöcke dadurch verändert werden, daß die beiden Einheiten nach Bild 3.20 phasenverschoben um den Winkel φ gesteuert werden. Grundsätzlich ist dies schon für die verkettete Spannung einer sechspulsigen Schaltung möglich. Hierbei beeinflussen aber der Leistungsfaktor des Motors und u. U. auch das gewählte Kommutierungsverfahren den Spannungsverlauf [27]. Bei der Spannungssteuerung nach Bild 3.20 steigt mit der Verringerung der Spannung der Oberschwingungsgehalt beträchtlich, so daß zusätzliche Motorverluste auftreten.

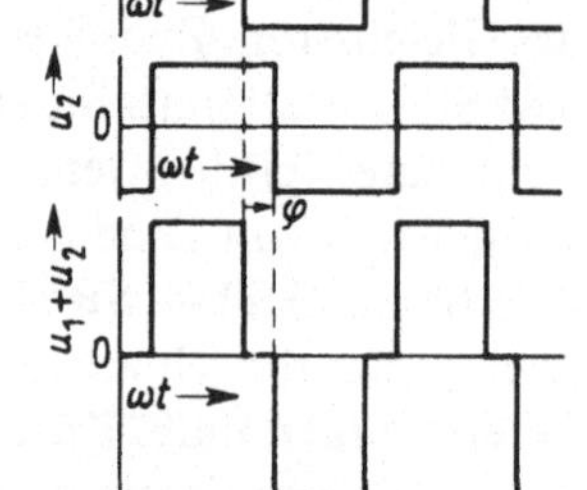

Bild 3.20
Spannungssteuerung durch Phasenverschiebung von zwei in Reihe
liegenden Teilspannungen u_1 und u_2.

Dieser Nachteil wird bei dem P u l s v e r f a h r e n vermieden. Dabei wird der Wechselrichter mit einer wesentlich höheren Frequenz betrieben. Ähnlich der Pulsbreitenmodulation in der Nachrichtentechnik wird nach Bild 3.21 das Tast-

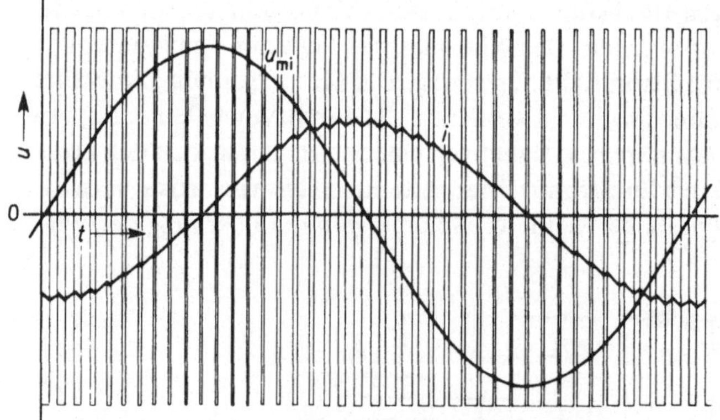

Bild 3.21
Spannung und Strom eines
Umrichters nach dem Puls-
verfahren bei gemischt
ohmsch-induktiver Last

verhältnis zwischen positiver und negativer Spannung so verändert, daß sich als Mittelwert u_{mi} eine bessere Anpassung an die Sinusform ergibt. Dadurch lassen sich Oberschwingungen kleinerer Frequenz ausschalten. Die Änderung der Motorspannung mit der Frequenz läßt sich ebenfalls durch Änderung des Tastverhältnisses erreichen, so daß die Spannung des Gleichstromzwischenkreises nicht mehr verändert werden muß. Das Netz wird nur noch mit der geringen Kommutierungsblindleistung der Stromrichter SR I und SR II belastet. Der Aufwand für die Steuerung eines Frequenzumrichters und für die Regelung des Asynchronmotors (s. Abschn. 3.435) ist beträchtlich und läßt sich nur mit der integrierten Schaltungstechnik und bei größeren Anlagen in wirtschaftlichen Grenzen halten.

3.2 Drehzahlverstellung des Gleichstrom-Nebenschlußmotors

Nach Abschn. 1.331 und Gl. (1.61) kann die relative Drehzahl $n_r = n/n_d = (U_r - M_r R_r/\Phi_r)/\Phi_r$ des Gleichstrommotors über die Ankerspannung U_A, den Ankerkreiswiderstand R_A und den Erregerfluß Φ leicht und in einem weiten Bereich verlustarm verstellt werden. Deshalb werden für stetige Drehzahlsteuerungen und geregelte Antriebe bevorzugt Gleichstrommotoren eingesetzt. Hier sollen die verschiedenen Möglichkeiten der Anker- und Feldverstellung betrachtet werden.

3.21 Ankerverstellung

Bild 1.27 zeigt die idealisierten Kennlinien (Ankerrückwirkung und Leerlaufverluste vernachlässigt) des Gleichstrom-Nebenschlußmotors. Da die Stromkennlinie $I_{Ar} = f(M_r)$ durch die Ankerverstellung nicht beeinflußt wird, können unverändert Nennstrom I_{AN} und Nennmoment M_N zugelassen werden. Dies gilt bei Fremdbelüftung im gesamten Drehzahlbereich.Bei Eigenbelüftung ist die Verminderung der Kühlleistung bei kleineren Drehzahlen nach Abschn. 4.2 zu berücksichtigen. Bei unveränderten Kühlungsverhältnissen ändert sich somit die abgebbare Nennleistung P_{2N}^* bei konstantem Nennmoment M_N proportional mit der eingestellten Drehzahl n^*. Der Wirkungsgrad η wird mit kleinerer Drehzahl schlechter, da Ankerkupferverluste und Erregerverluste konstant bleiben, die Leistungsabgabe aber sinkt.

3.211 Verstellung mit Widerständen. Nach Bild 1.27a bewirken zusätzliche Widerstände R_V im Ankerkreis (also die Vergrößerung des relativen Widerstandes R_r), daß bei unveränderter ideeller Leerlaufdrehzahl n_d die Drehzahlkennlinie eine stärkere Lastabhängigkeit bekommt. Für den Wirkungsgrad gilt allgemein $\eta < 1 - I_A(R_A + R_V)/U$ und in diesem Falle $\eta < \omega_r = n_r$. Er ist bei kleineren Drehzahlen besonders schlecht, so daß diese Drehzahlverstellung nur bei kleinen Leistungen oder zum Anfahren sinnvoll ist.

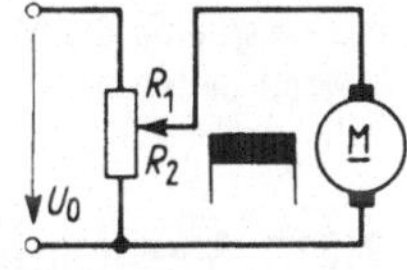

Bild 3.22
Herabsetzung der Ankerspannung durch einen Spannungsteiler

Betreibt man den Motor nach Bild 3.22 an einem Spannungsteiler, so wird der Wirkungsgrad noch schlechter. Da aber Netz und Spannungsteiler durch eine Ersatzspannungsquelle mit Innenwiderstand (s. Band I, Abschn. Zusammengesetzte Schaltungen) ersetzt werden können, wird die Lastabhängigkeit der Drehzahl geringer.

Beispiel 3.7: Ein durch Dauermagnete erregter Gleichstrom-Getriebemotor zum Antrieb eines Feldstellers hat die Nennspannung $U_N = 220$ V, die Nennleistungsaufnahme $P_{1N} = 200$ W, den Ankerkreiswiderstand $R_A = 35\ \Omega$, die Nenndrehzahl $n_{1N} = 2000$ min^{-1} und die Getriebeübersetzung $\ddot{u} = n_2/n_1 = 1/100$. Die Abtriebsdrehzahl n_2 soll a) durch einen Vorwiderstand und b) durch einen Spannungsteiler auf 12 min^{-1} bei $U = 220$ V herabgesetzt werden. Bei b) soll die Drehzahl bei 1,5fachem Nennmoment nur um 15 % sinken. Der nahezu drehzahlunabhängige Ankerstrom $I_A = 0,4$ A wurde bei Kupplung mit dem Feldsteller gemessen. Zu bestimmen sind die erforderlichen Widerstände und der Wirkungsgrad.

Zu a): Bei Nenndrehzahl $n_N = 2000$ min^{-1} beträgt die Quellenspannung $U_{qN} = U - I_A R_A = U - (R_A P_1/U) = 220$ V $- (35\ \Omega \cdot 200$ W$/220$ V$) = 188,2$ V. Bei der Abtriebsdrehzahl $n_2 = 12$ min^{-1} ist die Motordrehzahl $n_1 = n_2/\ddot{u} = 12$ min$^{-1}/(1/100) = 1200$ min^{-1}, die Quellenspannung $U_q = U_{qN} n_1/n_N = 188,2$ V $\cdot 1200$ min$^{-1}/2000$ min$^{-1} = 113$ V. Die Differenz $U - U_q = 220$ V $- 113$ V $= 107$ V liegt am Ankerkreiswiderstand. Daher ist $R_A + R_V = (U - U_q)/I_A = 107$ V$/0,4$ A $= 267\ \Omega$. Davon entfallen auf den Vorwiderstand $R_V = 267\ \Omega - 35\ \Omega = 232\ \Omega$.

Bei 1,5fachem Nennmoment (ohne Berücksichtigung der mechanischen Verluste bedeutet dies die Erhöhung des Stromes von $I_A = 0,4$ A auf $I_A = 0,6$ A) wird die Quellenspannung $U_q = U - I_A R = 220$ V $- 0,6$ A $\cdot 267\ \Omega = 60$ V. Somit sinkt die Drehzahl auf $n_1 = n_{1N} U_q/U_{qN} = 2000$ min$^{-1} \cdot 60$ V$/188,2$ V $= 638$ min^{-1}. Das ist eine Absenkung um 47 % gegenüber $n_1 = 1200$ min^{-1}.

Zu b): Hier muß wie bei a) die Quellenspannung $U_q = 113$ V betragen. Sie darf bei 1,5fachem Nennmoment (also $I_A = 0,6$ A) um 15 %, also auf $U_q = 0,85 \cdot 113$ V $= 96$ V absinken. Der gesamte Widerstand darf daher $R_A + R_i = \Delta U_q/\Delta I_A = (113$ V $- 96$ V$)/(0,6$ A $- 0,4$ A$) = 85\ \Omega$ betragen. Nach Abzug des Ankerwiderstandes $R_A = 35\ \Omega$ verbleiben für den Innenwiderstand des Spannungsteilers $R_i = 50\ \Omega$. Die einzustellende Leerlaufspannung des Spannungsteilers beträgt $U_0 = U_q + I_A(R_A + R_i) = 113$ V $+ 0,4$ A $\cdot 85\ \Omega = 147$ V. Mit den Teilwiderständen des Spannungsteilers R_1 und R_2 nach Bild 3.22 wird seine Leerlaufspannung $U_0 = 220$ V $\cdot R_2/(R_1 + R_2) = 147$ V und sein Innenwiderstand $R_i = R_1 R_2/(R_1 + R_2) = 50\ \Omega$. Aus diesen beiden Gleichungen für die beiden Unbekannten R_1 und R_2 ergeben sich die Widerstände $R_1 = 75\ \Omega$ und $R_2 = 152\ \Omega$.

Bei a) beträgt die aufzuwendende Leistung $P = UI_A = 220$ V $\cdot 0,4$ A $= 88$ W und der Wirkungsgrad $\eta = U_q/U = 113$ V$/220$ V $= 0,514$ (ohne mech. Verluste). Mit dem Querstrom des Spannungsteilers $I_Q = U/(R_1 + R_2) = 220$ V$/(75\ \Omega + 152\ \Omega) = 0,97$ A und dem über R_1 fließenden Teil des Motorstroms $I_{1'} = I_M R_2/(R_1 + R_2) = 0,4$ A $\cdot 152\ \Omega/(75\ \Omega + 152\ \Omega) = 0,268$ A fließt bei b) der Gesamtstrom $I_{ges} = I_Q + I_{m1} = 0,97$ A $+ 0,268$ A $= 1,238$ A.

Die zugeführte Leistung beträgt somit $P = UI_{ges} = 220$ V $\cdot 1,238$ A $= 272$ W und der Wirkungsgrad $\eta = U_q I_M/(U I_{ges}) = 113$ V $\cdot 0,4$ A$/(220$ V $\cdot 1,238$ A$) = 0,166$. Das starrere Drehzahlverhalten wird also mit stark erhöhten Verlusten bezahlt. Bei einem nur selten betätigten Stellmotor spielen die Verluste aber kaum eine Rolle, während das starrere Verhalten meist einen Vorteil bedeutet, da die Reibungsverhältnisse sich im Laufe der Zeit ändern können.

3.212 Verstellung durch Generatoren. Die Spannung des Leonardgenerators nach Bild 3.23 kann über den Erregerstrom I_{EG} verändert werden, z. B. durch den F e l d s t e l l e r R_{VE}, der oft durch Servomotoren betätigt wird. Die Feldsteller werden dann als Stufenschaltwiderstände (bis zu 300 Stufen) so hergestellt, daß sich eine annähernd lineare Drehwinkel-Generatorspannungs-Kennlinie ergibt. Mit U m s c h a l t - F e l d s t e l l e r n kann auch die Polarität und somit die Drehrichtung des Motors geändert werden. Heute benutzen geregelte Ausfüh-

rungen S t r o m r i c h t e r zur Erregung des Generators (s. Abschn. 3.4). Mit
Umkehrstromrichtern in K r e u z s c h a l t u n g oder A n t i p a r a l l e l-
s c h a l t u n g (s. [27] und Abschn. 3.214) ist auch eine stetige Umkehr der
Spannungs- und Drehrichtung möglich.

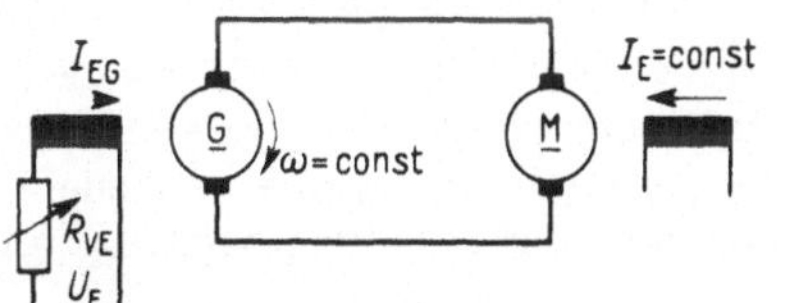

Bild 3.23
Leonardsatz.
R_{VE} Feldsteller, U_E Erregerspannung

Bei Erregung in nur einer Richtung wirkt sich häufig die Remanenz des Generators
ungünstig aus. Der Antrieb kann dadurch eine bestimmte Mindestdrehzahl nicht
unterschreiten. Durch eine G e g e n e r r e g u n g, die u. a. auf eine getrennte
Hilfswicklung des Generators geschaltet werden kann, wird dieser Nachteil vermieden. Soll lediglich eine Stillstandsbremsung des Motors vorgenommen werden,
so kann auch die Ankerspannung des Generators in Gegenrichtung auf das Feld
geschaltet werden (Selbstmordschaltung, s. Band II/1). Die Drehzahlkennlinien
des Leonardsatzes haben eine stärkere Lastabhängigkeit als die des Motors allein,
da außer dem Ankerwiderstand des Motors noch der des Generators wirksam wird.

Beispiel 3.8: Durch einen 50stufigen Feldsteller soll die Spannung eines Generators um 2 % je
Stufe verstellt werden. Die ersten 6 Widerstandsstufen sollen für die Speisespannung U = 220 V
ausgelegt werden. Der Wicklungswiderstand (warm) beträgt R_E = 32 Ω.

In Tafel **3.24** sind die aus der Erregerkennlinie entnommenen Quellenspannungen U_q =
U_{qN} − 0,02nU_{qN} und die zugehörigen Erregerströme I_E aufgeführt. Aus der Netzspannung U
und diesen Strömen I_E ergeben sich die erforderlichen Gesamtwiderstände R_g = U/I_E sowie
nach Abzug des Erregerwicklungswiderstandes R_E die erforderlichen Vorwiderstände R_{VE} =
R_g − R_E. Dann sind die Teilwiderstände, die zwischen den Schaltstufen angeordnet werden
müssen, R_T = $R_{VE(n)}$ − $R_{VE(n-1)}$; sie sind in Tafel 3.24 berechnet.

T a f e l **3.24** Berechnung der Teilwiderstände R_T (Beisp. 3.8)

U_q in V	240	235,6	230,4	225,6	220,8	216
I_E in A	6,70	6,17	5,75	5,39	5,07	4,80
R_g in Ω	32,8	35,6	38,3	40,9	43,3	45,8
R_{VE} in Ω	0,8	3,6	6,3	8,9	11,4	13,8
R_T in Ω	0,8	2,8	2,7	2,6	2,5	2,4

Beispiel 3.9: Aus zwei gleichen Gleichstrom-Nebenschlußmaschinen mit der Quellenspannung
U_q = 460 V bei dem Nennerregerstrom I_{EN} = 2,2 A und der Nenndrehzahl n_N = 1460 min[-1]
soll ein Leonardsatz aufgebaut werden. Der Anker-Nennstrom beträgt I_{AN} = 80 A, der Ankerwiderstand (einschl. Wendepole) R_A = 0,21 Ω und der Feldwiderstand R_E = 96 Ω bei warmer
Maschine. Zu bestimmen sind Drehzahlkennlinie des Motors und Wirkungsgrade.

Der Generator wird durch einen 4poligen Asynchronmotor mit Nenndrehzahl n_{GN} = 1460 min^{-1} angetrieben. Bei Nennerregung beider Maschinen beträgt die ideelle Leerlaufdrehzahl des Motors ebenfalls n_{Md} = 1460 min^{-1} (Bürstenspannungsfall vernachlässigt). Bei Nennmoment, also Ankernennstrom I_{AN} = 80 A, und Vernachlässigung des Leitungswiderstandes betragen die Klemmenspannung von Generator und Motor U = U_{qG} − $I_{AN}R_A$ = 460 V − 80 A · 0,21 Ω = 443,2 V und die Quellenspannung des Motors U_{qM}= U_{qG} − I_{AN} · $2R_A$ = 460 V − 80 A · 2 · 0,21 Ω = 426,4 V. Durch den Bürstenspannungsfall (4 V nach Band II/1) und die Zusatzverluste (1 % $\triangleq$ 4 V) wird die Quellenspannung des Motors jedoch auf U_{qMN} = 418 V verringert. Die Nenndrehzahl des Motors ist somit n_{MN} = $n_{GN}U_{qMN}/U_{qGN}$ = 1460 min^{-1} · 418 V/460 V = 1328 min^{-1} und die Nennwinkelgeschwindigkeit entsprechend ω_N = 139 s^{-1}.

Da Ankerrückwirkung von Motor und Generator sich etwa aufheben, ist die Drehzahlkennlinie bei Nennerregung des Generators eine Gerade zwischen ideeller Leerlaufdrehzahl n_{Md} = 1460 min^{-1} und Nenndrehzahl n_{MN} = 1328 min^{-1} bei Nennmoment.

Die innere mechanische Leistung des Motors ist P_{2iN} = $M_{iN}\omega_N$ = $U_{qMN}I_{AN}$ = 418 V · 80 A = 33,4 kW. Schätzt man Eisen- und Reibungsverluste nach Abschn. 1.331 auf 2/3 der Kupferverluste, also V_{Fe} + V_R = 0,667$I_{AN}^2 R_A$ = 0,667 · 80^2 A^2 · 0,21 $\Omega \approx$ 900 W, so wird die mechanische Leistung P_{2N} = P_{2iN} − (V_{Fe} + V_R) = 33,4 kW − 0,9 kW = 32,5 kW und das Nennmoment M_N = P_{2N}/ω_N = 32,5 kW/139 s^{-1} = 234 Nm = 23,8 kpm.

Die Leistungsaufnahme des Generators ist P_{1G} = $U_{qGN}I_N$ + V_{Fe} + V_R = 460 V · 80 A + 900 W = 37,7 kW. Für diese Leistung muß der antreibende Asynchronmotor bemessen werden. Zur Bestimmung des Wirkungsgrades muß noch die Erregerleistung V_E = 2$I_E U_E$ = 2 · 2,2 A · 220 V = 968 W (Speisung aus 220 V mit Vorwiderstand) berücksichtigt werden. Für den Leonardsatz allein wird der Wirkungsgrad η_1 = $P_{2N}/(P_{1G}$ + $V_E)$ = 32,5 kW/(37,7 kW + 0,97 kW) = 0,84. Schätzt man den Wirkungsgrad des Asynchronmotors auf η_2 = 0,92, so wird der Gesamtwirkungsgrad η_g = $\eta_1\eta_2$ = 0,84 · 0,92 = 0,772.

Die Motordrehzahl kann noch durch Änderung des Erregerstromes in engen Grenzen an die Antriebsaufgabe angepaßt werden. Dabei bleibt die zulässige Leistung P_{2N} konstant, d. h., Drehmoment und Drehzahl ändern sich gegenläufig.

3.213 Ankerverstellung mit Stromrichtern. Die Speisung von Gleichstrommotoren über Siliziumventile hat sich durchgesetzt und andere Möglichkeiten zur Drehzahlstellung weitgehend verdrängt. Auf den früher üblichen Stromrichtertransformator wird dabei aus Kostengründen oft verzichtet, insbesondere bei kleineren Leistungen. U. u. müssen dann Drosseln zur Begrenzung des Kurzschlußstroms eingeschaltet werden. Bei direkter Speisung aus dem 380 V-Drehstromnetz liefert die u n g e - s t e u e r t e Drehstrombrücke etwa 500 V Gleichspannung und bei Speisung aus dem 220 V-Netz die Einphasenbrücke etwa 190 V. Da bei g e s t e u e r t e n Stromrichtern meist eine Regelreserve zum Ausgleich von Netzspannungsschwankungen benötigt wird, ergeben sich die genormten (DIN 40030) Motorspannungen 440 V bzw. 150 V. Auf besondere Glättungsmittel kann vor allem bei den höheren Pulszahlen verzichtet werden, weil die Ankerinduktivität dies besorgt.

Der s t e u e r b a r e S t r o m r i c h t e r bietet ideale Verstellmöglichkeiten, weil die Stromrichterspannung dem Steuersignal fast trägheitslos folgt. Der Stromrichter-Antrieb wird fast immer geregelt, wobei sich eine hohe Güte der Regelung erreichen läßt. Üblicherweise wird dabei der Spannungs- oder Drehzahlregelung eine Stromregelung unterlagert (s. Abschn. 3.432). Dadurch ist eine strommäßige Überlastung des Stromrichters ausgeschlossen. Da der Stromrichter nur eine Stromrichtung zuläßt, ist Bremsung und stetige Drehrichtungsumkehr bei der einfachen Schaltung nicht möglich. Wegen $\cos\varphi = \cos\alpha = U_{di\alpha}/U_{di} \approx \omega/\omega_N$ (s. Abschn. 3.13 und Bild 3.9) stört bei längerem Betrieb mit kleineren Drehzahlen der schlechte Leistungsfaktor.

Besteht der Stromrichter wie bei der D r e h s t r o m b r ü c k e n s c h a l t u n g aus mehreren in Reihe geschalteten Teilen, so läßt sich die Blindleistungsbilanz erheblich verbessern. Nach Bild 3.25 wird zunächst der Stromrichter SRI von der vollen Ausgangsspannung ($\alpha = 0°$) bis zur Spannung Null ($\alpha = 90°$) und schließlich in den Wechselrichterabetrieb bis zur vollen Gegenspannung ($\alpha \approx 160°$) gesteuert. Stromrichter SRII behält dabei den Zündwinkel $\alpha = 0°$, liefert also die volle Ausgangsspannung. Die Motorspannung als Summe beider Stromrichterspannungen ändert sich dabei von ihrem vollen Wert bis nahe Null. Der Stromrichter SRII braucht nur dann mit steuerbaren Ventilen bestückt zu werden, wenn die Motorspannung auch negativ werden soll (Umkehrantriebe, s. Abschn. 3.214).

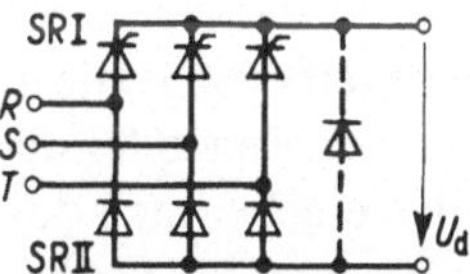

Bild 3.25
Teilgesteuerte Drehstrombrückenschaltung zur Verkleinerung des Blindleistungsbedarfs (- - - Freilaufventil)

Die größte auftretende Blindleistung ist hierbei nur halb so hoch wie bei der normalen Steuerung. Ein Nachteil dieser Schaltung ist die vergrößerte Welligkeit, die manchmal einen erhöhten Aufwand an Glättungsmitteln erfordert. Außerdem läßt sich die Spannung Null nur einstellen, wenn ein zusätzliches Freilaufventil vorgesehen wird.

Bei der Speisung eines Gleichstrommotors aus einer Gleichspannungsquelle (Batterie, Fahrdraht) kann zur verlustarmen Spannungssteuerung ein zwangskommutierter Stromrichter als G l e i c h s t r o m p u l s w a n d l e r nach Bild 3.10 eingesetzt werden. Bei Pulsfrequenzen von einigen 100 Hz genügt zur Glättung die Ankerinduktivität. Mit dem Einschaltverhältnis T_{Ein}/T wird die Motorquellenspannung U_q etwa gleich der Spannung $\bar{u}_2 = U_d T_{Ein}/T$ in Bild 3.11. Sie läßt sich von fast Null bis zum vollen Wert steuern. Ähnlich wie bei netzgeführten Stromrichtern kann man eine kombinierte Strom- und Drehzahlregelung vorsehen. Durch eine Umschaltung des Pulswandlers nach Bild 3.26 wird Nutzbremsung des Motors bis zum Stillstand möglich. Der Pulswandler P stellt hierin eine vollständige, zwangskommutierte Stromrichterschaltung entsprechend Bild 3.10 dar. Durch

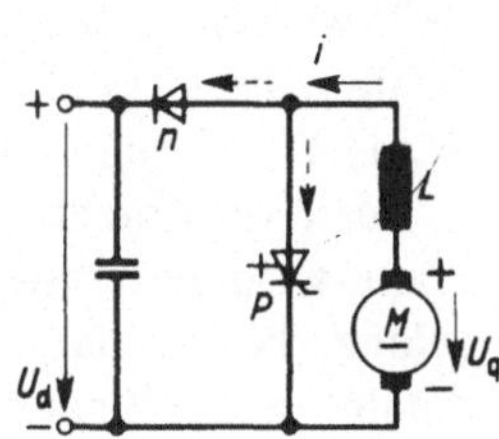

Bild 3.26
Nutzbremsung eines Gleichstrommotors durch Gleichstrompulswandler P

Zündung des Hauptthyristors n1 wird der Motor zunächst kurzgeschlossen. Der Strom i steigt jetzt schnell an. Wenn ein bestimmter Wert erreicht ist, wird der Pulswandler P durch Zündung des Kommutierungsthyristors n2 gesperrt, durch die Ankerinduktivität L der Strom aber weiterhin aufrecht erhalten. Er fließt jetzt über die Diode n in die Gleichstromquelle zurück, wobei die Induktivität L einen Teil der im Kurzschluß gespeicherten Energie wieder abgibt. Der Vorgang wird anschließend mit der Pulsfrequenz wiederholt. Ein Betrieb ist hierbei praktisch nur mit einer Stromregelung möglich, der aber eine Drehzahlregelung überlagert werden kann.

3.214 Umkehrantriebe mit Stromrichtern. Nach Abschn. 2.411 und 2.421 kehren beim Bremsen und Umsteuern eines Antriebs Spannung oder Strom oder beide ihre Richtung um. Stromrichterventile lassen aber n u r e i n e Stromrichtung zu. Bild 3.27 zeigt schraffiert den Arbeitsbereich, den ein Stromrichter erreichen kann. Dazu gehören motorischer Betrieb bei Rechtslauf des Motors und generatorischer Betrieb bei Linkslauf. Im zweiten Fall arbeitet der Stromrichter im Wechselrichterbetrieb. Die anderen beiden Quadranten können durch Umschalten der Feldanschlüsse oder der Ankeranschlüsse des Motors erreicht werden. In beiden Fällen ergeben sich durch die Umschaltung Verzögerungszeiten von 0,1 bis 2 s, die längeren bei Feldumschaltung. Ein stetiger Übergang vom motorischen zum generatorischen Betrieb (Bremsen) ist möglich, wenn für die zweite Stromrichtung ein zweiter Stromrichter vorgesehen wird. Beide Stromrichter arbeiten dann dauernd gegenparallel, der eine stets im Gleichrichter-, der andere im Wechselrichterbetrieb oder umgekehrt. Es haben sich dafür u. a. A n t i p a r a l l e l s c h a l t u n g , K r e u z s c h a l t u n g und H - S c h a l t u n g, (s. [27] und Bild 3.31) eingeführt.

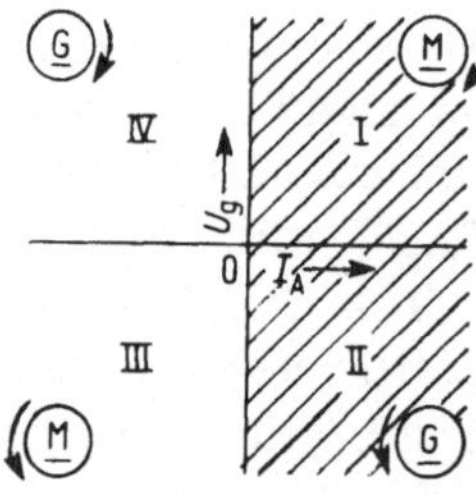

Bild **3.27**
Arbeitsbereiche eines Antriebs
I   Rechtslauf motorisch
II   Linkslauf generatorisch
III   Linkslauf motorisch
IV   Rechtslauf generatorisch
Arbeitsbereich eines Stromrichters schraffiert (/ / / /)

Bild 3.28 zeigt die Antiparallelschaltung bei Dreiphasenmittelpunktschaltung der Stromrichter. Die Steuerwinkel beider Stromrichter müssen gegenläufig und so verstellt werden, daß der Mittelwert der Wechselrichter-Spannung gleich oder ein wenig höher liegt als der Mittelwert der Gleichrichter-Spannung. Im anderen Falle würde ein K r e i s s t r o m durch die beiden Stromrichter fließen, der zusätzliche Verluste verursacht und die Belastbarkeit der Stromrichter herabsetzt. In der Praxis wird dieser nicht lückende Kreisstrom meist gemessen und durch eine Regelung, die auf die Steuerwinkel beider Stromrichter einwirkt, begrenzt. Aber auch die unterschiedlichen Augenblickswerte beider Stromrichterspannungen bei gleichen Mittelwerten verursachen einen lückenden Kreisstrom, der durch die Induktivitäten L_1 und L_2 begrenzt werden muß. Bei dieser Schaltung sind Wechselrichter und Gleichrichter dauernd gleichzeitig betriebsbereit. Der Motorstrom kann sich daher in beiden Richtungen frei einstellen.

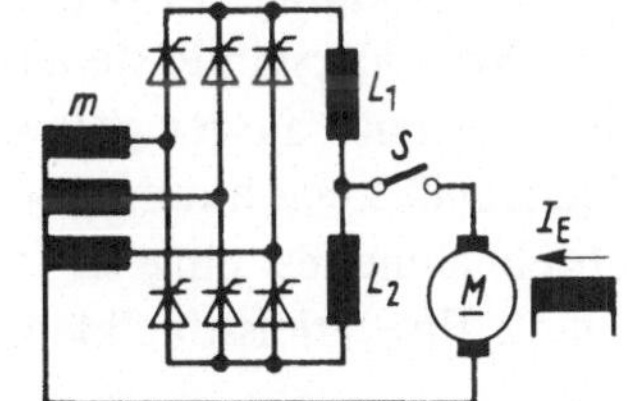

Bild 3.28
Stromrichter-Umkehrantrieb in Antiparallelschaltung
m Speisetransformator
S Leistungsschalter
L_1, L_2 Drosseln zur Kreisstrombegrenzung

Mit T r a n s i s t o r s t e u e r u n g e n und logischen Schaltungen (s. Abschn. 5.2) lassen sich auch kreisstromfreie Schaltungen verwirklichen. Dabei wird immer nur dasjenige System gezündet, dessen Stromrichtung gerade benötigt wird. Erst bei Umkehr der Stromrichtung, deren Zeitpunkt durch eine logische Schaltung möglichst frühzeitig erfaßt werden muß, wird das andere System freigegeben und das erste gesperrt. Bei kreisstromfreien Schaltungen kann auf die Drosseln L_1 und L_2 verzichtet werden.

3.22 Feldverstellung

Bei der Verstellung des relativen Flusses Φ_r ändern sich nach Gl. (1.59) und Gl. (1.61) sowohl Drehzahl n als auch Ankerstrom I_A. So bewirkt die Flußverringerung nach Bild 1.27c eine höhere Leerlaufdrehzahl n_d und einen stärkeren lastabhängigen Drehzahlabfall, wobei auch der Ankerstrom I_A (bei gleichbleibendem Drehmoment) höhere Werte annimmt. Mit Gl. (1.61) kann man den für eine bestimmte Drehzahl n* erforderlichen relativen Fluß Φ_r^* bestimmen. Bei der Berechnung des hierfür erforderlichen Erregerstroms I_E benötigt man die Leerlaufkennlinie der Gleichstrommaschine (gemessen im Generatorbetrieb) oder darf Bild 1.28 als Näherung heranziehen.

Aus Erwärmungsgründen kann das Feld gegenüber seinem Nennwert immer nur geschwächt werden. Deshalb läßt sich durch Feldverstellung nur eine Drehzahlerhöhung über die Nenndrehzahl hinaus erzielen, solange die mechanisch zulässige Drehzahl nicht überschritten wird. Aus Stabilitätsgründen ist höchstens ein Drehzahlbereich von 1 : 5 zu erreichen und das nur dann, wenn der Motor stark kompoundiert wird. Die Drehzahlkennlinie nähert sich dann bei geschwächtem Feld und größeren Strömen dem Reihenschluß-Verhalten (s. Bild 1.11). Im ganzen Feldstellbereich kann der Motor mit Nennstrom betrieben werden. Wegen Gl. (1.59) und Bild 1.27c sinkt das zulässige Drehmoment entgegengesetzt proportional zur Drehzahl, die erzielbare mechanische L e i s t u n g bleibt daher k o n s t a n t. Deshalb ist die Feldverstellung vor allem dort wirtschaftlich, wo von der Antriebsaufgabe her konstante Leistung (s. Abschn. 1.231) bei einstellbarer Drehzahl verlangt wird. Beim Entwurf der Steuerung muß darauf geachtet werden, daß der Motor beim Anlassen immer voll erregt ist, damit mit möglichst großem Drehmoment bzw. mit möglichst kleinem Ankerstrom beschleunigt wird.

3.221 Verstellung mit Widerständen. Der Erregerstrom läßt sich immer sehr leicht durch Vorwiderstände steuern. Die Widerstände müssen für den gewünschten Drehzahlstellbereich ausgelegt und genügend feinstufig verstellbar sein. Oft werden die Widerstände auch nur zur einmaligen Drehzahlanpassung benutzt und bei der Inbetriebnahme fest eingestellt. Die zusätzlichen Verluste spielen kaum eine Rolle, weil die Erregerleistung klein gegen die Antriebsleistung ist.

Beispiel 3.10: Ein Gleichstrom-Nebenschlußmotor hat die Nennleistung $P_{2N} = 45$ kW bei der Anker-Nennspannung $U_{AN} = 440$ V, dem Anker-Nennstrom $I_{AN} = 113$ A und der ideellen Leerlaufdrehzahl $n_d = 1500$ min^{-1}, die bei der Erregerspannung $U_{EN} = 220$ V erreicht wird. Im warmen Zustand betragen Ankerkreiswiderstand $R_A = 0,17$ Ω und Erregerwicklungswiderstand $R_E = 70$ Ω. Der Motor soll durch Feldverstellung mit einem Vorwiderstand R_{VE}, dessen Wert bestimmt werden soll, einen Drehzahlstellbereich bis 2000 min^{-1} bei Nennstrom erhalten. Zur Berechnung des Feldstellers soll die Einheitskennlinie in Bild 1.28 benutzt werden. Die Ankerrückwirkung wird vernachlässigt.

Beim Ankernennstrom $I_{AN} = 113$ A ist der innere Spannungsabfall $U_i = I_{AN} R_A = 113$ A $\cdot$ 0,17 $\Omega = 19,2$ V und somit die Quellenspannung $U_{qN} = U_{AN} - U_i = 440$ V $- 19,2$ V $\approx$ 421 V. Daher beträgt die Nenndrehzahl $n_N = n_d U_{qN}/U_{AN} = 1500$ min^{-1} $\cdot$ 421 V/440 V $= 1436$ min^{-1}. Bei der neuen Drehzahl $n_N^* = 2000$ min^{-1} und Nennstrom beträgt die Quellenspannung ebenfalls $U_q = 421$ V. Aus Gl. (1.56) ergibt sich nach Division durch die Nennwerte der relative Fluß $\Phi_r = 1/n_r = n_N/n_N^* = 1436$ min^{-1}/2000 min^{-1} $= 0,718$. Dazu wird aus Bild 1.28 der relative Erregerstrom $I_{Er} = 0,52$ entnommen.

Der Nennerregerstrom ist $I_{EN} = U_{EN}/R_E = 220$ V/70 $\Omega = 3,14$ A. Somit ergibt sich für die höhere Drehzahl n_N^* der Erregerstrom $I_E^* = I_{EN} I_{Er} = 3,14$ A $\cdot$ 0,52 $= 1,632$ A. Bei 220 V Erregerspannung muß daher der Gesamtwiderstand $R_{Eg} = U_E/I_E^* = 220$ V/1,632 A $= 134,5$ Ω und der Vorwiderstand $R_{VE} = R_{Eg} - R_E = 134,5$ $\Omega - 70$ $\Omega = 64,5$ Ω betragen. Die ideelle Leerlaufdrehzahl bei Feldschwächung ist jetzt $n_d^* = n_N^* U_{AN}/U_{qN} = 2000$ min^{-1} $\cdot$ 440 V/421 V $= 2090$ min^{-1}. Soll die erhöhte Drehzahl bereits bei kaltem Feld erreicht werden, so muß der Vorwiderstand R_{VE} entsprechend erhöht werden. Die Leerlaufdrehzahl bei warmem Feld steigt dann weiter an.

Der Wirkungsgrad des Motors bleibt bei Feldschwächung nahezu unverändert. Die Ankerkupferverluste $I_{AN}^2 \cdot R_A$ bleiben gleich. Die Eisenverluste nehmen nur wenig ab, da der Fluß verringert und die Frequenz im Eisen erhöht ist. Die Reibungsverluste werden wegen der höheren Drehzahl etwas ansteigen, die Erregerverluste sinken wegen des geringeren Erregerstromes. Die Leistung P_{2N} bleibt konstant.

3.222 Feldverstellung mit Stromrichtern. Der Feldstellbereich des Motors ist aus den erwähnten Gründen begrenzt. Um den Stellbereich des Stromrichters an den Feldstellbereich anzupassen, kann nach Bild 3.29 ein nicht steuerbarer Stromrichter SR I mit einem steuerbaren Stromrichter SR II in Reihe geschaltet werden. Der steuerbare Stromrichter arbeitet entweder im Gleichrichterbetrieb (die Spannung U_{II} wird zu U_I addiert) oder im Wechselrichterbetrieb (U_{II} wird von U_I subtrahiert). Die Schaltung läßt sich auch so abwandeln, daß nur zwei Ventile von SR II gesteuert werden (halber Spannungsstellbereich, Wechselrichterbetrieb ent-

fällt). Ebenso kann auf SRII ganz verzichtet werden, und es können dafür zwei
Ventile von SRI gesteuert werden. Der Stellbereich geht dann allerdings von Null
bis Nennspannung. Drei- oder sechspulsige Stromrichterschaltungen werden nur
bei sehr großen Erregerleistungen angewendet. Eine besondere Glättungsdrossel
erübrigt sich in fast allen Fällen, da die Induktivität der Erregerwicklung für die
Glättung des Stromes ausreicht.

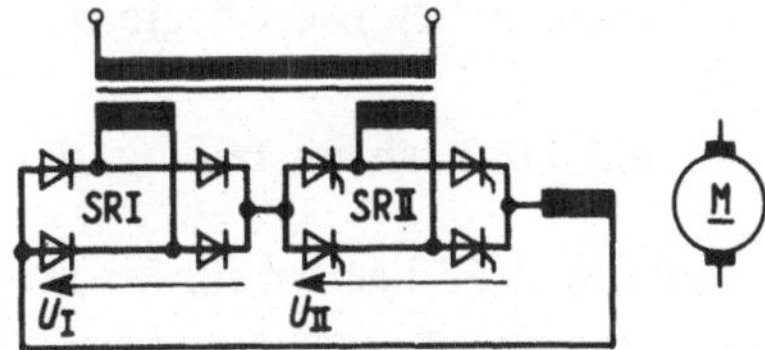

Bild 3.29 Stromrichterschaltung zur Feldspeisung

3.223 Feldumschaltung mit Stromrichtern. Der Betrieb eines Gleichstrommotors in allen vier Quadranten nach Bild 3.27 läßt sich auch mit einem Ankerstromrichter erreichen, wenn bei jeder Drehmoment-Richtungsumkehr das
Motor-Erregerfeld umgepolt wird. Der Ankerstrom behält dann seine alte
Richtung. Das Feld kann kontaktfrei mit Stromrichtern umgepolt werden.
Wegen der relativ großen Erregungs-Zeitkonstanten dauert die Feldumschaltung etwa 1 s. Während dieser Zeit muß der Ankerstromrichter gesperrt oder
der Ankerstrom durch eine Regelung für den Ankerstromrichter aufrecht erhalten werden. Durch diese Regelung wird dann auch die Spannung des Anker-
stromrichters der sich ändernden Ankerspannung nachgestellt.

Für die Feldumschaltung können zwei Stromrichter in K r e u z s c h a l t u n g
nach Bild 3.30a eingesetzt werden. Die Wirkungsweise entspricht der in Bild 3.28
dargestellten Antiparallelschaltung. Die Kreuzschaltung erfordert eine zweite Trans-
formatorwicklung, weshalb die Transformator-Bauleistung erhöht werden muß.
Bei Halbleitern wirkt sich jedoch die Entkopplung der Ventile durch die Trans-
formator-Streuinduktivität vorteilhaft aus. Bei Brückenschaltung der Stromrichter
ist in dieser Hinsicht die H - S c h a l t u n g nach Bild 3.30b günstiger, die außerdem nur eine Drossel zur Kreisstrombegrenzung erfordert. Werden die Stromrich-

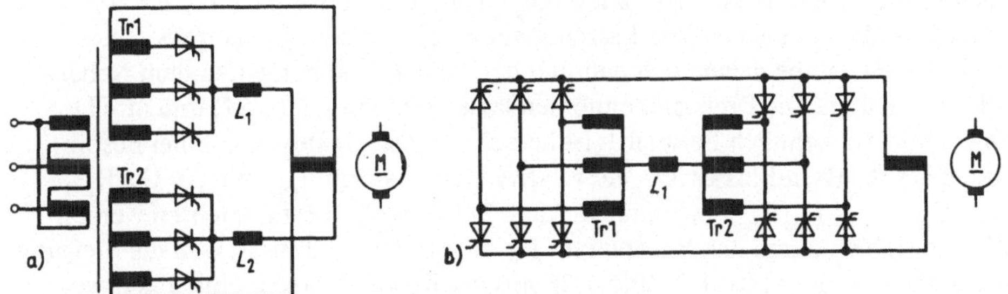

Bild 3.30 Feldumschaltung mit Kreuzschaltung (a) und H-Schaltung (b) der Stromrichter
       Tr1, Tr2 Transformator-Sekundärwicklungen,
       L_1, L_2 Drosseln zur Kreisstrombegrenzung

ter kreisstromfrei ausgeführt (s. Abschn. 3.214), so kann auf diese Drosseln auch ganz verzichtet werden. Die Feldumschaltzeit läßt sich erheblich abkürzen, wenn die Stromrichterspannung wesentlich über der Erreger-Nennspannung liegt. Der Stromrichter wird dann normalerweise so gesteuert, daß seine Ausgangsspannung der Erreger-Nennspannung entspricht. Nur zum Umsteuern wird er auf seine maximale Ausgangsspannung gesteuert. Durch eine Regelung muß dabei der Erregerstrom auf seinen Nennwert begrenzt werden.

3.3 Drehzahlverstellung des Gleichstrom-Reihenschlußmotors

Nach Abschn. 1.332 gelten für Strom- und Drehzahlkennlinien wieder Gl. (1.59) und (1.61), wobei zu beachten ist, daß Anker- und Erregerstrom identisch sind, der Erregerfluß Φ also lastabhängig ist. Die Drehzahl n läßt sich daher über die Motorspannung U und den Ankerkreiswiderstand R_A entsprechend Bild 1.30 verstellen. Durch Widerstände parallel zu Anker oder Feld können außerdem Fluß Φ und somit Drehzahl n verändert werden.

3.31 Drehzahlverstellung mit Widerständen

Durch Vorwiderstände läßt sich die Leerlaufdrehzahl des Reihenschlußmotors nur wenig beeinflussen. Die ohnehin starke Lastabhängigkeit wird dadurch noch weiter vergrößert (s. Bild 1.30). Deshalb wird diese Methode fast nur zum Anlassen angewendet oder dann, wenn das Lastmoment nahezu konstant ist. Günstiger hinsichtlich der Kennlinien, aber noch unwirtschaftlicher ist die Herabsetzung der Ankerspannung ähnlich Bild 3.22. Von dieser Möglichkeit wird manchmal bei kleinen Stellmotoren Gebrauch gemacht.

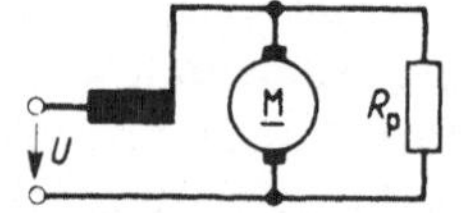

Bild 3.31   Reihenschlußmotor mit Parallelwiderstand R_p zum Anker
            zur Herabsetzung der Leerlaufdrehzahl

Soll hauptsächlich die L e e r l a u f d r e h z a h l herabgesetzt werden, so kann nach Bild 3.31 ein W i d e r s t a n d R_p p a r a l l e l z u m A n k e r angeordnet werden, der auch ohne Lastmoment einen gewissen Erregerfluß sicherstellt. Die Maschine nähert sich dadurch bei kleinen Lastmomenten dem Nebenschlußverhalten. Die Drehzahlkennlinien lassen sich mit Gl. (1.59) und (1.61) sowie Bild 1.28 ähnlich Beispiel 1.14 berechnen. Dabei muß jedoch bei Bestimmung des relativen Flusses Φ_r der relative Gesamtstrom $I_{ges} = I_{Ar} + U_A/R_p I_N$ mit $U_A = U - I_{ges} R_E$ eingesetzt werden. Bei größeren Lastmomenten werden die Drehzahlen durch den Widerstand R_p nicht sehr beeinflußt, weil die Steigung der Kennlinie $\Phi_r = f(I_{Er})$ in Bild 1.28 mit wachsendem Strom immer geringer wird. Zu beachten ist, daß der zusätzliche Strom die Erregerwicklung etwas stärker belastet, das Nennmoment also entsprechend herabgesetzt werden muß. Außerdem wird der Wirkungsgrad erheblich verschlechtert.

Ebenso ist auch eine Drehzahlerhöhung möglich, wenn ein W i d e r s t a n d
p a r a l l e l z u r F e l d w i c k l u n g angeordnet wird. Der Motor arbeitet
dann mit Feldschwächung, und das Drehmoment wird entgegengesetzt proportional
zur Drehzahlerhöhung herabgesetzt. Bei der Berechnung der Kennlinien muß hier
der relative Strom im Verhältnis der Widerstände R_p/R_E verringert werden auf
$I_{Er} = I_{Ar}R_p/(R_E + R_p)$. Dieser Strom ist dann für die Bestimmung des relativen
Flusses Φ_r nach Bild 1.28 maßgebend. Da die Erregerleistung gering ist, wird dabei
der Wirkungsgrad kaum verändert. Dieses Verfahren kann deshalb auch bei großen
Leistungen und im Dauerbetrieb angewendet werden, z. B. bei Gleichstrombahnen.
Bei der Auslegung muß berücksichtigt werden, daß sich der Widerstand der Erregerwicklung R_E mit der Erwärmung der Maschine erhöht und sich somit Stromver-
teilung und Grad der Feldschwächung ändern.

Beispiel 3.11: Ein Reihenschlußmotor hat die Nennleistung $P_{2N} = 0{,}7$ kW bei der Nenndrehzahl $n_N = 900$ min⁻¹, der Spannung $U_N = 220$ V und dem Wirkungsgrad $\eta = 0{,}82$. Durch
einen Parallelwiderstand R_p zum Anker soll die Leerlaufdrehzahl auf $n_0^* = 2n_N = 1800$ min⁻¹
begrenzt werden. Zu bestimmen sind der Parallelwiderstand R_p, die verringerte Nennleistung P_{2N}^* und der verringerte Wirkungsgrad η^*.

Die Leistungsaufnahme ist $P_{1N} = P_{2N}/\eta = 700$ W$/0{,}82 = 853$ W, der Nennstrom $I_N =$
$P_{1N}/U_N = 853$ W$/220$ V $= 3{,}88$ A. Nach Abschn. 1.331 entfallen auf Eisen- und Reibungsverluste $V_{Fe} + V_R$ etwa 1/3 der Gesamtverluste von 153 W, also 51 W, und auf die gesamten Kupferverluste V_{Cu} etwa 2/3, also 102 W. Somit wird der Leerlaufstrom (bezogen
auf Nenndrehzahl) $I_{0(900)} = (V_{Fe} + V_R)/U_N = 51$ W$/220$ V $= 0{,}232$ A. Schätzt man, daß
sich diese Verluste bei der doppelten Nenndrehzahl um 50 % erhöhen, so wird der Leerlaufstrom $I_{0(1800)} = 0{,}35$ A. Die Nenn-Quellenspannung ist $U_{qN} = U_N - V_{Cu}/I_N =$
220 V $- 102$ W$/3{,}88$ A $= 193$ V. Schätzt man bei 1800 min⁻¹ wegen des verringerten Stroms
die Quellenspannung auf $U_q = 215$ V, so gilt für den relativen Fluß

$$\Phi_r = \frac{U_{qr}}{n_r} = \frac{U_q/U_{qN}}{n/n_N} = \frac{215 \text{ V}/193 \text{ V}}{1800 \text{ min}^{-1}/900 \text{ min}^{-1}} = 0{,}557$$

Nach Bild 1.28 gehören hierzu der relative Erregerstrom $I_{Er} = 0{,}36$ und der Erregerstrom
$I_E = I_{Er}I_N = 0{,}36 \cdot 3{,}88$ A $= 1{,}4$ A. Durch den Parallelwiderstand zum Anker R_p muß der
Strom $I_p = I_E - I_{0(1800)} = 1{,}4$ A $- 0{,}35$ A $= 1{,}05$ A fließen. Unter Vernachlässigung des Span-
nungsabfalls an der Erregerwicklung wird der Widerstand $R_p = U_A/I_p \approx 220$ V$/1{,}05$ A $= 210\,\Omega$.
Da nach Abschn. 1.331 die Erregerverluste etwa 1/4 der Kupferverluste ausmachen, beträgt die Ankerspannung bei Nenndrehzahl $U_A = 213$ V. Daraus ergeben sich am Parallelwiderstand R_p die
Verluste $V_p = U_A^2/R_p = 213^2$ V²$/210\,\Omega = 216$ W. Um diesen Betrag verringert sich näherungsweise
die verfügbare Leistung, also von $P_{2N} = 700$ W auf $P_{2N}^* = 484$ W. Da die Leistungsaufnahme
konstant bleibt, beträgt der Wirkungsgrad $\eta^* = P_{2N}^*/P_{1N} = 484$ W$/853$ W $= 0{,}567$. Hierin ist
allerdings nicht berücksichtigt, daß durch den verringerten Ankerstrom auch die Kupferverluste
im Anker sinken. Dadurch steigen Quellenspannung U_{qN}^*, Nenndrehzahl n_N^* und Wirkungsgrad η^* geringfügig.

Beispiel 3.12: Ein Reihenschlußmotor mit der Nennleistung $P_{2N} = 80$ kW, der Nenndrehzahl $n_N = 1000$ min⁻¹, der Nennwinkelgeschwindigkeit $\omega_N = 104{,}8$ s⁻¹, der Nennspannung
$U_N = 600$ V und dem Nennstrom $I_N = 146$ A soll durch Feldschwächung bei Nennstrom
die Drehzahl $n_N^* = 1500$ min⁻¹ erhalten. Zu bestimmen sind der Parallelwiderstand zum
Feld R_p und das Drehmoment M^*.

Das Nennmoment des Motors beträgt $M_N = P_{2N}/\omega_N = 80\ kW/104,8\ s^{-1} = 764\ Nm = 77,8\ kpm$. Die Verluste sind $V_{ges} = U_N I_N - P_{2N} = 146\ A \cdot 600\ V - 80\ kW = 7,6\ kW$. Nach Abschn. 1.331 entfallen auf die Erregerverluste etwa 1/6, also $V_E = V_{ges}/6 = 7,6\ kW/6 = 1,27\ kW$. Daraus ergibt sich der Feld-Wicklungswiderstand $R_E = V_E/I_N^2 = 1270\ W/146^2\ A^2 = 59,6\ m\,\Omega$. Zur erhöhten Drehzahl gehört der relative Fluß $\Phi_r = 1/n_r = n_N/n_N^* = 1000\ min^{-1}/1500\ min^{-1} = 0,667$. Nach Bild 1.28 beträgt dabei der relative Erregerstrom $I_{Er} = 0,46$. Der Ankerstrom muß sich somit im Verhältnis $I_{Er}/(1 - I_{Er}) = 0,46/0,54$ aufteilen. Daraus ergibt sich der Parallelwiderstand $R_p = R_E I_{Er}/(1 - I_{Er}) = 59,6\ m\,\Omega \cdot 0,46/0,54 = 50,8\ m\,\Omega$. Da die Motorleistung konstant bleibt, gilt näherungsweise für das Drehmoment bei Feldschwächung $M^* = M_N/n_r = M_N n_N/n_N^* = 77,8\ kpm \cdot 1000\ min^{-1}/1500\ min^{-1} = 51,8\ kpm$. Der Wirkungsgrad des Motors bleibt aus den schon bei Beisp. 3.10 angeführten Gründen bei Feldschwächung nahezu unverändert.

3.32 Spannungsverstellung durch Stromrichter

Der Gleichstrom-Reihenschlußmotor kann in seiner Spannung grundsätzlich genauso verstellt werden wie der Nebenschlußmotor, also z. B. über einen gesteuerten Stromrichter. Er hat aber den Nachteil, daß sein Fluß und somit auch die Drehzahl stark stromabhängig sind. Das regelungstechnische Verhalten wird dadurch nichtlinear. Er ist deshalb nicht gut geeignet, wenn eine genaue Drehzahlregelung gefordert wird. Er hat jedoch den Vorteil, daß sein Drehmoment im Überstrombereich stärker ansteigt – ein Verhalten, das häufig bei schwierigen Anlaufverhältnissen gefordert wird (z. B. Fahrzeuge, Werkzeugmaschinen, Hausgeräte, Haspelantriebe). Den Einfluß der Spannungsverstellung zeigt Bild 1.30; zur Berechnung der Kennlinien s. Beispiel 1.14.

Steigende Bedeutung gewinnt der Einsatz von Pulswandlern nach Bild 3.10 für die Speisung von Gleichstromfahrzeugen mit Reihenschlußmotoren. Der Vorteil gegenüber der früher üblichen Widerstandssteuerung liegt in den geringen Verlusten sowie der schnellen und stetigen elektronischen Verstellbarkeit, daneben in der einfachen Möglichkeit, Strom und Drehzahl durch Regelungen wirksam zu begrenzen. Mit der Schaltung nach Bild 3.26 ist darüber hinaus ein geregelter Bremsvorgang mit Nutzbremsung (oder auch geregelter Widerstandsbremsung) bis zum Stillstand möglich. Hierbei muß die Erregerwicklung des Motors umgepolt werden, so daß die Maschine als selbsterregter Reihenschlußgenerator arbeitet. Manchmal wird auch eine fremdgespeiste Hilfserregerwicklung vorgesehen. Da zum Bremsen sowieso mechanisch geschaltet wird, kann auch die Ventilanordnung nach den Bildern 3.10 und 3.26 umgeschaltet werden, so daß zum Antreiben und Bremsen derselbe Stromrichter benutzt wird.

Ähnliche Verhältnisse wie der Gleichstrom-Reihenschlußmotor bietet auch der E i n p h a s e n- R e i h e n s c h l u ß m o t o r (s. Band II/1). Hier müssen zusätzlich die Anker- und Feldinduktivitäten berücksichtigt werden, an denen ein Teil der Speisespannung abfällt. Die Drehzahl wird dadurch bei einem Leistungsfaktor $\cos\varphi < 1$ etwas herabgesetzt. Eine Drehzahlverstellung ist ohne Stromrichter, lediglich mit einem Stelltransformator möglich (Anwendung bei Wechselstrombahnen). Daneben lassen sich zwei antiparallele Thyristoren oder bei nicht zu großen Leistungen ein Triac für die Verstellung der Wechselspannung einsetzen.

Heute gewinnt auch die Drehzahlsteuerung von U n i v e r s a l m o t o r e n (s. Abschn. 1.324) in Hausgeräten immer größere Bedeutung (z. B. Staubsauger, Küchenmaschinen, Elektrowerkzeuge). Dabei wird meist eine Wechselspannungssteuerung mit einem Triac eingesetzt. Halbwellenbetrieb ist bereits mit einem Thyristor möglich. In diesem Falle sinkt die Motorausnutzung etwa um den Faktor $1/\sqrt{2}$. Für Triacs und Thyristoren gibt es sehr einfache, ungeregelte Steuergeräte mit wenigen Bauteilen oder einer einzigen integrierten Schaltung. Mit einer Störgrößenaufschaltung durch den Motorstrom oder durch die während der Stromlücken induzierte Remanenzspannung kann dabei sogar die Lastabhängigkeit des Reihenschlußmotors teilweise kompensiert werden.

3.4 Antriebsregelung

Nach Abschn. 1.331 und Gl. (1.28) stellt sich bei einem Gleichstrom-Nebenschlußmotor die relative Drehzahl $n_r = (U_r - M_r R_r/\Phi_r)/\Phi_r$ ein. Änderungen des Lastmoments in M_r, der Klemmenspannung in U_r, des Ankerkreiswiderstandes in R_r (z. B. infolge Erwärmung) und des Erregerflusses in Φ_r verursachen also zwangsläufig Abweichungen von der gewünschten Drehzahl. Von einer Drehzahlregelung wird erwartet, daß sie den Einfluß der S t ö r g r ö ß e n (z. B. Drehmoment-, Spannungs-, Temperaturänderungen) weitgehend vermindert und die ohne Regelung auftretenden Drehzahlschwankungen um Größenordnungen herabsetzt.

Ähnlich wie die Drehzahl lassen sich bei einem Antrieb auch andere Größen, wie Strom, Drehmoment, Beschleunigung oder Drehwinkel (Stellung einer Welle), regeln, also konstant halten. Voraussetzung ist lediglich, daß die zu regelnde Größe gemessen werden kann. Neben der Regelung auf einen konstanten Wert ist auch eine Regelung nach einem besonderen Zeitplan oder nach einem von einem anderen Antrieb vorgegebenen Wert (F ü h r u n g s g r ö ß e) möglich. Die Grundbegriffe der Regelungstechnik sind in DIN 19 226 festgelegt.

Mit der in Abschn. 3.212 besprochenen Leonardschaltung soll eine Drehzahlregelung nach Bild 3.32a aufgebaut werden. Der Tachogenerator G2 erzeugt eine der Drehzahl n proportionale Spannung u_T und erfüllt somit die Voraussetzung für die Regelung, die Messung der zu regelnden Größe, des I s t w e r t e s. Wird nun über den Spannungsteiler Sp die S o l l w e r t spannung u_s gebildet und der Istwertspannung u_T entgegen geschaltet (D i f f e r e n z b i l d u n g), so

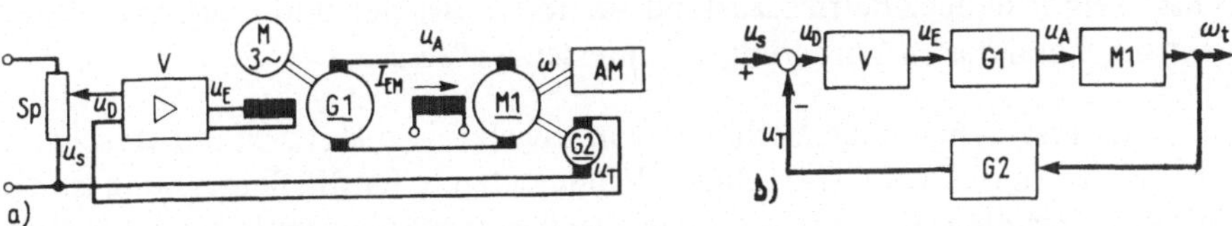

Bild **3**.32 Geräteschaltung (a) und Blockschaltbild (b) einer Drehzahlregelung
   V Verstärker, G1 Leonardgenerator, M1 Motor, AM Arbeitsmaschine, G2 Tachogenerator, u_s Sollwertspannung, u_D Steuerspannung, u_T Tachospannung

genügt bei einer großen Verstärkung des Verstärkers V schon eine sehr kleine Spannungsdifferenz $u_D = u_s - u_T$, um am Verstärkerausgang eine große Erregerspannung u_E für den Leonardgenerator G1 zu erzeugen. Dieser Generator stellt dann die zur Erreichung der Drehzahl n erforderliche Ankerspannung u_A dem Antriebsmotor M1 zur Verfügung. Die Drehzahl n wird sich in diesem geschlossenen Regelkreis schließlich so einstellen, daß die von ihr erzeugte Tacho-Spannung u_T eine solche Spannungsdifferenz u_D verursacht, daß gerade die erforderliche Ankerspannung u_A erzeugt wird. In diesem Fall kann der Drehzahl-Istwert also den Sollwert nicht ganz erreichen. Er wird sich ihm um so mehr nähern, je größer die Verstärkung des Verstärkers V ist.

Wesentliches Kennzeichen einer Regelung ist der geschlossene R e g e l k r e i s mit dem V e r g l e i c h von Soll- und Istwert. Die Geräteschaltung von Bild 3.32a läßt sich auch in das B l o c k s c h a l t b i l d von Bild 3.32b umformen, das den Wirkungsablauf besser verdeutlicht. Die Blöcke symbolisieren hier die verschiedenen Geräte. Das negative Vorzeichen an der Vergleichsstelle für u_s und u_T deutet die Differenzbildung an. Im Blockschaltbild ist der W e g d e s R e g e l s i g n a l s durch Pfeile gekennzeichnet. In den Blöcken werden Betrag und zeitlicher Verlauf des Regelsignals beeinflußt. Teilweise wird es auch in andere physikalische Größen umgeformt (z. B. Spannung in Strom, Strom in Drehmoment, Drehmoment in Beschleunigung, Beschleunigung in Drehzahl).

Das Regelsignal ist an das Vorhandensein einer Leistung, z. B. einer elektrischen oder mechanischen, gebunden. Der Weg des Signals ist jedoch nicht immer gleichzeitig auch der Weg der Leistung. Ebenso muß die Verstärkung des Signals nicht gleich der Leistungsverstärkung sein. In Bild 3.32 wird dem Leonardgenerator die Leistung aus dem Netz über den Antriebsmotor zugeführt, das Signal aus dem Verstärker über die Erregerwicklung. Für die Berechnung des Regelkreises ist nur der Weg des Signals von Bedeutung, und nur dieser Weg wird deshalb im Blockschaltbild festgehalten.

3.41 Berechnung von Regelkreisen

Ein geregelter Antrieb soll die zu regelnde Größe (z. B. Drehzahl, Drehmoment) nicht nur möglichst genau auf ihrem Sollwert halten, sondern die Regelgröße muß auch nach Störungen möglichst schnell wieder auf ihren Sollwert zurückkehren, und es darf kein instabiler Betriebszustand auftreten. Antrieb und Regelung müssen daher entsprechend diesen Forderungen bemessen werden.

Das stationäre und dynamische Verhalten von Regelkreisen läßt sich mit verschiedenen Rechenverfahren vorausberechnen. Voraussetzung für die Berechnung ist die Kenntnis des Verhaltens der verschiedenen Bauglieder, das bei zeitlicher Änderung der Eingangs- und Ausgangsgrößen durch Differentialgleichungen beschrieben werden kann. Die Lösung der Differentialgleichungen erfordert einen relativ großen Aufwand. Deshalb haben sich andere Verfahren eingeführt.

Für die meisten Anwendungsfälle führt das F r e q u e n z g a n g v e r f a h r e n
am schnellsten zu einem brauchbaren Ergebnis. Hierfür wird zuerst das Blockschaltbild weiter verfeinert, bis es den Signalfluß deutlich macht und nur noch
einfach aufgebaute Glieder enthält. Man nennt es dann auch S i g n a l f l u ß -
p l a n. Das Verhalten seiner Glieder kann verschiedenartig beschrieben werden,
nämlich durch die Differentialgleichung, die Übergangsfunktion und den Frequenzgang in logarithmischer oder Ortskurvendarstellung. Aus dem Verhalten der einzelnen Glieder kann anschließend auf das Verhalten des ganzen Regelkreises geschlossen werden.

3.411 Übergangsfunktion und Frequenzgang. Diese Begriffe können an der Schaltung in Bild 3.33a, die z. B. die Erregerwicklung einer Gleichstrommaschine darstellt, erläutert werden. Für die Reihenschaltung aus Induktivität L und Widerstand R soll die Abhängigkeit des Stromes i von der Spannung u untersucht
werden. In der Darstellung als Block ist deshalb die Spannung die E i n g a n g s -
g r ö ß e x_e und der Strom die A u s g a n g s g r ö ß e x_a. Die Ü b e r g a n g s -
f u n k t i o n (auch Sprungantwort genannt) $x_a = f(t)$ ergibt sich als zeitlicher
Verlauf der Ausgangsgröße, wenn die Eingangsgröße, hier die Spannung u, sprungartig um die Einheit 1 geändert wird (Sprungerregung). Nach Band I, Abschn.
Schaltvorgänge, verläuft der Strom i dann nach einer Exponentialfunktion und
erreicht den Endwert 1/R.

Bild 3.33   Reihenschaltung von Induktivität und Wider-
                stand (a) sowie ihre Darstellung als Block (b)
                x_e Eingangsgröße
                x_a Ausgangsgröße

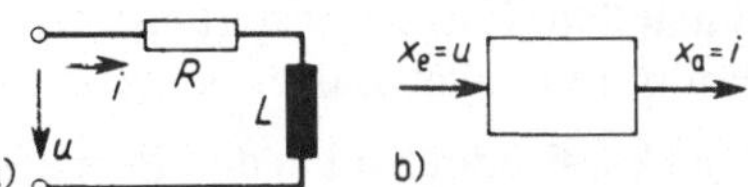

An Stelle der sprungartigen zeitlichen Änderung kann man aber auch einen sinusförmigen zeitabhängigen Verlauf der Eingangsgröße voraussetzen. Hier, wie bei
allen linearen Gliedern, ist die Ausgangsgröße dann ebenfalls sinusförmig. Da sich
jede Zeitfunktion nach der Fourieranalyse in eine Reihe von Sinusfunktionen
zerlegen läßt, erhält man hierdurch auch eine umfassende Aussage, wenn das Verhalten für einen ausreichend großen Frequenzbereich dargestellt wird. Man kann
dann Eingangs- und Ausgangsgrößen als Z e i g e r auffassen. Auch das Verhältnis von Ausgangsgröße zu Eingangsgröße ist als Zeiger darstellbar. Für Bild 3.33
ist dies z. B. ein Wechselstromleitwert.

Aber auch, wenn in anderen Fällen das Verhältnis dimensionslos wird oder wenn
es sich um nichtelektrische Größen handelt, lassen sich die Methoden der komplexen Rechnung (Zeigerdarstellung) anwenden, wie sie in Band I, Abschn. Symbolische Rechnung, abgeleitet sind. Man nennt das (im allgemeinen komplexe)
Verhältnis von Ausgangs- zu Eingangsgröße auch F r e q u e n z g a n g

$$\underline{F} = x_a/x_e = f(\Omega) \tag{3.10}$$

Der Frequenzgang $\underline{F}$ verursacht nun zwischen Eingangssignal x_e und Ausgangssignal x_a eine frequenzabhängige Betragsänderung und Phasenverschiebung. Er ist deshalb eine Funktion der Kreisfrequenz Ω[1].

Nach Band I, Abschn. Symbolische Rechnung, ist beim Differenzieren der Zeiger mit $j\Omega$ zu multiplizieren, beim Integrieren durch $j\Omega$ zu dividieren. In der Regelungstechnik ist es üblich, hierfür den O p e r a t o r $p = j\Omega$ einzuführen (teilweise auch s anstatt p) [9, 15, 16, 19, 40, 41, 42, 51, 55]. Es wird also praktisch das Symbol d/dt durch den Operator p ersetzt.

Die Differentialgleichung für die Schaltung nach Bild 3.33 lautet

$$u - iR - L\,di/dt = 0$$

oder in Operatorschreibweise mit $p = d/dt$

$$u - iR - Lip = 0$$

Daraus ergibt sich der Frequenzgang

$$\underline{F} = \frac{x_a}{x_e} = \frac{i}{u} = \frac{1/R}{1 + pL/R} = Fe^{j\varphi} \tag{3.11}$$

Der Frequenzgang ist hier eine k o m p l e x e   F u n k t i o n   d e r   K r e i s f r eq u e n z, die für jeden Wert von Ω einen bestimmten Betrag F und einen bestimmten Phasenwinkel φ hat. Man kann den Zeiger $\underline{F}$ in der komplexen Ebene darstellen. Für jede Frequenz ergibt sich ein anderer Zeiger. Verbindet man die Endpunkte aller Zeiger, so erhält man die O r t s k u r v e.

Man kann jedoch auch den Betrag des Frequenzganges F und seinen Phasenwinkel φ getrennt als Funktion der Kreisfrequenz Ω auftragen. Dann ergeben sich A mp l i t u d e n - und P h a s e n g a n g. Der Amplitudengang $F = f(\Omega)$ wird zweckmäßig mit doppelt logarithmischem Maßstab dargestellt. Einfachere Glieder lassen sich dann durch Geraden näherungsweise charakterisieren. Für die Frequenzachse wird stets eine logarithmische Teilung verwendet. Die Amplitude $F = |x_a/x_e|$ kann auch mit linearer Teilung aufgetragen werden, wenn sie vorher in D e z i b e l (dB) umgerechnet wurde. Da es sich bei $|x_a/x_e|$ beispielsweise um ein Spannungs- oder Stromverhältnis und nicht um ein Leistungsverhältnis handelt, entspricht der Wert in dB dem zwanzigfachen dekadischen Logarithmus des Verhältnisses $|x_a/x_e|$. Es wird also aufgetragen

$$F = 20\,\lg|x_a/x_e|\ \text{in dB} \tag{3.12}$$

Jeweils 20 dB entsprechen also dem Faktor 10. Der Phasengang wird mit linearer Teilung über der logarithmischen Frequenzteilung aufgetragen. Diese Darstellung nennt man auch B o d e - D i a g r a m m.

---

[1] Zur Unterscheidung von der Winkelgeschwindigkeit ω wird für die Kreisfrequenz $2\pi f$ das Formelzeichen Ω benutzt.

Streng genommen hat die Angabe F in dB für einen Block keinen Sinn, weil Eingang und Ausgang unterschiedliche Anpassungswiderstände haben können und sich dadurch ein anderes Leistungsverhältnis ergibt. (Der dB-Wert kennzeichnet definitionsgemäß ein Leistungsverhältnis). Außerdem können beliebige Dimensionen, z. B. Spannung/Länge, auftreten. Je nachdem, ob die Länge in cm, dm, m oder km angegeben wird, erhält man verschiedene Werte für F. Der Maßstab ist hier also völlig willkürlich. Die Angabe erhält erst einen Sinn, wenn das Produkt aller Frequenzgänge $\underline{F}$ über einen geschlossenen Kreis betrachtet wird (Bild 3.32b). Das Produkt wird dann dimensionslos. Für zahlreiche Untersuchungen ist nur der geschlossene Kreis wichtig. Aus Bequemlichkeit behält man die Angabe von F in dB auch für einzelne Blöcke oder Teile des Kreises bei, muß dann jedoch außer dem dB-Wert bzw. dem Zahlenwert des Amplitudenverhältnisses auch die Dimension des Amplitudenverhältnisses angeben.

3.412 Verhalten linearer Regelkreisglieder. Um den Signalflußplan anschaulich zu machen, werden bei allen Gliedern die Übergangsfunktionen zur Kennzeichnung der Blöcke benutzt. Eine Zusammenfassung der wichtigsten aus Widerstand R und Kapazität C gebildeten Bauglieder zeigt Tafel 3.34. Hier sollen nur die grundlegenden Zusammenhänge behandelt werden.

Das P r o p o r t i o n a l g l i e d, kurz P - G l i e d genannt, hat die zu einer gewöhnlichen Gleichung entartete Differentialgleichung $x_a = K x_e$, und daher den F r e q u e n z g a n g

$$\underline{F} = x_a / x_e = K \tag{3.13}$$

In der Übergangsfunktion folgt die Ausgangsgröße der sprungartigen Eingangsgröße ebenfalls sprungartig, aber um den Ü b e r t r a g u n g s b e i w e r t K verändert. Der Amplitudengang des P-Gliedes stellt eine Gerade mit F = K dar; sein Phasenwinkel ist $\varphi = 0°$ für jede Kreisfrequenz Ω. Beispiele für das P-Glied sind neben dem Wirkwiderstand R mit der Spannung $u = iR$ oder dem Strom $i = u/R$ der Gleichspannungsverstärker mit der Verstärkung V, der Steuerspannung u_{st} und der Ausgangsspannung $u_a = V u_{st}$ sowie die Gleichstrommaschine bei konstanter Erregung und veränderbarer Winkelgeschwindigkeit ω_t mit der Quellenspannung $u_q = K \omega_t$.

Für das I n t e g r i e r g l i e d (I - G l i e d) gilt die Differentialgleichung $x_a = K_I \int x_e \, dt$ oder in Operatorschreibweise $x_a = K_I x_e / p$. Also ist der F r e q u e n z - g a n g

$$\underline{F} = x_a / x_e = K_I / p \tag{3.14}$$

Aus der Differentialgleichung läßt sich die Übergangsfunktion ableiten. Sie wächst linear mit der Steigung K_I an, erreicht also nach der Zeiteinheit den Wert K_I. (Als Zeiteinheit soll hier und in den folgenden Abschnitten generell 1s benutzt werden). Amplituden- und Phasengang ergeben sich aus dem Frequenzgang, wenn für den Operator p wieder $j\Omega$ eingesetzt wird. Die Amplitude sinkt, da Ω im Nenner steht, um den Faktor 10 bzw. um 20 dB je Dekade der Kreisfrequenz Ω. Bei logarithmischer Darstellung ist das eine Gerade mit der Steigung $\Delta F / \Delta \Omega = -20$ dB/Dekade. An der Stelle $\Omega = K_I$ wird die Amplitude 1 oder 0 dB. Man nennt diese Frequenz, an der die 0 dB-Linie geschnitten wird, auch die D u r c h t r i t t s -

Tafel 3.34 Eigenschaften einfacher Regelkreisglieder

Glied	Frequenzgang	Schaltbeispiel	Übergangsfunktion	Symbol	Amplitudengang	Phasengang
P proportional	K	$x_e=u$; $x_a=i$; $K=1/R$	K; x_a; 0; t	$x_e \to x_a$	dB; K; F; 0; Ω	$+90°$; $0°$; $\varphi=0°=$const; Ω; $-90°$; ϑ
I integral	$\dfrac{K_I}{p}$	$x_e=i$; $x_a=u$; $K_I=1/C$	K_I; x_a; 0; t; $1s$	$x_e \to x_a$	dB; $\dfrac{\Delta F}{\Delta \Omega}=\dfrac{-20\,dB}{Dekade}$; K_I; F; 0; Ω; 1; $\Omega_d=K_I$	$+90°$; $0°$; Ω; $\varphi=-90°=$const; $-90°$; ϑ
D differenzierend	K_{Dp}	$x_e=u$; $x_a=i$; $K_D=C$	$x_a \to \infty$ für $t=0$; $x_a=0$ für $t>0$; 0; t	$x_e \to x_a$	dB; $\dfrac{\Delta F}{\Delta \Omega}=\dfrac{20\,dB}{Dekade}$; F; 0; Ω; $\Omega_d=1/K_0$; K_0; 1	$+90°$; $\varphi=+90°=$const; $0°$; Ω; $-90°$; ϑ
$P-T_1$ verzögernd	$\dfrac{K}{1+pT}$	$x_e=u_1$; $x_a=u_2$; $T=RC$; $K=1$; $i_2=0$	Endwert; K; $0{,}63K$; x_a; 0; t; $t=T$	$x_e \to x_a$	dB; K; $\dfrac{\Delta F}{\Delta \Omega}=\dfrac{-20\,dB}{Dekade}$; F; 0; Ω; $\Omega_0=1/T$	$0°$; Ω; $0{,}2\Omega_0$; Ω_0; $-45°$; $-90°$; $5\Omega_0$; ϑ
PD proportional-differenzierend (invers $P-T_1$)	$K(1+pT)$	$x_e=u$; $x_a=i$; $T=RC$; $K=1/R$	$x_a \to \infty$ für $t=0$; K; x_a; 0; t	$x_e \to x_a$	dB; $\dfrac{\Delta F}{\Delta \Omega}=\dfrac{20\,dB}{Dekade}$; K; F; 0; Ω; $\Omega_0=1/T$	$+90°$; $+45°$; $0°$; Ω; $0{,}2\Omega_0$; Ω_0; $5\Omega_0$; ϑ
IP integral-proportional	$K+\dfrac{K_I}{p}$; $K\left(1+\dfrac{1}{pT}\right)$; $K\dfrac{1+pT}{pT}$	$x_e=i_1$; $x_a=u_2$; $T=RC$; $K=R$; i_1; $i_2=0$	x_a; K_I; K; 0; T; t; $1s$	$x_e \to x_a$	dB; $\dfrac{\Delta F}{\Delta \Omega}=\dfrac{-20\,dB}{Dekade}$; F; 0; Ω; $\Omega_0=1/T$; $\Omega_d=K_I$; K	$0°$; Ω; Ω_0; $5\Omega_0$; $-45°$; $-90°$; $0{,}2\Omega_0$; ϑ
$D-T_1$ verzögert-differenzierend (invers IP)	$\dfrac{K_{Dp}}{1+pT}$	$x_e=u_1$; $x_a=u_2$; $T=RC$; $K=1$; $i_2=0$	K; $0{,}37K$; x_a; 0; $t=T$	$x_e \to x_a$	dB; K; F; 0; Ω; $\Omega_0=1/T$; $\dfrac{\Delta F}{\Delta \Omega}=\dfrac{20\,dB}{Dekade}$	$+90°$; $+45°$; $0°$; Ω; $0{,}2\Omega_0$; Ω_0; $5\Omega_0$; ϑ

f r e q u e n z Ω_d (eigentlich Durchtritts-Kreisfrequenz Ω_d). Der Phasenwinkel
des I-Gliedes ist unabhängig von der Frequenz $\varphi = -90°$, weil im Frequenzgang
j im Nenner steht.

Das D i f f e r e n z i e r g l i e d (D - G l i e d) hat die Differentialgleichung $x_a =$
$K_D dx_e/dt$ oder in Operatorschreibweise $x_a = K_D p x_e$ bzw. den F r e q u e n z g a n g

$$\underline{F} = x_a/x_e = K_D p \tag{3.15}$$

Die Übergangsfunktion ist hier nicht sehr anschaulich. Bei Sprungerregung erreicht
die Ausgangsgröße theoretisch den Wert ∞, der schon nach unendlich kurzer
Zeit wieder auf 0 absinkt. Die Amplitude des Frequenzgangs steigt proportional
mit der Kreisfrequenz Ω. Der Amplitudengang ist daher eine Gerade mit der positiven
Steigung von 20 dB je Dekade von Ω. Die Durchtrittsfrequenz (für $F = 1 \triangleq 0$ dB)
liegt hier bei $\Omega_d = 1/K_D$. Da beim D-Glied j im Zähler steht, ist unabhängig von
der Frequenz sein Phasenwinkel $\varphi = +90°$. D-Glieder sind i n v e r s e
I-Glieder.
I n v e r s i o n eines Gliedes bedeutet, daß Eingang und Ausgang des Blocks vertauscht werden, daß also die W i r k u n g s r i c h t u n g sich umkehrt. Die Wir-
kungsrichtung hat nichts mit der Kausalität (Ursache und Wirkung) zu tun, sondern
kennzeichnet lediglich den mathematischen Zusammenhang. Deshalb kann die
Inversion für sämtliche Glieder durchgeführt werden, auch wenn der Vorgang phy-
sikalisch nicht umkehrbar ist. Bei der Inversion tritt der Kehrwert $\underline{F}^{-1}$ des ur-
sprünglichen Frequenzgangs $\underline{F}$ auf. Der Amplitudengang wird daher an der 0 dB-
Linie gespiegelt; der Phasengang kehrt sein Vorzeichen um.

Beispiele für I-Glieder und D-Glieder sind Induktivität L mit dem Strom $i = (1/L)\int u dt$ (Eingang
Spannung u, Ausgang Strom i) bzw. der Spannung $u = L\, di/dt$ (Eingang Strom i, Ausgang
Spannung u), Kapazität C mit der Spannung $u = (1/C)\int i dt$ bzw. dem Strom $i = C\, du/dt$,
Motoren mit dem mechanischen Trägheitsmoment J und der Winkelgeschwindigkeit $\omega_t =$
$(1/J)\int M_t dt$ (Eingang Drehmoment M_t, Ausgang Winkelgeschwindigkeit ω_t) bzw. dem Dreh-
moment $M_t = J\, d\omega_t/dt$.

Zur Erläuterung des V e r z ö g e r u n g s g l i e d e s 1. O r d n u n g (P-T$_1$-
G l i e d) diene das in Bild 3.33 dargestellte Beispiel. Nach Abschn. 3.411 stellt
die Übergangsfunktion dieser Schaltung eine Exponentialfunktion dar. Mit
Gl. (3.11) gilt für den Frequenzgang

$$\underline{F} = \frac{1/R}{1 + pL/R} = \frac{K}{1 + Tp} \tag{3.16}$$

Darin ist $K = 1/R$ der Ü b e r t r a g u n g s b e i w e r t des P-T$_1$-Gliedes und
$T = L/R$ seine Z e i t k o n s t a n t e. Amplituden- und Phasengang werden wie-
der aus dem Frequenzgang abgeleitet. Für $|Tp| \ll 1$ wird $F = K$, denn Tp im
Nenner kann vernachlässigt werden. In diesem Gebiet herrscht Proportionalver-
halten und auch der Phasenwinkel φ geht mit kleiner werdender Frequenz gegen 0.
Für $|Tp| \gg 1$ wird $F = K/|Tp| = K/\Omega T$. In diesem Bereich herrscht Integral-
verhalten. Der Betrag sinkt mit steigender Kreisfrequenz Ω um den Faktor 10
oder um 20 dB je Dekade. Der Phasenwinkel nähert sich dabei immer mehr

dem Wert $\varphi = -90°$. Der Übergang zwischen beiden Bereichen erfolgt bei $|Tp| = 1$ bzw. bei der K n i c k f r e q u e n z oder E c k f r e q u e n z $\Omega_0 = 1/T$ (eigentlich Eck-Kreisfrequenz oder Knick-Kreisfrequenz Ω). Die Amplitude liegt hier um den Faktor $1/\sqrt{2}$ oder um 3 dB unter dem Schnittpunkt der beiden A s y m p t o t e n, dem A s y m p t o t e n k n i c k. Bei den Kreisfrequenzen $\Omega_0/2$ und $2\,\Omega_0$ beträgt die Abweichung von Asymptoten jeweils 1 dB (Bild 3.35). Bei der Eckfrequenz ist der Phasenwinkel $\varphi = -45°$ erreicht. Für überschlägige Betrachtungen darf man den Phasengang durch die beiden Asymptoten $\varphi = 0°$ und $\varphi = -90°$ sowie die Wendetangente bei der Eckfrequenz $\Omega_0 = 1/T$ (mit $\varphi = -45°$) annähern. Die Wendetangente schneidet die Asymptoten etwa bei $0,2\,\Omega_0$ und $5\,\Omega_0$.

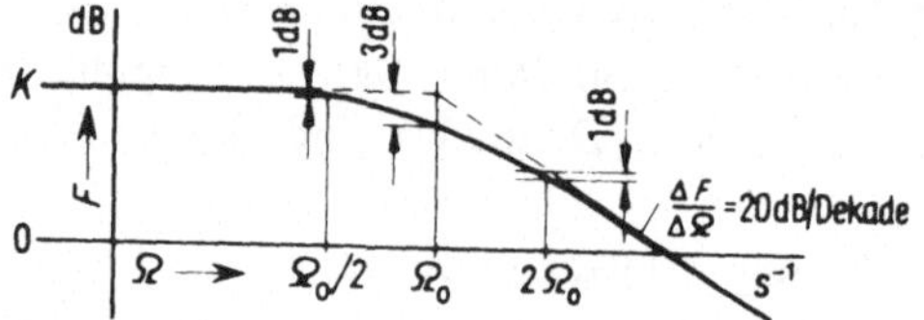

Bild 3.35
Asymptotendarstellung (– – –) und wahrer Verlauf (——) der Amplitude eines P-T_1-Gliedes

Außer dem P-T_1-Glied gibt es noch einige andere Glieder mit einer Knickstelle. Maßgebend für die Lage des Knickpunktes ist stets der Ausdruck $1 + Tp$, der im Zähler (Aufwärtsknick) oder im Nenner (Abwärtsknick) stehen kann. Die Eckfrequenz beträgt stets $\Omega_0 = 1/T$. An dieser Stelle ist die Abweichung der Amplitude von den Asymptoten auch immer 3 dB sowie bei halber bzw. doppelter Knickfrequenz 1 dB. Diese Angabe reicht aus, um den Amplitudengang genügend genau zu zeichnen. In Tafel 3.34 sind die verschiedenen Möglichkeiten zusammengestellt. Genauere Werte für den Phasengang können aus Bild 3.36 entnommen werden. Hierbei ist entsprechend Tafel 3.34 die richtige Zeile und das richtige Vorzeichen für den Phasenwinkel φ auszuwählen.

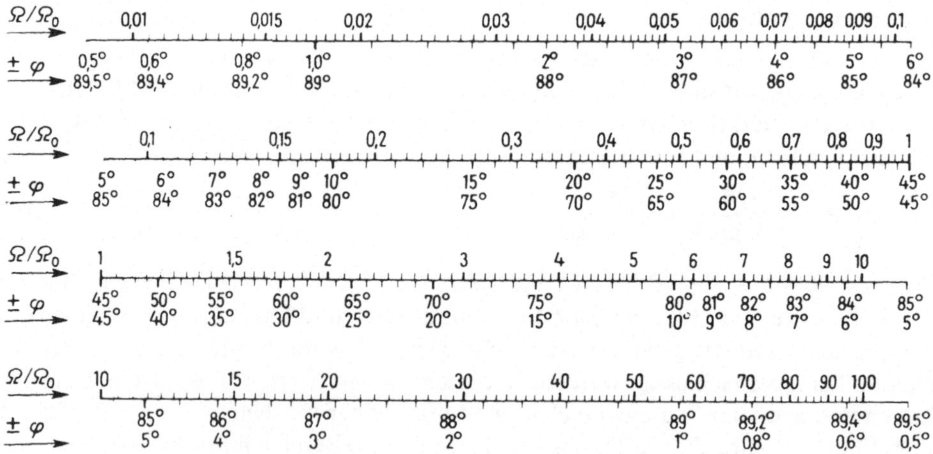

Bild 3.36 Leitertafel des Phasengangs für Glieder mit einfach geknicktem Asymptotengang der Amplitude. Werte und Vorzeichen entsprechend Tafel 3.34

In Tafel 3.34 sind bei den Beispielen für die Regelkreisglieder Widerstände und Kapazitäten benutzt worden. Daneben gibt es eine Reihe weiterer elektrischer und mechanischer Möglichkeiten zur Realisierung des gewünschten Übertragungsverhaltens. Überblick über das Übertragungsverhalten einer Schaltung gewinnt man, wenn man die Differentialgleichung in die Operatorschreibweise umformt und dann in die Form $\underline{F} = x_a/x_e$ bringt. Wenn es sich um elektrische Netzwerke handelt, kann man den Frequenzgang $\underline{F} = x_a/x_e$ auch direkt mit Hilfe der komplexen Wechselstromrechnung entwickeln, wenn man dabei $j\Omega$ durch p ersetzt.

Eine Sonderstellung nimmt das T o t z e i t g l i e d (T_t-G l i e d) in Bild 3.37 ein. Hier folgt die Ausgangsgröße der Eingangsgröße mit einer Zeitverzögerung, der T o t z e i t T_t. Die Amplitude wird aber in Abhängigkeit von der Frequenz nicht abgeschwächt. Der Amplitudengang verläuft deshalb bei $1 \triangleq 0$ dB = const. Wegen der festen Zeitverzögerung ist der Phasenwinkel φ der Kreisfrequenz Ω proportional

$$\varphi = -\Omega T_t \text{ (in rad) oder } \varphi = -\frac{180°}{\pi}\Omega T_t \text{ (in °)} \tag{3.17}$$

Der F r e q u e n z g a n g ist daher

$$\underline{F} = e^{-j\Omega T_t} = e^{-pT_t} \tag{3.18}$$

Echte Totzeiten sind selten, da mit der Zeitverzögerung meist eine Amplitudenabschwächung für höhere Frequenzen verbunden ist. Trotzdem wird näherungsweise häufig mit Totzeiten gerechnet. Beispiele für echte Totzeiten sind die Laufzeit bei elektrischen Leitungen und die Verzugszeit bei mechanischen Fördereinrichtungen (z. B. Förderbändern).

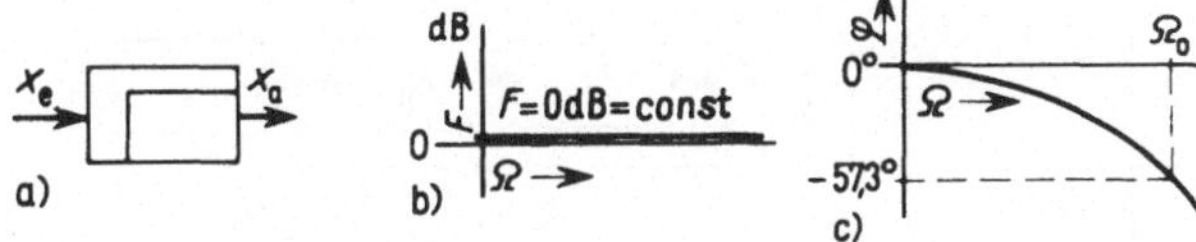

Bild 3.37 Totzeitglied
    a) Symbol, b) Amplitudengang, c) Phasengang

Bild 3.38 Schaltbild
zu Beisp. 3.13

Beispiel 3.13: Für die Schaltung nach Bild 3.38, die sich, da eine Induktivität L_2 auch einen Wirkwiderstand enthält, nur näherungsweise realisieren läßt, ist der Frequenzgang in Operatorschreibweise anzugeben.
Für die Spannungen gilt $u_1 = iR_1 + L_2 di/dt$ oder $u_1 = i(R_1 + L_2 p)$ und $u_2 = L_2 di/dt$ bzw. $u_2 L_2 ip$. Somit wird der Frequenzgang

$$\underline{F} = \frac{u_2}{u_1} = \frac{L_2 p}{R_1 + L_2 p} = \frac{pL_2/R_1}{1 + pL_2/R_1} = K\frac{Tp}{1 + Tp}$$

Durch Vergleich mit Tafel 3.35 wird festgestellt, daß es sich um ein D-T_1-Glied mit $K = 1$ und $T = L_2/R_1$ handelt.

3.413 Umformung von Signalflußplänen. Um Signalflußpläne übersichtlicher und der Frequenzgangbetrachtung besser zugänglich zu machen, müssen sie umgeformt werden. Die dabei zu beachtenden wichtigsten Rechenregeln sind in Tafel 3.39 zusammengestellt.

T a f e l 3.39 Rechenregeln für Frequenzgänge

Fall	Blockschaltbild	Ergebnis	Auswirkung im Frequenzgang
Ketten-schaltung	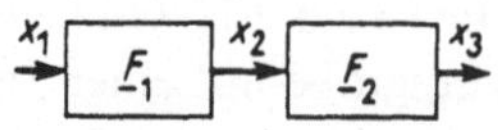 $x_1 \rightarrow \underline{F}_1 \xrightarrow{x_2} \underline{F}_2 \rightarrow x_3$	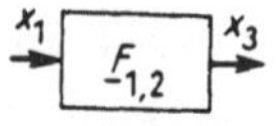 $x_1 \rightarrow \underline{F}_{1,2} \rightarrow x_3$ $\underline{F}_{1,2} = \underline{F}_1 \cdot \underline{F}_2$	Addition der Beträge in dB; außerdem Addition der Phasenwinkel
Parallel-schaltung	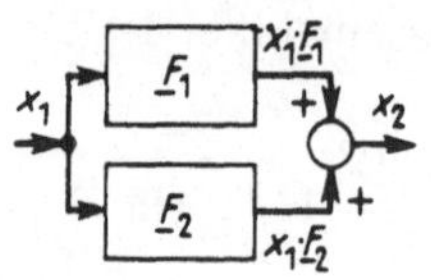 $x_1 \rightarrow \underline{F}_1 \xrightarrow{x_1 \underline{F}_1} \; +$ $x_1 \rightarrow \underline{F}_2 \xrightarrow{x_1 \underline{F}_2} \; + \;\rightarrow x_2$	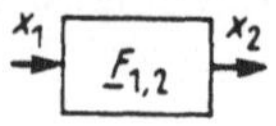 $x_1 \rightarrow \underline{F}_{1,2} \rightarrow x_2$ $\underline{F}_{1,2} = \underline{F}_1 + \underline{F}_2$	der größere Betrag überwiegt und wird allein berücksichtigt, an der Schnittstelle genaue geometrische Zeigeraddition
direkte Gegen-kopplung	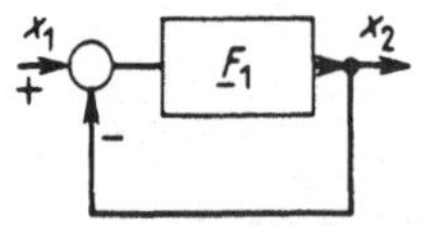 $x_1 \xrightarrow{+} \bigcirc \rightarrow \underline{F}_1 \rightarrow x_2 \quad (-)$	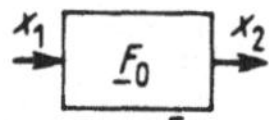 $x_1 \rightarrow \underline{F}_0 \rightarrow x_2$ $\underline{F}_0 = \dfrac{\underline{F}_1}{1+\underline{F}_1}$	Verlauf über 0 db abschneiden, unter 0 db unverändert lassen, in der Nähe von Ω_d Nicholsdiagramm oder Zeigeraddition
Inversion	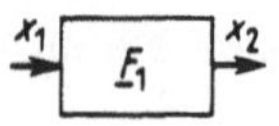 $x_1 \rightarrow \underline{F}_1 \rightarrow x_2$	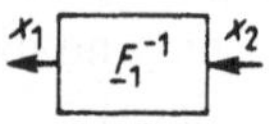 $x_1 \leftarrow \underline{F}_1^{-1} \leftarrow x_2$	Amplitudengang an 0 dB-Linie spiegeln; Phasengang ändert Vorzeichen
indirekte Gegenkopplung (Entfernung des Blocks aus dem Rückführzweig)	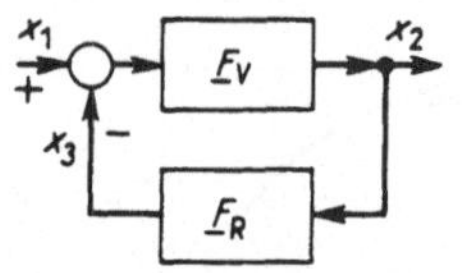 $x_1 \xrightarrow{+} \bigcirc \rightarrow \underline{F}_V \rightarrow x_2$, $x_3 \;(-)$, Rückführung $\underline{F}_R$	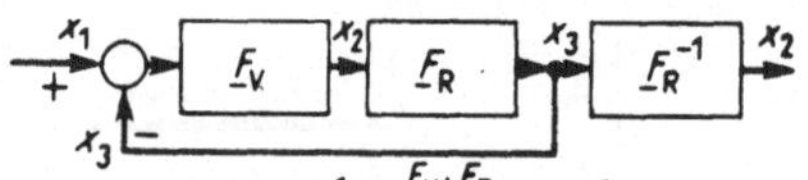 $x_1 \xrightarrow{+} \bigcirc \rightarrow \underline{F}_V \xrightarrow{x_2'} \underline{F}_R \xrightarrow{x_3} \underline{F}_R^{-1} \rightarrow x_2$, $x_3 \;(-)$ $\underline{F} = \underline{F}_0 \cdot \underline{F}_R^{-1} = \dfrac{\underline{F}_V \cdot \underline{F}_R}{1+\underline{F}_V \cdot \underline{F}_R} \cdot \underline{F}_R^{-1}$	
Verschiebung einer Verzweigungsstelle	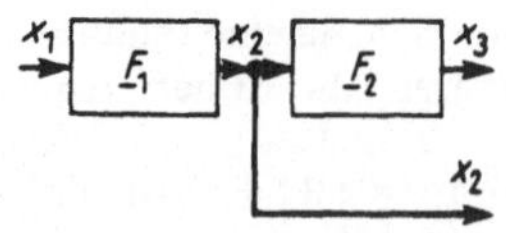 $x_1 \rightarrow \underline{F}_1 \xrightarrow{x_2} \underline{F}_2 \rightarrow x_3$, x_2	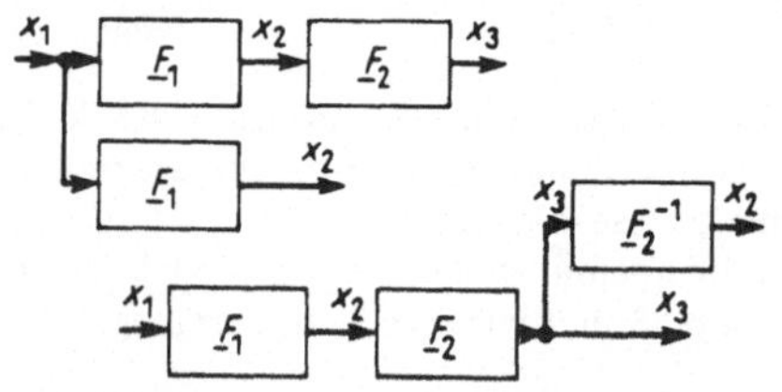 $x_1 \rightarrow \underline{F}_1 \xrightarrow{x_2} \underline{F}_2 \rightarrow x_3$; $x_1 \rightarrow \underline{F}_1 \rightarrow x_2$ $x_1 \rightarrow \underline{F}_1 \xrightarrow{x_2} \underline{F}_2 \rightarrow x_3$; $x_3 \rightarrow \underline{F}_2^{-1} \rightarrow x_2$	
Verschiebung einer Summierungsstelle	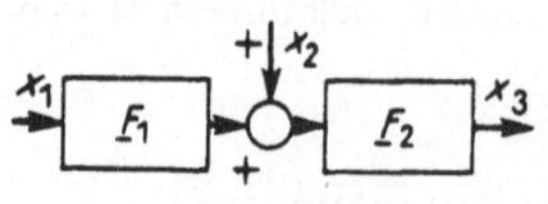 $x_1 \rightarrow \underline{F}_1 \xrightarrow{+\; x_2 \;+} \bigcirc \rightarrow \underline{F}_2 \rightarrow x_3$	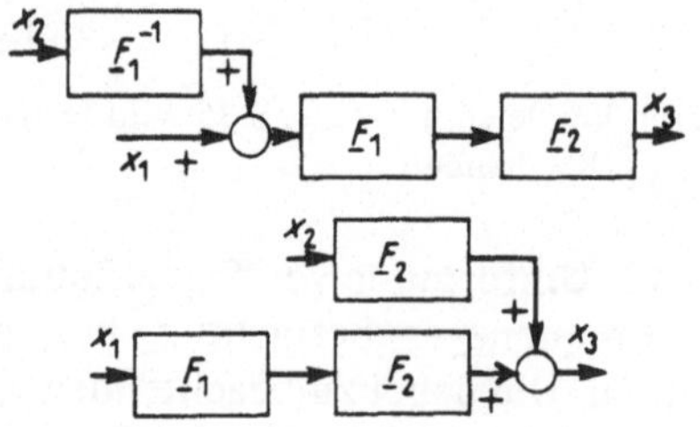 $x_2 \rightarrow \underline{F}_1^{-1} \xrightarrow{+}$; $x_1 \xrightarrow{+} \bigcirc \rightarrow \underline{F}_1 \rightarrow \underline{F}_2 \rightarrow x_3$ $x_2 \rightarrow \underline{F}_2$; $x_1 \rightarrow \underline{F}_1 \rightarrow \underline{F}_2 \xrightarrow{+} \bigcirc \rightarrow x_3$	

Für die Verknüpfung der Blöcke werden außer den Wirkungslinien noch S u m - m i e r u n g s s t e l l e n und V e r z w e i g u n g s p u n k t e (Bild 3.40) benötigt. Bei der Summierungsstelle (beliebig viele Eingangsgrößen, nur eine Ausgangsgröße) wird das Vorzeichen, mit dem die Größe eingeht, in Pfeilrichtung gesehen rechts neben die Wirkungslinie gesetzt. Bei Verzweigungen ist zu beachten, daß das Signal unverändert weitergegeben wird und somit die gleiche Größe an jeder Wirkungslinie auftritt, daß also nicht etwa eine Aufteilung wie bei einem elektrischen Strom erfolgt.

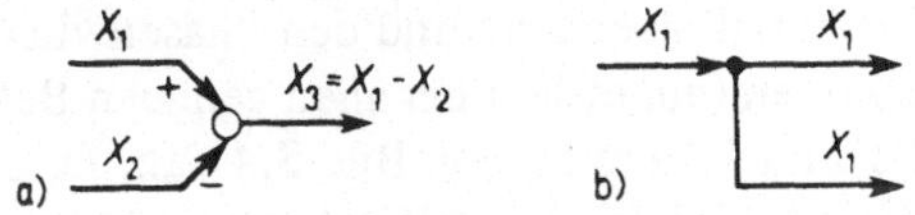

Bild 3.40
Verknüpfungsglieder
a) Summierungsstelle
b) Verzweigungspunkt

Für die K e t t e n s c h a l t u n g von zwei Blöcken nach Tafel 3.39 wird $x_2 = x_1 \underline{F}_1$ und $x_3 = x_2 \underline{F}_2 = x_1 \underline{F}_1 \underline{F}_2$. Also ist der resultierende F r e q u e n z g a n g

$$\underline{F}_{12} = x_3 / x_1 = \underline{F}_1 \underline{F}_2 \tag{3.19}$$

Bei Kettenschaltung sind demnach die einzelnen Frequenzgänge zu multiplizieren. Multiplikation von Zeigern bedeutet aber Addition der Winkel φ und Multiplikation der Beträge F. Bei logarithmischem Maßstab (also z. B. dB) müssen die Beträge F (in dB) ebenfalls addiert werden. Da die Reihenfolge nicht eingeht, können die Blöcke beliebig in der Reihenfolge vertauscht werden.

Die G e g e n k o p p l u n g nach Tafel 3.39 kommt sehr häufig in Regelkreisen vor. Eingangssignal von $\underline{F}_V$, des Blocks im V o r w ä r t s z w e i g, ist $x_1 - x_3$. Daher ist $x_2 = \underline{F}_V (x_1 - x_3)$. Außerdem ist mit $\underline{F}_R$, dem Frequenzgang des Rückführzweiges, $x_3 = x_2 \underline{F}_R$. Nach Umformungen ergibt sich für den resultierenden F r e q u e n z g a n g

$$\underline{F} = \frac{x_2}{x_1} = \frac{\underline{F}_V}{1 + \underline{F}_V \underline{F}_R} \tag{3.20}$$

Für den Fall, daß $\underline{F}_R = 1$, daß im R ü c k f ü h r z w e i g also kein Block vorhanden ist, wird $\underline{F}_0 = \underline{F}_V/(1 + \underline{F}_V)$. Man nennt diesen Fall auch d i r e k t e G e g e n k o p p l u n g. Erweitert man Gl. (3.20) mit $\underline{F}_R \underline{F}_R^{-1}$, so läßt sich der Block aus dem Rückführzweig entfernen

$$\underline{F} = \frac{\underline{F}_V \underline{F}_R}{1 + \underline{F}_V \underline{F}_R} \cdot \underline{F}_R^{-1} = \underline{F}_0 \underline{F}_R^{-1} \tag{3.21}$$

Hierin ist F_R^{-1} der inverse Frequenzgang $\underline{F}_R$, und in $\underline{F}_0$ gehört $\underline{F}_V \underline{F}_R$ zum neuen Vorwärtszweig. Der Block $\underline{F}_R$ wird in den Vorwärtszweig verlegt. Am Ausgang erscheint das Signal x_3. Dieses Signal durchläuft $\underline{F}_R$ dann rückwärts und wird auf diese Weise wieder in x_2 umgeformt.

Überschlägig läßt sich nun der Amplitudengang $F_0 = f(\Omega)$ bei direkter Gegenkopplung stets leicht bestimmen. Wegen $\underline{F}_0 = \underline{F}/(1 + \underline{F})$ wird für $F \gg 1$ hier $F_0 = 1$, d. h. 0 dB, weil im Nenner 1 gegenüber $\underline{F}$ vernachlässigt werden kann.

Für $\underline{F} \ll 1$ wird $\underline{F}_0 = \underline{F}$, denn jetzt ist $\underline{F}$ im Nenner vernachlässigbar. Vereinfacht kann man sagen, daß durch die Gegenkopplung der Teil des Amplitudengangs des offenen (d. h. des noch nicht gegengekoppelten) Kreises, der über 0 dB liegt, gleich 0 dB wird, während der unter 0 dB liegende Amplitudengang erhalten bleibt. Lediglich in der Nähe der Durchtrittsfrequenz mit $F = 1$ müssen genauere Betrachtungen angestellt werden. Wenn der Phasenwinkel φ nämlich größer als $120°$ ist, wird der Betrag des Nenners wegen der geometrischen Zeigeraddition verkleinert und die Amplitude F_0 wird durch die Gegenkopplung vergrößert.

Um die Amplitude in der Nähe der Durchtrittsfrequenz und den Phasenwinkel in seinem ganzen Verlauf genau zu bestimmen (außerdem bei allen genauen Betrachtungen), wendet man das N i c h o l s d i a g r a m m von Bild 3.41 an. Es ist die grafische Darstellung der Funktion $F_0 = \underline{F}/(1 + \underline{F})$ und gilt daher ebenfalls nur für die direkte Gegenkopplung. Glieder aus dem Rückführzweig müssen deshalb vor Anwendung des Nicholsdiagramms entsprechend Tafel 3.39 entfernt werden. Die rechtwinkligen Koordinaten des Diagramms gehören zum noch nicht gegengekoppelten Frequenzgang $\underline{F}$. Vertikal ist die Amplitude F, horizontal der Phasenwinkel φ aufgetragen. Die Kurvenscharen stellen die Werte des gegengekoppelten Frequenzgangs $\underline{F}_0$ dar. Im Schnittpunkt der Koordinaten von $\underline{F}$ können Amplitude F_0 und Phasenwinkel φ_0 des gegengekoppelten Frequenzgangs $\underline{F}_0$ abgelesen werden, wobei meist zwischen zwei Kurven interpoliert werden muß. Das Nicholsdiagramm muß für den interessierenden Frequenzbereich Punkt für Punkt angewendet werden.

Bei der P a r a l l e l s c h a l t u n g von zwei Frequenzgängen genügt es meist, wenn die größere der beiden Amplituden allein berücksichtigt wird. So ergibt sich der neue Amplitudengang, wenn jeweils nur der obere der beiden Ausgangs-Amplitudengänge berücksichtigt wird. Lediglich an der Schnittstelle der beiden Amplitudengänge, an der die Beträge gleich groß sind, muß eine geometrische Addition durchgeführt werden. Hier können sich die Beträge bei entgegengesetzter Phasenlage auslöschen (z. B. bei Parallelschaltung eines I-Gliedes mit einem D-Glied).

Auch zur Bestimmung des Phasenwinkels ist die Zeigeraddition notwendig. Durch I n v e r s i o n (s. Abschn. 3.412) kann die Parallelschaltung auch in eine indirekte Gegenkopplung umgewandelt und dann mit Hilfe des Nicholsdiagramms bearbeitet werden.

Die Regeln für die V e r s c h i e b u n g eines Verzweigungspunktes und einer Summierungsstelle sind ohne weitere Erklärung verständlich. Im zweiten Falle verlieren aber die Größen an den übersprungenen Strecken ihre alte Bedeutung. Bei Verschiebungen ist zu beachten, daß nur Verzweigungen unter sich und Summierungsstellen u n t e r s i c h v e r t a u s c h t werden dürfen, niemals jedoch ein Verzweigungspunkt mit einer Summierungsstelle.

Bild 3.41 Nicholsdiagramm zur Durchführung der direkten Gegenkopplung $\underline{F}_0 = \underline{F}/(1 + \underline{F})$. Rechtwinklige Koordinaten $\underline{F}$, Kurvenscharen $\underline{F}_0$

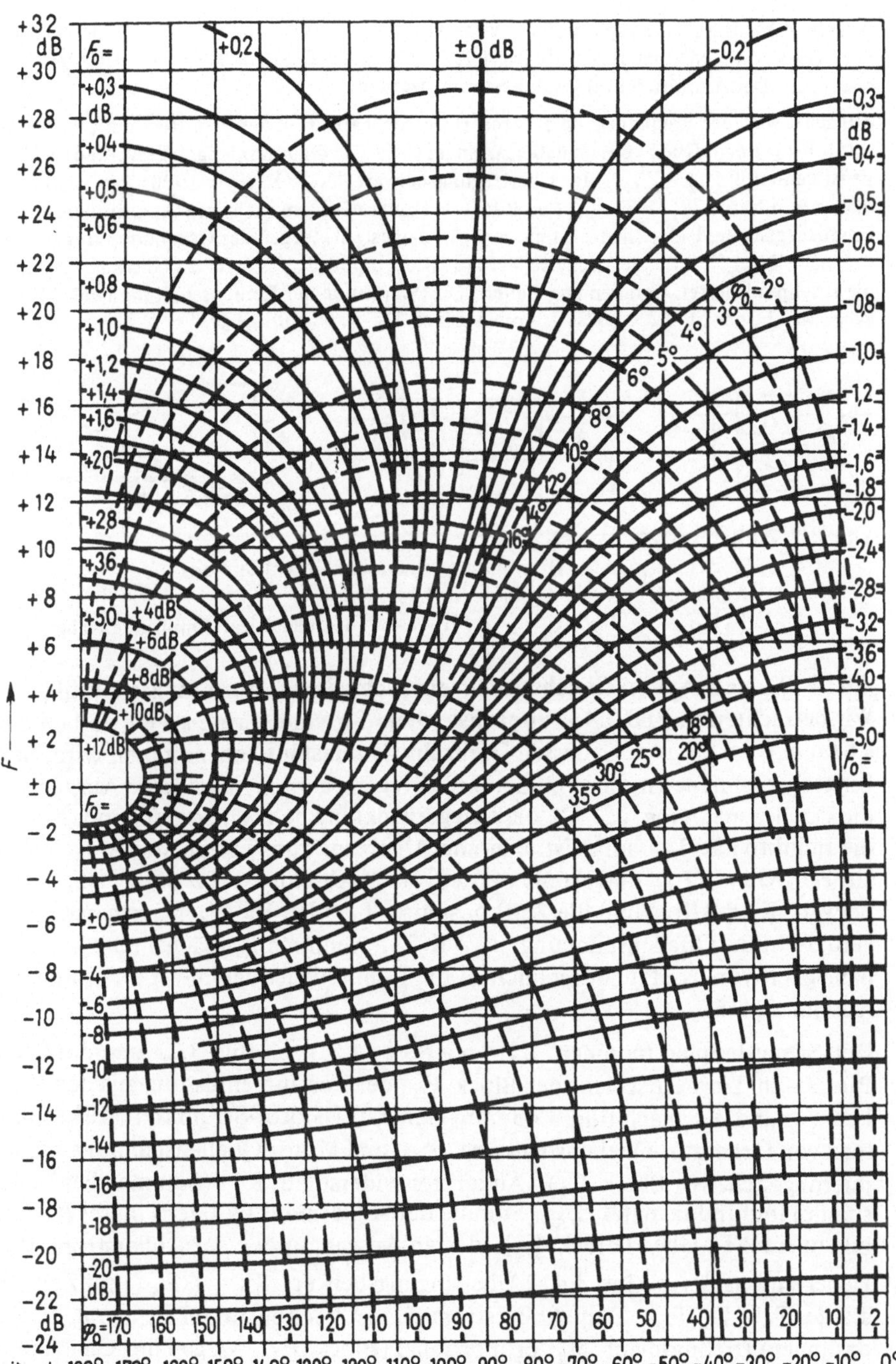
+32 dB
+30
+28 dB
+26
+24
+22
+20
+18
+16
+14
+12
+10
+8
+6
+4
+2
±0
-2
-4
-6
-8
-10
-12
-14
-16
-18
-20
-22 dB
-24
F
F₀=
+0,3
+0,4
+0,5
+0,6
+0,8
+1,0
+1,2
+1,4
+1,6
+2,0
+2,8
+3,6
+5,0
+6dB
+8dB
+10dB
+12dB
+4dB
F₀=
±0
-4
-6
-8
-10
-12
-14
-16
-18
-20 dB
+0,2
±0 dB
-0,2
-0,3 dB
-0,4
-0,5
-0,6
-0,8
-1,0
-1,2
-1,4
-1,6
-1,8
-2,0
-2,4
-2,8
-3,2
-3,6
-4,0
-5,0
F₀=
φ₀=2°
3°
4°
5°
6°
8°
10°
12°
14°
16°
18°
20°
25°
30°
35°
φ₀=170 160 150 140 130 120 110 100 90 80 70 60 50 40 30 20 10 2
φ₀ wird: nacheilend -180° -170° -160° -150° -140° -130° -120° -110° -100° -90° -80° -70° -60° -50° -40° -30° -20° -10° 0°
voreilend -180° -190° -200° -210° -220° -230° -240° -250° -260° -270° -280° -290° -300° -310° -320° -330° -340° -350° -360°
φ ⟶

Beispiel 3.14: Ein P-Glied mit großer Verstärkung $K_1 = 1000$ ist nach Bild 3.42a über ein P-T$_1$-Glied, das den Übertragungsbeiwert $K_2 = 1$ und die Zeitkonstante $T_2 = 0,1$ s hat, gegengekoppelt. Der Amplitudengang soll bestimmt werden.

Zunächst wird der Frequenzgang $\underline{F}_2$ mit Hilfe von Tafel 3.39 aus dem Rückführzweig entfernt. P-T$_1$- und P-Glied können dabei zu einem P-T$_1$-Glied zusammengefaßt werden (Bild 3.42b). Es ist dann mit $\underline{F}_{12} = \underline{F}_1\underline{F}_2$ der Übertragungsbeiwert $K_{12} = K_1 K_2 = 1000 \cdot 1 = 1000$ und die Zeitkonstante $T_{12} = T_2 = 0,1$ s. Bild 3.42c zeigt die Lösung für den Amplitudengang. Der Frequenzgang des P-T$_1$-Gliedes ist ausgezogen dargestellt. Wegen der Gegenkopplung ergibt sich nach Tafel 3.39 der gestrichelte Verlauf. Die Amplitude des inversen Gliedes F_2^{-1} ist durch die strichpunktierten Geraden angenähert. Die Amplitude der Reihenschaltung beider Frequenzgänge weicht nur für $\Omega > 10^4 \mathrm{s}^{-1}$ vom Verlauf F_2^{-1} ab (punktiert).

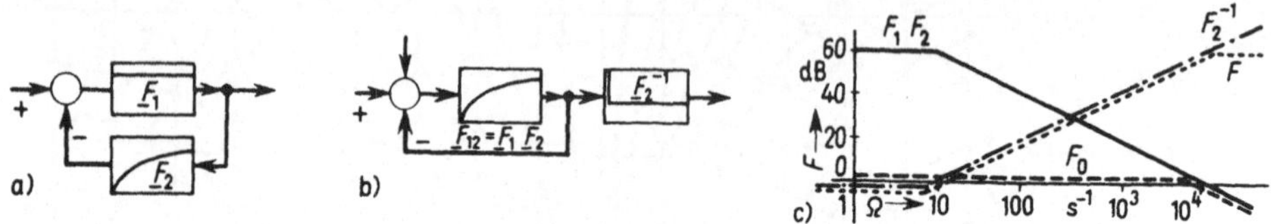

Bild 3.42 Zu Beisp. 3.14

    a) Blockschaltbild b) Umwandlung in direkte Gegenkopplung

    c) Amplitudengang in Asymptotendarstellung

       $F_1 F_2$(——), F_0(– – –), F_2^{-1}(– · –·—), endgültiger Amplitudengang (· · · ·)

3.414 Darstellung von Gleichstrom-Nebenschlußmaschinen im Signalflußplan.

Wir betrachten in Bild 3.43a zunächst einen f r e m d e r r e g t e n G l e i c h s t r o m g e n e r a t o r, dessen Drehzahl als konstant angenommen wird. Seine Eingangsspannung ist die veränderbare Erregerspannung u_E, seine Ausgangsgröße die Quellenspannung u_q. Da die Erregerwicklung den Wirkwiderstand R_E und die Induktivität L_E aufweist, kann der Übergang zum Erregerstrom i_E durch ein P-T$_1$-Glied ($\underline{F}_1$) dargestellt werden. Nach Abschn. 3.412 ist der Übertragungsbeiwert $K_1 = 1/R_E$ und die Zeitkonstante $T_1 = L_E/R_E$. Der Erregerstrom i_E verursacht die Quellenspannung $u_q = K_2 i_E$, wenn man zunächst eine lineare Abhängigkeit voraussetzt (tatsächlich ist die Kennlinie jedoch meist nicht linear, s. Abschn. 3.416).

Den Signalflußplan für einen L e o n a r d s a t z nach Bild 3.23 und 3.32 zeigt Bild 3.43b. Dort entspricht der Block $\underline{F}_1$ der Zusammenfassung aus den Blöcken $\underline{F}_1$ und $\underline{F}_2$ nach Bild 3.43a. Im Generator-Motor-Stromkreis wirkt die Differenz von Generator-Quellenspannung u_{qG} und Motor-Quellenspannung u_{qM} (Summierungsstelle vor Block $\underline{F}_2$). Ankerkreiswiderstand R_A (Summe aller Teilwiderstände) und Induktivität L_A (Summe der Ankerinduktivitäten) dieses Kreises bilden ein P-T$_1$-Glied (Block $\underline{F}_2$), dessen Ausgangsgröße der Ankerstrom i_A ist. Dabei sind nach Abschn. 3.412 Übertragungsbeiwert $K_2 = 1/R_A$ und Zeitkonstante $T_2 = L_A/R_A$. Dem Ankerstrom i_A ist bei konstanter Erregung des Motors das innere Drehmoment M_{it} proportional (Block $\underline{F}_3$). Wegen der Gleichheit von innerer elektrischer und mechanischer Leistung $P_{iN} = U_{qMN} I_N = M_{iN} \omega_N$ ist der Übertragungsbeiwert $K_3 = M_{iN}/I_N = U_{qMN}/\omega_N$. Nach Abzug des Lastmoments M_{Lt} an der Summierungsstelle verbleibt das Beschleunigungsmoment M_{Bt}.

Die Winkelgeschwindigkeit des Motors $\omega_{Mt} = (1/J)\int M_{Bt}\,dt$ ist nach Gl. (2.5) dem Zeitintegral des Beschleunigungsmoments M_{Bt} proportional (Integrierglied $\underline{F}_4$), und der Übertragungsbeiwert dieses Gliedes ist daher $K_4 = 1/J$ (mit J als Trägheitsmoment von Motor u n d gekuppelten Massen). Der Winkelgeschwindigkeit ω_{Mt} ist die Motor-Quellenspannung u_{qM} proportional. Der Übertragungsbeiwert dieses Gliedes $\underline{F}_5$ ist wegen der konstanten Erregung $K_5 = U_{qMN}/\omega_N = K_3$. Der Ausgang von $\underline{F}_5$ wirkt dann auf die Summierungsstelle zurück. Dieser Signalflußplan gilt nur bei konstanter Erregung des Motors.

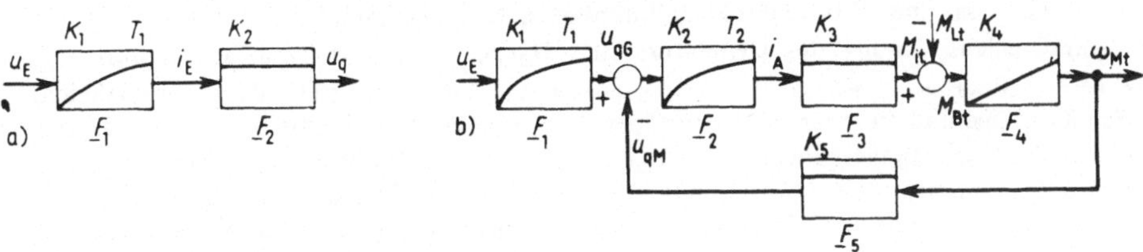

Bild 3.43 Signalflußplan des fremderregten Gleichstromgenerators bei konstanter Drehzahl (a) und eines Leonardsatzes bei konstant erregtem Motor und konstanter Generatordrehzahl (b) ohne Ankerrückwirkung

In Bild 3.43b sind die Erregerspannung u_E des Generators die zeitabhängig veränderbare E i n g a n g s g r ö ß e, das Lastmoment M_{Lt} eine zeitabhängig veränderliche S t ö r g r ö ß e und die Winkelgeschwindigkeit des Motors ω_{Mt} die ebenfalls zeitabhängige A u s g a n g s g r ö ß e. Der Signalflußplan von Bild 3.43b gilt auch, wenn der Motor nicht von einem Leonardgenerator, sondern durch eine andere Spannungsquelle, z. B. einen S t r o m r i c h t e r, gespeist wird. In den Block $\underline{F}_2$ gehen dann allerdings die Summen aller Widerstände und Induktivitäten des veränderten Kreises (unter Einbeziehung der speisenden Spannungsquelle, z. B. des Stromrichters) ein, und an die Stelle der Generator-Quellenspannung u_{qG} tritt die Quellenspannung u_q des speisenden Gerätes oder Netzes. Unter Umständen bekommt der Block $\underline{F}_1$ auch ein anderes Zeitverhalten.

Bei manchen Antriebsaufgaben wird die M o t o r d r e h z a h l s t a r r g e - f ü h r t, z. B. bei Haspeln mit vorgegebener Bandgeschwindigkeit. In diesem Fall ist die Motordrehzahl praktisch nicht vom Drehmoment abhängig und der Übertragungsbeiwert K_4 wird Null. Somit entfällt die Rückführung über die Glieder $\underline{F}_4$ und $\underline{F}_5$. Das Bild 3.44 gilt für diesen Fall bei Speisung durch einen Leonardgenerator. Die Motor-Quellenspannung u_{qM}, die ja durch die starre Drehzahlführung bestimmt wird, ist nun als Störgröße anzusehen. Die Ausgangsgröße, die meist geregelt wird, ist das Drehmoment M_{it}. Dieses Verhalten gilt z. B. bei Haspeln und anderen Antrieben von Materialbahnen, bei denen das Drehmoment

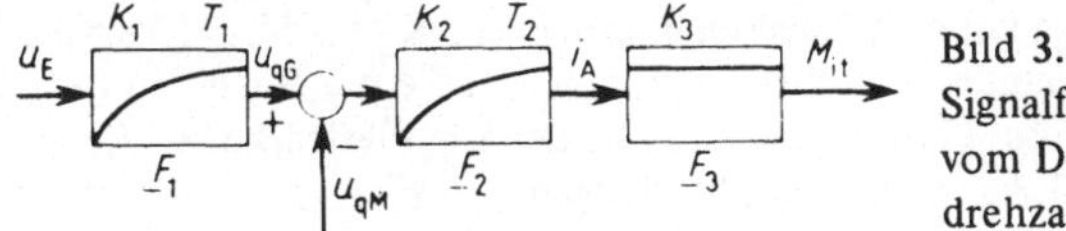

Bild 3.44
Signalflußplan für einen Leonardsatz mit vom Drehmoment unabhängiger Motordrehzahl

dann den Zug in der Materialbahn bestimmt. Außerdem wird es wirksam, wenn ein Antrieb mit Stromregelung festgebremst ist oder an der Stromgrenze nicht anläuft.

Beispiel 3.15: Ein Leonardsatz hat die Daten Motor-Nenndrehzahl $n_{MN} = 1380$ min^{-1} bzw. Nennwinkelgeschwindigkeit $\omega_N = 144{,}4$ s^{-1}. Ankerkreiswiderstand $R_A = 0{,}55\ \Omega$ (Motor $0{,}31\ \Omega$, Generator $0{,}24\ \Omega$), Ankerinduktivität $L_A = 22$mH (Motor 12,5 mH, Generator 9,5 mH), Nennspannung $U_{MN} = U_{GN} = U_N = 440$ V, Nennstrom $I_{AN} = 64{,}5$ A, Trägheitsmoment $J = 4{,}66$ kgm^2 (Motor und Arbeitsmaschine). Der Generator hat die Nennerregerspannung $U_{EN} = 220$ V, den Erregerwiderstand $R_E = 120\ \Omega$ und die Feldinduktivität $L_E = 63$ H. Die Konstanten der einzelnen Blöcke des Signalflußplans sind zu bestimmen

Die Nenn-Quellenspannung des Generators ist $U_{qGN} = U_{GN} + I_{AN}R_{AG} = 440$ V $+ 64{,}5$ A $\cdot 0{,}24\ \Omega = 455{,}5$ V. Bei Voraussetzung einer (an sich nicht vorhandenen) linearen Kennlinie und einer (ebenfalls nicht gegebenen) konstanten Feldinduktivität sind nach Bild 3.43b der Übertragungsbeiwert $K_1 = U_{qGN}/U_{EN} = 455{,}5$ V$/220$ V $= 2{,}07$ und die Zeitkonstante $T_1 = L_E/R_E = 63$ H$/120\ \Omega = 0{,}525$ s. Somit ist die Eckfrequenz $\Omega_{01} = 1/T_1 = 1/0{,}525$ s $= 1{,}9$ s^{-1}. Für den Block $\underline{F}_2$ ergeben sich Übertragungsbeiwert $K_2 = 1/R_A = 1/0{,}55\ \Omega = 1{,}82$ A/V und Zeitkonstante $T_2 = L_A/R_A = 22$ mH$/0{,}55\ \Omega = 40$ ms, somit die Eckfrequenz $\Omega_{02} = 1/T_2 = 1/40$ ms $= 25$ s^{-1}. Der Motor hat die Nenn-Quellenspannung $U_{qMN} = U_N - I_N R_{AM} = 440$ V $- 64{,}5$ A $\cdot 0{,}31\ \Omega = 420$ V. Für die Blöcke $\underline{F}_3$ und $\underline{F}_5$ ist der Übertragungsbeiwert $K_3 = K_5 = U_{qMN}/\omega_{MN} = 420$ V$/144{,}4$ s$^{-1} = 2{,}91$ Vs $= 2{,}91$ Nm/A. Der Block $\underline{F}_4$ hat den Übertragungsbeiwert $K_4 = 1/J = 1/4{,}66$ kgm$^2 = 0{,}2145$ kg^{-1} m$^{-2} = 0{,}2145$ N^{-1}m^{-1}s^{-2}.

In Bild 3.43b und Beisp. 3.15 tritt ein geschlossener Kreis auf. Multipliziert man die Übertragungsbeiwerte sämtlicher Blöcke in einem Kreis, so ergibt sich die K r e i s - v e r s t ä r k u n g V_0. Im allgemeinen ist V_0 dimensionslos und gibt den Abstand der horizontal verlaufenden Asymptoten von der 0 dB-Linie an. Wegen der Definition des Übertragungsbeiwerts des I-Gliedes ergibt sich jedoch bei Vorhandensein eines I-Gliedes im Kreis für die i n t e g r a l e K r e i s v e r s t ä r k u n g V_{0I} die Dimension der reziproken Zeit (in diesem Abschn. stets s^{-1}), und die Kreisverstärkung V_{0I} wird gleich der Kreisfrequenz Ω, bei der die Asymptote mit der Steigung -20 dB/Dekade die 0 dB-Linie schneidet. Dies ist meist auch die Durchtrittsfrequenz Ω_d. Der Zahlenwert V_{0I} entspricht auch der Amplitude dieser Asymptote bei der Kreisfrequenz $\Omega = 1$ s^{-1}. In ähnlicher Weise tritt bei der Differential-Kreisverstärkung V_{0D} die Einheit s auf.

Beispiel 3.16: Für den Leonardsatz aus Beisp. 3.15 sollen Amplituden- und Phasengang gezeichnet werden. Eingangsgröße ist die Erregerspannung des Generators u_E, Ausgangsgröße die Winkelgeschwindigkeit des Motors ω_{Mt}.
Ausgehend vom Signalflußplan in Bild 3.43b wird zunächst der Block $\underline{F}_5$ aus dem Rückführzweig entfernt. Gleichzeitig werden die Blöcke $\underline{F}_3$, $\underline{F}_4$ und $\underline{F}_5$ zu einem Integrierglied $\underline{F}_{345}$ mit dem Übertragungsbeiwert $K_{345} = K_3K_4K_5 = 2{,}91$ NmA$^{-1} \cdot 0{,}2145$ N^{-1}m^{-1}s$^{-2} \cdot 2{,}91$ Vs $= 1{,}815$ V/As zusammengefaßt. Der Einfluß des Lastmoments wird hier nicht untersucht; deshalb kann diese Summierungsstelle entfallen. Nach den Rechenregeln in Tafel 3.39 erscheint der Block $\underline{F}_5$ invers im Rückführzweig mit dem Übertragungsbeiwert $K_5^{-1} = 1/2{,}91$ Vs $= 0{,}344$ 1/Vs (Bild 3.45). Für die gegenzukoppelnde, zunächst aber noch o f f e n e S c h l e i f e (d. h. ohne Berücksichtigung der Gegenkopplung) wird nun mit der Kreisverstärkung $V_{0I} = K_2 K_{345} = 1{,}82$ AV$^{-1} \cdot 1{,}815$ VA^{-1}s$^{-1} = 3{,}3$ s^{-1} der Amplitudengang $F_2 F_{345}$ gekennzeichnet. Er beginnt wegen des I-Gliedes $\underline{F}_{345}$ mit der Steigung -20 dB/Dekade und hat bei der Kreisfrequenz

$\Omega = 1\ \text{s}^{-1}$ die Amplitude $|V_{0I}| = 3,3 \triangleq 10,4$ dB, Bei der Eckfrequenz des P-T_1-Gliedes $\Omega_{02} = 25\ \text{s}^{-1}$ knickt die Asymptote des Amplitudengangs auf die Steigung -40 dB/Dekade. In Bild 3.46 sind die Asymptoten dünn, der wahre Verlauf stark ausgezogen.

Bild 3.45
Umgewandelter Signalflußplan für den Leonardsatz in
Beisp. 3.16

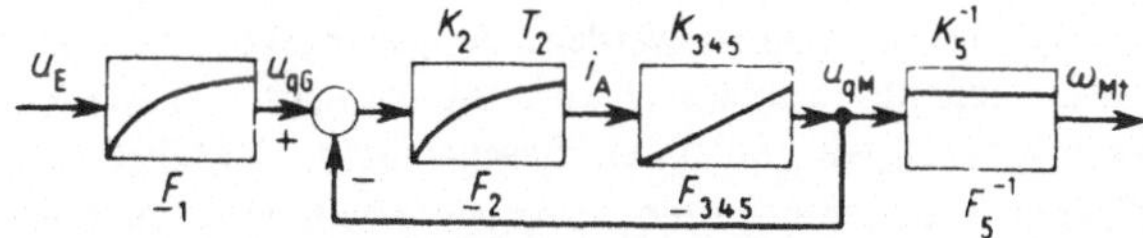

Da der Kreis ein I-Glied enthält, schneidet die Asymptote $F_2 F_{345}$ die 0 dB-Linie bei der Kreisfrequenz $\Omega = 3,3\ \text{s}^{-1} = V_{0I}$. Da sich die Amplitudenabsenkung durch den Knick des P-T_1-Gliedes bei der Durchtrittsfrequenz praktisch noch nicht auswirkt (1 dB unterhalb der Asymptoten bei $\Omega_0/2$, 3 dB bei Ω_0), ist außerdem die Durchtrittsfrequenz $\Omega_d = V_{0I} = 3,3\ \text{s}^{-1}$. Durch die Gegenkopplung wird näherungsweise der über 0 dB liegende Amplitudengang weggeschnitten, während der unter 0 dB liegende erhalten bleibt (gestricheltes F_0). Dadurch entsteht eine neue Knickstelle bei der Durchtrittsfrequenz $\Omega_d = 3,3\ \text{s}^{-1}$. Dies gilt nur näherungsweise. Bei genauer Konstruktion mit dem Nicholsdiagramm würde diese Knickstelle ein wenig zu höheren Frequenzen verschoben sein, während sich die Knickstelle $\Omega_{02} = 25\ \text{s}^{-1}$ durch die Gegenkopplung ein wenig zu niedrigeren Frequenzen verschiebt. Das Glied $\underline{F}_5^{-1}$ senkt nun den Amplitudengang um den Faktor $K_5^{-1} = 0,344 = -9,5$ dB ab.

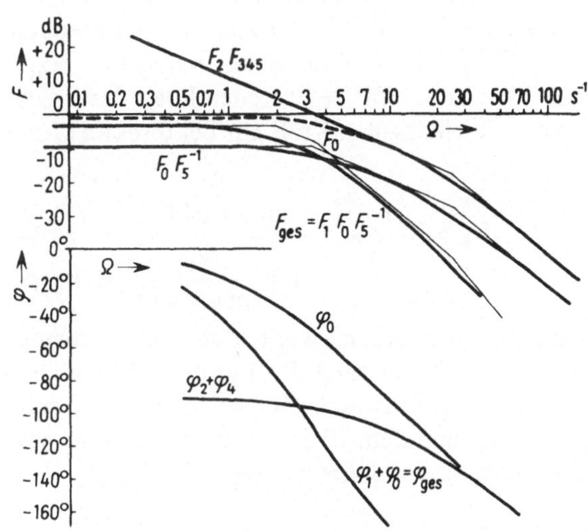

Bild 3.46
Amplituden- und Phasengang
zu Bild 3.46 und Beisp. 3.16

T a f e l 3.47 Ermittlung des Phasengangs zu Beispiel 3.16

Ω in s^{-1}	0,5	0,7	1	2	3	5	7	10	20	30
$-\varphi_2$ in °	1	2	2	5	7	11	16	22	38	48
$-\varphi_4$ in °	90	90	90	90	90	90	90	90	90	90
$-(\varphi_2 + \varphi_4)$ in °	91	92	92	95	97	101	106	112	128	138
$-\varphi_0$ in °	8	13	18	34	48	66	79	94	121	135
$-\varphi_1$ in °	15	20	28	46	53	69	75	79	84	86
$-\varphi_{ges} = -(\varphi_1 + \varphi_0)$ in °	23	33	46	80	101	135	154	173	205	221

Jetzt muß noch das Glied $\underline{F}_1$ berücksichtigt werden. Es hebt den Amplitudengang $F_{ges} = F_1 F_0 F_5^{-1}$ um den Faktor $\overline{K}_1 = 2{,}07 \triangleq 6{,}3$ dB und verursacht außerdem einen weiteren Knick mit der Steigungsänderung -20 dB/Dekade bei der Eckfrequenz $\Omega_{01} = 1{,}9$ s^{-1}, wodurch sich auch alle nachfolgenden Steigungen ändern. Der Phasengang (Tafel 3.47 und Bild 3.46) wird für die einzelnen Glieder nach Bild 3.36 bestimmt. Wegen der Reihenschaltung müssen die Werte φ_2 und φ_4 addiert werden. Der gegengekoppelte Phasengang φ_0 wird dann mit dem Nicholsdiagramm in Bild 3.41 unter Berücksichtigung der Amplitude $F_2 F_{345}$ bestimmt. Zum Phasengang φ_0 wird noch der Phasengang φ_1 des Gliedes F_1 addiert.

Bei häufigerem Arbeiten mit Frequenzgangdarstellungen lohnt es sich, den normierten Phasengang von Bild 3.36 am Rande eines Streifens mit der benutzten logarithmischen Frequenzteilung aufzutragen. Legt man diese Schablone (auch „P h a s e n l i n e a l" genannt) mit dem Punkt $\Omega/\Omega_0 = 1$ über die Eckfrequenz Ω_0 der einzelnen Glieder in der Frequenzgangdarstellung, so kann man den Phasengang für beliebige Punkte einfach übernehmen. Auch Bild 3.36 stellt bei Aneinanderreihung der Skalen bereits ein Phasenlineal für die Teilung 10 cm/Dekade dar.

3.415 Verzögerungsglied 2. Ordnung (P-T$_2$-Glied). Beispiel 3.16 (Bild 3.45) enthält eine direkt gegengekoppelte Schleife mit einem P-T$_1$-Glied $\underline{F}_2$ und einem I-Glied $\underline{F}_{345}$. Diese Anordnung kommt häufig vor. Deshalb lohnt sich eine mathematische Behandlung des zugehörigen Frequenzgangs. Mit der Zeitkonstante T für das P-T$_1$-Glied und der Kreisverstärkung V_{0I} (Produkt aller Übertragungsbeiwerte) ergibt sich für den offenen Kreis der Frequenzgang $\underline{F} = (V_{0I}/p)\,[1/(1+Tp)]$. Für den geschlossenen Kreis gilt bei direkter Gegenkopplung nach Tafel 3.39

$$\underline{F}_0 = \frac{\underline{F}}{1+\underline{F}} = \frac{\dfrac{V_{0I}}{p(1+pT)}}{1+\dfrac{V_{0I}}{p(1+pT)}} = \frac{1}{1+p\dfrac{1}{V_{0I}}+p^2\dfrac{T}{V_{0I}}} \tag{3.22}$$

Den gleichen Frequenzgang hat auch ein Schwingkreis aus Induktivität L, Kapazität C und Widerstand R. Für den allgemeinen Fall des P-T$_2$-Gliedes rechnet man wie beim Schwingkreis zweckmäßig mit dem Dämpfungsgrad ϑ, der Eckfrequenz Ω_0 und dem Übertragungsbeiwert K sowie dem F r e q u e n z g a n g in der normierten Schreibweise

$$\underline{F} = \frac{K}{1+p\dfrac{2\vartheta}{\Omega_0}+\dfrac{p^2}{\Omega_0^2}} \tag{3.23}$$

Für den K r i e c h f a l ($\vartheta > 1$) läßt sich das P-T$_2$-Glied in eine Reihenschaltung von zwei P-T$_1$-Gliedern verwandeln (s. Beisp. 3.17). Dann ist der F r e q u e n z g a n g

$$\underline{F} = K\,\frac{1}{1+pT'_1}\cdot\frac{1}{1+pT'_2} \tag{3.24}$$

mit den Z e i t k o n s t a n t e n

$$T'_{1,2} = \frac{1}{\Omega_0}(\vartheta \pm \sqrt{\vartheta^2-1}) \tag{3.25}$$

Die Übergangsfunktion setzt sich dann aus zwei Exponentialfunktionen mit den Zeitkonstanten T'_1 und T'_2 zusammen.

Für den **S c h w i n g f a l l** $(\vartheta < 1)$ kann der Amplitudengang aus Bild 3.48a
und der Phasengang aus Bild 3.48b entnommen werden. Bei kleinen Frequenzen nähert sich die Amplitude F asymptotisch dem Übertragungsbeiwert K
und der Phasenwinkel dem Wert $\varphi = 0°$. Bei hohen Frequenzen fällt der Amplitudengang mit 40 dB/Dekade, und der Phasenwinkel nähert sich $\varphi = -180°$.

Die Übergangsfunktion stellt für $\vartheta = 0$ eine ungedämpfte Schwingung dar und
für $0 < \vartheta < 1$ eine gedämpfte Schwingung, deren Schwingungen aber schon für
$\vartheta > 0,7$ kaum noch wahrnehmbar sind.

Beispiele für $P\text{-}T_2$-Glieder sind elektrische Reihen- und Parallelschwingkreise, mechanische Feder-Masse-Systeme und die meisten elektrischen Maschinen im Hin-
blick auf das Drehzahlverhalten.

Beispiel 3.17: Für den Leonardsatz aus den Beisp. 3.15 und 3.16 sollen die Daten des $P\text{-}T_2$-Glie-
des mit der Eingangsgröße u_{qG} und der Ausgangsgröße ω_{Mt} bestimmt werden. Die Blöcke
$\underline{F}_2, \underline{F}_{345}$ und $\underline{F}_5^{-1}$ aus Bild 3.45 sollen also durch einen Block mit $P\text{-}T_2$-Verhalten ersetzt
werden.

Durch Vergleich der Koeffizienten von p bei Gl. (3.22) und (3.23) erhält man $2\vartheta/\Omega_0 = 1/V_{0I}$
und $1/\Omega_0^2 = T/V_{0I}$. Die Auflösung nach ϑ und Ω_0 ergeben

Eckfrequenz $\qquad\qquad\qquad \Omega_0 = \sqrt{V_{0I}/T}$ $\qquad\qquad\qquad\qquad\qquad$ (3.26)

Dämpfungsgrad $\qquad\qquad\quad \vartheta = \dfrac{1}{2\sqrt{V_{0I}T}}$ $\qquad\qquad\qquad\qquad\quad$ (3.27)

Mit den Zahlenwerten aus Beisp. 3.16, nämlich Kreisverstärkung $V_{0I} = 3,3\ \text{s}^{-1}$ und Zeitkonstante $T_2 = 0,04\ \text{s}$, werden

Eckfrequenz $\qquad\qquad \Omega_0 = \sqrt{V_{0I}/T} = \sqrt{3,3\ \text{s}^{-1}/0,04\ \text{s}} = 9,09\ \text{s}^{-1}$

Dämpfungsgrad $\qquad\quad \vartheta = 1/(2\sqrt{V_{0I}T}) = 1/(2\sqrt{3,3\ \text{s}^{-1} \cdot 0,04\ \text{s}}) = 1,375$

Bei direkter Gegenkopplung wird nach Gl. (3.22) der Übertragungsbeiwert des $P\text{-}T_2$-Gliedes
$K = 1$. Unter Einbeziehung des Blocks $\underline{F}_5$ aus Bild 3.43 bzw. des Blocks $\underline{F}_5^{-1}$ aus Bild 3.45
ist der Übertragungsbeiwert $K_{PT2} = K_5^{-1} = 0,344\ 1/\text{Vs}$. Da der Dämpfungsgrad $\vartheta > 1$ ist,
wird das $P\text{-}T_2$-Glied nach Gl. (3.25) in zwei $P\text{-}T_1$-Glieder umgewandelt, die sich einfacher
in Amplituden- und Phasengang darstellen lassen. Die Zeitkonstanten sind $T'_{12} =$
$(\vartheta \pm \sqrt{\vartheta^2 - 1})/\Omega_0 = (1,357 \pm \sqrt{1,375^2 - 1})/9,09\ \text{s}^{-1}$, also $T'_1 = 0,255\ \text{s} \triangleq \Omega'_{01} = 3,92\ \text{s}^{-1}$ und
$T'_2 = 0,0475\ \text{s} \triangleq \Omega'_{02} = 21,05\ \text{s}^{-1}$. Wie schon in Beisp. 3.16 erwähnt wird, weichen diese Eck-
frequenzen etwas von den dort näherungsweise ohne Anwendung des Nicholsdiagramms bestimmten
ab $(3,3\ \text{s}^{-1}$ und $25\ \text{s}^{-1})$. Diese Abweichung ist übrigens um so geringer, je größer der Dämpungsgrad
des $P\text{-}T_2$-Gliedes ist. Der Übertragungsbeiwert $K_{PT2} = 0,344\ 1/\text{Vs}$ wird von der Umwandlung
in zwei $P\text{-}T_1$-Glieder nicht berührt, und es ist gleichgültig, welchem der beiden Glieder er zugeordnet wird.

Beispiel 3.18: Die direkt gegengekoppelte Reihenschaltung von zwei $P\text{-}T_1$-Gliedern $\underline{F}_1$ und
$\underline{F}_2$ ist in ein $P\text{-}T_2$-Glied umzuwandeln.

Nach Tafel 3.34 und 3.39 ist der Frequenzgang für die Reihenschaltung

$$\underline{F} = \frac{K_1}{1 + pT_1} \cdot \frac{K_2}{1 + pT_2} = \frac{K_1 K_2}{1 + p(T_1 + T_2) + p^2 T_1 T_2}$$

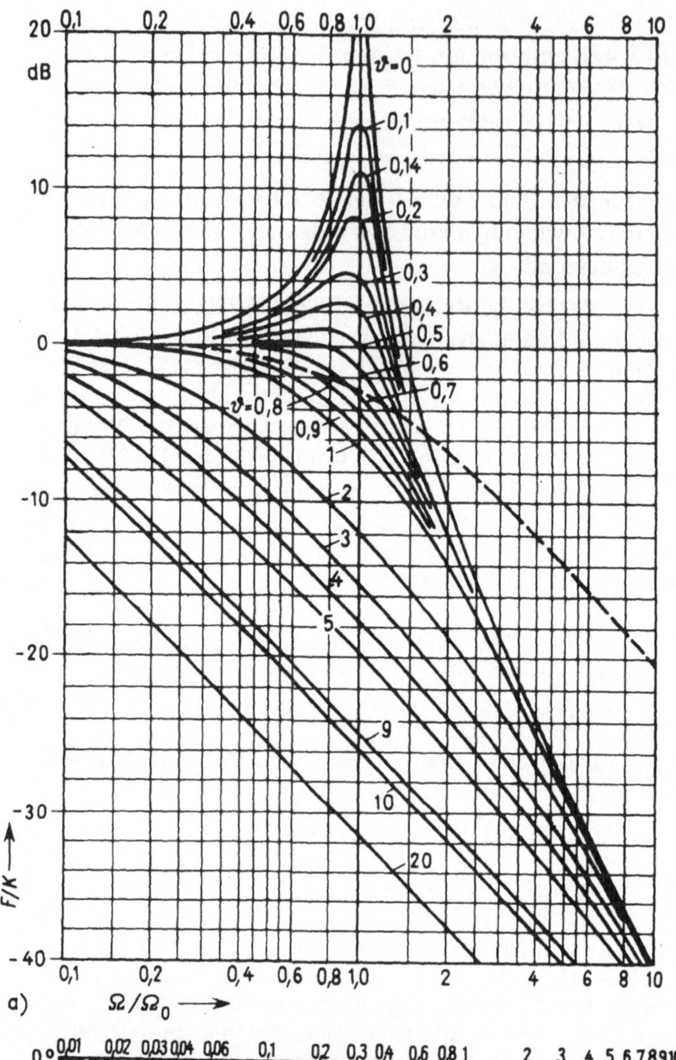

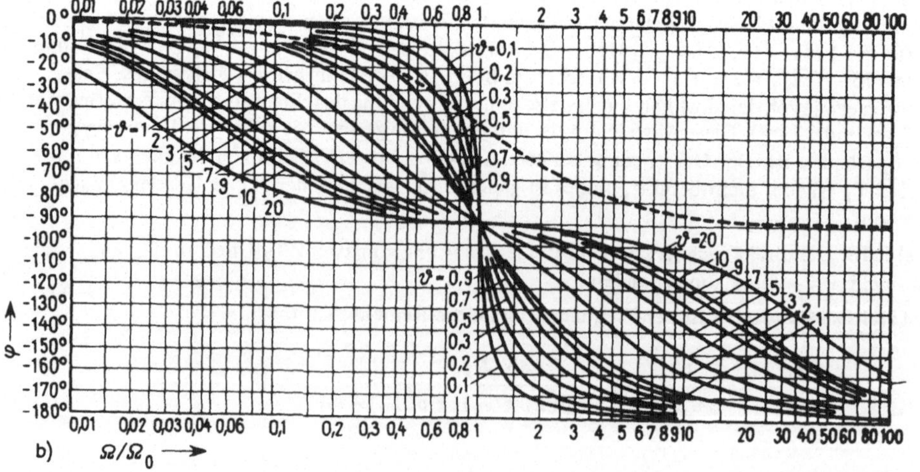

Bild 3.48
Amplitudengang (a) und
Phasengang (b) für P-T$_2$
Glieder mit Dämpfung d
als Parameter (——) und
für P-T$_1$-Glieder (– – –)

Daher gilt nach Tafel 3.39 für die direkte Gegenkopplung

$$\underline{F}_0 = \frac{\underline{F}}{1+\underline{F}} = \frac{\dfrac{K_1K_2}{1+p(T_1+T_2)+p^2T_1T_2}}{1+\dfrac{K_1K_2}{1+p(T_1+T_2)+p^2T_1T_2}} = \frac{K_1K_2}{1+K_1K_2+p(T_1+T_2)+p^2T_1T_2}$$

$$= \frac{\dfrac{K_1K_2}{1+K_1K_2}}{1+p\dfrac{T_1+T_2}{1+K_1K_2}+p^2\dfrac{T_1T_2}{1+K_1K_2}} = \frac{K_{PT2}}{1+2\vartheta\dfrac{p}{\Omega_0}+\dfrac{p^2}{\Omega_0^2}}$$

Durch Koeffizientenvergleich der beiden letzten Ausdrücke erhält man für den Übertragungsbeiwert des $P\text{-}T_2$-Gliedes

$$K_{PT2} = \frac{K_1K_2}{1+K_1K_2} \tag{3.28}$$

für seine Eckfrequenz
$$\Omega_0 = \sqrt{\frac{1+K_1K_2}{T_1T_2}} \tag{3.29}$$

und für seinen Dämpfungsgrad
$$\vartheta = \frac{\Omega_0}{2}\cdot\frac{T_1T_2}{1+K_1K_2} = \frac{T_1+T_2}{2\sqrt{T_1T_2(1+K_1K_2)}} \tag{3.30}$$

Sofern sich hierbei ein Dämpfungsgrad $\vartheta > 1$ ergibt, kann das $P\text{-}T_2$-Glied wieder in zwei $P\text{-}T_1$-Glieder zerlegt werden. Der Vorteil gegenüber der Ausgangssituation liegt in der Beseitigung der Gegenkopplung.

Beispiel 3.19: Der in den Beisp. 3.15 bis 3.17 behandelte Leonardsatz soll jetzt unter Beibehaltung aller sonstigen Daten das Trägheitsmoment $J = 1,5\ \text{kgm}^2$ aufweisen. Hierfür ist der Frequenzgang zu bestimmen und der Amplitudengang zu zeichnen.

Im Signalflußplan von Bild 3.43b ändert sich gegenüber den alten Beispielen nur der Übertragungsbeiwert des Blocks $\underline{F}_4$ in $K_4 = 1/J = 1/1,5\ \text{kgm}^2 = 0,667\ \text{kg}^{-1}\ \text{m}^{-2} = 0,667\ \text{N}^{-1}\ \text{m}^{-1}\ \text{s}^{-2}$. Mit den unveränderten übrigen Werten werden in Bild 3.46 der Übertragungsbeiwert $K_{345} = K_3K_4K_5 = 2,91\ \text{NmA}^{-1}\cdot 0,667\ \text{N}^{-1}\text{m}^{-1}\text{s}^{-2}\cdot 2,91\ \text{Vs} = 5,65\ \text{V/As}$ und die Kreisverstärkung $V_{0I} = K_2K_{345} = 1,82\ \text{AV}^{-1}\cdot 5,65\ \text{VA}^{-1}\text{s}^{-1} = 10,29\ \text{s}^{-1}$. Für das $P\text{-}T_2$-Glied ergeben sich nach Gl. (3.26) und (3.27) Eckfrequenz $\Omega_0 = \sqrt{V_{0I}/T} = \sqrt{10,29\ \text{s}^{-1}/0,04\ \text{s}} = 16,05\ \text{s}^{-1}$ und Dämpfungsgrad $\vartheta = 1/(2\sqrt{V_{0I}}) = 1/(2\sqrt{10,29\ \text{s}^{-1}\cdot 0,04\ \text{s}}) = 0,78$. Daher liegt der Schwingfall vor.

Der Übertragungsbeiwert bleibt $K_{PT2} = K_5^{-1} = 0,344 \triangleq -9,5\ \text{dB}$. Durch Einsetzen dieser Werte in Gl. (3.23) erhält man den Frequenzgang. Zur Darstellung von Amplituden- und Phasengang muß nun Bild 3.48a und b benutzt werden. Der Amplitudengang in Bild 3.49 läßt sich zunächst durch die Asymptoten $F = K_{PT2} = -9,5\ \text{dB}$ bis zur Eckfrequenz $\Omega_0 = 16,05\ \text{s}^{-1}$ und eine anschließende Gerade mit der Steigung $-40\ \text{dB/Dekade}$ annähern. Nur in der Nähe von Ω_0 sind einige Punkte aus Bild 3.48a zu entnehmen, wobei zwischen den Kurven mit $\vartheta = 0,7$ und $\vartheta = 0,8$ interpoliert werden muß.

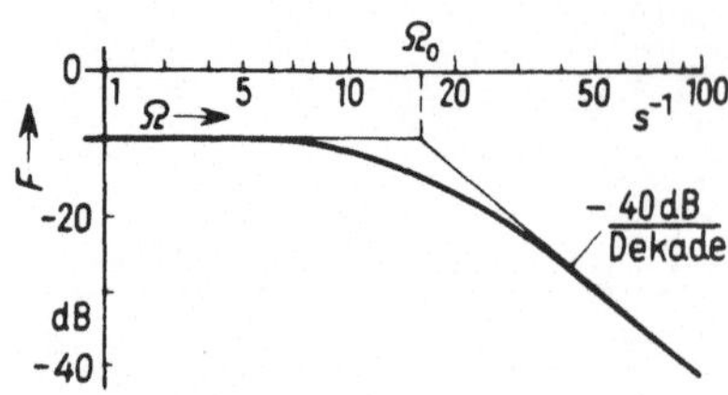

Bild 3.49
Amplitudengang für ein P-T_2-Glied (Beisp. 3.19)

3.416 Behandlung von Nichtlinearitäten. Zur Untersuchung nichtlinearer Probleme gibt es besondere Verfahren, die oft einen größeren theoretischen Aufwand erfordern [11, 15]. Das Frequenzgangverfahren eignet sich nur zur Berechnung von Regelkreisen mit ausschließlich linearen Gliedern. Die Verhältnisse an einem bestimmten Arbeitspunkt lassen sich aber auch untersuchen, wenn einzelne Bauelemente nichtlineare Kennlinien haben. Dabei geht man davon aus, daß der Regelkreis nur kleine Änderungen gegenüber dem jeweiligen Ruhezustand erfährt, die im annähernd linearen Bereich der Kennlinien seiner Glieder bleiben. Bei der dynamischen Berechnung läßt man dann die Ruhewerte für den Arbeitspunkt fort und rechnet nur mit den überlagerten Änderungen. Diese Rechnung muß allerdings meist für mehrere Arbeitspunkte durchgeführt werden, da sich mit der Kennliniensteigung die Übertragungsbeiwerte ändern. Bei dem e m p i r i s c h e n V e r f a h r e n geht man von der Kennlinie $x_a = f(x_e)$ aus. Bild 3.50a zeigt die Leerlaufkennlinie eines Generators. In dem zu untersuchenden Arbeitspunkt A wird die Tangente an die Kennlinie gelegt. Die Steigung der Tangente $K_2 = \Delta U_A/\Delta I_E$ ist der bei diesem Arbeitspunkt geltende Übertragungsbeiwert. Außerdem ist zu berücksichtigen, daß die differentielle Induktivität und somit die Zeitkonstante T der Erregerwicklung ebenfalls proportional der Tangentensteigung sind. Die Anfangsinduktivität muß also ebenfalls im Verhältnis der Steigungen umgerechnet werden, und es gilt in Bild 3.50b für $K_1 = 1/R_E$ und $T_1 = T_{10}K_2/K_{20}$ (mit den Werten T_{10} und K_{20} für den Ursprung der Leerlaufkennlinie).

Wenn das Verhalten der Nichtlinearität mathematisch auszudrücken ist, läßt sich der Übertragungsbeiwert auch durch den D i f f e r e n t i a l q u o t i e n t e n oder durch das v o l l s t ä n d i g e D i f f e r e n t i a l bestimmen. Beispielsweise lautet mit dem Drehmoment $M = c_m \Phi I$ des Gleichstrommotors das vollständige

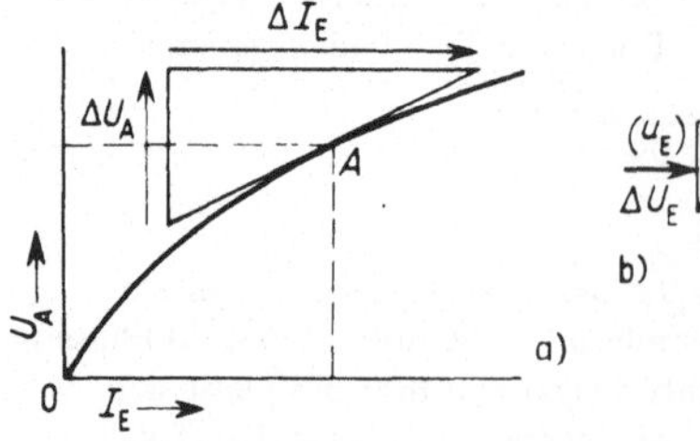

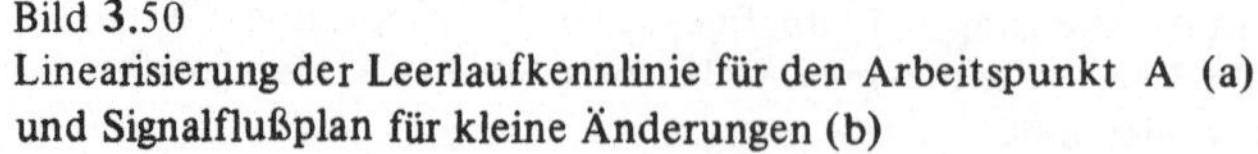

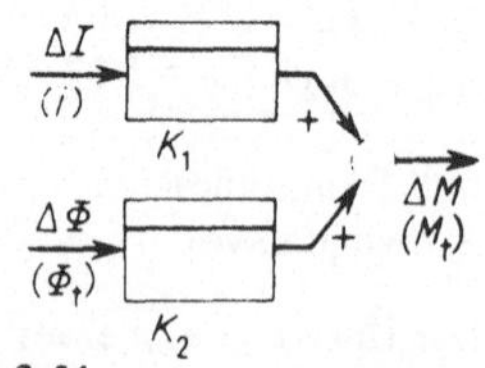

Bild 3.50
Linearisierung der Leerlaufkennlinie für den Arbeitspunkt A (a) und Signalflußplan für kleine Änderungen (b)

Bild 3.51
Linearisierter Signalflußplan für die Bildung des Drehmoments M des Gleichstrommotors bei kleinen Änderungen von Strom I und Fluß Φ

Differential $dM = c_m \Phi_o \, dI + c_m I_o \, d\Phi$ (Index o für Ruhewerte). Damit werden im Signalflußplan von Bild 3.51 die Übertragungsbeiwerte

$$K_1 = dM/dI = c_m \Phi_o \approx \Delta M/\Delta I \qquad (3.31)$$

$$K_2 = dM/d\Phi = c_m I_o \approx \Delta M/\Delta \Phi \qquad (3.32)$$

Für kleine Änderungen Δ an einem Arbeitspunkt kann also die M u l t i p l i - k a t i o n der allgemein z e i t a b h ä n g i g e n Größen Φ_t und i (daher nicht-linear) durch die S u m m i e r u n g der Ausgänge von zwei P-Gliedern e r s e t z t werden. Bei grundsätzlicher Voraussetzung nur kleiner Änderungen kann auch das Zeichen Δ fortgelassen und stattdessen Kleinschreibung bzw. der Index t eingeführt werden.

Beispiel 3.20: In der Reihenschaltung eines Stellwiderstandes und einer Erregerwicklung nach Bild 3.52a sei die Eingangsgröße der zeitlich veränderliche Drehwinkel β_t des Stellwiderstan-des R_V. Mit der Ausgangsgröße Erregerstrom i_E erhält man den Block in Bild 3.52b. Das Minuszeichen deutet hier an, daß der Erregerstrom i_E durch Vergrößerung des Winkels β_t verkleinert wird. Die Erregerwicklung hat den Wirkwiderstand $R_E = 100\ \Omega$ und die Induk-tivität $L_E = 20$ H.. Die Erregerspannung beträgt $U_E = 200$ V. Der Stellwiderstand beträgt maximal $R_{Vm} = 200\ \Omega$; er soll mit dem maximalen Drehwinkel $\beta_m = 300°$ erreicht werden. Für den Erregerstrom $I_E = 1$ A sind Übertragungsbeiwert K und Zeitkonstante T zu be-stimmen.

Der Erregerstrom errechnet sich aus

$$i_E = \frac{U_E}{R_E + R_{Vt}} = \frac{U_E}{R_E + R_{Vm}\beta_t/\beta_m}$$

Analog zu Gl. (3.31) und (3.32) gilt

$$K = \frac{di_E}{d\beta_t} = - \frac{U_E R_{Vm}/\beta_m}{(R_E + R_{Vm}\beta_t/\beta_m)^2}$$

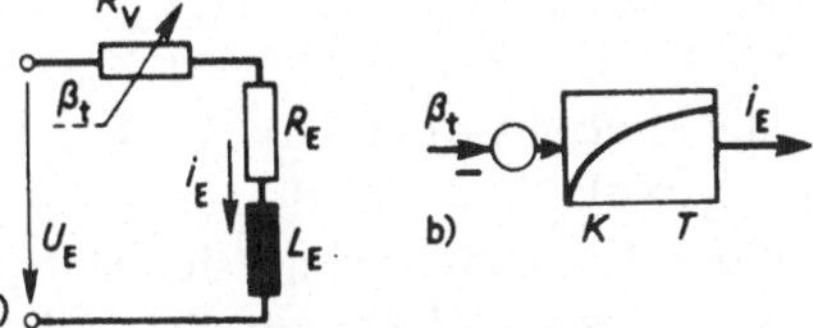

Bild 3.52 Schaltung (a) und Signalflußplan (b) zu Beisp. 3.20

Am Arbeitspunkt muß wegen $R_{Vt} + R_E = U_E/i_E$ auch (mit Index o für den Arbeitspunkt) $R_{Vo} = R_{Vm}\beta_o/\beta_m = (U_E/I_E) - R_E = (200\ \text{V}/1\ \text{A}) - 100\ \Omega = 100\ \Omega$ sein, und es wird

$$K = - \frac{U_E R_{Vm}/\beta_m}{(R_E + R_{Vo})^2} = - \frac{200\ \text{V} \cdot 200\ \Omega/300°}{(100\ \Omega + 100\ \Omega)^2} = -0{,}00333\ \text{A}/°$$

Gleichzeitig gilt für die Zeitkonstante am Arbeitspunkt $T = L_E/(R_E + R_{Vo}) = 20\ \text{H}/(100\ \Omega + 100\ \Omega) = 0{,}1$ s.

Nichtlinearitäten bei Gleichstrommaschinen. Fast immer ist bei den Gleichstrom-maschinen der nichtlineare Verlauf der Leerlaufkennlinie $U_q = f(I_E)$ nach Bild 3.50 oder bei Zusammenfassung der Blöcke $\underline{F}_1$ und $\underline{F}_2$ in Bild 3.43a die Kennlinie $U_q = f(U_E)$ zu berücksichtigen. Bei Generatoren äußert sich das in einer arbeits-punktabhängigen Änderung der Übertragungsbeiwerte K und der Erregerzeitkon-stanten T_E.

Bei F e l d v e r s t e l l u n g von Gleichstromnebenschlußmotoren sind als weitere Nichtlinearitäten die Multiplikation von Ankerstrom I_A und Fluß Φ bei der Bil-

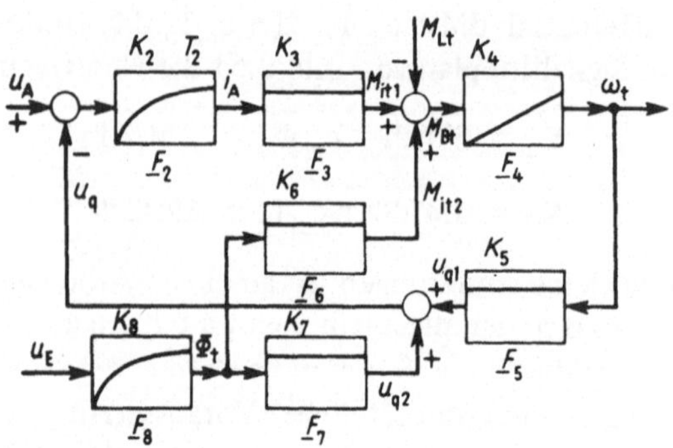

Bild 3.53
Linearisierter Signalflußplan für eine
Gleichstrom-Nebenschlußmaschine
mit stellbarer Erregerspannung u_E

dung des Drehmoments M_i, sowie von Winkelgeschwindigkeit ω und Fluß Φ bei
der Bildung der Quellenspannung U_q zu berücksichtigen. In beiden Fällen wird die
Multiplikation entsprechend Gl. (3.31) und (3.32) sowie Bild 3.51 durch zwei
P-Glieder ersetzt. So entsteht aus dem Signalflußplan in Bild 3.43b der erweiterte
Signalflußplan in Bild 3.53, der für kleine Änderungen der Ankerspannung u_A
und der Erregerspannung u_E gilt. Hier ist unverändert $K_2 = 1/R_A$ und $T_2 =
L_A/R_A$ sowie $K_4 = 1/J$. Entsprechend Bild 3.51 kennzeichnen die Blöcke $\underline{F}_3$
und $\underline{F}_6$ die Bildung des inneren Drehmoments M_{it} mit den Übertragungsbeiwerten $K_3 = \Phi_o c_m$ und $K_6 = I_{Ao} c_m$ (Index o für Ruhewerte). Mit $c_m = M_{iN}/
(\Phi_N I_{AN}) = U_{qN}/(\omega_N \Phi_N)$ wird $K_3 = \Phi_r U_{qN}/\omega_N$. Mit den Blöcken $\underline{F}_5$ und $\underline{F}_7$
wird die Multiplikation $U_q = c_m \Phi\omega$ für kleine Änderungen nachgebildet. Somit
wird $K_5 = dU_q/d\omega = c_m \Phi_o$ und $K_7 = dU_q/d\Phi = c_m \omega_o$ mit $c_m = U_{qN}/(\omega_N \Phi_N)$.
Der Block $\underline{F}_8$ kennzeichnet den Übergang von Erregerspannung u_E zu Fluß Φ_t
und ist analog Bild 3.43a ein P-T_1-Glied mit dem Übertragungsbeiwert $K_8 =
\Delta\Phi/\Delta U_E = (\Delta\Phi_r/\Delta I_{Er})(\Phi_N/U_{EN})$ und der Zeitkonstante $T_8 = T_{80}K_8/K_{80}$ (Index
0 für Ursprung der Leerlaufkennlinie).
Zur weiteren Berechnung können auch die Blöcke $\underline{F}_6$ und $\underline{F}_8$ zu einem P-T_1-
Glied $\underline{F}_{68}$ sowie die Blöcke $\underline{F}_7$ und $\underline{F}_8$ zu einem P-T_1-Glied $\underline{F}_{78}$ zusammen-
gefaßt werden, wenn der Verzweigungspunkt nach Tafel 3.39 vor $\underline{F}_8$ gelegt wird.
Der Nennfluß Φ_N kann dann in den Übertragungsbeiwerten gekürzt werden.
Das gleiche Blockschaltbild gilt auch für R e i h e n s c h l u ß m o t o r e n. Hier
muß lediglich in Block $\underline{F}_2$ die Gesamtinduktivität des Motors und nicht nur die
Ankerinduktivität berücksichtigt werden. Außerdem kann der Fluß Φ_t über ein
P-Glied (empirische Linearisierung) aus dem Ankerstrom i_A abgeleitet werden.
Der Block $\underline{F}_8$ entfällt dann.

Beispiel 3.21: Für den Leonardsatz aus Beisp. 3.15 sollen mit der nichtlinearen Leerlaufkennlinie aus Bild 1.28 die genaueren Werte für Übertragungsbeiwert K_1 und Zeitkonstante T_1
an den Arbeitspunkten Generator-Quellenspannung $U_{qG0} = 0$ V sowie $U_{qG1} = U_{qGN} = 455,5$ V
bestimmt werden.

Entsprechend Bild 3.50 ist der Übertragungsbeiwert $K_1 = \Delta U_{qG}/\Delta U_E = \Delta U_{qGr} U_{qGN}/(\Delta U_{Er}
U_{EN}) = \Delta\Phi_r U_{qGN}/(\Delta I_{Er} U_{EN})$. Hierin ist $U_{qGN}/U_{EN} = 2,07$ gleich dem in Beisp. 3.15 bestimm-
ten Wert für K_1 bei linearer Kennlinie. Das Verhältnis $\Delta\Phi_r/\Delta I_{Er}$, das als Faktor zusätzlich
auftritt, wird durch Anlegen der Tangente an die interessierenden Punkte in Bild 1.28 ermittelt

und ergibt für $U_{qGr} = \Phi_r = 0$ hier $\Delta\Phi_r/\Delta I_{Er} = 1{,}8$. Somit wird $K_{10} = 2{,}07 \cdot 1{,}8 = 3{,}72$. Für $U_{qGr} = \Phi_r = 1$ beträgt die Tangentensteigung $\Delta\Phi_r/\Delta I_{Er} = 0{,}4$; somit ist $K_{11} = 2{,}07 \cdot 0{,}4 = 0{,}83$. Setzt man voraus, daß die Erregerinduktivität $L_E = 63$ H $= L_{E0}$ für ungesättigtes Eisen gilt (so wird sie meist angegeben), so gilt die früher errechnete Zeitkonstante $T_1 = 0{,}525$ s $= T_{10}$ für $U_{qG0} = 0$ V. Für Nennspannung U_{qGN} wird $T_{11} = T_{10}K_{11}/K_{10} = 0{,}525$ s $\cdot$ $0{,}83/3{,}72 = 0{,}117$ s.

Beispiel 3.22: Zur Vorbereitung der Berechnung einer Drehzahlregelung durch Feldverstellung des Motors soll der Signalflußplan von Bild 3.53 so umgeformt werden, daß die Erregerspannung u_E des Motors Eingangsgröße und die Winkelgeschwindigkeit ω_t Ausgangsgröße sind und keine Vermaschungen mehr vorkommen. Die als annähernd konstant geltenden Größen u_A und M_{Lt} können weggelassen werden (in Bild 3.54 gestrichelt eingetragen). Sie haben den Charakter von Störgrößen.

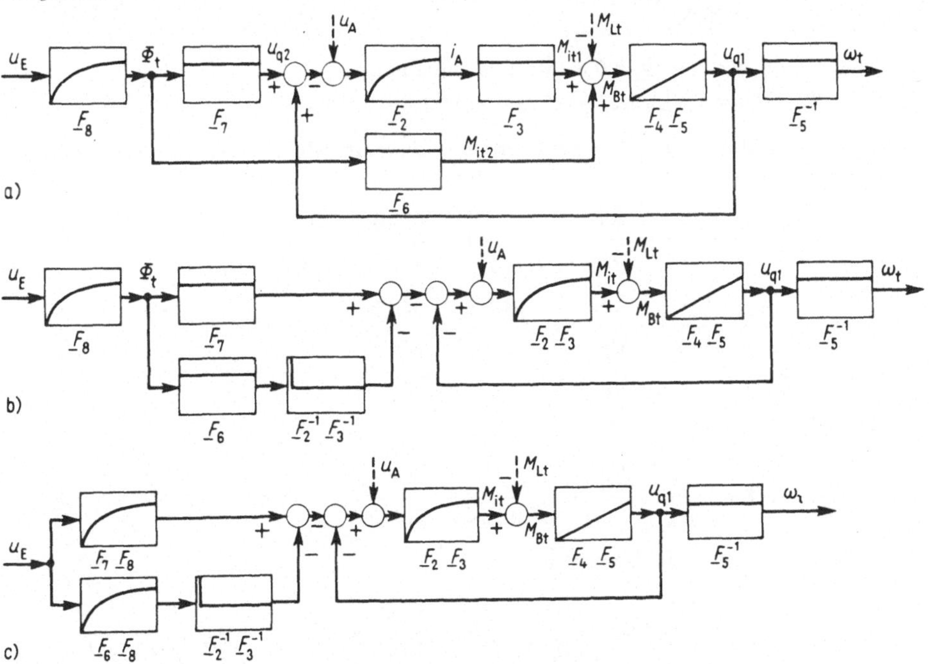

Bild 3.54 Umformung des Signalflußplans von Bild 3.53 (Beisp. 3.22)

Bild 3.54 zeigt die Lösung in drei Schritten. In Bild 3.54a ist nur die zeichnerische Anordnung zweckmäßig verändert. Außerdem ist der Block $\underline{F}_5$ nach Tafel 3.39 aus dem Rückführzweig entfernt und mit $\underline{F}_4$ zusammengefaßt. Am Ausgang erscheint $\underline{F}_5$ invers. In Bild 3.54b sind die Blöcke $\underline{F}_2$ und $\underline{F}_3$ zusammengefaßt. Um den Signalflußplan zu entmaschen, ist die Summierungsstelle hinter $\underline{F}_6$ vorverlegt. Dabei erscheinen nach Tafel 3.39 die übersprungenen Glieder F_2 und F_3 invers. Aus dem P-T_1-Glied wird ein PD-Glied. Da außerdem bei der zweiten Summierungsstelle ein negatives Vorzeichen übersprungen wird, muß sich bei der Einspeisung hinter $\underline{F}_2^{-1}\underline{F}_3^{-1}$ das Vorzeichen ändern. In Bild 3.54 c ist die Verzweigung vor den Block $\underline{F}_8$ gelegt, der sich dabei verdoppelt. Er wird mit $\underline{F}_7$ und $\underline{F}_6$ zu je einem Block zusammengefaßt.

Beispiel 3.23: Bei dem Leonardsatz aus Beisp. 3.15 soll die Erregerspannung des Generators und somit näherungsweise die Ankerspannung konstant gehalten werden. Die Drehzahl des Motors soll über seine Erregerspannung geregelt werden. Hierfür gilt der Signalflußplan aus dem vorigen Beispiel in Bild 3.54c. Für den Arbeitspunkt mit den Ruhewerten relativer Fluß $\Phi = 0{,}8$, relative Motor-Quellenspannung $U_{qMr} = 1$, relative Winkelgeschwindigkeit $\omega_r = U_{qMr}/\Phi_r = 1/0,8 = 1,25$, Nennstrom I_{AN} und somit relatives Drehmoment $M_{ir} = I_{Ar}\Phi_r = 1 \cdot 0,8 = 0,8$ sollen die Konstanten bestimmt werden. Die Erregerdaten des Motors entsprechen denen des Generators.

Die Bezeichnungen der Blöcke in Bild 3.54 entsprechen denen aus Bild 3.53; daher können die hierfür abgeleiteten Konstanten benutzt werden. Somit ergeben sich folgende Übertragungsbeiwerte und Zeitkonstanten (Index o für Ruhewerte am Arbeitspunkt, 0 für Kennlinienursprung)

$$K_{78} = K_7 K_8 = c_m \omega_o \frac{\Delta\Phi_r}{\Delta I_{Er}} \cdot \frac{\Phi_N}{U_{EN}} = \frac{U_{qN}\omega_o}{\omega_N\Phi_N} \cdot \frac{\Delta\Phi_r}{\Delta I_{Er}} \cdot \frac{\Phi_N}{U_{EN}} = \omega_r \frac{U_{qN}}{U_{EN}} \cdot \frac{\Delta\Phi_r}{\Delta I_{Er}} =$$

$$= 1,25 \frac{420 \text{ V}}{220 \text{ V}} \, 0,68 = 2,39$$

($\Delta\Phi_r/\Delta I_{Er} = 0,68$ wird für $\Phi_r = 0,8$ Bild **1.28** entnommen.)

$$T_{78} = T_8 = T_{80}K_8/K_{80} = 0,525 \text{ s} \cdot 0,68/1,8 = 0,198 \text{ s}$$

(Anstelle des Verhältnisses K_8/K_{80} der Übertragungsbeiwerte wird das gleichwertige Verhältnis der Tangentensteigungen in Bild **1.28** bei $\Phi_r = 0,8$ und $\Phi_r = 0$ eingesetzt.)

$$K_{68} = K_6 K_8 = I_{Ao}c_m \frac{\Delta\Phi_r}{\Delta I_{Er}} \cdot \frac{\Phi_N}{U_{EN}} = I_{Ao} \frac{U_{qN}}{\omega_N\Phi_N} \cdot \frac{\Delta\Phi_r}{\Delta I_{Er}} \cdot \frac{\Phi_N}{U_{EN}} =$$

$$= \frac{I_{Ao}}{\omega_N} \cdot \frac{U_{qN}}{U_{EN}} \cdot \frac{\Delta\Phi_r}{\Delta I_{Er}} = \frac{64,5 \text{ A}}{144,4 \text{ s}^{-1}} \cdot \frac{420 \text{ V}}{220 \text{ V}} \, 0,68 = 0,58 \text{ As}$$

$$T_{68} = T_8 = T_{78} = 0,198 \text{ s}$$

$T_{23} = T_2 = 40$ ms bleibt unverändert.

$$K_{23} = K_2 K_3 = \frac{1}{R_A} \cdot \frac{\Phi_r U_{qN}}{\omega_N} = \frac{1}{0,55 \text{ } \Omega} \cdot \frac{0,8 \cdot 420 \text{ V}}{144,4 \text{ s}^{-1}} = 4,23 \text{ As} \qquad ,$$

somit $K_{23}^{-1} = 1/K_{23} = 1/4,23 \text{ As} = 0,237 \text{ A}^{-1} \text{ s}^{-1}$

$$K_{45} = K_4 K_5 = \frac{1}{J} c_m \Phi_o = \frac{U_{qN}}{J\omega_N\Phi_N} \Phi_o = \frac{U_{qN}}{J\omega_N} \Phi_r = \frac{420 \text{ V} \cdot 0,8}{4,66 \text{ kgm}^2 \cdot 144,4 \text{ s}^{-1}} =$$

$$= 0,499 \text{ Vs/kgm}^2 = 0,499 \text{ A}^{-1}\text{s}^{-1}$$

$$K_5^{-1} = 1/(c_m \Phi_o) = \omega_N/\Phi_r U_{qN} = 144,4^{-1}/(0,8 \cdot 420 \text{ V}) = 0,43 \text{ V}^{-1} \text{ s}^{-1}$$

Bei dem aus $\underline{F}_{23}$, $\underline{F}_{45}$ und $\underline{F}_5^{-1}$ gebildeten P-T$_2$-Glied geht in die Kreisverstärkung $V_{0I} = K_{23}K_{45}$ zweimal Φ_r ein. Daher wird mit der Feldschwächung seine Eckfrequenz Ω_0 immer kleiner und sein Dämpfungsgrad immer größer. Für die Frequenzgangdarstellung müssen die Daten dieses P-T$_2$-Gliedes ähnlich Beisp. 3.17 und 3.18 errechnet werden. Die Parallelschaltung der beiden Zweige im Eingang kann näherungsweise nach Tafel 3.39 geschehen. Das Minuszeichen im unteren Zweig hat keinen Einfluß auf die Amplitude, bewirkt aber eine Phasenwinkelnacheilung um 180°. Dadurch wird die Stabilität der Regelung verschlechtert (s. Abschn. 3.418).

Im unteren Zweig geht in den Übertragungsbeiwert K_{68} der Strom I_{Ao}, im oberen Zweig in K_{78} die relative Winkelgeschwindigkeit ω_r im zu untersuchenden Arbeitspunkt ein. Im Leerlauf und bei kleineren Strömen und größerer Drehzahl, oft sogar noch bei Nennstrom und Nenndrehzahl, kann der untere Zweig daher sogar ganz vernachlässigt werden. In diesem Beispiel ist $K_{78} = 2{,}39$ (oberer Zweig) und $K_{68}K_{23}^{-1} = 0{,}58 \text{ As} \cdot 0{,}237 \text{ A}^{-1}\text{s}^{-1} = 0{,}1375$. Erst von der Schnittstelle der beiden Amplitudengänge an, die durch den Anstieg infolge des D-Anteils im unteren Zweig zustandekommt, spielt der untere Zweig eine wesentliche Rolle. Hier liegt die Schnittstelle bei der Eckfrequenz $\Omega_0 = 435 \text{ s}^{-1}$, die kaum noch interessieren dürfte.

3.417 Vereinfachter Signalflußplan des Drehstrom-Asynchronmotors.

Die einphasige Ersatzschaltung der Asynchronmaschine nach Bild 1.12 gilt nur für den stationären Zustand. Die genaue Betrachtung des dynamischen Verhaltens im gesamten Drehzahlbereich ergibt wegen der Nichtlinearitäten recht verwickelte Zusammenhänge [41, 51, 73]. Daher sollen hier nur die Verhältnisse im annähernd linearen Teil der Drehzahlkennlinie, also für kleine Schlupfwerte, vereinfacht dargestellt werden.

Wenn die Winkelgeschwindigkeit des Läufers ω_t von der des Drehfeldes ω_d abweicht, entsteht im Läufer nach Band II/1, Abschn. Allgemeine Drehfeldmaschine, die Läuferspannung $U_{2q} = sU_{20}$, die der Läufer-Stillstandsspannung U_{20} und dem Schlupf s proportional ist. Sie ist auch der S c h l u p f - W i n k e l g e - s c h w i n d i g k e i t $\omega_{st} = s\omega_d = \omega_d - \omega_t$ proportional, deren Bildung durch die linke Summierungsstelle in Bild 3.55 dargestellt wird. Diese Läuferspannung verursacht im Läuferkreis den Läuferstrom i_2, der das Drehmoment M_t zur Folge hat. Läufer-Wirkwiderstand R_2 und Läufer-Streuinduktivität $L_{2\sigma}$ bilden zusammen das P-T_1-Glied $\underline{F}_1$, in dem aus der Schlupf-Winkelgeschwindigkeit ω_{st} das Drehmoment M_t entsteht. Nach Abschn. 1.321 gilt mit Kippmoment M_K und Kippschlupf s_K für den Schlupfbereich $s \ll s_K$ die Gerade $M/M_K = 2s/s_K$, und man erhält nach Einsetzen von $\omega_s = s\omega_d$ den Ü b e r t r a g u n g s b e i - w e r t

$$K_1 = \frac{M}{\omega_s} = \frac{2M_K}{s_K\,\omega_d} \qquad (3.33)$$

Die Z e i t k o n s t a n t e ist

$$T_1 = \frac{L_{2\sigma}}{R_2} = \frac{1}{2\pi f_1 s_K} \qquad (3.34)$$

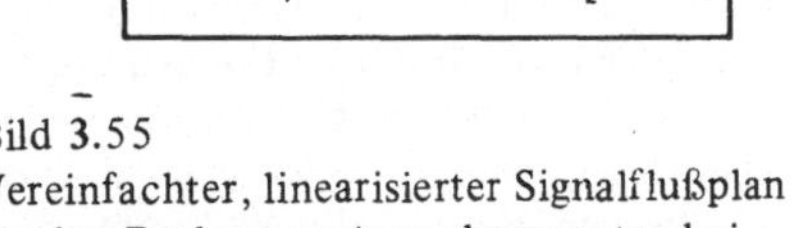

Bild 3.55
Vereinfachter, linearisierter Signalflußplan für den Drehstrom-Asynchronmotor bei kleinen Schlupfwerten s ($s \ll s_K$)

(mit $s_K = R_2/X_{2\sigma} = R_2/(\Omega_1 L_{2\sigma})$) nach Band II/1, Abschn. Kreisdiagramm der Asynchronmaschine). Aus der Differenz von Motormoment M_t und Lastmoment M_{Lt} wird dann das Beschleunigungsmoment M_{Bt} gebildet, und es entsteht mit dem Trägheitsmoment J der drehenden Massen durch Integration dieses Beschleunigungsmoments die Winkelgeschwindigkeit des Antriebs

$$\omega_t = \frac{1}{J}\int M_{Bt}\,dt$$

Der Übertragungsbeiwert des I-Gliedes $\underline{F}_2$ ist also $K_2 = 1/J$.

Nach Abschn. 3.415 und Beisp. 3.17 zeigt daher der Asynchronmotor in diesem Bereich das Verhalten eines P-T_2-Gliedes mit der E c k f r e q u e n z

$$\Omega_0 = \sqrt{\frac{K_1 K_2}{T_1}} = \sqrt{\frac{2 M_K \, \omega_1}{J \omega_d}} = \sqrt{\frac{2 p M_K}{J}} \qquad (3.35)$$

(mit Polpaarzahl p) und dem D ä m p f u n g s g r a d

$$\vartheta = \frac{1}{2\sqrt{K_1 K_2 T_1}} = \frac{s_K}{2} \sqrt{\frac{\omega_d \, \omega_1 J}{2 \, M_K}} = \frac{s_K \, \omega_d}{2} \sqrt{\frac{J}{2 p M_K}} \qquad (3.36)$$

Diese Näherung gilt nur in der Nähe der synchronen Drehzahl, und zwar soweit, wie die Drehzahl-Kennlinie durch eine Gerade ersetzt werden kann. Vernachlässigt wurde der Einfluß der Schlupf-Kreisfrequenz Ω_s, die sich im Läufer der betrachteten Frequenz (im Sinne des Frequenzgangver-fahrens) überlagert. Diese Vernachlässigung ist nur bei kleinen Schlupfwerten zulässig. Außerdem wurde der Einfluß von Ständerwicklungs-Wirkwiderstand und -Streuinduktivität nicht berück-sichtigt. Durch die Ständer-Spannungsabfälle wird die im Läufer induzierte Spannung stromab-hängig herabgesetzt. Da die Speisespannung U_1 mit der Speisefrequenz f_1 und dem Fluß Φ verkleinert werden muß (s. Abschn. 3.141), der Spannungsabfall am Wirkwiderstand jedoch bei gleichem Strom und somit gleichem Drehmoment konstant bleibt, macht sich dieser Einfluß besonders bei Speisung mit kleinen Frequenzen und bei Feldschwächung bemerkbar. Bei kleiner werdender Speisespannung wird daher die Näherung nach Bild 3.55 immer ungenauer.

3.418 Stabilität.

3.418 Stabilität. Die wichtigsten Forderungen an eine Regelung sind S t a b i - l i t ä t, S c h n e l l i g k e i t und G e n a u i g k e i t. Ein Regelkreis soll also nach Einwirkung einer Störgröße oder Änderung des Sollwerts den neuen Zustand ohne starkes Überschwingen, möglichst schnell und genau erreichen. An der S t a b i l i t ä t s g r e n z e würde die Regelung eine Dauerschwingung mit fester Amplitude ausführen. Bei Instabilität facht sich die Schwingung selbst an.

Den Frequenzgang und die Stabilität einer geregelten Anlage könnte man dadurch untersuchen, daß die Rückführung des Regelkreises a n d e r V e r g l e i c h s s t e l l e u n t e r b r o c h e n wird und anstelle des Sollwerts der Ausgang eines Frequenzgebers einstellbarer Frequenz ange-schlossen wird. Das Ausgangssignal in der Rückführung wird nach Betrag und Phase mit dem Eingangssignal für beliebige Frequenzen verglichen. Man erhält so Amplituden- und Phasengang des o f f e n e n K r e i s e s. Große Bedeutung hat diejenige Frequenz, bei der die Phasen-verschiebung zwischen Eingangs- und Ausgangssignal gerade $-180°$ beträgt. Wenn bei dieser Frequenz der Betrag der Rückführgröße gleich dem der Eingangsgröße wäre (F = 0 dB), so würde bei g e s c h l o s s e n e m R e g e l k r e i s wegen der zusätzlichen Phasenumkehr an der Ver-gleichsstelle (Minus-Zeichen) die Rückführung gerade dem Eingangssignal entsprechen und der Regelkreis auch bei abgeschaltetem Frequenzgeber eine Dauerschwingung konstanter Amplitude ausführen. Dies ist die S t a b i l i t ä t s g r e n z e. Bei kleinerem Amplitudenverhältnis als 0 dB für den offenen Kreis (bei der Frequenz mit $\varphi = -180°$) ist daher der geschlossene Regelkreis im allgemeinen stabil, bei größerem instabil.

Mathematisch beweisen läßt sich diese leicht einzusehende Erklärung als N y - q u i s t k r i t e r i u m [16, 40, 49]. In einer vereinfachten Form besagt es, daß ein Regelkreis dann stabil ist, wenn der Punkt -1 der komplexen Zahlenebene (der ja im Frequenzgang F = 1 bei $\varphi = -180°$ entspricht) außerhalb der Orts-kurve des offenen Regelkreises liegt. Auf die Frequenzgangdarstellung übertragen bedeutet dies, daß im allgemeinen Stabilität gegeben ist, wenn bei der D u r c h - t r i t t s f r e q u e n z Ω_d des offenen Kreises der Phasenwinkel $\varphi_d > -180°$ ist. Um praktisch ausreichende Stabilität zu gewährleisten, sollte die P h a s e n -

r e s e r v e   (auch Phasenrand genannt) $\varphi_{res} = 180° - |\varphi_d|$ im Bereich
$35° < \varphi_{res} < 65°$ liegen (s. Bild 3.56). Das ist
das Phasenrand-Optimum. Die A m p l i t u d e n-
r e s e r v e (auch Amplitudenrand genannt) F_{res},
das ist der negative Zahlenwert der Amplitude in
dB für $\varphi = -180°$, sollte mindestens 6 bis 10 dB
betragen.

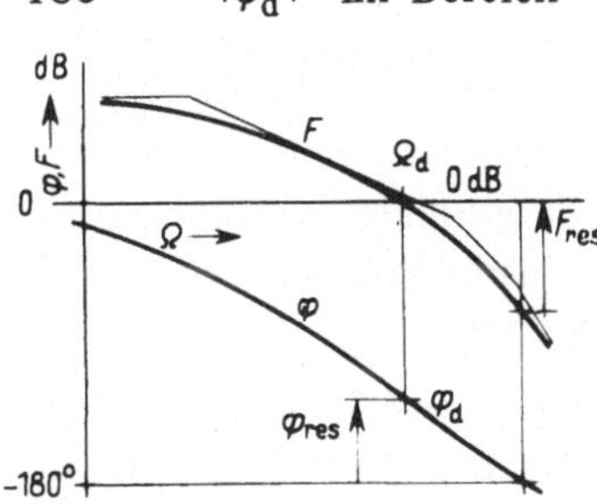

Bild 3.56 Phasenreserve φ_{res} und Amplitudenreserve F_{res}
        eines Regelkreises

Über die Schnelligkeit einer Regelung gibt der Frequenzgang ebenfalls Aufschluß. Der Einschwingvorgang erfolgt etwa mit der Durchtrittsfrequenz Ω_d. In grober Näherung wird nach
einer Störung bis zum Erreichen des Sollwertes, bis zur Anregelzeit, eine Halbperiode der Ein-
schwingfrequenz durchlaufen. Deshalb gilt für die A n r e g e l z e i t

$$T_a \approx \pi/\Omega_d \tag{3.37}$$

Außerdem werden s t a t i s c h e   u n d   d y n a m i s c h e   G e n a u i g k e i t (Regelabwei-
chung, Regelfehler) unterschieden. Die eingehende Erörterung dieser Fragen ist hier nicht möglich. Grob läßt sich sagen, daß die statische Genauigkeit durch eine große Amplitude (also Verstärkung) F bei $\Omega = 0$ gegeben ist, während die dynamische Genauigkeit, ebenso wie die
Schnelligkeit, eine hohe Durchtrittsfrequenz erfordert. Diesen Zielen, hohe Verstärkung bei
$\Omega = 0$ und hohe Durchtrittsfrequenz, dienen die folgenden Stabilisierungsverfahren.

Von den zahlreichen Möglichkeiten zur Optimierung soll hier das Phasenrand-
Optimum besprochen werden. Im Regelkreis haben die durch die Technologie
bedingten Geräte, d. i. die R e g e l s t r e c k e, einen bestimmten Frequenzgang,
auf den meist kein Einfluß genommen werden kann. Durch den Zusatz des R e g-
l e r s kann der gesamte Frequenzgang aber verbessert werden. So muß zur Erhöhung der statischen Genauigkeit die Verstärkung bei kleinen Frequenzen angehoben werden. Das geschieht durch I-Regler oder IP-Regler (Verhalten eines I-
oder IP-Gliedes).
Beim I - R e g l e r muß der Phasengang des Reglers mit $\varphi = -90°$ berücksichtigt
werden. Deshalb muß die Durchtrittsfrequenz Ω_d bei einem Phasenwinkel der
Regelstrecke von etwa $\varphi = -40°$ liegen (50° Phrasenreserve). Man erzielt deshalb
nur niedrige Durchtrittsfrequenzen. Wenn die Regelstrecke ein I-Glied enthält, das
nicht in einer inneren Schleife gegengekoppelt ist, ist der Einsatz eines I-Reglers
wegen der fehlenden Phasenreserve gar nicht möglich.

Beim IP - R e g l e r tritt der nachteilige Phaseneinfluß nicht auf. Sein Phasen-
winkel geht bei hohen Frequenzen wieder gegen $0°$ (vergl. Tafel 3.34).
Bei P-Strecken (die nur Glieder mit der Steigung 0 dB/Dekade im Bereich kleiner
Frequenzen enthalten) legt man oft die Regler-Eckfrequenz $\Omega_{0I} = 1/T_N$ (mit der
Nachstellzeit T_N, der Zeitkonstante des IP-Gliedes) auf die Eckfrequenz Ω_0 des
P-T_1-Gliedes mit der größten Zeitkonstanten. Beide Knickpunkte kompensieren
sich, so daß ein durchgehender 20 dB-Abfall entsteht. Hat die Regelstrecke aber
einen langen 20 dB-Abfall, liegen also die beiden größten Zeitkonstanten weit aus-
einander, so sollte man besser die Regler-Eckfrequenz zu höheren Frequenzen ver-

schieben. In diesem Fall und bei Strecken mit I-Verhalten kann der Phasenwinkel des Reglers φ_{dRe} bei der Durchtrittsfrequenz Ω_d des gesamten Kreises etwa $-25°$ betragen. Wählt man $\varphi_{dRe} = -26,5°$ und die Phasenreserve $\varphi_{res} = 37°$, so erhält man das s y m m e t r i s c h e   O p t i m u m [9], bei dem sich nach Störeinflüssen ein optimales Einschwingverhalten ergibt. Die Durchtrittsfrequenz liegt dann dort, wo der Phasenwinkel der Regelstrecke $\varphi_{dS} = -(180° - 37° - 26,5°) = -116,5°$ beträgt.

Der Amplitudengang für den offenen Regelkreis wird zweckmäßig zunächst immer ohne Festlegung der 0 dB-Linie gezeichnet. Nachdem anschließend mit Rücksicht auf die Phasenreserve die 0 dB-Linie richtig eingetragen ist, kann die mögliche K r e i s v e r s t ä r k u n g V_0 aus dem Amplitudengang entnommen werden. Die Kreisverstärkung $V_0 = K_1 K_2 K_3 K_4 \ldots$ ist das Produkt der Übertragungsbeiwerte aller einzelnen Glieder. Die erforderliche Verstärkung des Reglers K_{Re} läßt sich durch Division von V_0 durch die Übertragungsbeiwerte der Regelstrecke bestimmen.

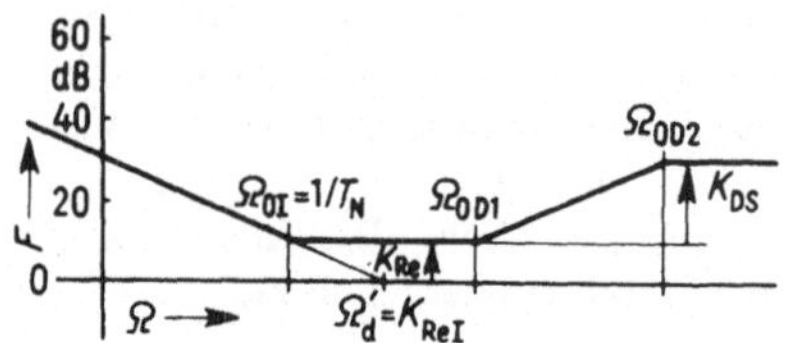

Bild 3.57
Asymptotischer Amplitudengang eines IPD-Reglers
K_{Re} Übertragungsbeiwert des Reglers
K_{ReI} Integral-Übertragungsbeiwert
K_{DS} Stufentiefe des D-Anteils

Eine Erhöhung der Durchtrittsfrequenz ist möglich, wenn der Phasengang des Reglers in der Nähe der Durchtrittsfrequenz einen positiven Winkel hat. Dieser läßt sich nur durch einen D-Anteil erzielen. Bild 3.57 zeigt den Amplitudengang des dann meist benutzten IPD - R e g l e r s. Er ist als Reihenschaltung eines IP-Gliedes ($\Omega_{0I} = 1/T_N$), eines PD-Gliedes (Ω_{0D1}) und eines P-T_1-Gliedes (Ω_{0D2}) aufzufassen. Die größte Phasenvoreilung des PD- und P-T_1-Gliedes tritt beim geometrischen Mittel der Eckfrequenzen Ω_{0D1} und Ω_{0D2} auf. Die größte Erhöhung der Durchtrittsfrequenz erzielt man, wenn so dimensioniert wird, daß sie gerade an dieser Stelle liegt. Die g ü n s t i g s t e Auslegung ergibt sich daher für

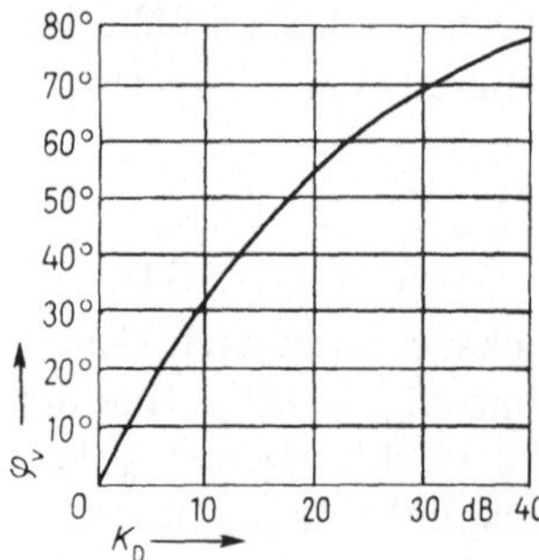

$$\Omega_{0D1} = \Omega_d / \sqrt{K_{DS}} \qquad (3.38)$$

$$\text{und} \qquad \Omega_{0D2} = \Omega_d \sqrt{K_{DS}} \qquad (3.39)$$

Bild 3.58
Maximale Phasenvoreilung φ_v in Abhängigkeit von der Stufentiefe K_{DS} des D-Anteils

Die maximale Phasenvoreilung φ_v ist nach Bild 3.58 von der Stufentiefe des D-Anteils $K_{DS} = \Omega_{0D2}/\Omega_{0D1}$ abhängig. Um diesen Winkel φ_v kann der Phasenwinkel der Regelstrecke bei der Durchtrittsfrequenz Ω_d erhöht werden, verglichen mit der Auslegung für einen IP-Regler.

Da der D-Anteil eine feste Phasenvoreilung mit sich bringt, ist der Grad der Erhöhung der Durchtrittsfrequenz davon abhängig, wie stark der Phasenwinkel der Regelstrecke φ_S oberhalb von $110°$, also der Stelle, an der die Durchtrittsfrequenz ohne D-Anteil liegen würde, zunimmt. Außerdem ist ein D-Anteil nur dann sinnvoll, wenn der Amplitudengang des gesamten Kreises trotz des Anstiegs um 20 dB/Dekade im Regler für den ganzen Kreis abfällt, da sich sonst keine ausreichende Amplitudenreserve erzielen läßt. Zweckmäßig kompensiert man daher mit dem D-Anteil das $P\text{-}T_1$-Glied mit der zweitgrößten Zeitkonstanten bei Strecken mit P-Verhalten und mit der größten Zeitkonstanten bei Strecken mit I-Verhalten. Maßgebend für die Wirksamkeit des D-Anteils ist in etwa das Verhältnis dieser kompensierten Zeitkonstanten zur Summe der restlichen Verzögerungszeiten ($P\text{-}T_1$- und Totzeitglieder). Im allgemeinen lohnt sich die Anwendung des D-Anteils nicht, wenn dieses Verhältnis kleiner als 1 ist. Nachteilig bei Anwendung des D-Anteils ist die Erhöhung der Verstärkung für hohe Frequenzen. Dadurch können Störfrequenzen, die in jedem Regelkreis vorkommen, zu stark angehoben werden. Die Stufentiefe K_{DS} sollte deshalb nicht höher als unbedingt notwendig gewählt werden. Aufschluß über die Auswirkung solcher Störfrequenzen gibt das im nächsten Abschnitt behandelte Störverhalten.

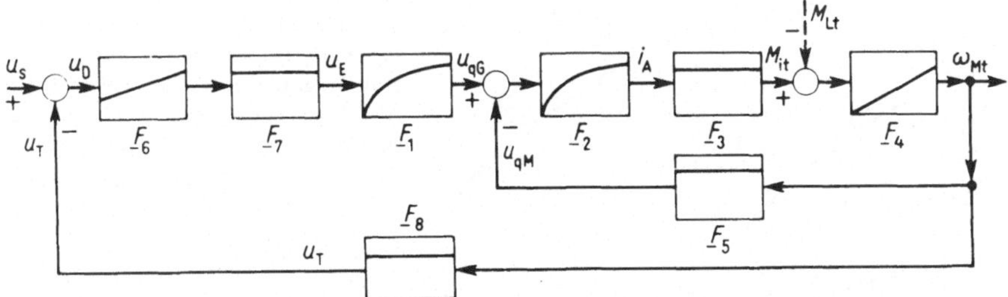

Bild 3.59 Signalflußplan für den geregelten Leonardsatz nach Bild 3.32

Beispiel 3.24: Der Signalflußplan für den geregelten Leonardsatz nach Bild 3.32a soll aufgestellt werden.

Wir beginnen in Bild 3.59 mit der Vergleichsstelle (Summierungsstelle), in der die Differenzspannung $u_D = u_s - u_T$ zwischen Sollwert u_s und Istwert, der Tachospannung u_T, gebildet wird. Diese Spannung wird dann im Verstärker V auf die Erregerspannung u_E verstärkt. Die Doppelfunktion dieses Verstärkers als Regel- und Leistungsverstärker wird in der Praxis meist getrennt. Deshalb ist er durch die Blöcke $\underline{F}_6$ und $\underline{F}_7$ dargestellt. $\underline{F}_6$ als Regelverstärker erhält IP-Verhalten, während $\underline{F}_7$ als Leistungsverstärker P-Verhalten hat. Nun folgt der Leonardsatz entsprechend Bild 3.43b, dargestellt durch die Blöcke $\underline{F}_1$ bis $\underline{F}_5$. Die Tachomaschine ist als Meßglied im Rückführzweig angeordnet und wird durch den Block $\underline{F}_8$ mit P-Verhalten charakterisiert. Eingangsgröße ist die Motor-Winkelgeschwindigkeit ω_{Mt}, Ausgangsgröße die Tachospannung u_T, die auf den Eingang zurückwirkt.

Beispiel 3.25: Für den geregelten Leonardsatz aus dem vorigen Beispiel (Bild 3.59) sollen mit den Werten aus Beisp. 3.15 für den Arbeitspunkt Generator-Nennquellenspannung U_{qGN} (Beisp. 3.21) Amplituden- und Phasengang gezeichnet und die optimalen Daten des Regelverstärkers für die Phasenreserve $\varphi_{res} = 45°$ ermittelt werden. Die noch anzugebenden Daten sind Tachospannung $U_T = 40$ V bei der Drehzahl $n = 1000$ min^{-1} bzw. der Winkelgeschwindigkeit $\omega = 104{,}6$ s^{-1} und Ausgangsspannung des Leistungsverstärkers $\underline{F}_7$ mit $U_{a7} = 250$ V bei der Eingangsspannung $U_{e7} = 10$ V und linearer Kennlinie des Verstärkers.

Mit den zuletzt genannten Daten wird der Übertragungsbeiwert $K_8 = U_T/\omega_M = 40\ V/104{,}6\ s^{-1} =$ 0,382 Vs und $K_7 = U_{a7}/U_{e7} = 250\ V/10\ V = 25$. Gemäß Bild 3.45 und der Auflösung des $P\text{-}T_2$-Gliedes in zwei $P\text{-}T_1$-Glieder nach Beisp. 3.17 entsteht der Signalflußplan in Bild 3.60.

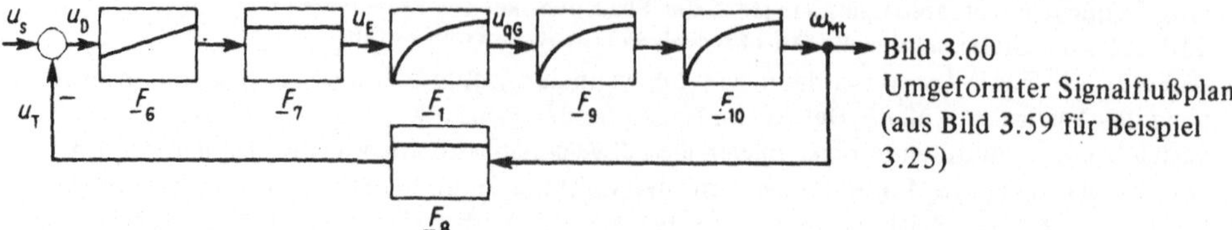

Bild 3.60
Umgeformter Signalflußplan
(aus Bild 3.59 für Beispiel
3.25)

Die neuen Zeitkonstanten sind $T_9 = 0{,}255\ s$ (T_1' aus Beisp. 3.17) und $T_{10} = 0{,}0475\ s$ (T_2' aus Beisp. 3.17); somit betragen die Eckfrequenzen $\Omega_{09} = 1/T_9 = 3{,}92\ s^{-1}$ und $\Omega_{010} = 1/T_{10} = 21{,}05\ s^{-1}$. Der Übertragungsbeiwert ist $K_{9,10} = K_5^{-1} = 0{,}344\ 1/Vs$. Mit der weiteren Eckfrequenz $\Omega_{01} = 1/T_1 = 1/0{,}117\ s = 8{,}55\ s^{-1}$ (aus Beisp. 3.21 zugehöriger Übertragungsbeiwert

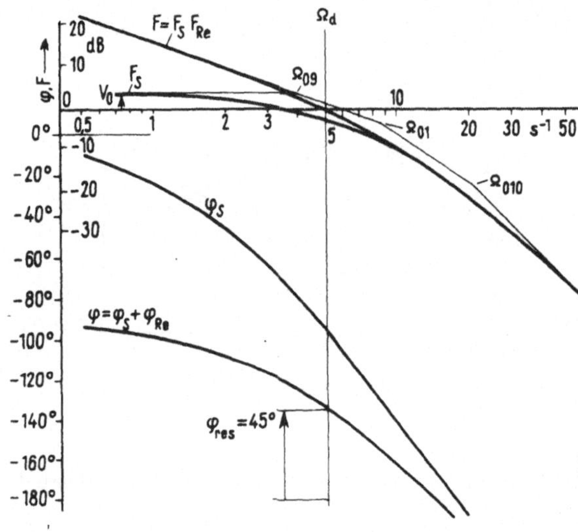

$K_1 = 0{,}83$) wird der Amplitudengang der Regelstrecke F_S in Bild 3.61 zunächst ohne Festlegung der 0 dB-Linie gezeichnet. Bei den Knickfrequenzen liegt der wahre Verlauf 3 dB, bei den doppelten und halben Knickfrequenzen 1 dB unter den Asymptoten (dünn eingetragen), wobei diese verschiedenen Abschläge für die einzelnen Punkte summiert werden müssen.

Bild 3.61
Amplituden- und Phasengang
zu Beisp. 3.25

Der Phasengang der Regelstrecke φ_S wird nach Bild 3.36 ermittelt, auf volle Grad aufgerundet in Tafel 3.62 eingetragen, summiert und dann ebenfalls in Bild 3.61 aufgetragen. Da die beiden niedrigsten Eckfrequenzen der Regelstrecke dicht beieinander liegen, wird die Eckfrequenz des Reglers gleich der niedrigsten Eckfrequenz gewählt, also $\Omega_{0I} = \Omega_{09} = 3{,}92\ s^{-1}$ und $T_N = 1/\Omega_{0I} = 0{,}255\ s$. Der durch die Zeitkonstante T_9 verursachte Knickpunkt verschwindet dann. Der Phasengang des Reglers wird jetzt zu dem der Strecke addiert. Er ergänzt sich mit dem Phasenwinkel φ_9 zu $-90°$. Dieser Wert hätte auch gleich überall notiert werden können. Mit der Phasenreserve $\varphi_{res} = 45°$ wird für die Durchtrittsfrequenz der Phasenwinkel $\varphi_d = -(180° - 45°) = -135°$. Aus der Darstellung des Phasengangs in Bild 3.61 wird hierzu die Durchtrittsfrequenz $\Omega_d = 5{,}1\ s^{-1}$ entnommen. Bei dieser Kreisfrequenz wird durch den wahren Verlauf des Amplitudengangs die 0 dB-Linie gezeichnet.

An der linken Seite kann nun die proportionale Kreisverstärkung $V_0 \hat{=} 4\ dB \hat{=} 1{,}58$ abgelesen werden. Hierbei darf die Wirkung des Regler-I-Anteils nicht berücksichtigt werden. Deshalb muß von der ursprünglich für die Regelstrecke gezeichneten, horizontal verlaufenden Asymptote ausgegangen werden. Daraus ergibt sich dann der Übertragungsbeiwert des Reglers $K_6 = V_0/(K_7 K_1 K_{9,10} K_8) = 1{,}58/(25 \cdot 0{,}83 \cdot 0{,}344\ V^{-1} s^{-1} \cdot 0{,}382\ Vs) = 0{,}579$. Dieser Wert und $T_N = 0{,}255\ s$ müssen am Regler eingestellt werden.

T a f e l 3.62 Berechnung der Phasenwinkel zu Beisp. 3.25

Ω in s^{-1}	0,5	0,7	1	2	3	5	7	10	20
$-\varphi_{09}$ in °	7	10	14	26	37	51	60	68	79
$-\varphi_{01}$ in °	3	5	7	13	19	30	39	49	67
$-\varphi_{010}$ in °	1	2	3	5	8	13	18	25	43
$-\varphi_S$ in °	10	17	24	44	64	96	117	142	189
$-\varphi_{Re}$ in °	83	80	76	64	53	38	30	22	11
$-\varphi$ in °	93	97	100	108	117	134	147	164	200

3.419 Führungs- und Störverhalten. Für die Stabilität ist der Frequenzgang des offenen, d. h. des nicht gegengekoppelten Regelkreises maßgebend. Zur Bestimmung von Führungs- und Störverhalten muß der Regelkreis dagegen geschlossen werden. Die notwendigen Umformungen sind für ein Beispiel in Bild 3.63 darge-

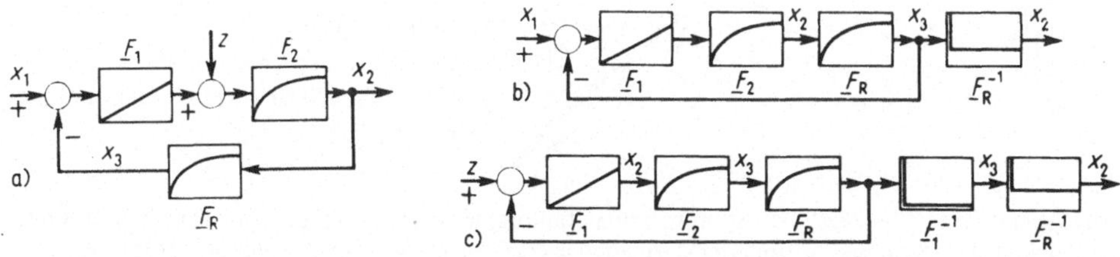

Bild 3.63 Signalflußplan eines Regelkreises (a) und Umformung zur Untersuchung des Führungs-
verhaltens (b) sowie des Störverhaltens (c)

stellt. Das F ü h r u n g s v e r h a l t e n ist meist ein Tiefpaßverhalten (s. Band VI) und gibt an, wie der Regelkreis auf sinusförmige Sollwertänderungen antwortet. Nach Bild 3.63b ergibt sich nach Entfernung des Blocks aus dem Rückführzweig das Führungsverhalten

$$\underline{F} = x_2/x_1 = \underline{F}_0 \underline{F}_R^{-1} \tag{3.40}$$

Das S t ö r v e r h a l t e n gibt den Grad der Störunterdrückung in Abhängigkeit von der Frequenz an. Es ist meist ein Bandpaßverhalten und bei Störgrößen, die direkt auf die Ausgangsgröße des Regelkreises einwirken, ein Hochpaßverhalten (s. Band VI). Beim Störverhalten $\underline{F}_z = x_2/z$ liegen nach Bild 3.63a und c die Blöcke $\underline{F}_1$ und $\underline{F}_R$ im Rückführzweig und müssen nach der Umformung invers durchlaufen werden. Damit wird in diesem Fall das Störverhalten $\underline{F}_z = \underline{F}_0 \underline{F}_R^{-1} \underline{F}_1^{-1}$. Für die Beurteilung der Güte einer Regelung kann das Störverhalten sehr aufschlußreich sein. Auch die Auswirkung von Störwelligkeiten, die im Regelkreis selbst entstehen (z. B. die Drehfrequenz in der Spannung einer Tachomaschine, die Welligkeit eines Stromrichters oder das pulsierende Lastmoment einer Kolbenpumpe), können hiermit untersucht werden.

Ausgangsgröße für die Untersuchung des Störverhaltens kann auch eine beliebige innere Größe des Regelkreises sein. So läßt sich feststellen, wie sich Störfrequenzen an irgend einer Stelle im Innern des Regelkreises auswirken, z. B. auf den Strom eines Motors oder auf die Aussteuerung eines Verstärkers. Auch bei ungeregelten Antrieben läßt sich nach der Frequenzgangmethode das Störverhalten ermitteln. Nachteilig ist, daß die Ergebnisse nur für sinusförmige Eingangsgrößen und für den eingeschwungenen Zustand gelten. Bei periodischen, nicht sinusförmigen Eingangsgrößen genügt es meist, wenn nur die Grundschwingung, u. U. auch einzelne Oberschwingungen, untersucht werden. Für s p r u n g a r t i g e   E i n g a n g s g r ö ß e n gibt es zwar auch Berechnungsverfahren, die auf der Frequenzgangmethode beruhen[1]. Hier ist jedoch meist der Einsatz eines A n a l o g r e c h n e r s [19, 20] zweckmäßiger, der für beliebige Eingangsgrößen die Lösung der Differentialgleichung des Regelkreises liefert und auch schnelle Parameteränderungen zuläßt.

Beispiel 3.26: Für den Regelkreis nach Bild 3.63a mit den Übertragungsbeiwerten $K_1 = 5\ \text{s}^{-1}$, $K_2 = 1$ und $K_R = 1$ sowie den Zeitkonstanten $T_2 = 0,1\ \text{s} \triangleq \Omega_{02} = 10\ \text{s}^{-1}$ und $T_R = 0,02\ \text{s} \triangleq$ $\Omega_{0R} = 50\ \text{s}^{-1}$ soll der Amplitudengang des Störverhaltens betrachtet werden.

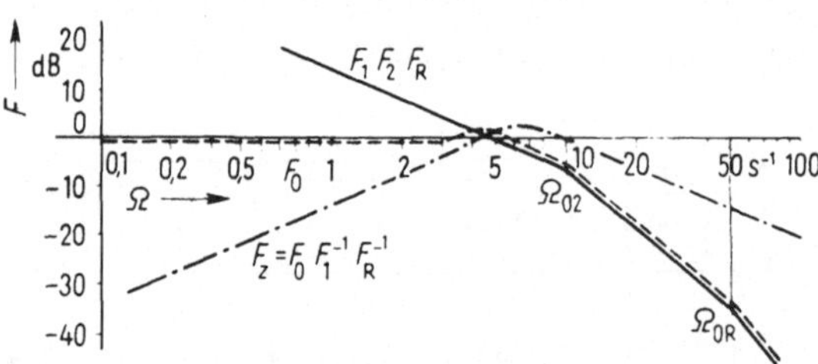

Bild 3.64
Amplitudengang F_z des Störverhaltens
zu Beisp. 3.26
(——) offener Kreis
(– – –) nach direkter Gegenkopplung
(– · – · –) F_z

Die Lösung (Bild 3.64 zeigt die Asymptotendarstellung) wird aus dem Signalflußplan in Bild 3.63c entwickelt. Die Reihenschaltung der drei Glieder ergibt den zweifach geknickten Amplitudengang, dessen Durchtrittsfrequenz wegen des I-Gliedes gleich der Kreisverstärkung $V_{0I} = \Omega_d =$ $K_1 K_2 K_R = 5\ \text{s}^{-1} \cdot 1 \cdot 1 = 5\ \text{s}^{-1}$ ist. Die direkte Gegenkopplung ergibt den Amplitudengang F_0 (gestrichelt). Das inverse I-Glied F_I^{-1} hebt sämtliche Steigungen um 20 dB/Dekade an, und das inverse P-T_1-Glied F_R^{-1} hebt den Knick bei Ω_{0R} wieder auf. So entsteht der strichpunktierte Stör-Amplitudengang F_z mit Bandpaßverhalten. Die Unterdrückung oder Anhebung der Störgröße kann ihm als dB-Wert entnommen werden. Die stärkste Auswirkung haben Störgrößen im Kreisfrequenzbereich $\Omega_z = 5$ bis $10\ \text{s}^{-1}$.

Beispiel 3.27: Für ein pulsierendes Lastmoment des geregelten Leonardsatzes aus Beisp. 3.25 soll der Amplitudengang des Störverhaltens bestimmt werden.

Zunächst muß der Signalflußplan in Bild 3.59 so umgeformt werden, daß das Lastmoment M_{Lt} Eingangsgröße, die Winkelgeschwindigkeit ω_{Mt} Ausgangsgröße ist und daß die Rückführzweige keine Glieder enthalten. Dies zeigt Bild 3.65 in drei Schritten. In Bild 3.65a werden zunächst die Glieder $\underline{F}_2$ und $\underline{F}_3$, $\underline{F}_6$ und $\underline{F}_8$ sowie $\underline{F}_7$ und $\underline{F}_1$ zu je einem Block zusammengefaßt. Außerdem wird die Summierung von u_{qG} hinter den Block $\underline{F}_3$ gelegt, wobei der Block $\underline{F}_{23}$ zusätzlich durchlaufen werden muß. In Bild 3.65 b sind die Glieder aus den Rückführzweigen entfernt, wobei diese Glieder jeweils am Ausgang invers erscheinen. In Bild 3.65c wird das P-T_2-Glied aus $\underline{F}_4$, $\underline{F}_{235}$ und $\underline{F}_5^{-1}$ durch die bereits in Beisp. 3.25 berechneten Blöcke $\underline{F}_9$ und $\underline{F}_{10}$ ersetzt. Außerdem wird $\underline{F}_{23}^{-1}$ gegen $\underline{F}_{23}$ gekürzt.

Amplituden- und Phasengang für den offenen Kreis aus $\underline{F}_9$, $\underline{F}_{10}$, $\underline{F}_{68}$ und $\underline{F}_{71}$ liegen schon in Bild 3.61 als $F_S F_{Re}$ und $\varphi_S + \varphi_{Re}$ vor. Die Gegenkopplung wird in der Nähe von Ω_d

---

1) S. [19], Abschn. Beziehungen zwischen Frequenzgang und Übergangsfunktion.

mit Hilfe des Nicholsdiagramms von Bild **3.41** durchgeführt und ergibt die in Tafel **3.67** angegebenen Werte für F_0 .

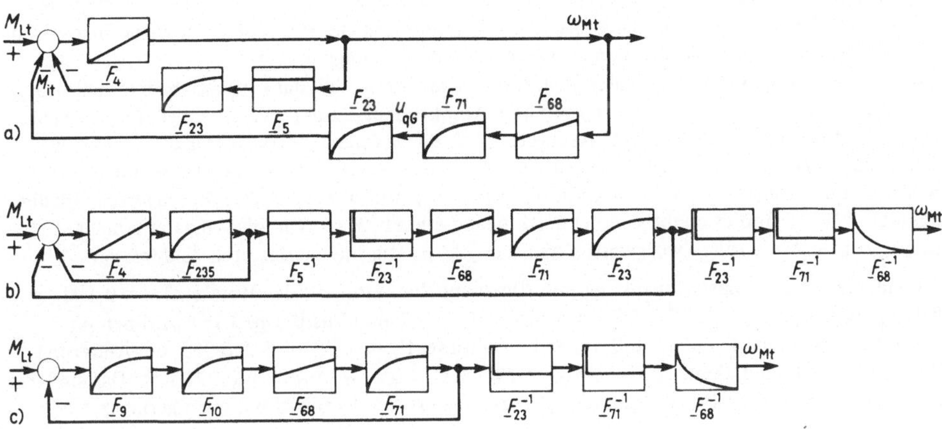

Bild **3.65** Umformung des Signalflußplans aus Bild **3.59** zur Bestimmung des Störverhaltens für das Lastmoment M_{Lt} (Beisp. **3.27**)

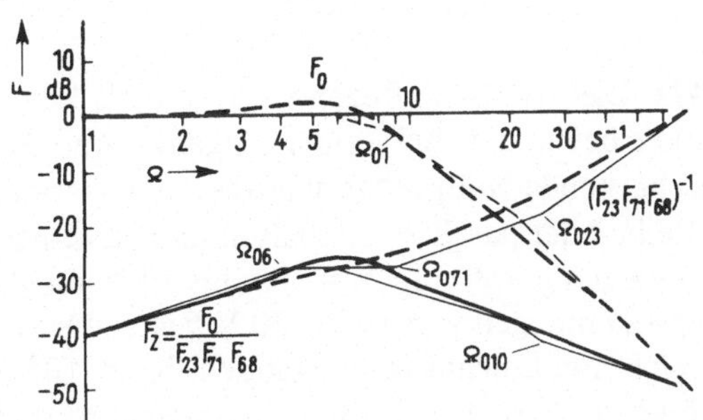

Bild **3.66**
Störverhalten des geregelten
Leonardsatzes von Beisp. 3.27

T a f e l **3.67** Bestimmung der Amplitude F_0 mit dem Nicholsdiagramm

Ω in s^{-1}	2	3	4	5	7	10	15	20
$-\varphi$ in °	108	117	126	134	147	164	184	200
F in dB	9	6	3	0	-4	-9	-16	-21
F_0 in dB	0,4	1,0	1,7	2,1	0,8	$-5,5$	$-14,5$	-20

Bei kleineren Frequenzen wird, wie der gestrichelte Verlauf in Bild **3.66** zeigt, $F_0 = 0$ dB; bei höheren Frequenzen fällt F_0 mit dem Frequenzgang des offenen Kreises zusammen. Die Daten für die nun noch zu berücksichtigenden inversen Glieder sind $K_{23} = K_2 K_3 = 1,82\,AV^{-1} \cdot 2,91\,Vs = 5,3\,As$, somit $K_{23}^{-1} = 0,189$ 1/As und $T_{23} = T_2 = 0,04\,s \,\hat{=}\, \Omega_{023} = 25\,s^{-1}$ (aus Beisp. 3.15) $K_{71} = K_7 K_1 = 25 \cdot 0,83 = 20,7$, somit $K_{71}^{-1} = 0,0482$ und $T_{71} = T_1 = 0,117\,s \,\hat{=}\, \Omega_{071} = 8,55\,s^{-1}$ (aus Beisp. 3.25) sowie $K_{68} = K_6 K_8 = 0,579 \cdot 0,382\,Vs = 0,221\,Vs$, somit $K_{68}^{-1} = 4,52\,V^{-1}s^{-1}$ und $T_{68} = T_N = 0,255\,s \,\hat{=}\, \Omega_{068} = 3,92\,s^{-1}$ (aus Beisp. 3.25). Mit der Gesamtverstärkung $K_{23}^{-1} K_{71}^{-1} K_{68}^{-1} = 0,189\,A^{-1}s^{-1} \cdot 0,0482 \cdot 4,52\,V^{-1}s^{-1} = 0,0412\,W^{-1}\,s^{-2} \,\hat{=}\, -27,7$ dB sowie der Anfangssteigung $+20$ dB/Dekade (wegen des inversen IP-Gliedes $\underline{F}_{68}^{-1}$), den Eckfrequenzen $\Omega_{023} = 25\,s^{-1}$ (Aufwärtsknick), $\Omega_{071} = 8,55\,s^{-1}$ (Aufwärtsknick) und $\Omega_{068} =$

$1,83\ s^{-1}$ (Abwärtsknick) ergibt sich der Amplitudengang für die drei inversen Glieder. Hierbei gilt die Gesamtverstärkung von $-33,7$ dB für den horizontal verlaufenden Teil der Asymptoten zwischen den Eckfrequenzen Ω_{068} und Ω_{071}. Dies liegt an der Definition des Übertragungsbeiwerts für das IP-Glied $\underline{F}_{68}$ (Tafel 3.34). Die Asymptoten (in Bild 3.66 dünn eingetragen) sind ein wichtiges Hilfsmittel für die Konstruktion des Amplitudengangs.

Durch Addition der dB-Werte beider Amplitudengäne ergibt sich das gesuchte Störverhalten F_z. Bei Kreisfrequenzen $\Omega < 6\,s^{-1}$ fällt F_z mit dem Amplitudengang der inversen Glieder zusammen; bei hohen Frequenzen hat F_z eine Asymptote mit der Steigung -20 dB/Dekade. Die größte Amplitude liegt mit $-25,5$ dB bei etwa $\Omega = 6\,s^{-1} \triangleq f \approx 1$ Hz. Da die gegengekoppelte Schleife dimensionslos ist, hat der Amplitudengang F_z die Dimension der drei inversen Glieder, nämlich $1/Ws^2$, und es ergibt sich bei der Eingangseinheit Ws = Nm die Ausgangseinheit s^{-1}. Da die konstanten Größen weggelassen wurden, gilt F_z für die überlagerten Änderungen.

Für eine periodische Lastschwankung mit 10 % vom Nennmoment des Motors $\Delta M = 0,1\ M_N = 0,1\ U_{qN}I_N/\omega_N = 0,1 \cdot 420\ V \cdot 64,5\ A/144,4\ s^{-1} = 18,7$ Ws (Aus Beisp. 3.15) wird bei der kritischen Frequenz f = 1 Hz mit der Störamplitude $F_z = -25,5$ dB $\triangleq 0,053$ die Änderung der Winkelgeschwindigkeit $\Delta\omega = \Delta M F_z = 18,7\ Ws \cdot 0,053\ W^{-1}\ s^{-2} = 0,991\ s^{-1}$. Das sind 0,69 % des Nennwerts. Bei allen anderen Frequenzen ist die Drehzahländerung geringer.

3.42 Bauglieder des Regelkreises

3.421 Elektronische Regelverstärker. Als Regelverstärker werden Transistorverstärker bevorzugt, bei denen Eingangs- und Ausgangsspannung gegen dasselbe durchgehende Nullpotential anstehen. Es ist dann möglich, Verstärker beliebig in Reihe oder parallel zu schalten und aus einem Netzgerät zu versorgen. Die V e r - s t ä r k u n g soll mit $V = 10^3$ bis 10^6 möglichst groß sein. Bei maximalen Ausgangsspannungen von 10 bis 20 V liegen die Steuerspannungen im mV- oder μV-Bereich. Bei Eingangswiderständen $R_E = 10^4$ bis $10^7\ \Omega$ betragen die Eingangsströme nA bis μA. Diese Bedingungen werden von Operationsverstärkern in integrierter Schaltungstechnik gut erfüllt. Im Verstärker muß die Phasenlage bzw. Polarität umgekehrt werden, damit eine Gegenkopplung möglich ist.

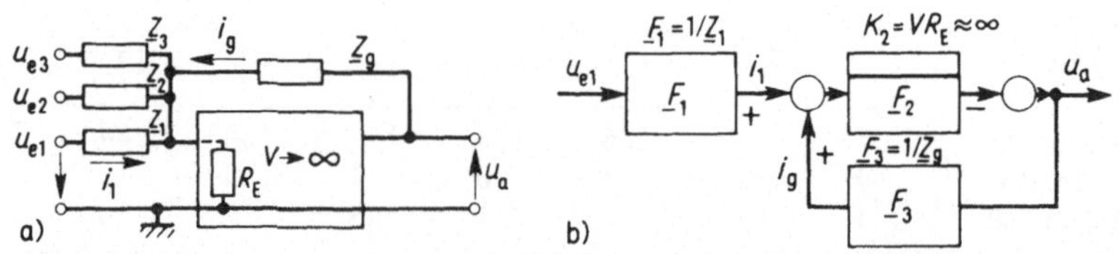

Bild 3.68 Schaltung (a) und vereinfachter Signalflußplan (b) eines elektronischen Regelverstärkers

$\underline{Z}_1, \underline{Z}_2, \underline{Z}_3$ Eingangswiderstände, $\underline{Z}_g$ Gegenkopplungswiderstand, R_E Eingangs-Innenwiderstand des Verstärkers

Wesentliches Merkmal für die Güte eines Verstärkers ist neben der Verstärkung die D r i f t, d. i. diejenige Eingangsspannung oder der Eingangsstrom, die erforderlich sind, um bei Änderung anderer Größen (Temperatur, Speisespannung oder Zeit) die Ausgangsspannung konstant zu halten, sowie die Offsetspannung, d. i. die Verschiebung der Steuerkennlinie gegen den Nullpunkt. Bild 3.68 zeigt die Schaltung (a), die bei Summierung mehrerer Eingangssignale üblich ist, und den Signalflußplan (b) des Verstärkers für die Eingangsspannung u_{e1}. Nach Gl. (3.20) und zusätzlicher Berücksichtigung der Reihenschaltung des Blocks $\underline{F}_1$ ist der Frequenzgang $\underline{F} = \underline{F}_1\underline{F}_2/(1 + \underline{F}_2\underline{F}_3) = \underline{F}_1/(\underline{F}_2 + \underline{F}_3)$, somit für $F_2 \to \infty$ sowie $\underline{F}_1 = 1/\underline{Z}_1$ und $\underline{F}_3 = 1/\underline{Z}_g$ der resultierende F r e q u e n z g a n g des beschalteten Verstärkers

$$\underline{F} = \underline{Z}_g/\underline{Z}_1 \tag{3.41}$$

Zur Verwirklichung des in Regelkreisen erwünschten Verhaltens werden für $\underline{Z}_1$ und $\underline{Z}_g$ Netzwerke vorgesehen. Tafel 3.69 zeigt die Zusammenstellung der üblichen Verstärker-Beschaltungen. Außerdem hat der Verstärker selbst auch noch eine Grenzfrequenz, die bisher nicht berücksichtigt wurde. Sie liegt aber so hoch, daß ihr Einfluß in technischen Regelkreisen meist vernachlässigt werden kann.

3.422 Stromrichter. Häufig ist die Steuerkennlinie von Stromrichtern nichtlinear. Dann muß nach Abschn. 3.416 die Änderung der Verstärkung in Abhängigkeit vom Arbeitspunkt berücksichtigt werden. Durch zweckmäßige Ausbildung des Steuergeräts läßt sich diese Nichtlinearität auch vermeiden. Das Zeitverhalten kann grob angenähert durch eine Totzeit oder die Zeitkonstante $T = 1/(fm)$ (mit Speisefrequenz f und Pulszahl m) eines P-T_1-Gliedes beschrieben werden. Eine Änderung der mittleren Ausgangsspannung kann erst mit dem nächsten Steuerimpuls, also nur zu bestimmten, festliegenden Zeitpunkten, eingeleitet werden. Deshalb vergeht zwischen Änderung des Steuersignals und Änderung der Ausgangsspannung eine unterschiedlich lange Zeit, die maximal gleich dem Abstand zweier Steuerimpulse von aufeinanderfolgenden Phasen ist. Die angegebene Näherung reicht aus, wenn die betrachtete Frequenz weit genug unterhalb der Pulsfrequenz des Stromrichters liegt.

3.423 Meßgrößenumformer. Meßgrößenumformer dienen dazu, Ausgangssignale in Regelkreisen zweckmäßig umzuformen, so daß sie weiterverarbeitet werden können. Neben einer möglichst getreuen Übertragung des Signals sollen sie auch eine möglichst geringe Zeitverzögerung zwischen Eingangs- und Ausgangsgröße haben. Für weitere Einzelheiten s. [19, 23, 49, 68].

D r e h z a h l e n werden mit T a c h o g e n e r a t o r e n gemessen, wegen ihrer größeren Genauigkeit bevorzugt mit permanent erregten Maschinen, die gelegentlich eine magnetische Temperaturkompensation erhalten. Hiermit lassen sich Genauigkeiten bis zu etwa 0,1 % erzielen. Neben Gleichstrommaschinen werden auch vielphasige Wechselstrommaschinen mit Gleichrichtern eingesetzt. Der Ventilspannungsabfall läßt sich besser reproduzieren als der Bürstenspannungsabfall. Nachteilig ist, daß bei Drehrichtungsumkehr die Spannung ihre alte Polarität behält. Zur Verminderung der Welligkeit sind bei beiden Typen manchmal Filter erforderlich, deren Frequenzgang dann bei Berechnung des Regelkreises berücksichtigt werden muß. Als Oberschwingung kommen vor Umdrehungsfrequenz und ihre Vielfache (Kupplungsfehler, ungleichmäßiger Luftspalt) sowie Nutenfrequenz und Kommutierungsfrequenz (letztere sowohl bei Gleichstrom- als auch bei Wechselstrom-Maschinen). Insbesondere bei großen Genauigkeitsanforderungen kann

T a f e l 3.69 Schaltungen für Regelverstärker

Verhalten	Schaltung	Frequenzgang	Amplitudengang	Dimensionierung
P	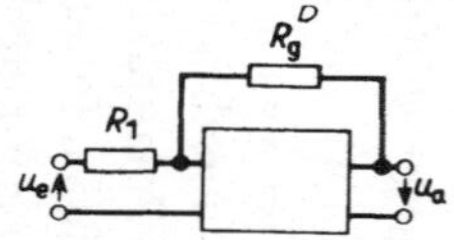	$\underline{F} = \dfrac{R_g}{R_1}$	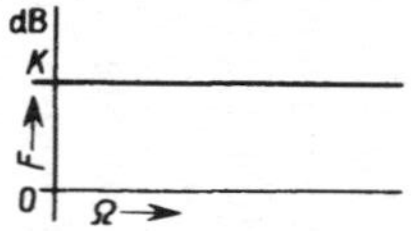	$K = \dfrac{R_g}{R_1}$
IP	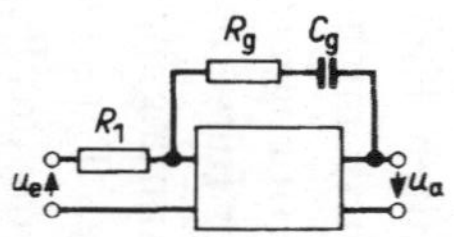	$\underline{F} = \dfrac{R_g}{R_1}\left(1 + \dfrac{1}{pT_N}\right)$ $\underline{F} = K + \dfrac{K_I}{p}$	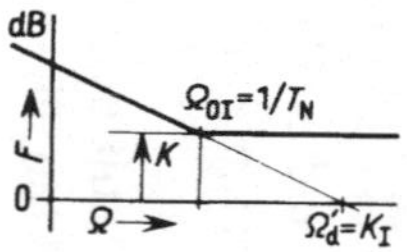	$K = \dfrac{R_g}{R_1}$ $T_N = R_g C_g$ $K_I = \dfrac{K}{T_N} = \dfrac{1}{R_1 C_g}$
PD	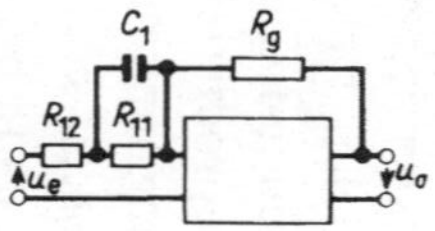	$\underline{F} = K \cdot \dfrac{1 + pT_{D1}}{1 + pT_{D2}}$ $K_{DS} = T_{D1}/T_{D2}$	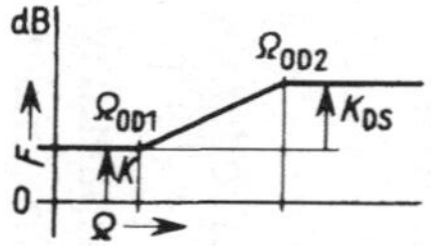	$K = \dfrac{R_g}{R_{11} + R_{12}}$ $T_{D1} = C_1 R_{11} = 1/\Omega_{oD1}$ $T_{D2} = C_1 \dfrac{R_{11}\, R_{12}}{R_{11} + R_{12}} = \dfrac{1}{\Omega_{oD2}}$
IPD	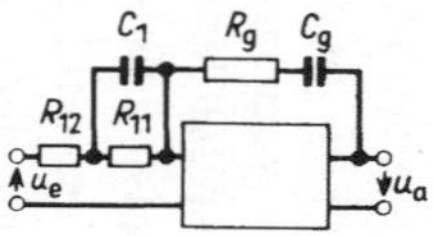	$\underline{F} = K\left(1 + \dfrac{1}{pT_N}\right)\dfrac{1 + pT_{D1}}{1 + pT_{D2}}$ $\underline{F} = \left(K + \dfrac{K_I}{p}\right)\dfrac{1 + pT_{D1}}{1 + pT_{D2}}$ $K_I = \dfrac{K}{T_N}$	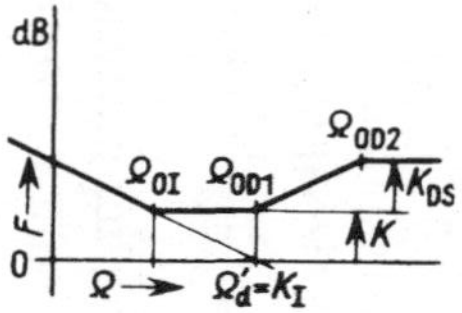	$K = \dfrac{R_g}{R_{11} + R_{12}}$ $T_N = \dfrac{1}{\Omega_{oI}} = R_g C_g$ $T_{D1} = C_1\ R_{11} = \dfrac{1}{\Omega_{oD1}}$ $T_{D2} = C_1 \dfrac{R_{11}\, R_{12}}{R_{11} + R_{12}} = \dfrac{1}{\Omega_{oD2}}$ $K_{DS} = T_{D1}/T_{D2} = (R_{11} + R_{12})/R_{12}$

die Drehzahl auch digital mit Impulsgeber auf der Welle und Zählgerät gemessen werden.

L ä n g e n und W i n k e l werden mit P o t e n t i o m e t e r n oder i n d u k - t i v e n G e b e r n (s. Band IV) gemessen. Der Vorteil der induktiven Geber (einphasige oder Drehfeldsysteme) liegt im Fehlen von Kontakten und größerer Genauigkeit; ihr Nachteil besteht darin, daß phasenabhängige Gleichrichtung notwendig wird, wenn die Richtung erfaßt werden soll. Außerdem werden Glättungsmittel erforderlich, deren Frequenzgang in den Regelkreis eingeht. Häufig werden deshalb auch höhere Speisefrequenzen benutzt (150 bis 10 000 Hz). Beide Nachteile entfallen, wenn die Wechselspannungen direkt verstärkt und mit ihnen Ferrarismotoren oder andere Induktionsmotoren gespeist werden. Mit hochphasigen, induktiven Gebern oder codierten Scheiben lassen sich Winkel auch sehr genau digital messen.

S p a n n u n g e n und S t r ö m e erfaßt man am einfachsten mit Spannungsteilern und Nebenwiderständen. Nachteilig ist dabei oft die galvanische Verbindung, bei größeren Strömen auch die große Verlustleistung sowie die geringe zur Verfügung stehende Spannung. Wenn eine galvanische Trennung notwendig ist, muß die Kopplung über ein magnetisches Glied erfolgen. Das klassische Gerät hierfür ist der Gleichstrom- und -spannungswandler (stromsteuernder Transduktor). Höhere Genauigkeiten als 0,5 % lassen sich damit nur schwer erreichen. Außerdem sind meist Glättungsmittel erforderlich, die im Frequenzgang des Regelkreises berücksichtigt werden müssen. Bei vorzeichenrichtiger Übertragung entsteht zusätzlich beträchtlicher Aufwand. Zur Erzielung größerer Genauigkeit hat sich der H a l l - G e n e r a t o r (s. Band I und Band IV, Abschn. Gleichstrom-Meßwandler) eingeführt, der jedoch eine Hilfsstromquelle ausreichender Konstanz und einen Meßverstärker benötigt. Mit elektronischen Wandlern (Zerhackerprinzip) läßt sich die Potentialtrennung bei Gleichströmen auch über einen Wechselstromwandler erreichen. Durch phasenabhängige Gleichrichtung kann dabei am Ausgang sogar die Polarität wiedergewonnen werden.

Die Messung von K r a f t (Zug, Druck) und D r e h m o m e n t kann häufig auf eine Strommessung zurückgeführt werden. Zur Berücksichtigung störender Einflüsse (Verluste, Eingriffsradius, magnetischer Fluß von Maschinen) werden dabei Rechengeräte eingesetzt, die z. B. mit Potentiometern arbeiten. So können drehzahlabhängige Verluste durch ein Potentiometer kompensiert werden, dessen Abgriff mit der Drehzahl verstellt und dessen Spannung in den Regelkreis eingeführt wird. Eine größere Genauigkeit bei erhöhtem Aufwand erzielt man mit k a - p a z i t i v e n oder i n d u k t i v e n G e b e r n (s. Band IV). Sie arbeiten mit einer abgeglichenen Brücke, die durch eine mechanisch-elastische Verformung verstimmt wird. Schließlich sollen noch die D e h n u n g s m e ß s t r e i f e n angeführt werden, die die Widerstandsänderung bei mechanischen Spannungen ausnutzen und ebenfalls in Brückenschaltung betrieben werden. Sie können direkt auf mechanische Bauteile geklebt werden (s. Band IV).

Zur Messung der D u r c h f l u ß m e n g e je Zeiteinheit eignen sich F l ü g e l - r ä d e r, die mit einer Tachomaschine kleiner Leistung gekuppelt sind. Ihr Zeitverhalten entspricht einem $P\text{-}T_1$-Glied. Bei M e ß b l e n d e n und V e n t u r i - d ü s e n ändert sich die Druckdifferenz quadratisch mit der Strömungsgeschwindigkeit. Als Ausgangsgröße dient hier meist die Längenverschiebung einer elastischen Membran, die über ein Potentiometer oder einen induktiven Geber in eine elektrische Größe umgeformt werden kann. Das Feder-Masse-System der Membran entspricht einem $P\text{-}T_2$-Glied, das aber oft vernachlässigt werden kann. Die Strömungsgeschwindigkeit läßt sich außerdem verzögerungsfrei in einem Magnetfeld messen, das in der strömenden Flüssigkeit eine elektrische Spannung induziert. Voraussetzung ist eine gewisse Leitfähigkeit der Flüssigkeit. Außerdem wird ein hochwertiger Meßverstärker benötigt, da die induzierte Spannung sehr niedrig ist [66].

F ö r d e r m e n g e n je Zeiteinheit von festem, körnigem oder pulverisiertem Gut lassen sich mit B a n d w a a g e n erfassen. Ein Teil eines Förderbandes oder ein besonderes kleines Förderband ist als Waage ausgebildet. Die Meßgröße liegt auch hier als Längenänderung (Federweg) vor und muß über ein Potentiometer oder einen induktiven Geber in eine elektrische Größe umgeformt werden. Das Zeitverhalten des Feder-Masse-Systems der Waage entspricht wieder einem $P\text{-}T_2$-Glied.

Manchmal muß in der Antriebstechnik auch eine B e s c h l e u n i g u n g gemessen werden. Dann kann die Spannung einer Tachomaschine mit einem RC-Glied differenziert werden (D-T_1-Glied, Tafel 3.34). Dabei wird jedoch die Störwelligkeit der Tachomaschine erheblich verstärkt. Andererseits läßt sich die Beschleunigungsmessung oft auch auf eine Drehmomentmessung oder sogar eine Strommessung zurückführen, oder sie kann in einer Regelung von der Änderung des Sollwerts hergeleitet werden. Genügen diese einfachen Möglichkeiten nicht den Anforderungen, so muß ein spezielles Beschleunigungsmeßgerät vorgesehen werden, das als Feder-Masse-System (P-T_2-Glied mit I-Glied im Rückführzweig) gebaut sein kann. Die damit erzielte Längenänderung wird wieder über ein Potentiometer oder einen induktiven Geber in eine elektrische Größe umgeformt [66].

3.424 Logische Bauglieder. Logische Bauglieder haben ein nichtlineares, oft unstetiges Verhalten. Sie werden aus technologischen Gründen mit dem Regelkreis kombiniert, insbesondere bei weitgehend automatisierten Anlagen. Benutzt werden u. a. die in Abschn. 5 beschriebenen l o g i s c h e n S c h a l t g l i e d e r. Abhängig von Steuersignalen können Regelkreise in Betrieb oder außer Betrieb genommen, Sollwerte verändert oder Parameter im Regelkreis umgeschaltet werden, so daß sich z. B. die dynamischen Eigenschaften ändern. Hiermit läßt sich das Verhalten der Regelung entweder zeitabhängig oder abhängig von bestimmten Meßwerten verändern.

Die Eingangssignale für derartige, in Regelkreise eingebaute Steuervorgänge können von den in Abschn. 5.223 beschriebenen Grenzwertmeldern stammen. Diese übertragen ein Signal erst dann, wenn es eine bestimmte Größe über- oder unterschreitet. Ähnliche Bauglieder, wie S c h w e l l w e r t g l i e d e r, B e g r e n z u n g s g l i e - d e r oder auch F u n k t i o n s g e n e r a t o r e n (Glieder mit bestimmter nichtlinearer Kennlinie), lassen sich auch direkt in Regelkreise einbauen. Hiermit läßt sich u. a. verhindern, daß in einer Anlage Betriebszustände auftreten, die entweder

die Anlage selbst gefährden (durch Überstrom, Überspannung, Überdrehzahl oder
Nennstrom bei Stillstand des Motors) oder die ungünstig für das Produktionser-
gebnis sind.

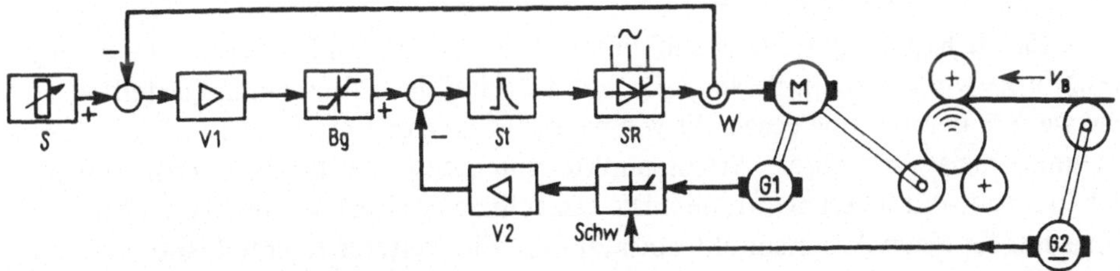

Bild 3.70 Regelung eines Tragwalzen-Haspelantriebs
SR Stromrichter mit Steuergerät St, W Gleichstromwandler, S Zug-Sollwertquelle,
Bg Begrenzungsglied, Schw Schwellwertglied, V1 und V2 Regelverstärker

Bild 3.70 zeigt am Beispiel einer Aufwickelhaspel, wie eine s e l b s t t ä t i g e
U m s c h a l t u n g d e r R e g e l u n g vorgenommen werden kann. Die Geräte
sind hier durch Blöcke mit Symbolen, die die Funktion deutlich machen, dargestellt. Die Verbindungslinien kennzeichnen den Signalfluß, ähnlich den Wirkungslinien im Signalflußplan, oder auch einen Stromfluß, wie bei der Darstellung mit
Kurzschaltzeichen. Normalerweise arbeitet bei vorgegebener Bandgeschwindigkeit v_B der Motor, über den Verstärker V1 gesteuert, mit geregeltem Strom. Drehmoment und somit Strom sind ein Maß für den Bandzug. Das Begrenzungsglied Bg
arbeitet dann im ansteigenden Teil seiner Kennlinie und das Schwellwertglied Schw
überträgt noch kein Signal. Bei einem Bandriß fällt das Lastmoment plötzlich weg,
und der Antrieb würde wegen des weiterhin konstanten Stromes stark beschleunigt
werden. Jetzt wird infolge der ansteigenden Spannung des Tachogenerators G1 das
Schwellwertglied Schw durchlässig, und der Verstärker V2 wird ausgesteuert.
Dadurch wird die Motordrehzahl herabgesetzt bzw. begrenzt. Das Begrenzungsglied Bg verhindert, daß der Verstärker V1 die Wirkung des Verstärkers V2 wieder
aufhebt. Aus der Stromregelung ist dadurch eine Drehzahlregelung geworden. Zusätzlich läßt sich nun die Größe des Schwellwerts durch die mit der Bandgeschwindigkeit gekuppelte Tachomaschine G2 beeinflussen. Dadurch kann die Motordrehzahl auf einen Wert dicht oberhalb der jeweiligen Bandgeschwindigkeit begrenzt
werden. Ein weiteres Beispiel zeigt Bild 3.71.

3.43 Geregelte Antriebe

3.431 Einfache Drehzahlregelung. Eine Drehzahlregelung für einen Leonardsatz
wird schon in Beisp. 3.25 behandelt. Der gleiche Signalflußplan gilt auch bei der
heute meist bevorzugten S p e i s u n g d u r c h S t r o m r i c h t e r. Hier
müssen in Bild 3.43 und folgenden lediglich für den Block $\underline{F}_2$ die veränderten
Daten des Ankerkreises berücksichtigt werden. Zum Ankerkreiswiderstand R_A
gehört auch der Innenwiderstand des Stromrichters und zur Ankerkreisinduktivität L_A die Kathodendrossel. Ferner treten an die Stelle der Erregerdaten des Generators in Block $\underline{F}_1$ der Übertragungsbeiwert und die (meist zusammengefaßten)

Verzögerungszeiten von Stromrichter und Steuergerät. Allerdings wird die Darstellung des Stromrichters als P-T$_1$-Glied oder auch als Totzeitglied dem wirklichen Verhalten nicht ganz gerecht. Die Näherung genügt aber, wenn noch weitere, größere Verzögerungen im Regelkreis vorhanden sind.

Auch für die Regelung der Drehzahl durch V e r s t e l l u n g   d e r   E r r e g u n g des Motors wird schon in Beisp. 3.22 und 3.23 der Signalflußplan aufgestellt. Die weitere Bearbeitung geschieht wie bei der Ankerverstellung, nur muß die Berechnung meist für mehrere Arbeitspunkte, zumindest aber für die extremen Werte der Drehzahl, durchgeführt werden. Die Einstellung des Reglers kann dann allerdings nur für einen Arbeitspunkt optimal sein. Ein weiterer Nachteil ist der relativ kleine Drehzahlstellbereich. Der Aufwand ist wegen der kleineren Stelleistung aber geringer als bei der Ankerverstellung. Die Feldverstellung wird häufig bei Mehrmotorenantrieben angewendet, bei denen die Grunddrehzahl durch Verstellen der gemeinsamen Ankerspannung und die Drehzahlverhältnisse zwischen den einzelnen Motoren durch Verändern der Erregung eingestellt werden.

Oft wird auch die A n k e r v e r s t e l l u n g   m i t   d e r   F e l d v e r s t e l l u n g k o m b i n i e r t, wie es die Geräteanordnung in Bild 3.71 zeigt. Dort ist links der Regelkreis für die Drehzahl dargestellt, bestehend aus Tachogenerator G als Meßglied, Sollwertquelle S1, Verstärker V1 und Stromrichter SR1 mit dem Steuergerät St1. Auf der rechten Seite befindet sich die Regelung für den Erregerstrom, der mit dem Wandler W gemessen wird und den fest eingestellten Sollwert aus der Quelle S2 erhält. Die Erregung erfolgt über den Verstärker V2 und den Stromrichter SR2 mit dem Steuergerät St2. Mit steigendem Drehzahlsollwert steigt bei zunächst konstanter, voller Erregung auch die Ankerspannung. Ist die Ankernennspannung erreicht, so wird das Schwellwertglied Schw durchlässig.

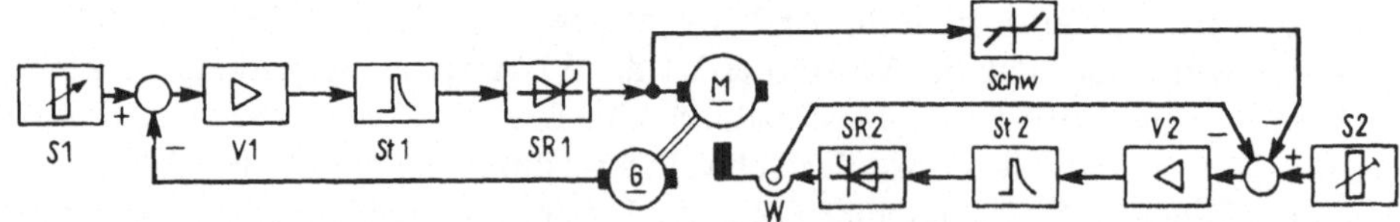

Bild 3.71 Drehzahlgeregelter Antrieb mit ankerspannungs-abhängiger Feldschwächung

Dadurch wird der Sollwert der Erregung verringert und das Feld des Motors geschwächt, und zwar gerade so weit, daß trotz des höheren Drehzahlsollwerts die Ankerspannung auf ihrem Nennwert bleibt. Damit die Stabilität der Drehzahlregelung nicht beeinträchtigt wird, sieht man für die Erregerstromregelung zweckmäßig eine niedrige Durchtrittsfrequenz vor. Diese Regelung greift dann nur sehr langsam ein. Die schnelle Ausregelung von Störgrößen geschieht auch im Feldstellbereich durch Änderung der Ankerspannung, die erst nach einiger Zeit durch Änderung der Erregung wieder rückgängig gemacht wird.

3.432 Drehzahlregelung mit Strombegrenzung. Bei modernen, hochwertigen Antrieben wird n i c h t   n u r   d i e   D r e h z a h l ,   s o n d e r n   a u c h   d e r   S t r o m g e r e g e l t. Eine derartige Geräteanordnung bei Stromrichterspeisung des Antriebs ist in Bild 3.72 dargestellt. Die Stromregelung mit dem Regelverstärker V2 ist der Drehzahlregelung u n t e r l a g e r t. Die Ausgangsspannung des Regelverstärkers V1 für die Drehzahlregelung ist gleichzeitig der Sollwert der Stromregelung. Bei zu geringer Ist-Drehzahl wird also der Stromsollwert (und somit auch der Strom) erhöht, bei zu hoher Ist-Drehzahl wird er verringert oder sogar negativ. Da auf Grund seiner Bauart die Ausgangsspannung des Regelverstärkers V1 einen bestimmten Wert auch bei großen Drehzahlabweichungen nicht überschreiten kann, wird der Strom zwingend auf einen Wert begrenzt, bei dem die Spannung des Gleichstromwandlers W gerade gleich dieser maximalen Ausgangsspannung ist. Die Spannung des Wandlers ist der Bürde (s. Band IV) proportional. Deshalb läßt sich z. B. mit der Bürde die Stromgrenze einstellen.

Bild 3.72
Drehzahlregelung eines stromrichter-gespeisten Gleichstrom-Nebenschlußmotors mit unterlagerter Stromregelung

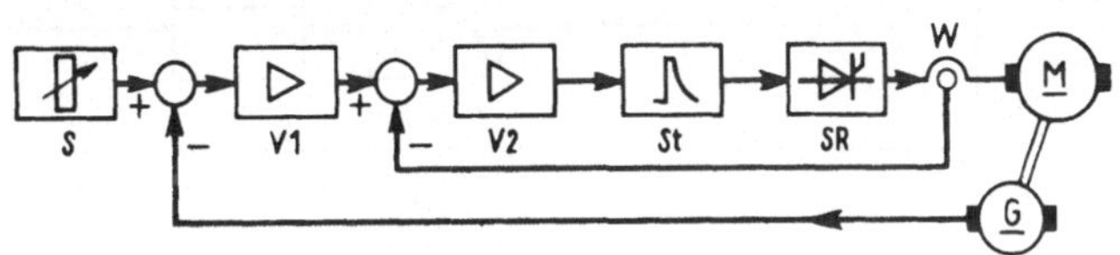

Den zugehörigen S i g n a l f l u ß p l a n zeigt Bild 3.73. Er stimmt in den Bezeichnungen, soweit möglich, mit Bild 3.59 überein. F_6 ist der Drehzahl-Regelverstärker (IP-Verhalten), F_7 der Strom-Regelverstärker (IPD-Verhalten). Während in der inneren Schleife (Stromregelung) der D-Anteil Vorteile hat, würde er in der äußeren Schleife nur schaden, da hier keine P-T_1-Glieder zu kompensieren sind und nur die Störwelligkeit angehoben würde. F_1 kennzeichnet das Verhalten des Stromrichters. Die Schleife aus F_2, F_{34} und F_5 steht für den Ankerkreis (s. Abschn. 3.414), wobei F_3 und F_4 zusammengefaßt werden. F_8 ist das Drehzahlmeßglied (Tachomaschine), F_9 und F_{10} das Strommeßglied (Gleichstromwandler mit der meist erforderlichen Glättung). Bild 3.73b und c zeigen die vor der Berechnung erforderliche Umwandlung. In Bild 3.73b ist der vor Block F_9 liegende Verzweigungspunkt hinter den Block F_{34} verschoben (F_{34} erscheint invers). Dann ist das P-T_2-Glied aus F_2, F_{34} und F_5 zu F_{02} zusammengefaßt (F_5 erscheint invers). Die inversen Glieder F_{34}^{-1} und F_5^{-1} werden zu F_{345}^{-1} zusammengefaßt. Um aus dem Strom i wieder die Winkelgeschwindigkeit ω_t zu erhalten, muß vor dem Ausgang noch der Block F_{34} durchlaufen werden. In Bild 3.73c ist die Schleife der Stromregelung aufgelöst (Frequenzgang höherer Ordnung, daher zweckmäßig mit Nicholsdiagramm zu lösen) und als F_{0i} bezeichnet. Hierbei erscheinen die Blöcke aus dem Rückführzweig, F_9 und F_{10}, invers.

Beispiel 3.28: Für den Signalflußplan in Bild 3.73 sind bekannt Motordrehzahl $n_N = 1400$ min^{-1} bzw. Nennwinkelgeschwindigkeit $\omega_N = 145{,}3$ s^{-1}, Motor-Quellenspannung $U_{qMN} = 430$ V, Nennstrom $I_N = 130$ A, Ankerkreiswiderstand $R_A = 0{,}1\ \Omega$ (einschl. Kommutierungsspannung des Stromrichters), Ankerkreisinduktivität $L_A = 3$ mH, Trägheitsmoment $J = 6{,}38$ kgm^2, Quellenspannung des Stromrichters $U_{di} = 470$ V bei Steuerspannung $U_{st} = 10$ V, Spannung des Tachogenerators $U_T = 40$ V bei $n = 1000$ min$^{-1} \cong \omega = 104{,}8$ s^{-1}, Spannung des Gleichstromwandlers $U_W = 10$ V bei $I = 130$ A mit der Bürde $R_B = 10\ \Omega$ und der Glättungsdrossel $L_B = 0{,}2$ H. Der Stromrichter hat Drehstrombrückenschaltung (Pulszahl m = 6). Die Konstanten sollen bestimmt werden.

Es ergeben sich die Übertragungsbeiwerte und Zeitkonstanten

$$K_1 = U_{di}/U_{st} = 470\ \text{V}/10\ \text{V} = 47$$

$$T_1 = T/m = 0{,}02\ \text{s}/6 = 0{,}00333\ \text{s}\ \text{(mit Periodendauer T und Pulszahl m)}$$

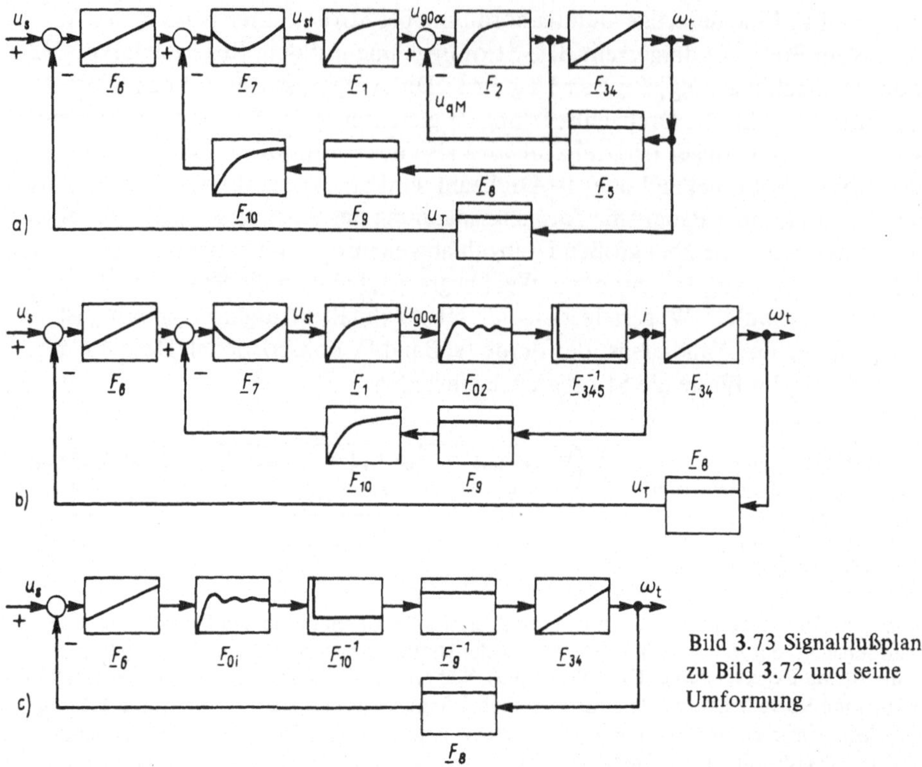

Bild 3.73 Signalflußplan
zu Bild 3.72 und seine
Umformung

$$K_8 = U_T/\omega = 40\ \text{V}/104{,}8\ \text{s}^{-1} = 0{,}382\ \text{Vs} \qquad K_{9,10} = U_W/I = 10\ \text{V}/130\ \text{A} = 0{,}0769\ \Omega$$

$$T_{10} = L_B/R_B = 0{,}2\ \text{H}/10\ \Omega = 0{,}02\ \text{s}$$

(Diese Rechnung ist sehr ungenau, da der Gleichstromwandler einen sehr hohen Innenwiderstand hat, die Zeitkonstante nur während der Zeiten wirksam ist, in der der Wandlerstrom kleiner als der Bürdenstrom bleibt, und die Bürde sich über die Gleichrichterschaltung vom Wandler abkoppelt.) Das P-T_2-Glied hat die Daten

$$K_2 = 1/R_A = 1/0{,}1\ \Omega = 10\ \text{A}/\text{V} \qquad T_2 = L_A/R_A = 0{,}003\ \text{H}/0{,}1\ \Omega = 0{,}03\ \text{s}$$

$$K_{34} = U_{qMN}/(J\omega_N) = 430\ \text{V}/(6{,}38\ \text{kgm}^2 \cdot 145{,}3\ \text{s}^{-1}) = 0{,}464\ \text{A}^{-1}\,\text{s}^{-2}$$

$$K_5 = U_{qMN}/\omega_N = 430\ \text{V}/145{,}3\ \text{s}^{-1} = 2{,}96\ \text{Vs}$$

Somit wird die Kreisverstärkung

$$V_{0I} = K_2 K_{34} K_5 = 10\ \text{A}/\text{V} \cdot 0{,}464\ \text{A}^{-1}\text{s}^{-2} \cdot 2{,}96\ \text{VS} = 7{,}28\ \text{s}^{-1}$$

mit Gl. (3.26) sowie (3.27) die Eckfrequenz

$$\Omega_0 = \sqrt{V_{0I}/T} = \sqrt{7{,}28\ \text{s}^{-1}/0{,}03\ \text{s}} = 15{,}6\ \text{s}^{-1}$$

und der Dämpfungsgrad

$$\vartheta = 1/(2\sqrt{V_{0I}T}) = 1/(2\sqrt{7{,}28\ \text{s}^{-1} \cdot 0{,}03\ \text{s}}) = 1{,}07.$$

Da $\vartheta > 1$ ist, erfolgt Zerlegung in zwei P-T_1-Glieder mit den Zeitkonstanten nach Gl. (3.25)

$$T_{021/022} = (1/\Omega_0)\,(\vartheta \pm \sqrt{\vartheta^2 - 1}) = (1/15{,}6\ \text{s}^{-1})\,(1{,}07 \pm \sqrt{1{,}07^2 - 1})$$

also $T_{021} = 0{,}0445$ s und $T_{022} = 0{,}0927$ s. Der Übertragungsbeiwert ist $K_{02} = 1$, da in Bild 3.73b direkte Gegenkopplung zugrunde gelegt ist.

Beispiel 3.29: Für den IPD-Regler $\underline{F}_7$ in Bild 3.73b soll mit Berücksichtigung der Daten aus dem vorigen Beispiel die optimale Auslegung ermittelt werden, wenn die Phasenreserve $\varphi_{res} = 50°$ und die Stufentiefe des D-Anteils $K_{DS} = 5 \triangleq 14$ dB sind.

Zunächst wird wieder in Bild 3.74 der Amplitudengang der Regelstrecke (innere Schleife nach Bild 3.73b) ohne Festlegung der 0 dB-Linie gezeichnet. Er beginnt (in Bild 3.74 gestrichelt)

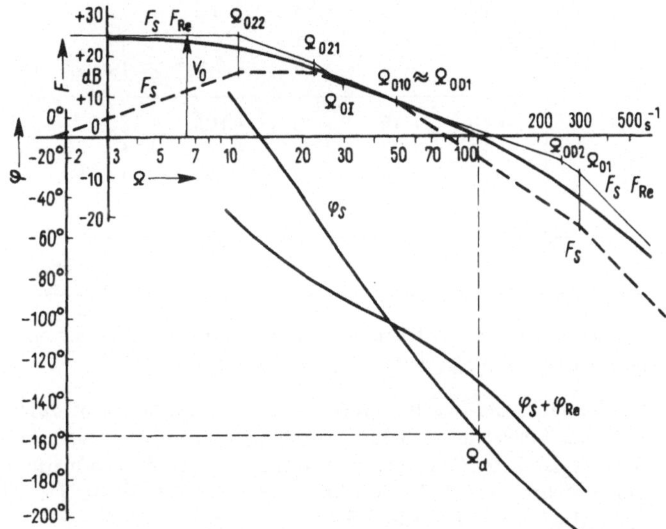

Bild 3.74

Amplituden- und Phasengang zu Beisp. 3.30
Die 0 dB-Linie gilt nur für den gesamten offenen Kreis

wegen des D-Gliedes $\underline{F}_{345}^{-1}$ mit der positiven Steigung 20 dB/Dekade und hat jeweils einen Abwärtsknick bei den Eckfrequenzen $\Omega_{022} = 1/T_{022} = 1/0{,}0927$ s $= 10{,}8$ s^{-1}, $\Omega_{021} = 1/T_{021} = 1/0{,}0445$ s $= 22{,}5$ s^{-1}, $\Omega_{010} = 1/T_{10} = 1/0{,}02$ s $= 50$ s^{-1} sowie $\Omega_{01} = 1/T_1 = 1/0{,}00333$ s $= 300$ s^{-1}. Der Phasengang wird mit Bild 3.36 ermittelt, in Tafel 3.75 addiert und dann ebenfalls in Bild 3.74 aufgetragen. Mit der Phasenreserve $\varphi_{res} = 50°$ und der Phasenvoreilung des D-Anteils $\varphi_v = 43°$ (nach Bild 3.58 für $K_{DS} = 14$ dB) sowie dem Phaseneinfluß des IP-Knicks $\varphi_{IP} = -15°$ (willkürlich festgelegt) wird der Phasenwinkel der Regelstrecke bei der Durchtrittsfrequenz $\varphi_{dS} = -180° + \varphi_{res} - \varphi_v + \varphi_{IP} = -180° + 50° - 43° + 15° = -158°$. Hierzu gehört die Durchtrittsfrequenz $\Omega_d = 110$ s^{-1}.

Nach Abschn. 3.418 werden nun die Eckfrequenzen des D-Anteils $\Omega_{0D1} = \Omega_d\sqrt{K_{DS}} = 110$ s$^{-1}/\sqrt{5} = 49{,}2$ s^{-1} (sie hebt praktisch den Knick bei Ω_{010} wieder auf) und $\Omega_{0D2} = \Omega_d\sqrt{K_{DS}} = 110$ s$^{-1} \cdot \sqrt{5} = 246$ s^{-1} bestimmt. Für $\varphi_{IP} = -15°$ erhält man mit $\Omega/\Omega_0 = 3{,}7$ (nach Bild 3.36) die Eckfrequenz $\Omega_{0I} = \Omega_d/(\Omega/\Omega_0) = 110$ s$^{-1}/3{,}7 = 29{,}7$ s^{-1} für die Nachstellzeit $T_N = 1/\Omega_{0I} = 0{,}0336$ s. Nun wird in Bild 3.74 der gestrichelte Asymptotengang der Regelstrecke um die drei zusätzlichen Eckfrequenzen korrigiert und auch der wahre Verlauf eingetragen. Ebenso wird in Tafel 3.75 der Phasengang für den gesamten offenen Kreis ermittelt. Anschließend wird in Bild 3.74 die 0 dB-Linie so eingetragen, daß sie den wahren Verlauf bei $\Omega_d = 110$ s^{-1} schneidet.

Links kann jetzt die Kreisverstärkung $V_0 = 25$ dB $\triangleq 17{,}8$ abgelesen werden. Diese Kreisverstärkung kommt wegen des D-Gliedes $\underline{F}_{345}^{-1}$ aber dadurch zustande, daß dieses D-Glied durch den I-Anteil des IPD-Reglers $\underline{F}_7$ kompensiert wird. Deshalb muß es jetzt für die Integralverstärkung des Reglers heißen $K_{7I} = V_0/(K_1 K_{02} K_{345}^{-1} K_{910}) = V_0 K_{34} K_5/(K_1 K_{02} K_{910}) = 17{,}8 \cdot 0{,}464 \, A^{-1}s^{-2} \cdot 2{,}96 \, Vs/(47 \cdot 1 \cdot 0{,}0769 \, \Omega) = 6{,}76 \, s^{-1}$ und nach Tafel 3.34 für den Übertragungsbeiwert $K_7 = K_{7I} T_N = 6{,}76 \, s^{-1} \cdot 0{,}0336 \, s = 0{,}227$

T a f e l 3.75 Berechnung des Phasengangs zu Beisp. 3.29 (Winkel φ in °)

Ω in s^{-1}	10	20	30	50	70	100	200	300	500
$-\varphi_{345}$	+90	+90	+90	+ 90	+ 90	+ 90	+ 90	+ .90	+ 90
φ_{022}	−43	−62	−70	− 78	− 81	− 84	− 87	− 88	− 89
φ_{021}	−24	−42	−53	− 66	− 72	− 77	− 84	− 86	− 87
φ_{010}	−11	−22	−31	− 45	− 54	− 64	− 76	− 80	− 84
φ_{01}	− 2	− 4	− 6	− 9	− 14	− 18	− 34	− 45	− 59
φ_S	+ 10	−40	−70	−108	−131	−153	−191	−209	−229
φ_{D1}	+ 12	+ 22	+ 31	+ 45	+ 55	+ 64	+ 76	+ 81	+ 84
φ_{D2}	− 2	− 5	− 7	− 12	− 16	− 22	− 39	− 50	− 62
φ_{IP}	−71	−56	−44	− 30	− 23	− 16	− 8	− 6	− 3
φ_{ges}	−50	−79	−90	−105	−115	−127	−162	--184	−210

Mit der hohen Durchtrittsfrequenz $\Omega_d = 110 \, s^{-1}$ ist die Stromregelung sehr schnell. Es sind nach Gl. (3.37 Anregelzeiten $T_a \approx \pi/\Omega_d = 3{,}14/110 \, s^{-1} \approx 30 \, ms$ zu erwarten.

Das Verhalten der Regelung ändert sich, wenn der Motor bis zum Stillstand gebremst wird, wenn der Antrieb also z. B. an der Stromgrenze nicht anläuft, weil das Reibungsmoment zu hoch ist. Ist dieser Fall nicht auszuschließen, so muß auch hierfür eine Stabilitätsuntersuchung durchgeführt werden. Die Rückkopplung über das Glied $\underline{F}_5$ in Bild 3.73 entfällt dann (s. a. Abschn. 3.414 und Bild 3.44).

Beispiel 3.30: Mit den im vorigen Beispiel errechneten Daten des Regelverstärkers soll eine IPD-Beschaltung bei dem Eingangswiderstand $(R_{11} + R_{12}) = 100 \, k\Omega$ nach Tafel 3.69 bestimmt werden.

Nach Tafel 3.69 gilt für den Gegenkopplungswiderstand $R_g = K(R_{11} + R_{12}) = 0{,}227 \cdot 100 \, k\Omega = 22{,}7 \, k\Omega$ und für die Gegenkopplungskapazität $C_g = T_N/R_g = 0{,}0336 \, s/22{,}7 \, k\Omega = 1{,}48 \, \mu F$. Im Eingang beträgt der Teilwiderstand $R_{12} = (R_{11} + R_{12})/K_{DS} = 100 \, k\Omega/5 = 20 \, k\Omega$; somit muß $R_{11} = 80 \, k\Omega$ sein. Für die Kapazität ergibt sich $C_1 = 1/(\Omega_{0D1} R_{11}) = 1/(49{,}2 \, s^{-1} \cdot 80 \, k\Omega) = 0{,}254 \, \mu F$.

3.433 Wegregelung. Bei der Wegregelung gibt das Meßglied eine Spannung ab, die dem D r e h w i n k e l β_t des Motors proportional ist. Mit $\beta_t = \int \omega_t dt$ erscheint im Signalflußplan ein weiteres I-Glied, dessen Übertragungsbeiwert $K_I = 1$ ist. Dadurch wird eine zusätzliche Phasenverschiebung von $\varphi = -90°$ hervorgerufen, die eine beträchtliche Verringerung der Durchtrittsfrequenz verursacht. Ein besseres dynamisches Ergebnis läßt sich erzielen, wenn in einer inneren Schleife die Drehzahl und in einer äußeren der Weg geregelt werden. Ähnlich der inneren Stromregelung im vorigen Abschn. liefert dann der Weg-Regelverstärker den Sollwert für die Drehzahlregelung. Wenn hohe dynamische Ansprüche gestellt oder eine Strombegrenzung für den Antrieb gewünscht werden, wird in einer dritten, noch weiter innen liegenden Schleife, der Strom geregelt (Bild 3.76). Zur Berechnung müssen die gleichen Umformungen wie in Bild 3.73 vorgenommen und dann die drei Regler nacheinander (von innen nach außen) ausgelegt werden. Nach diesem Prinzip werden z. B. Walzenanstellungen in Walzwerken gebaut, wobei wegen der größeren Genauigkeit Soll- und Istwert häufig digital vorgegeben und verglichen werden.

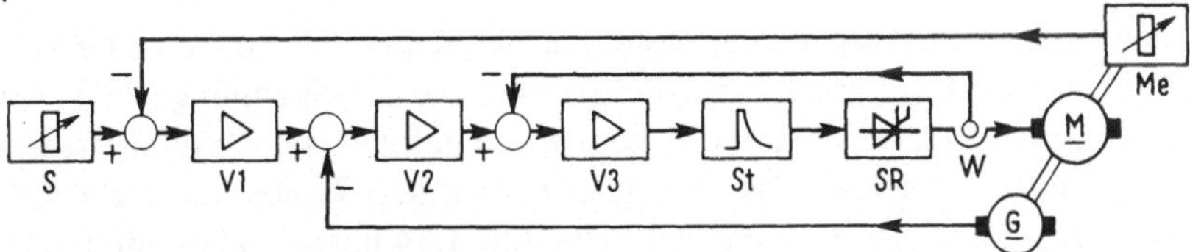

Bild 3.76 Wegregelung (Wegmeßglied Me, Regelverstärker V1, Sollwertquelle S) mit innerer Drehzahlregelung (Tachomaschine G, Regelverstärker V2) und innerer Stromregelung (Meßglied W, Regelverstärker V3, Steuerglied St, Stromrichter SR)

Bei einer Verstellung des Weg-Sollwerts um einen größeren Betrag werden Weg-Regelverstärker V1 und Drehzahl-Regelverstärker V2 übersteuert. Der Antrieb beschleunigt mit dem maximal möglichen Strom und Drehmoment. Nach Erreichen der Nenndrehzahl ist nur noch der Verstärker V1 übersteuert, und der Antrieb läuft mit der Nenndrehzahl (wobei der Strom sinkt). Ist der Weg-Sollwert nahezu erreicht, so wird der Drehzahl-Sollwert proportional zum Weg-Fehler verringert. Hierbei übersteuert u. U. wieder der Drehzahl-Regelverstärker V2 in negativer Richtung, und der Antrieb wird mit dem maximal möglichen Strom und Drehmoment gebremst. Ein noch besseres Einlaufverhalten in den Weg-Sollwert läßt sich erreichen, wenn ein nichtlineares Glied hinter dem Verstärker V1 vorgesehen wird, so daß der Drehzahl-Sollwert nicht mehr dem Weg-Fehler, sondern der Quadratwurzel aus dem Weg-Fehler proportional ist. Mit der Geschwindigkeit $v = \sqrt{2as}$ (mit Beschleunigung a und Weg s) wird der Antrieb dann mit konstanter Beschleunigung gebremst. Da die Steigung der Parabel und somit der Übertragungsbeiwert im unteren Bereich unendlich groß werden, müssen dann jedoch besondere Maßnahmen zur Sicherung der Stabilität getroffen werden.

3.434 Strom-, Drehmoment- und Zugregelung.

Die Regelung dieser drei Größen führt auf den gleichen Signalflußplan. Strom und Drehmoment sind einander proportional, und auch der Zug in Materialbahnen kann über den Antriebsradius aus dem Drehmoment hergeleitet werden. Stromregelungen, bei denen sich die Drehzahl frei einstellen kann, haben meist eine überlagerte Drehzahlregelung (s. Abschn. 3.432). Bei vielen Antriebsaufgaben ist die Drehzahl jedoch durch einen anderen Antrieb starr geführt. Dies gilt z. B. beim Auf- und Ab h a s p e l n von Materialien, wie Blech, Draht, Folien und Papier. Ist die Leistung des Hauptantriebs wesentlich größer als die des Haspelantriebs, so kann die Rückwirkung des Zuges auf die Drehzahl vernachlässigt werden. Dann hat die Motor-Quellenspannung nur noch den Charakter einer Störgröße und ihre Rückführung entfällt im Signalflußplan (z. B. Bild 3.44).

An der A c h s e   a n g e t r i e b e n e Haspeln erfordern bei sich änderndem Haspeldurchmesser und konstanter Bandgeschwindigkeit· v sowie konstantem Zug F eine entgegengesetzt proportionale Änderung von Drehmoment und Drehzahl. Dabei bleibt die Haspelleistung $P = Fv = U_q I$ konstant. Hält man nun die Quellenspannung U_q proportional der Bandgeschwindigkeit v, so ist auch der Strom I proportional dem Zug F und kann daher als Regelgröße benutzt werden. Der Fluß Φ des Motors muß dann dem Haspeldurchmesser proportional sein, damit sich Drehzahl und Drehmoment entsprechend ändern. Die beim Anfahren und Bremsen auftretenden Beschleunigungsmomente können durch zusätzliche Rechenschaltungen berücksichtigt werden. Bei dieser Lösung lassen sich auch bei starker Kompoundierung des Motors nur Flußverhältnisse und somit Durchmesserverhältnisse bis zu 1 : 5 erreichen. Größere Durchmesserverhältnisse erfordern zusätzlich Ankerverstellung. Falls hierbei der Bandzug $F = IU_q/v$ für die Regelung nicht gemessen werden kann, muß er mit einem Rechengerät (z. B. Potentiometerschaltung) ermittelt werden.

Daneben besteht die Aufgabe der Regelung. Bei reiner F e l d v e r s t e l l u n g und Ankerspeisung mit geschwindigkeitsproportionaler Spannung (die ja sowieso für den Hauptantrieb benötigt wird) könnte ein gesondertes Ankerspeisegerät für den Haspelantrieb entfallen. Es muß dann nach Bild 3.77 über das Motorfeld geregelt werden. Der Signalflußplan geht aus Bild 3.54 hervor, wenn die Drehzahl als starr angenommen wird und somit die Rückkopplung von u_{q1} entfällt (Quellenspannung nur noch vom Fluß abhängig). Außerdem ist gegenüber Bild 3.54c der Zweig aus $\underline{F}_{68}$ und $\underline{F}_{23}^{-1}$ vernachlässigt. Die Blöcke $\underline{F}_3, \underline{F}_4$ und $\underline{F}_5$ interessieren bei einer Stromregelung nicht. Ergänzt wurden $\underline{F}_{11}$ (IP-Regler), $\underline{F}_{12}$ (Stromrichter) und $\underline{F}_{13}$ (Strom-Meßwertumformer). Nach Beisp. 3.23 geht mit $K_{78} = K_7 K_8 = \omega_r (U_{qN}/U_{EN})(\Delta\Phi_r/\Delta I_{Er})$ in die Regelkreisverstärkung die Winkelgeschwindigkeit ω_r ein. Die Kompoundierung des Motors, die hier stets vorgesehen wird, wirkt zwar als Gegenkopplung über die Blöcke $\underline{F}_2$ und $\underline{F}_7$ und verhindert somit den Anstieg der Verstärkung bei hohen Drehzahlen; es bleibt als Nachteil dieser einfachen Lösung aber das Absinken der Verstärkung bei kleinen Drehzahlen bis auf Null im Stillstand.

Die reine A n k e r v e r s t e l l u n g mit dem Signalfluß der Regelstrecke nach Bild 3.44 vermeidet diesen Nachteil, wird aber vor allem bei T r a g w a l z e n - a n t r i e b e n (Bild 3.70) angewendet.

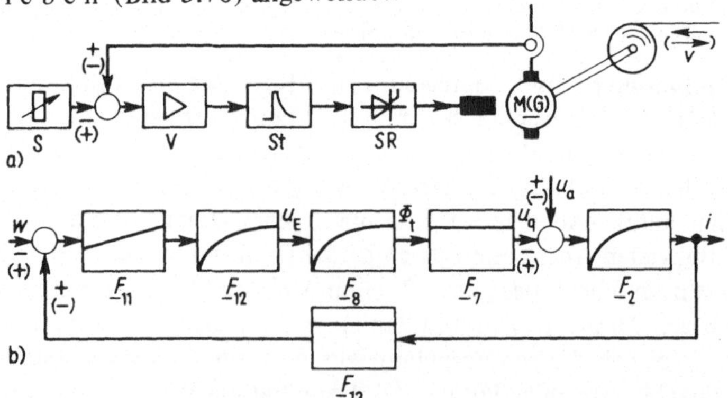

Bild 3.77 Geräteanordnung (a) und vereinfachter Signalflußplan (b) der Regelung eines Achswicklers über das Motorfeld. In Klammern die Änderungen für Abwickelbetrieb

Bei A c h s w i c k l e r n mit k o m b i n i e r t e r A n k e r - F e l d - V e r s t e l l u n g bietet die Lösung nach Bild 3.78 Vorteile, die aus Bild 3.71 hervorgeht, wenn die Drehzahlregelung (links) durch eine Stromregelung ersetzt wird. Der Schwellwert des Schwellwertgliedes wird jetzt außerdem proportional zur Bandgeschwindigkeit verstellt. Dadurch kann das Feld gerade immer nur so weit geschwächt werden, daß die Ankerspannung (oder die Quellenspannung) der Bandgeschwindigkeit proportional ist. Der Strom ist daher ein Maß für den Zug. Über den Sollwert S2 steht beim Anfahren und Manövrieren das volle Feld zur Verfügung. Da im Ankerkreis schnell ausgeregelt wird (s. Abschn. 3.431), tritt der Nachteil der drehzahlabhängigen Kreisverstärkung nicht auf. Hat bei größeren Durchmesserverhältnissen der Stromrichter SR2 einen größeren ungesteuerten und und kleineren gesteuerten Anteil seiner Spannung, so kann der Erregerstrom einen bestimmten Wert nicht unterschreiten und der Grad der Feldschwächung ist begrenzt. Bei kleinerem Durchmesser wird jetzt die Ankerspannung ansteigen. In ähnlicher Weise wird die Ankerspannung sinken, wenn bei großen Durchmessern die Erregung nicht mehr über den Nennwert hinaus gesteigert werden kann. Anstelle des Wandlers W1 muß nun ein echtes Bandzug-Meßgerät oder ein Rechengerät zur Ermittlung des Zuges eingesetzt werden.

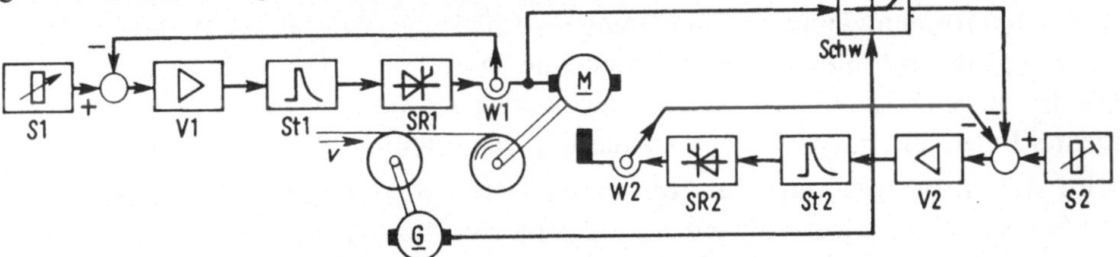

Bild 3.78 Kombinierte Anker-Feldverstellung eines Achswicklers. Für die Kennzeichnung der Blöcke s. Text zu Bild 3.71

Bei der S t r o m - A u s g l e i c h s r e g e l u n g von parallelen Maschinen gilt grundsätzlich der gleiche Signalflußplan wie bei Stromregelung mit starrer Drehzahl, sofern der Eingriff bei beiden Maschinen und gegenläufig erfolgt. Das ist zweckmäßig, weil dann die gemeinsame übergeordnete Regelung nicht gestört wird. Unterschiede der Geräteschaltung ergeben sich in der Messung des Istwerts, die hier den Differenzstrom vorzeichenrichtig erfassen muß, und in der Art des Eingriffs. Der Eingriff erfolgt am besten durch Summierung der Signale am Ausgang des Vorverstärkers der übergeordneten Regelung, der nur einmal vorhanden ist. Aus Stabilitätsgründen erhält die Ausgleichsregelung einen eigenen Vorverstärker mit der hierfür notwendigen Beschaltung.

3.435 Regelung frequenzgesteuerter Drehstrom-Asynchronmotoren.

In Verbindung mit der Speisung eines Asynchronmotors über F r e q u e n z u m r i c h t e r (s. Abschn. 3.142) treten eine Reihe von regelungstechnischen Problemen auf. Um den Antrieb möglichst optimal auszunutzen, soll die Schlupffrequenz nicht größer als die Kippschlupf-Frequenz werden. Soll außerdem eine strommäßige Überlastung verhindert werden, so muß der Schlupf sogar unter dem Nennschlupf bleiben. Daher ist es zweckmäßig, den Schlupf zu messen und nach ihm die Frequenzsteuerung des Wechselrichters (und so die in Bild 3.15 dargestellte Parallelverschiebung der Kennlinien) so vorzunehmen, daß eine bestimmte einstellbare Schlupffrequenz nicht überschritten wird. Weiter muß sichergestellt werden, daß der Motor immer mit der richtigen frequenzproportionalen Spannung gespeist wird. Einerseits darf nämlich der Fluß der Maschine wegen der Eisenausnutzung seinen Nennwert nicht überschreiten, andererseits soll aber der N e n n f l u ß erreicht werden, damit der Motor das Drehmoment mit möglichst geringem Strom liefert und bei jeder Drehzahl sein Nennmoment erreichen kann. Diese Bedingung läßt sich auf verschiedene Weise erfüllen:

1. Die Spannung kann direkt frequenzproportional geregelt werden (zuzüglich eines Anteils entsprechend dem Spannungsabfall $I_1 R_1$).

2. Die Spannung kann so gesteuert werden, daß ein bestimmter Fluß erreicht wird. Istwert der Regelung ist dann der Fluß, der in diesem Falle gemessen werden

3. Die Spannung wird so gesteuert, daß ein bestimmter Ständerstrom I_1 erreicht wird. Da der Strom bei konstantem Fluß im wesentlichen eine Funktion der Schlupffrequenz ist (unabhängig von der speisenden Frequenz), muß der Sollwert für die Stromregelung als entsprechende Funktion der Schlupf-Kreisfrequenz Ω_s vorgegeben werden. Gelingt diese Nachbildung der Funktion $I_1 = f(\Omega_s)$, so kann tatsächlich auf dem Umweg über die Stromregelung der Fluß konstant gehalten werden. Hier soll die letzte Möglichkeit beschrieben werden.

Außer den Regelungen von Schlupffrequenz (die ja ein Maß für das Drehmoment ist) und Fluß wird in den meisten Fällen eine D r e h z a h l r e g e l u n g gefordert. Die drei Regelkreise werden zweckmäßig überlagert, wie es in Bild 3.79 in vereinfachter Form für eine besondere Ausführung dargestellt ist. In der inneren Schleife wird der Strom geregelt. Bei Anwendung des Pulsverfahrens (s. Abschn. 3.142) kann der Stromsollwert w_i direkt sinusförmig vorgegeben und mit dem annähernd sinusförmigen Istwert verglichen werden, der vom Wandler W geliefert wird. Die Differenz beeinflußt über das Steuergerät St die Taktung des selbstgeführten Wechselrichters SR. Der sinusförmige Stromsollwert wird einmal durch die dreiphasige Frequenzsteuerung Fs in seiner Frequenz und außerdem durch die Schlupffrequenzmessung (Meßwertumformer Me) sowie den Funktionsgenerator Fg in seiner Größe festgelegt (3. Verfahren zur Fluß-Konstanthaltung). Die Frequenz f wird in der mittleren Schleife durch die Schlupfregelung mit dem Sollwert w_s und dem vom Meßwertumformer Me gelieferten Istwert gesteuert. Soll die Schlupffrequenz und somit das Drehmoment vergrößert werden, so wird die Frequenz erhöht; soll die Schlupffrequenz verringert werden, so wird die Frequenz gesenkt. Der Sollwert für die Schlupffrequenz w_s wird nun von der äußeren Schleife, der Drehzahlregelung, geliefert. Ist der Drehzahl-Istwert gegenüber seinem Sollwert zu niedrig, so wird der Schlupffrequenz-Sollwert (Drehmoment-Sollwert) erhöht, der Antrieb also beschleunigt. Ist der Drehzahl-Istwert gegenüber seinem Sollwert zu hoch, so wird der Schlupffrequenz-Sollwert gesenkt oder sogar negativ; der Antrieb wird dann gebremst.

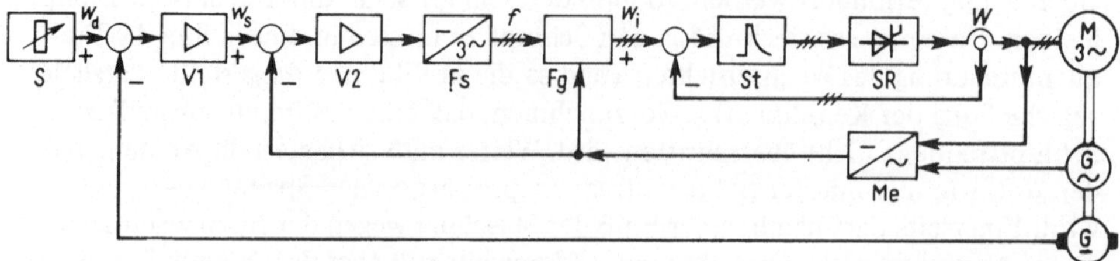

B ild 3.79 Geräteanordnung für die Regelung eines durch Frequenzumrichter gespeisten Drehstrom-Asynchronmotors

4 AUSWAHL DES ANTRIEBSMOTORS

Bei der Projektierung eines elektrischen Antriebs stellt sich einmal die Aufgabe,
den Motor optimal an den L e i s t u n g s b e d a r f des Antriebs und sein Arbeitsprogramm anzupassen, ihn also gerade so zu bemessen, daß er weder schlecht
ausgenutzt noch überlastet wird. Hierzu gehört auch die günstige Auswahl von
Stromart, Spannung, Schaltung, Drehzahl, Motorschutz und u. U. der Steuer- und
Regeleinrichtungen. Maßgebend für die Motorgröße ist die E r w ä r m u n g.

Eine weitere wichtige Aufgabe ist die Anpassung des Motors an seine U m g e -
b u n g, z. B. an Befestigungsart, Kühlungsmöglichkeit, Atmosphäre, Höhenlage
u. ä., durch die Wahl von B a u f o r m und S c h u t z a r t. Im allgemeinen
wird es mehrere Lösungen für die Antriebsaufgabe geben, aus denen dann unter
Beachtung der festen und beweglichen K o s t e n die optimale auszusuchen ist.

4.1 Bestimmung der Motorleistung

Die Leistungsfähigkeit eines Motors bestimmter Größe ist durch die zulässige
E r w ä r m u n g festgelegt. Wenn keine Dauerlast vorliegt, muß man zur Bestimmung der erforderlichen Motorgröße mit den für die vorliegende B e t r i e b s a r t
geltenden E f f e k t i v w e r t e n von Strom, Drehmoment oder Leistung rechnen. Mit den hierfür geltenden Gesetzen müssen wir uns jetzt befassen.

4.11 Erwärmung

Die in den elektrischen Maschinen auftretenden Verluste werden in Wärme umgesetzt. Daher nimmt die Temperatur von Wicklungen, Eisenteilen, Stromwendern,
Lagern usw. mit der Betriebsdauer zu. Isolierstoffe (und auch Schmiermittel) dürfen nach VDE 0530 bestimmte Grenzerwärmungen nicht überschreiten, da sie
mit höherer Temperatur schneller a l t e r n, ihre Lebensdauer also geringer wird.
Bei üblichen Isolierstoffen muß man z. B. damit rechnen, daß die L e b e n s -
d a u e r bei einer um 10 K höheren Temperatur jeweils auf die Hälfte zurück-
geht. Daher können auch kurzzeitige hohe Überlastungen zu Isolationsschäden
führen.

4.111 Erwärmungsvorgang. Nach Band II/1, Abschn. Erwärmung, folgt die
Ü b e r t e m p e r a t u r eines homogenen Körpers der Exponentialfunktion

$$\Theta = \Theta_e(1 - e^{-t/\tau_E}) \tag{4.1}$$

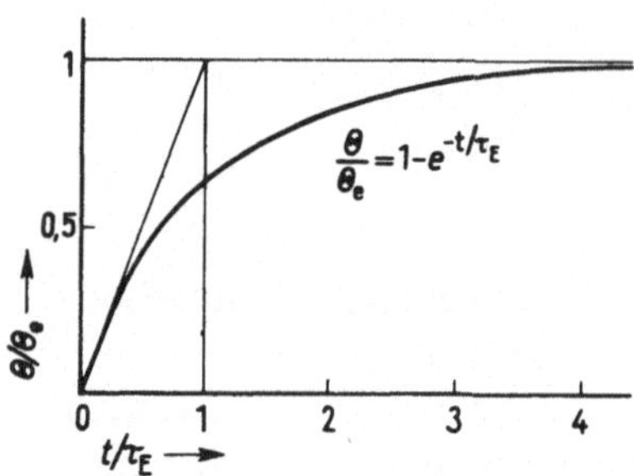

Bild 4.1
Erwärmungsverlauf eines homogenen
Körpers

in Bild **4.1**. Mit den in ihm erzeugten Verlusten
V, die an der Oberfläche O mit dem Wärme-
übergangs-Koeffizient α_E abgeführt werden,
gilt dann für die E n d ü b e r t e m p e r a t u r

$$\Theta_e = V/(\alpha_E\, O) \tag{4.2}$$

sowie mit der spezifischen Wärmekapazität c
der sich erwärmenden Masse m für die E r -
w ä r m u n g s - Z e i t k o n s t a n t e

$$\tau_E = \frac{cm}{\alpha_E\, O} \tag{4.3}$$

Die Endübertemperatur wird nach Bild 4.1 praktisch nach Ablauf von $5\tau_E$ erreicht.
Bei gleichbleibender Oberfläche O wächst sie mit den Verlusten V. Der Wärme-
übergangs-Koeffizient α_E ist sowohl von der Temperatur als auch insbesondere
von den Kühlverhältnissen abhängig. Daher unterscheidet man auch die Erwärmungs-Zeitkonstante τ_E, die bei intensiv gekühlten Kleinmotoren etwa 10 min,
bei schlecht belüfteten Großmaschinen mit großer Masse m aber auch über 1 h
betragen kann, und die A b k ü h l u n g s - Z e i t k o n s t a n t e τ_A, die bei
stillstehendem Motor entsprechend größer ist. So kann man bei Motoren bis 25 kW
und $n_d = 1500\ \text{min}^{-1}$ in Schutzart IP 23 mit $\tau_A/\tau_E \approx 9$ und in Schutzart IP 44
mit $\tau_A/\tau_E \approx 7$ rechnen.

Da Elektromotoren mit Wicklungskupfer, Isolation und Eisen keine homogenen
Körper darstellen, folgt außerdem hier die Erwärmung nur angenähert Gl. (4.1).
Daher wächst auch die Wicklungstemperatur zunächst schneller, als es die Expo-
nentialfunktion erwarten läßt.

Die Erwärmungs-Zeitkonstante τ_E stellt auch die Zeit dar, die ein homogener
Körper zum Erreichen der Übertemperatur Θ_e benötigt, wenn keine Wärme
an die Umgebung abgegeben wird. Diese reine S p e i c h e r e r w ä r m u n g liegt
bei Kurzschluß oder kurzzeitigen Belastungsspitzen (Betriebszeit $t_b < 0{,}5\tau_E$) annähernd vor.

Eine Wicklung mit dem Widerstand $R = l/(\gamma A)$ (mit l als Drahtlänge, γ als elektrischer Leitfähigkeit und A als Drahtquerschnitt) und der Masse $m = lA\rho$ (mit
ρ als Dichte) wird dann mit dem Strom $I = SA$ (mit S als Stromdichte) durch
die Verluste $V = I^2 R = cm\, d\Theta/dt$ aufgeheizt. Setzt man nun $d\Theta = \Theta_e$ und $dt =$
t_e, so erhält man durch Verwenden der obigen Beziehungen für die Z e i t b i s

z u m   E r r e i c h e n   d e r   z u l ä s s i g e n   Ü b e r t e m p e r a t u r Θ_e

$$t_e = c\rho\gamma\Theta_e/S^2 \tag{4.4}$$

Bei der Berechnung dieser Zeit muß man noch berücksichtigen, daß sich mit der steigenden Temperatur auch die elektrische Leitfähigkeit γ ändert.

Beispiel 4.1: Eine Kupferwicklung mit der elektrischen Leitfähigkeit $\gamma_{20} = 56\ \text{m}/\Omega\text{mm}^2$, dem Temperaturbeiwert $\alpha_{20} = 0{,}00393\ \text{K}^{-1}$, der Dichte $\rho = 8{,}9\ \text{kg/dm}^3$ und der spezifischen Wärmekapazität $c = 390\ \text{Ws/(kg K)}$ hat die zulässige Grenzerwärmung $\Theta_e = 75\ \text{K}$ bei der Kühlmitteltemperatur $\vartheta_{K\ddot{u}} = 40\ ^\circ\text{C}$ und wird bei Nennlast mit der Stromdichte $S_N = 5\ \text{A/mm}^2$ belastet. Wie lange darf sie im Stillstand beim Stillstandsstromverhältnis $I_k/I_N = 6$ eingeschaltet bleiben?

Wir setzen für die Ermittlung der mittleren Leitfähigkeit die mittlere Wicklungstemperatur $\vartheta_{mi} = (2\vartheta_{K\ddot{u}} + \Theta_e)/2 = (2 \cdot 40\ ^\circ\text{C} + 75\ \text{K})/2 = 77{,}5\ ^\circ\text{C}$ ein und erhalten

$$\gamma_{mi} = \frac{\gamma_{20}}{1 + \alpha_{20}(\vartheta_{mi} - 20\ ^\circ\text{C})} = \frac{56\ \text{m}/\Omega\text{mm}^2}{1 + 0{,}00393\ \text{K}^{-1}\,(77{,}5\ ^\circ\text{C} - 20\ ^\circ\text{C})} =$$

$$= 45{,}7\ \text{m}/\Omega\text{mm}^2$$

Dann gilt nach Gl. (4.4) für die zulässige Einschaltzeit

$$t_e = \frac{c\rho\gamma_{mi}\Theta_e}{S_N^2(I_k/I_N)^2} = \frac{390\ \dfrac{\text{Ws}}{\text{kg K}} \cdot 8{,}9\ \dfrac{\text{kg}}{\text{dm}^3} \cdot 45{,}7\ \dfrac{\text{m}}{\Omega\text{mm}^2} \cdot 75\ \text{K}}{5^2(\text{A/mm}^2)^2 \cdot 6^2} = 13{,}2\ \text{s}$$

4.112 Betriebsarten. Ein Motor soll unter den auf dem Leistungsschild angegebenen N e n n b e d i n g u n g e n gut ausgenutzt sein; er soll also Wicklungs-, Stromwender- und Lagertemperaturen eben unterhalb der zulässigen Grenzwerte annehmen. Bei kurzzeitiger oder aussetzender Belastung erreicht der Motor aber nicht die zulässige Grenzerwärmung, wenn man ihm nur die für Dauerbetrieb angegebene Nennleistung zumutet. Man könnte dem Motor dann eine größere Leistung abverlangen, wenn er das entsprechend größere Drehmoment aufbringen kann. In VDE 0530 sind acht verschiedene Betriebsarten festgelegt, die auf dem L e i s t u n g s s c h i l d durch die unten folgenden K u r z z e i c h e n zu kennzeichnen sind.

Bei der Beschreibung der Betriebsarten nach Bild 4.2 bedienen wir uns der folgenden Begriffe: Während der P a u s e t_p ist der Motor ausgeschaltet und steht still. Während der B e t r i e b s z e i t t_b wird er mit Nennlast belastet. In der A n l a u f z e i t t_{an} läuft der Motor von Stillstand bis zur Nenndrehzahl hoch. Während der B r e m s z e i t t_{Br} wird der Motor elektrisch gebremst. Als S p i e l d a u e r $t_s = t_b + t_p$ bezeichnet man die Periodendauer, in der verschiedene Belastungsspiele periodisch wiederkehren. Die relative E i n s c h a l t d a u e r $t_{Er} = t_b/t_s$ stellt das Verhältnis von Betriebszeit t_b (einschließlich Anlauf- und Bremszeit) zu Spieldauer t_s dar. In der L e e r l a u f z e i t t_L läuft der Motor an Nennspannung, aber ohne Last.

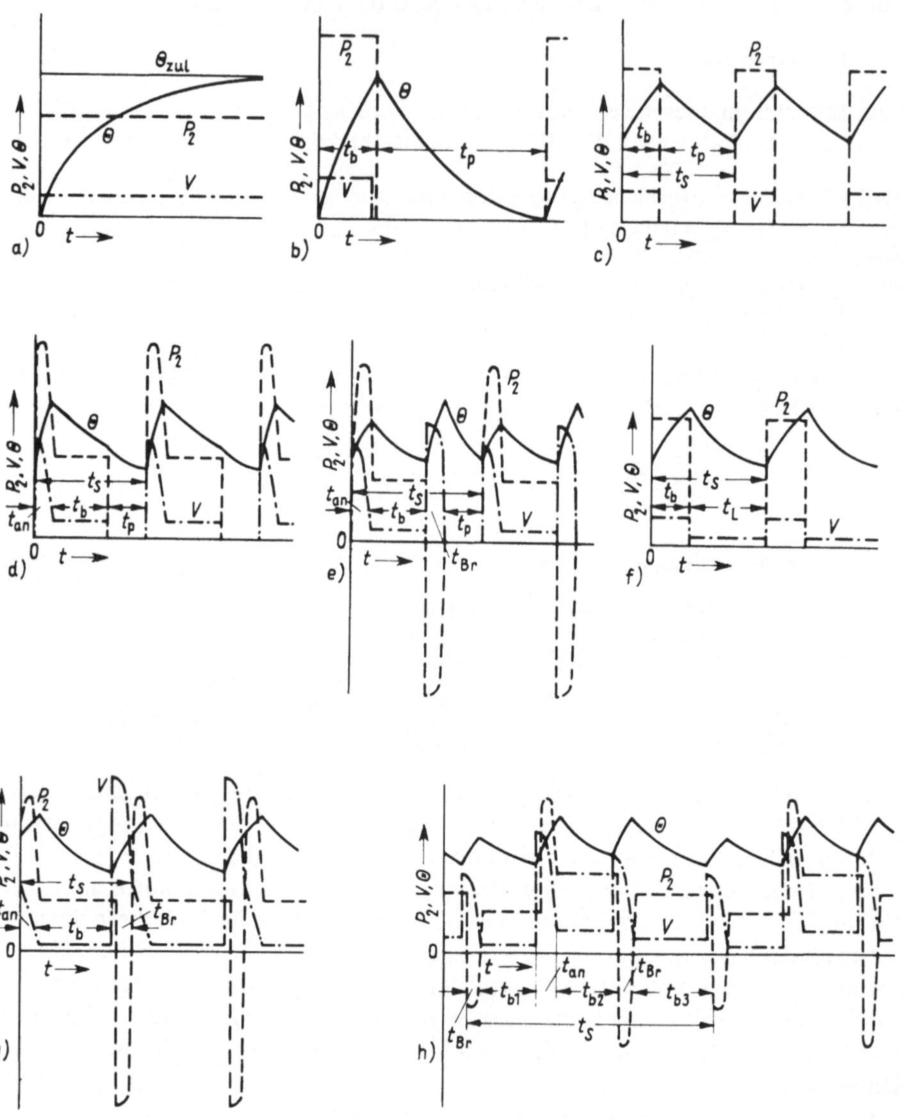

Bild **4.**2 Betriebsarten von Elektromotoren mit Last- (– – –), Verlust- (– · –) und Erwärmungsverlauf (——) (nach VDE 0530)
a) Dauerbetrieb (S1)
b) Kurzzeitbetrieb (S2)
c) Aussetzbetrieb ohne Einfluß des Anlaufs auf die Erwärmung (S3)
d) Aussetzbetrieb mit Einfluß des Anlaufs auf die Erwärmung (S4)
e) Aussetzbetrieb mit Einfluß von Anlaufen und Bremsen auf die Erwärmung (S5)
f) Durchlaufbetrieb mit Aussetzbelastung (S6)
g) Ununterbrochener Betrieb mit Anlaufen und Bremsen (S7)
h) Ununterbrochener Betrieb mit periodisch wechselnden Drehzahlen und Leistungen (S8)

S 1 Dauerbetrieb (frühere Bezeichnung DB): Der Motor wird nach Bild **4.**2a mindestens bis zum Erreichen der Beharrungserwärmung Θ_e mit Nennlast gleichbleibend belastet.

S 2 Kurzzeitbetrieb (früher KB): Der Motor wird nur so kurz — nach VDE 0530 sind genormt die Betriebszeiten t_b = 10, 30, 60 und 90 min — mit Nennleistung entsprechend Bild **4.**2b belastet, daß hierbei die Beharrungserwärmung nicht erreicht wird. Die spannungslose Pause t_p ist so lang, daß der Motor sich praktisch auf die Kühlmitteltemperatur abkühlt. Die Betriebszeit t_b wird auf dem Leistungsschild angegeben, z. B. S 2 – 30 min.

Unter der Annahme, daß die Kühlungsverhältnisse gleich bleiben, nur die Wicklungsströme an der Erwärmung beteiligt sind und der Strom proportional zur Leistungsabgabe zunimmt, gilt nach Band II/1, Abschn. Betriebsarten, für das Verhältnis der Leistungsabgabe im Kurzzeitbetrieb P_{2KB} zur Leistung im Dauerbetrieb P_{2D}

$$P_{2KB}/P_{2D} = 1/\sqrt{1 - e^{-t_b/\tau_E}} \tag{4.5}$$

Für die üblichen Verhältnisse darf die Leistungserhöhung Bild **4.**3 entnommen werden. Bei sehr kurzzeitigen Belastungen (t_b < 15 min) ist der Motor hierfür gesondert zu bestellen, da sonst seine Überlastungsfähigkeit u. U. nicht ausreichen würde.

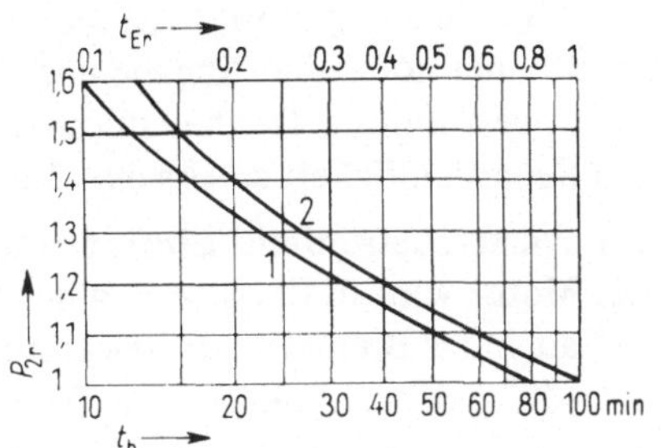

Bild **4.**3   Richtwerte für Leistungserhöhung $P_{2r} = P_{2KB}/P_{2D}$ bzw. P_{2AB}/P_{2D} für Kurzzeitbetrieb (1) und Aussetzbetrieb (2) von Drehstrommotoren

Beispiel 4.2: Ein Drehstrom-Asynchronmotor hat die Erwärmungs-Zeitkonstante τ_E = 40 min und das Überlastungsverhältnis M_K/M_N = 2,5. Es ist für den Kurzzeitbetrieb S 2 – 10 min die zulässige Leistungserhöhung P_{2KB}/P_{2D} zu bestimmen.

Nach Gl. (4.5) ist mit t_b = 10 min

$$\frac{P_{2KB}}{P_{2D}} = \frac{1}{\sqrt{1 - e^{-t_b/\tau_E}}} = \frac{1}{\sqrt{1 - e^{-10\ \text{min}/40\ \text{min}}}} = 2,09$$

Wegen des für diese Leistungssteigerung aber nicht mehr ausreichenden Überlastungsverhältnisses darf die Leistung für den vorliegenden Kurzzeitbetrieb nur auf etwa das 1,8fache erhöht oder es muß eine Sonderauslegung vom Hersteller vorgesehen werden.

S 3 Aussetzbetrieb ohne Einfluß des Anlaufs auf die Erwärmung (früher AB): Der Motor wird entsprechend Bild **4.**2c periodisch mit Nennlast während der Betriebszeit t_b belastet. Er kann sich in den Pausen t_p abkühlen, erreicht aber weder während der Betriebszeit noch in der Pause die Beharrungserwärmung. Stromspitzen während des Anlaufens oder Bremsens sollen die Erwärmung nicht merklich beeinflussen (kleines Trägheitsmoment). Die Spieldauer ist mit $t_s = 10$ min festgelegt. Sie darf jederzeit u n t e r schritten, jedoch nicht merklich überschritten werden. Genormt sind für die relative Einschaltdauer die Werte $t_{Er} = 0{,}15; 0{,}25;$ 0,4 und 0,6. Die Angabe erfolgt auf dem Leistungsschild in %, z. B. S 3 – 40 %.

Wenn der Erwärmungsverlauf nach Bild **4.**2c durch eine Sägezahnkurve ersetzt wird, gilt nach Band II/1, Abschn. Betriebsarten, mit den gleichen Voraussetzungen wie für Gl. (4.5) für das Verhältnis der Leistungsabgabe für Aussetzbetrieb P_{2AB} zur Dauerleistung P_{2D}

$$\frac{P_{2AB}}{P_{2D}} = \sqrt{1 + \frac{\tau_E}{\tau_A} \cdot \frac{t_p}{t_b} - \frac{t_p}{\tau_A}} \tag{4.6}$$

Das letzte Glied t_p/τ_A darf meist vernachlässigt werden. Richtwerte für übliche Verhältnisse enthält Bild **4.**3.

S 4 Aussetzbetrieb mit Einfluß des Anlaufs auf die Erwärmung: Wenn größere Trägheitsmomente zu beschleunigen sind, trägt auch die Anlaufwärme (s. Abschn. 2.5) zur Wicklungserwärmung bei. Die Betriebsart S 4 (Bild **4.**2d) unterscheidet sich nur hierdurch von der Betriebsart S 3. Zum Stillstand kommt der Antrieb durch den natürlichen Auslauf oder eine mechanische Bremse. Da für S 4 keine Spieldauer genormt ist, muß das Leistungsschild neben der relativen Einschaltdauer noch eine Angabe über die Anzahl der zulässigen Spiele je Stunde bei einem bestimmten Trägheitsmoment bzw. den zulässigen Trägheitsfaktor enthalten. Zur Schalthäufigkeit s. Abschn. 2.523.

S 5 Aussetzbetrieb mit Einfluß von Anlaufen und Bremsen auf die Erwärmung: Der Motor wird in Erweiterung der Betriebsart S 4 noch elektrisch gebremst, so daß auch das Bremsen zur Erwärmung beiträgt (Bild **4.**2e). Das Leistungsschild muß die gleichen Angaben wie bei S 4 aufweisen.

S 6 Durchlaufbetrieb mit Aussetzbelastung (früher DAB): Der Motor bleibt im Gegensatz zur Betriebsart S 3 während der Belastungspause an Spannung und läuft dann im Leerlauf weiter (Bild **4.**2f). Für Spieldauer und relative Einschaltdauer sind die gleichen Werte wie bei S 3 genormt.

Mit denselben Voraussetzungen wie für Gl. (4.6) gilt nach Band II/1, Abschn. Betriebsarten, für das Verhältnis der Leistungsabgabe für Durchlaufbetrieb mit Aussetzbelastung P_{2DAB} zur Dauerleistung P_{2D}

$$P_{2DAB}/P_{2D} = \sqrt{1 + t_p/t_b} \tag{4.7}$$

Für relative Einschaltdauern $t_{Er} < 0{,}3$ kann man die hohe Leistung dann nur mit einer Sonderauslegung der Wicklung ausnutzen.

S 7 Ununterbrochener Betrieb mit Anlaufen und Bremsen: Der Motor wird belastet mit einer periodischen Folge von gleichartigen Spielen, die sich aus Anlaufzeit, Betriebszeit mit gleichbleibender Nennlast und Bremszeit mit elektrischem

Bremsen zusammensetzen. Während e i n e s Spiels wird wieder die Beharrungserwärmung nicht erreicht (Bild **4.**2g). Das Leistungsschild muß Angaben zur Schalthäufigkeit und zum Trägheitsfaktor enthalten.

S 8 Ununterbrochener Betrieb mit wechselnden Drehzahlen und Leistungen: Der Motor wird mit einer periodischen Folge von gleichartigen Spielen belastet. Jedes Spiel umfaßt nach Bild **4.**2h verschiedene Betriebszeiten mit unterschiedlicher Drehzahl und Last. Hier muß man jeden Belastungsfall mit den in Abschn. 4.12 beschriebenen Verfahren untersuchen. Das Leistungsschild muß Angaben zur Schalthäufigkeit, zum Trägheitsfaktor und zur relativen Einschaltdauer für die verschiedenen Leistungen und Drehzahlen enthalten.

4.12 Motorleistung bei stark wechselnder Last

Bei stark wechselnder Last ändert sich auch die Zusammensetzung der Verluste, die u. U. stark unterschiedlich die insbesondere wichtige Wicklungserwärmung beeinflussen. Will man also den Erwärmungsverlauf für diese Belastungsart genauer bestimmen, so muß man den Mechanismus der Wärmeabfuhr aus dem Motor, den Einfluß unterschiedlicher Verlustaufteilung auf das Temperaturfeld und die Einzelverluste des Motors in jedem Zeitpunkt kennen. Die Lösung dieser Aufgabe erfordert aber so viel Aufwand, daß der Antriebstechniker sie sich meist erspart und mit einfacheren Betrachtungen versucht, die Motorleistung mit ausreichender Genauigkeit zu bestimmen.

Man gibt sich also meist mit der Berechnung mittlerer, effektiver Werte von Strom, Drehmoment und Leistung zufrieden, wählt hiermit einen Motor aus und überprüft dann in bestimmten kritischen Betriebszuständen (z. B. Anlaufen, Bremsen, Lastspitzen) mit den in Abschn. 2.2 und 2.5 aufgeführten Verfahren die auftretenden Stromwärmeverluste und mit Abschn. 4.111 die Wicklungserwärmung. Ebenso muß der Motor natürlich jederzeit das verlangte Drehmoment abgeben können.

4.121 Effektiver Strom. Wenn man davon ausgeht, daß insbesondere die Kupferverluste $V_{Cu} = I^2 R$ die Wicklungserwärmung bestimmen, und bei praktisch gleichbleibender Drehzahl, d. h. bei Motoren mit N e b e n s c h l u ß v e r h a l t e n, einen gleichbleibenden Wärmeübergangs-Koeffizienten α_E voraussetzt, ist die Erwärmung nach Gl. (4.1) und (4.2) dem Stromquadrat I^2 proportional und man erhält mit dem quadratischen Mittelwert des Stromes, also dem effektiven Strom

$$I_{eff} = \sqrt{\frac{1}{t_s} \int\limits_0^{t_s} i^2 \, dt} \tag{4.8}$$

ein gutes Maß für die thermische Beanspruchung des Motors. In den Belastungskennlinien der zur Auswahl stehenden Motoren findet man dann auch den zuge-

hörigen Leistungsbedarf P_2. In Lastdiagrammen, z. B. Bild **4.4**, können Kurven-
züge durch Geraden ersetzt werden, und man erhält für den dort vorliegenden
Stromverlauf mit der nach Gl. (4.8) notwendigen Integration den effektiven Strom

$$I_{eff} = \sqrt{\frac{\frac{1}{3}I_1^2 t_1 + I_1^2(t_2 - t_1) + \frac{1}{3}(I_2^2 + I_2 I_3 + I_3^2)(t_3 - t_2)}{t_4}} \qquad (4.9)$$

Beim Anlaufen oder elektrischen Bremsen ist die Voraussetzung der gleichbleibenden Drehzahl nicht erfüllt. Die hierdurch verursachte höhere Erwärmung wird
etwas dadurch ausgeglichen, daß auch noch andere Verluste zur Erwärmung bei-
tragen. Gl. (4.8) sollte aber nur bei relativ kurzen Anlauf- und Bremszeiten benutzt
werden. Wenn Anlauf-, Brems- und Stillstandszeiten mit von der normalen Erwärmungszeitkonstanten τ_E abweichenden Zeitkonstanten τ_i ins Gewicht fal-
len, kann man dies auch durch entsprechende Bewertung der zugehörigen Zeiten
berücksichtigen. Es ist dann

$$I_{eff} = \sqrt{\frac{1}{\sum_i t_i \tau_E / \tau_i} \int_0^{t_s} i^2 \, dt} \qquad (4.10)$$

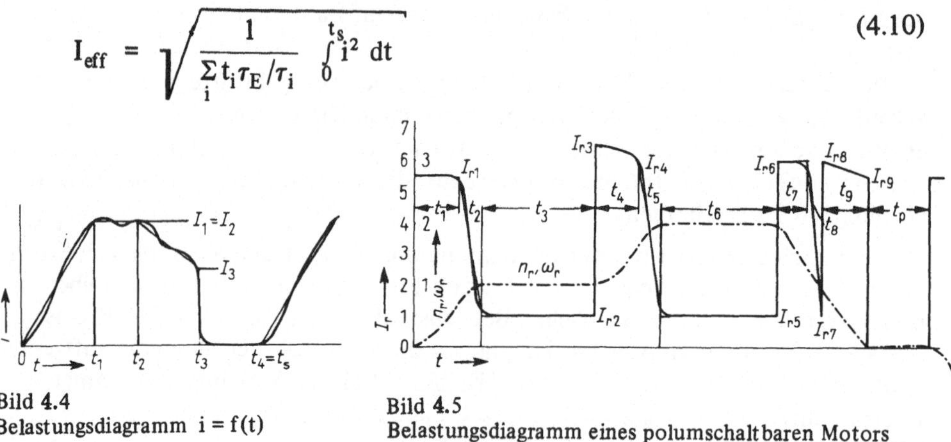

Bild **4.4**
Belastungsdiagramm i = f(t)

Bild **4.5**
Belastungsdiagramm eines polumschaltbaren Motors
mit Strom- (——) und Drehzahlverlauf (— · —)

Beispiel 4.3: Ein polumschaltbarer Drehstrommotor wird entsprechend Bild **4.5** in der Betriebsart S 8 belastet. Er läuft zunächst mit der hohen Polzahl an und wird darauf bei der zugehörigen
Drehzahl n_h mit Nennleistung betrieben. Anschließend wird er auf die kleine Polzahl (und die
höhere Drehzahl n_k) umgeschaltet und nach dem Hochlauf wieder mit Nennleistung belastet.
Dann wird er zunächst nach Umschaltung auf die hohe Polzahl mit übersynchroner Nutzbremsung und anschließend durch Gegenstrombremsen bis zum Stillstand abgebremst. Bekannt sind
die relativen Ströme $I_{r1} = I_{r9} = 5{,}5$; $I_{r2} = I_{r5} = I_{r7} = 1$; $I_{r3} = 6{,}5$; $I_{r4} = I_{r6} = I_{r8} = 6$ sowie die
Zeiten $t_1 = 1{,}5$ s, $t_2 = 0{,}7$ s, $t_3 = 3$ min, $t_4 = 1{,}5$ s, $t_5 = 0{,}8$ s, $t_6 = 4$ min, $t_7 = 1{,}0$ s, $t_8 = 0{,}5$ s und $t_9 = 1{,}5$ s. Die Abkühlungs-Zeitkonstante sei $\tau_A = 4\tau_E$. Es ist die Pause t_p zu
bestimmen, nach der das Arbeitsspiel (hier mit entgegengesetzter Drehrichtung) wieder be-
ginnen darf, ohne daß der Motor überlastet wird.

Wenn der Motor voll ausgenutzt sein soll, muß sein $I_{effr} = 1$, und man kann Gl. (4.10) mit
Vernachlässigung der Zeitkonstantenänderung für Hochlauf und Bremsen anwenden und durch
Quadrieren und Integrieren analog zu Gl. (4.9) für den vorliegenden Fall umformen in

$$I_{effr}^2 (t_1 + t_2 + t_3 + t_4 + t_5 + t_6 + t_7 + t_8 + t_9 + t_p \tau_E/\tau_A) = I_{r1}^2 t_1 + (I_{r1}^2 + I_{r1}I_{r2} + I_{r2}^2) + \frac{t_2}{3} +$$

$$+ I_{r2}^2 t_3 + (I_{r3}^2 + I_{r3}I_{r4} + I_{r4}^2)\frac{t_4}{3} + (I_{r4}^2 + I_{r4}I_{r5} + I_{r5}^2)\frac{t_5}{3} + I_{r5}^2 t_6 + I_{r6}^2 t_7 + (I_{r6}^2 +$$

$$+ I_{r6}I_{r7} + I_{r7}^2)\frac{t_8}{3} + (I_{r8}^2 + I_{r8}I_{r9} + I_{r9}^2)\frac{t_9}{3}$$

Wir setzen die Zahlenwerte ein und erhalten

$$1^2(1{,}5\,s + 0{,}7\,s + 180\,s + 1{,}5\,s + 0{,}8\,s + 240\,s + 1{,}0\,s + 0{,}5\,s + 1{,}5\,s + t_p/4)$$

$$= 5{,}5^2 \cdot 1{,}5\,s + (5{,}5^2 + 5{,}5 \cdot 1 + 1^2)\frac{0{,}7\,s}{3} + 1^2 \cdot 180\,s + (6{,}5^2 + 6{,}5 \cdot 6 + 6^2)\frac{1{,}5\,s}{3} +$$

$$+ (6^2 + 6 \cdot 1 + 1^2)\frac{0{,}8\,s}{3} + 1^2 \cdot 240\,s + 6^2 \cdot 1{,}0\,s + (6^2 + 6 \cdot 1 + 1^2)\frac{0{,}5\,s}{3} +$$

$$+ (6^2 + 6 \cdot 5{,}5 + 5{,}5^2)\frac{1{,}5\,s}{3}$$

Also ist die Pause $t_p = 4(637{,}15\,s - 427{,}5\,s) = 840\,s = 16\,min$ erforderlich.

4.122 Effektives Drehmoment und effektive Leistung. Nach Abschn. 1.331 sind beim G l e i c h s t r o m - N e b e n s c h l u ß m o t o r bei konstantem Fluß relativer Ankerstrom I_{Ar} und relatives Motormoment M_r identisch. Man darf dann in Gl. (4.8) bis (4.10) den zeitabhängigen Strom i durch das zeitabhängige Drehmoment M_t ersetzen und erhält somit über Gl. (4.10) das e f f e k t i v e D r e h m o m e n t

$$M_{eff} = \sqrt{\frac{1}{\sum\limits_i t_i \tau_E/\tau_i} \int\limits_0^{t_s} M_t^2\, dt} \qquad (4.11)$$

Nach Bestimmung der Motor-Nennleistung $P_{2N} = M_{eff}\omega_N$ mit der Nennwinkelgeschwindigkeit ω_N ist dann noch zu überprüfen, ob die auftretenden Lastmomentspitzen zulässig sind. Normale Gleichstrommotoren dürfen wegen der Stromwendung bis zum 2fachen, kompensierte Gleichstrommotoren bis zum 3- bis 4fachen Nennmoment und Drehstrom-Asynchronmotoren meist bis zum 2- bis 3fachen Nennmoment kurzzeitig überlastet werden.

Mit $P_{mech} = M\omega$ darf man dann auch bei vernachlässigbaren Winkelgeschwindigkeitsänderungen, also auch gleichbleibender Erwärmungs-Zeitkonstante τ_E, das zeitabhängige Drehmoment M_t durch den zeitabhängigen Leistungsbedarf P_{Lt} ersetzen und erhält somit sofort die e r f o r d e r l i c h e (effektive) N e n n - l e i s t u n g

$$P_{2N} = \sqrt{\frac{1}{t_s} \int\limits_0^{t_s} P_{Lt}^2\, dt} \qquad (4.12)$$

Beispiel 4.4: Das Fahrdiagramm einer Förderanlage mit Antrieb durch einen Gleichstrom-Nebenschlußmotor hat den in Bild **4.6** dargestellten Verlauf mit den Lastmomenten $M_1 = 765$ kNm, $M_2 = 275$ kNm, $M_3 = 34{,}3$ kNm und den Zeiten $t_1 = 10{,}5$ s, $t_2 = 40$ s, $t_3 = 21$ s, $t_4 = 29$ s.

Im Stillstand gilt für die Zeitkonstante $\tau_A = 2\tau_E$ und für Anlauf und Bremsen soll der Mittelwert $\tau_E/\tau_i = 3/4$ eingesetzt werden. Die höchste Drehzahl sei beim stetigen Fördern $n_F = 69$ min^{-1}. Die erforderliche Motorleistung ist zu bestimmen.

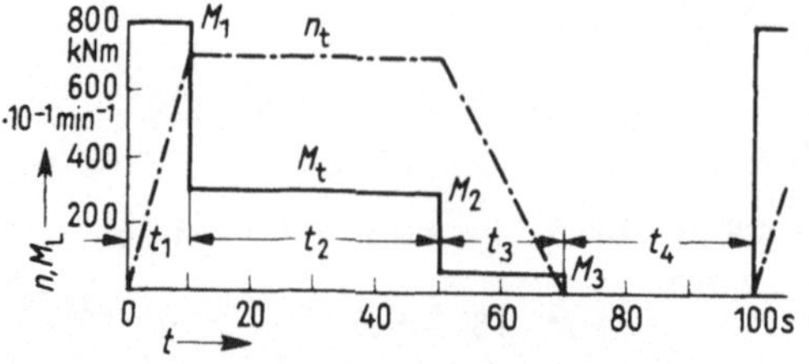

Bild 4.6
Fahrdiagramm einer Förderanlage mit Drehmoment- (——) und Drehzahlverlauf (– · –)

Nach Gl. (4.11) ist das effektive Drehmoment

$$M_{eff} = \sqrt{\frac{M_1^2 t_1 + M_2^2 t_2 + M_3^2 t_3}{(t_1 + t_3)\, \tau_E/\tau_i + t_2 + t_4 \tau_E/\tau_A}}$$

$$= \sqrt{\frac{765^2 \cdot 10{,}5\,s + 275^2 \cdot 40\,s + 34{,}3^2 \cdot 21\,s}{(10{,}5\,s + 21\,s)\,3/4 + 40\,s + 29\,s \cdot 1/2}}\ kNm = 343\ kNm$$

Wenn wir die Nenndrehzahl mit $n_N = 0{,}98\ n_F$ bzw. die Nennwinkelgeschwindigkeit $\omega_N = 2\,\pi\,n_N = 2\,\pi \cdot 0{,}98\ n_F = 2\,\pi \cdot 0{,}98 \cdot 69$ min^{-1} $\cdot$ min/60 s $= 7{,}08$ s^{-1} ansetzen, benötigen wir also nach Gl. (1.10) die Nennleistung

$$P_{2N} = M_{eff}\,\omega_N = 343\ kNm \cdot 7{,}08\ s^{-1} = 2430\ kW$$

4.2 Anpassung des Motors an die Antriebsbedingungen

Der Antrieb stellt durch die vorgesehene Motorbefestigung und -kupplung besondere Anforderungen an die Konstruktion des Motors, die außerdem einige Normen zu erfüllen hat. Auch muß der Mensch gegen die Berührung spannungführender oder drehender Motorteile und der Motor gegen das Eindringen von Feuchtigkeit geschützt werden. Das wirkt sich stark auf die Kühlung aus. Schließlich müssen auch noch die Bedingungen des Aufstellungsorts (Höheneinfluß, Explosionsschutz usw.) berücksichtigt werden.

4.21 Motorausführungen

Aus wirtschaftlichen Gründen sollte man genormte Bauformen und Normmotoren bevorzugen.

4.211 Bauformen. Einen Überblick über die wichtigsten Bauformen, die nach DIN 42 950 genormt sind, zeigt Tafel **4.7**. Darüber hinaus bedeuten die Kennbuchstaben

A	Motor ohne Lager, waagerechte Anordnung
B	Motor mit Schildlagern, waagerechte Anordnung
C	Motor mit Schild- und Stehlagern, waagerechte Anordnung
D	Motor mit Stehlagern, waagerechte Anordnung
V	Motor mit Führungslagern, Traglagern oder Schildlagern, senkrechte Anordnung

T a f e l **4.7** Wichtige Bauformen elektrischer Maschinen (Auszug aus DIN 42 950)

Kurz-zeichen[1]	Ausführung	Erläuterung
B 3 IMB 3 IM 1001		Fußmotor, zwei Schildlager, freies Wellenende, Gehäuse mit Füßen. Aufstellung auf Stahlunterbau, auf Spannschienen, Steinfundament oder dergl.
B 5 IMB 5 IM 3001		Flanschmotor, zwei Schildlager, freies Wellenende, Befestigungsflansch Form A nach DIN 42948, Gehäuse ohne Füße.
D 5 IM 7211		Zwei Stehlager, freies Wellenende, Ständer und beide Lager stehen auf gemeinsamer Grundplatte. Aufstellung auf Stahlunterbau, Steinfundament und Spannschienen zulässig.
V 3 IMV 3 IM 3031		Flanschmotor, zwei Lagerschilde, Befestigungsflansch Form A nach DIN 42948 am oberen Schildlager, freies Wellenende oben.

1) An 1. Stelle ist hier das Kurzzeichen nach DIN 42950, an 2. Stelle nach dem IEC-Code I und an 3. Stelle nach dem IEC-Code II angegeben.

Einbaumotoren ohne eigene Lager müssen an andere Maschinenteile angeflanscht werden. Am häufigsten eingesetzt werden für Leistungen bis etwa 1000 kW Motoren in Bauform B 3, da sie mit der waagerechten Welle und der Bodenbefestigung leicht mit der Arbeitsmaschine verbunden werden können. Für industrielle Antriebe mit Leistungen bis etwa 50 kW werden auch immer mehr F l a n s c h - m o t o r e n, z. B. in den Bauformen B 5, V 1 oder V 3, verwendet. Für sehr große Leistungen eignet sich die Bauform D 5 mit den Stehlagern. Moderne Listenmotoren können meist leicht durch Austausch einiger Maschinenteile in andere Bauformen umgewandelt werden.

4.212 Norm- und Listenmotoren. Elektromotoren sind nach DIN 42669 bis 42 681 in Leistung, Achshöhe, Wellen- und Fußabmessungen genormt und somit austauschbar. Für D r e h s t r o m - A s y n c h r o n m o t o r e n sind hiermit

Achshöhen von 56 mm bis 315 mm (später bis 400 mm) und Leistungen der 4poligen Ausführung von 0,06 kW bis 132 kW (später bis 320 kW) festgelegt. Die Leistungen sind nach DIN 42 973 nach einer geometrischen Reihe gestuft. Auch Klemmen, Wälzlager, Leistungsschilder, Kupplungen, Keilriemenscheiben, Paßfedern, Spannschienen und andere Zubehörteile unterliegen der Normung (s. Anhang). Diese genormten Ausführungen sind besonders preisgünstig, so daß man sich nach Möglichkeit ihrer bedienen sollte. Ebenso sollte man keine höheren Forderungen stellen, als sie VDE 0530 angibt, z. B. für Erwärmung, Drehzahlsteifigkeit, Überlastungsfähigkeit, Maschinenschallpegel usw., da das stets mit höheren Kosten verbunden ist.

E i n p h a s e n - und G l e i c h s t r o m m o t o r e n sind nicht genormt, werden aber von den Herstellern ebenfalls l i s t e n m ä ß i g in Leistungsreihen angeboten. Auch hierfür sollte man sich an diese preisgünstigen Ausführungen halten.

4.213 Sondermotoren. Motoren mit Leistungen über 1000 kW werden im allgemeinen nicht mehr in Serie hergestellt und können dann auch nicht mehr mit einer Motorenliste ausgesucht werden. Hierfür hat man dem Hersteller gesonderte Angaben zu Abmessungen, Spannung, Leistung Drehzahl, Betriebsart usw. zu machen. Für Kleinmotoren, die im allgemeinen in Großserien gefertigt werden, lohnen sich auch dann Sonderausführungen, wenn hierdurch eine besonders gute Anpassung in Leistung und Bauform an die Arbeitsmaschine und somit ein optimaler Antrieb ermöglicht wird.

Schließlich gibt es noch Motoren für b e s o n d e r s h a r t e U m w e l t b e d i n g u n g e n (z. B. in Hütten, Walzwerken, schweren Hebezeugen, Baggern, Bohrtürmen), die meist in Anlehnung an die amerikanischen AISE-Standards gebaut werden. Das Gehäuse besteht dann aus geschweißtem Stahl oder Sonderguß. Der Motor ist besonders stoß- und bruchfest. Häufig sind auch Anker und Bürsten sehr einfach zugänglich und daher leicht auszutauschen.

W e t t e r f e s t e M o t o r e n , die im Freien aufgestellt werden sollen, werden meist in ein besonderes Gehäuse gestellt, das auch mit Filtern feuchte Luft, Flugsand und Insekten vom Motorinnern fernhält. Im Stillstand wird dann zusätzlich geheizt, um Kondenswasser zu vermeiden. Zu den Sonderausführungen zählen auch B r e m s m o t o r e n (s. Abschn. 2.424) und die G e t r i e b e m o t o r e n , die mit einem Getriebe der gewünschten Übersetzung eine Einheit bilden.

4.22 Schutzart und Kühlung

Schutzart sowie Art und Förderung des Kühlmittels bestimmen die Kühlungsmöglichkeiten und somit indirekt die Motorgröße und die Kosten. Daher sollten die projektierenden Ingenieure ihnen ihre besondere Aufmerksamkeit widmen.

4.221 Schutzarten. Sie geben nach DIN 40 050 an, wie weit das Innere der Motoren gegen die Berührung mit der Hand oder mit Werkzeugen abgesichert und gegen das Eindringen von Staub oder Wasser geschützt ist. Tafel 4.8 enthält die

Schutzarten elektrischer Betriebsmittel. Die erste, auf die Buchstaben IP (= International Protektion) folgende Kennziffer bezeichnet den Berührungs- und Fremdkörperschutz, die zweite Kennziffer den Wasserschutz. Daneben gibt es noch die Zusatzbuchstaben R für Rohranschluß und W für Wetterschutz sowie S für im Stillstand und M im Lauf auf Wasserschutz geprüfte Maschinen, wobei die Buchstaben R und W unmittelbar hinter IP, die Buchstaben S und M dagegen hinter der zweiten Kennziffer stehen.

T a f e l 4.8 Schutzarten elektrischer Betriebsmittel (nach DIN 40 050)

Kenn-ziffer	1. Kennziffer. Schutzgrad gegen Berühren und Eindringen von Fremdkörpern	2. Kennziffer. Schutzgrad gegen Eindringen von Wasser
0	Kein Schutz	Kein Schutz
1	Schutz gegen große Fremdkörper	Schutz gegen senkrecht fallendes Tropfwasser
2	Schutz gegen mittelgroße Fremdkörper	Schutz gegen schräg fallendes Tropfwasser
3	Schutz gegen kleine Fremdkörper	Schutz gegen Sprühwasser
4	Schutz gegen kornförmige Fremdkörper	Schutz gegen Spritzwasser
5	Schutz gegen Staubablagerung	Schutz gegen Strahlwasser
6	Schutz gegen Staubeintritt	Schutz gegen Überflutung
7	—	Schutz beim Eintauchen
8	—	Schutz beim Untertauchen

Für elektrische Maschinen benutzt man die Schutzarten IP 00, 02, 11 S, 12 S, 13 S, 21 S, 22 S, W 23 S, W 24, 44, 54, 55, 56, bei Unterwasserpumpen auch IP 68. Innengekühlte Drehstrommotoren nach DIN 42 672, 42 676 und 42 678 haben die Schutzarten IP 21 und 22, oberflächengekühlte Drehstrommotoren nach DIN 42 673, 42 677 und 42 679 meist die Schutzart IP 44. Für die Aufstellung in den meisten Betriebsräumen reichen Motoren in Schutzart IP 21 oder IP 22 aus. Nur in staubigen Betrieben oder Räumen mit aggressiver Atmosphäre muß man auf die Schutzart IP 44 zurückgreifen.

4.222 Kühlungsarten. Die Kühlungsarten werden heute, wie bei Bild 4.10 angegeben, mit Kennzeichen nach der IEC-Empfehlung 34-6 gekennzeichnet. Dieses Kurzzeichen beginnt mit den Buchstaben IC (= International Cooling) und bezeichnet mit der 1. Kennziffer die Art des Kühlmittelumlaufs sowie mit der 2. Kennziffer die Kühlmittelbewegungsart. Für die Art des Kühlmittels werden u. a. die Buchstaben H für Wasserstoff und W für Wasser benutzt. Das Zeichen A für Luft kann man fortlassen, wenn Luft das einzige Kühlmittel ist. Jeder Kühlmittelkreislauf erhält eine Bezeichnung aus einem Buchstaben und zwei Kennziffern. Bei Eigenkühlung läßt man die 2. Kennziffer fort.

Bei S e l b s t k ü h l u n g (2. Kennziffer 0) wird die Wärme allein durch Strahlung und natürliche Luftbewegung abgeführt. Sie ist daher nicht sehr wirksam und wird nur für kleine Motoren, z. B. Rollgangsmotoren, angewandt. Die meisten Motoren haben E i g e n k ü h l u n g (2. Kennziffer 1). Die Kühlmittel werden dann durch Lüfter mit der Motorwelle bewegt. Diese Kühlung ist d r e h z a h l - a b h ä n g i g. Bei verminderter Drehzahl darf daher nach Bild 3.3 und 4.9 der Motor auch nur mit geringerer Dauerlast betrieben werden. Demgegenüber gewährleistet die F r e m d k ü h l u n g (2. Kennziffer 3, 5, 6 oder 7) z. B. über einen besonderen Lüftermotor, eine von der Drehzahl unabhängige Kühlung. Sie muß daher bei allen Motoren, deren Drehzahl in weiten Grenzen verstellt wird und für die eine Leistungsabsenkung nach Bild 3.3 oder 4.9 nicht zulässig ist, eingesetzt werden.

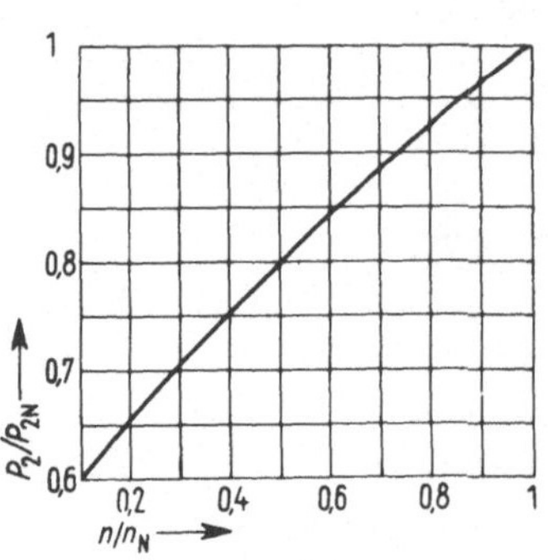

Bild 4.9
Leistungsminderung P_2/P_{2N} von belüfteten Gleichstrommotoren bei Drehzahlabsenkung

Als Kühlmittel wird im allgemeinen Luft benutzt. Man muß dann aber dafür sorgen, daß stets nur F r i s c h l u f t angesaugt wird. Die stärkste Wirkung erzielt man mit einer D u r c h z u g s b e l ü f t u n g nach Bild 4.10a, die aber nur bei offenen Motoren, z. B. in den Schutzarten IP 11 oder IP 23, verwirklicht werden kann. Bei geschlossenen Motoren in Schutzart IP 44 muß man O b e r f l ä c h e n b e l ü f - t u n g nach Bild 4.10b anwenden. Hierzu gehört auch die M a n t e l b e l ü f - t u n g nach Bild 4.10c, die eine besonders gute Luftführung aufweist und gern für kleine und mittelgroße Motoren eingesetzt wird. Große geschlossene Motoren haben meist R ö h r e n b e l ü f t u n g (Bild 4.10d). Die äußere Kühlluft wird durch Röhren des Ständergehäuses gedrückt und die innere Kühlluft meist in entgegengesetzter Richtung an diesen Röhren vorbeibewegt. Diese Motoren können daher auch in staubigen oder explosionsgefährdeten Räumen zum Einsatz kommen. Wasserstoff als Kühlmittel findet man nur bei sehr großen Maschinen. Wenn die Luft aus der unmittelbaren Motorumgebung nicht zur Kühlung herangezogen werden darf, kann man sie auch über reichlich zu bemessende Rohrsysteme, u. U. unter Zwischenschaltung eines Lüfters, aus anderen Räumen heranführen.

F l ü s s i g k e i t s k ü h l u n g, z. B. mit Wasser in einem Wärmetauscher für den inneren Kühlkreislauf, setzt man gelegentlich in staubigen oder explosionsgefährdeten Betrieben oder bei wetterfesten Motoren in Schutzart IP W 24 S ein. Wenn das Wasser unmittelbar an die Verluste herangeführt wird, erreicht man durch Fortfall der Lüfterverluste besonders hohe Wirkungsgrade. Unterwassermotoren (für Pumpen) laufen unmittelbar in der Flüssigkeit.

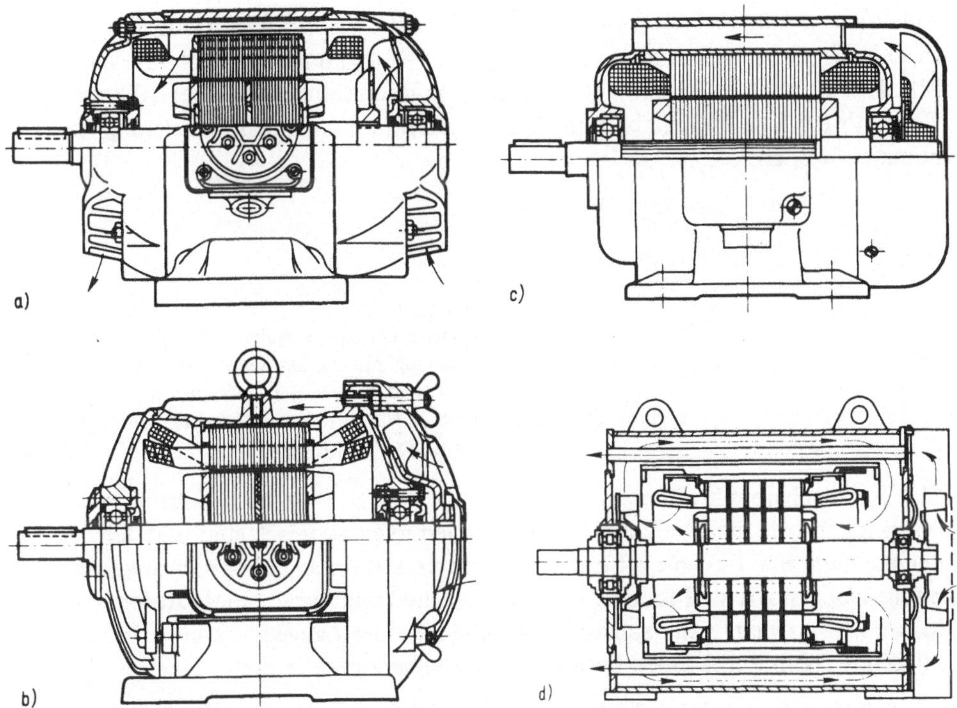

Bild **4.**10 Belüftungsarten für Motoren (AEG)
    a) Durchzugsbelüftung   IC 01   c) Mantelbelüftung IC 0141
    b) Oberflächenbelüftung IC 0141   d) Röhrenbelüftung IC 0151

4.223 Atmosphäre. Nach VDE 0530 werden Elektromotoren für die Kühlmitteltemperatur $\vartheta_{kü} = 40\,°C$ gebaut. Es dürfen die in Tafel **4.**11 angegebenen G r e n z
t e m p e r a t u r e n auftreten. Im allgemeinen werden Isolationen der Klasse E
(lackdrahtisoliert) eingesetzt, für höchste Ansprüche auch F und H (silikonisoliert).

Tafel **4.**11   Zulässige Grenztemperatur (nach VDE 0530)

Isolationsklasse	A	E	B	F	H	C
Grenztemperatur in °C	105	120	130	155	180	über 180

Bei abweichenden K ü h l m i t t e l t e m p e r a t u r e n kann die Leistungsänderung von P_{2N} auf P_2 mit Bild **4.**12 bestimmt werden. Muß die zulässige Übertemperatur Θ_{zul}, z. B. wegen der Einhaltung ausländischer Vorschriften, verringert werden, kann man aus Bild **4.**12 ebenfalls die daraus sich ergebende Leistungsminderung bestimmen, wenn man bei der Kühlmitteltemperatur

$$\vartheta_{kü} = 115\,°C - \Theta_{zul} \tag{4.13}$$

in die Kurve geht.

Außerdem vermindert ein geringerer L u f t d r u c k die Kühlwirkung der Luft,
so daß die Leistung entsprechend der A u f s t e l l u n g s h ö h e h nach
Bild **4**.12 herabzusetzen ist. Wenn dagegen die Raumtemperatur über 1000 m
Höhe mit 0,5 K je 100 m abnimmt, kann weiterhin die volle Motorleistung entnommen werden.

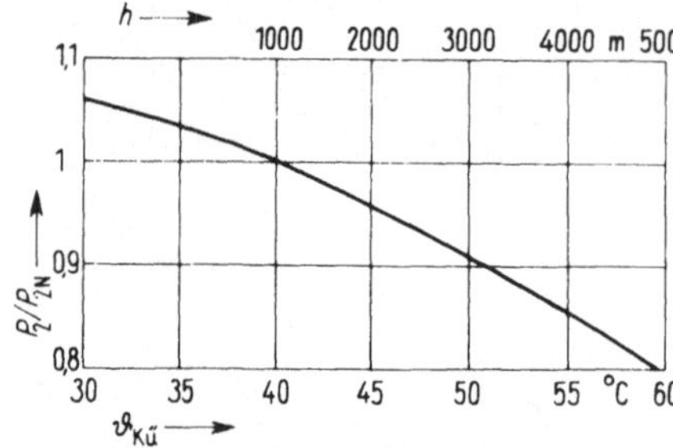

Bild 4.12
Relative Leistungsabgabe P_2/P_{2N} in
Abhängigkeit von der Kühlmitteltemperatur $\vartheta_{kü}$ bzw. der Aufstellungshöhe h für Motoren mit Wicklungen
der Isolierstoffklasse E

Eine Atmosphäre mit hoher L u f t f e u c h t i g k e i t ist für Elektromotoren
ungünstig, da die meisten Wicklungsisolationen hygroskopisch sind und dann Schaden nehmen. Bei t r o p e n f e s t e n Motoren setzt man daher nichthygroskopische Isolierstoffe und feuchtigkeitsabweisende Isolierlacke ein. Motoren, die
in k o r r o s i v e r Atmosphäre, z. B. in Säure- oder Laugedämpfen, arbeiten
müssen, werden durch einen homogenen Lacküberzug geschützt.

E x p l o s i o n s - oder s c h l a g w e t t e r g e s c h ü t z t e Betriebsmittel müssen VDE 0170 und 0171 genügen. Die hier einzusetzenden Motoren müssen von
eigenen Prüf- und Zulassungsbehörden untersucht und zugelassen werden. Man
unterscheidet folgende Zündschutzarten (Kennzeichen in Klammern): Bei der
d r u c k f e s t e n K a p s e l u n g (d) sind Teile, die eine explosible Atmosphäre
zünden können, in ein Gehäuse eingeschlossen, das bei einer Explosion im Innern
deren Druck aushält und dadurch eine Übertragung der Explosion auf die äußere
Atmosphäre verhindert. Bei der S a n d k a p s e l u n g (q) sind die gefährdeten
Teile so mit Sand umgeben, daß die explosible Atmosphäre weder durch Lichtbögen noch durch Wärme gezündet werden kann. Bei der Ü b e r d r u c k k a p -
s e l u n g (p) befinden sich die gefährdeten Teile in einem unter Überdruck stehenden und mit Schutzgas gefülltem Gehäuse und bei Ö l k a p s e l u n g (o)
in einem mit Öl gefüllten Gehäuse. Die e r h ö h t e S i c h e r h e i t (e) wird
vorzugsweise angewandt für Teile, an denen Funken, Lichtbögen oder gefährliche
Temperaturen betriebsmäßig nicht auftreten. Der S o n d e r s c h u t z (s) wird
nach Prüfung der Sicherheit durch eine anerkannte Prüfstelle zugelassen. Ein Stromkreis ist e i g e n s i c h e r (i), wenn weder im normalen Betrieb noch bei einer
Störung wegen der zu geringen Zündenergie eine explosible Atmosphäre gezündet
werden kann. Für weitere Einzelheiten s. VDE 0170/0171.

4.3 Gesichtspunkte für die Motorauswahl

Neben der selbstverständlichen Forderung, daß die Arbeitsmaschinen mit dem ausgewählten Antriebsmotor alle ihre Aufgaben zufriedenstellend erfüllen sollen, also

Motorleistung, Anfahrverhalten, u. U. auch Drehzahlverstellung oder -regelung sowie Erwärmung und Geräusch den billigerweise zu stellenden Bedingungen genügen müssen, hat der projektierende Ingenieur insbesondere auch die Aufgabe, eine w i r t s c h a f t l i c h e   L ö s u n g zu finden. Erstellungs- und Betriebskosten sollen also im Verhältnis zum Ergebnis ein Minimum betragen. Wir wollen daher hier noch einige Richtlinien zur Motorauswahl und vergleichsweise die Kosten einiger Antriebsarten angeben.

4.31 Wahl von Stromart, Spannung, Schaltung und Motordrehzahl

Da D r e h s t r o m die einfachsten und preisgünstigsten Motoren ermöglicht, wird man für ortsfeste Antriebe stets versuchen, mit dieser Stromart auszukommen. Für kleine Leistungen (unter 500 W) und Geräte mit Steckeranschluß bevorzugt man dagegen E i n p h a s e n - W e c h s e l s t r o m wegen des einfacheren Anschlusses. In Betrieben, die besonders schnellaufende oder sehr kleine Antriebe einsetzen wollen (z. B. Holzbearbeitung, Schleifer u. ä.), wird auch die Frequenz auf 200 bis 300 Hz heraufgesetzt. G l e i c h s t r o m wird heute außer bei den Fahrzeugen für Antriebe, deren Drehzahl feinstufig verstellt oder geregelt werden soll, bevorzugt, obwohl sich auch hier für hochwertige Antriebe langsam der Drehstrommotor mit Frequenzumrichter einbürgert.

Bis zu Leistungen von etwa 200 kW setzt man bei Drehstrom die normale Versorgungsspannung 380 V oder in größeren Betrieben auch 500 V als B e t r i e b s - s p a n n u n g ein. Für größere Leistungen bis etwa 1000 kW wählt man meist 6 kV, für noch größere Leistungen 10 kV. Bei dieser Wahl sollte man nicht nur den Motorpreis, sondern auch den Aufwand für die zugehörigen Leitungen, Schalt- und Steuereinrichtungen sowie den Transformator berücksichtigen. Für Gleichstrommotoren bevorzugt man bei kleineren Leistungen 220 und 440 V; man richtet sich hier, insbesondere bei den größeren Leistungen, aber auch gern nach der durch die vorgeschalteten Stromrichter bzw. die Kommutierung festgelegten optimalen Betriebsspannung (s. DIN 40030).

Kleine Drehstrommotoren werden in S t e r n s c h a l t u n g am normalen 380 V-Netz betrieben, da sie dann auch in der Steinmetzschaltung (s. Abschn. 1.324) am 220 V-Einphasennetz betrieben werden können. Motoren für Stern-Dreieck-Anlauf (s. Abschn. 2.332) müssen eine betriebsmäßige D r e i e c k - s c h a l t u n g aufweisen. Gelegentlich ist es auch sinnvoll, z. B. bei Zentrifugen mit hohem Trägheitsmoment, den Anlauf in der Dreieckschaltung vorzunehmen und dann nach dem Hochlauf auf die Sternschaltung mit besseren Werten von Leistungsfaktor und Wirkungsgrad umzuschalten. Für die Schaltungen der Einphasenmotoren s. Abschn. 1.324, für die der Gleichstrommotoren s. Abschn. 1.33.

Größe und somit Preis eines Motors werden hauptsächlich durch sein N e n n - m o m e n t bestimmt. Bei gleichbleibender Leistung $P_{2N} = M_N \omega_N$ sind daher schnellaufende Motoren kleiner und billiger. Auch ist beim Drehstrommotor bei hoher D r e h z a h l der Leistungsfaktor besser als bei niedriger Drehzahl (hoher Polzahl). Allerdings unterscheiden sich 2- und 4polige Asynchronmotoren in Größe und Preis im allgemeinen nicht mehr, so daß dann der 4polige Drehstrommotor bevorzugt wird. Bei den Gleichstrommotoren ist die Drehzahl in weiten Grenzen wählbar. Bei Universalmotoren (s. Abschn. 1.324) liegt sie im allgemeinen zwischen 4000 und 10000 min^{-1}. Kleinere Drehzahlen kann man über G e t r i e b e erreichen, die aber bei pulsierender Last zu Schwierigkeiten führen.

4.32 Vergleich der Kosten

Für die Planung eines Antriebs spielt die Wirtschaftlichkeit oft die entscheidende Rolle. Um dem Anfänger unnötige Projektierungen zu ersparen, die dann aus Kostengründen nicht verwirklicht werden können, sind in Tafel 4.13 einige Antriebsarten mit ihren Herstellkosten im Vergleich zum einfachen Drehstrommotor-Antrieb zusammengestellt.

Es zeigt sich, daß man gegenüber dem häufig eingesetzten Drehstrom-Asynchronmotor mit Käfigläufer (DAMK) in Schutzart IP 44 noch Verbilligungen bei Aussetzbetrieb (und Kurzzeitbetrieb) oder durch Motoren in Schutzart IP 23 erzielen kann. Polumschaltung, Erniedrigung der Motordrehzahl, Getriebe oder Bremseinrichtungen bedeuten u. U. schon erhebliche Verteuerungen. Auch Schleifringläufer (DAMS) und Gleichstrommotoren (GNM) bedingen sofort einen beachtenswerten höheren Aufwand.

Demgegenüber haben alle in der Drehzahl stetig veränderbaren oder geregelten Antriebe erheblich höhere Herstellkosten. Relativ niedrig sind sie noch beim von Hand verstellten Gleichstrom-Nebenschlußmotor. Sobald jedoch steuerbare Stromrichter eingesetzt werden müssen, steigen sie beträchtlich, so daß bei den über einen weiten Drehzahlbereich verstell- oder regelbaren Antrieben mit einem um eine Zehnerpotenz höheren Preis als bei dem einfachen Drehstrommotor-Antrieb für e i n e ungeregelte Drehzahl zu rechnen ist. Am höchsten sind heute noch die Kosten des über Frequenzumrichter geregelten Drehstrommotors.

Tafel **4.**13 Herstellkosten K verschiedener Antriebsarten bezogen auf die Kosten K_{DM} des
einfachen Drehstrommotor-Antriebs bei Leistungen von etwa 1 bis 1000 kW und
der Grunddrehzahl $n_d = 1500$ min^{-1} sowie gleichen Umweltbedingungen. (Die
höheren relativen Kosten gehören zu den kleinen Leistungen.)

Nr.	Antriebsart	relative Kosten K/K_{DM}		
1	Drehstrom-Asynchron-Motor mit Käfigläufer (DAMK) in Schutzart IP 44, mit Stern-Dreieck-Anlasser und Motorschutzschalter	1		
2	DAMK für S 3 – 40 %, sonst wie 1	0,8	bis	0,9
3	DAMK mit Dahlanderschaltung (Polumschaltung), sonst wie 1	1,3	bis	1,7
4	DAMK mit halber Drehzahl, sonst wie 1	1,8	bis	2,3
5	DAMK mit Getriebe (Übersetzung 1 : 10), sonst wie 1 (nur bis etwa 22 kW)	1,8	bis	3,8
6	DAMK, Bremsmotor, sonst wie 1 (nur bis etwa 15 kW)	1,4	bis	3,3
7	DAMK in Schutzart IP 23, sonst wie 1	0,65	bis	0,85
8	Drehstrom-Asynchron-Motor mit Schleifringläufer (DAMS), Schutzart IP 44 mit Läuferanlasser sowie Schalt- und Schutzeinrichtungen	2,3	bis	3,0
9	DAMS in Schutzart IP 23, sonst wie 8	1,5	bis	2,0
10	DAMS mit Drehzahlregelung n_N – 30 % über untersynchrone Stromrichterkaskade, sonst wie 8 (etwa ab 50 kW)	5	bis	7
11	DAMK mit Drehzahlregelung von + n_N bis – n_N über Frequenzumrichter für Vier-Quadranten-Betrieb, mit allen Schalt- und Schutzeinrichtungen (etwa ab 10 kW)	10	bis	20
12	Gleichstrom-Nebenschluß-Motor (GNM) in Schutzart IP 23 mit Anlasser und Feldsteller sowie Schalt- und Schutzeinrichtungen	1,8	bis	4
13	GNM mit Steueranlasser für Drehzahlstellbereich 1 : 10, sonst wie 12	2,5	bis	5
14	GNM mit Leonardumformer, einschließlich Regel-, Erreger-, Schalt- und Schutzeinrichtungen	4	bis	8
15	GNM einschließlich Stromrichter für vollen Drehzahlstellbereich mit Drehzahlregelung, sonst wie 12	3	bis	7
16	GNM wie 15, jedoch mit mechanischer Ankerumschaltung für Bremsung und Drehrichtungsumkehr	3,5	bis	8
17	GNM mit Ankerstromrichter und Feldumschaltung durch Stromrichter für Bremsung und Drehrichtungsumkehr, sonst wie 15 (etwa ab 50 kW)	3,5	bis	7
18	GNM mit 2 Ankerstromrichtern in Umkehrschaltung, sonst wie 15 (etwa ab 5 kW)	4	bis	12

5 STEUERUNGSTECHNIK

Während in den vorhergehenden Abschnitten die Zusammenarbeit zwischen Antriebsmotor und Arbeitsmaschine behandelt wurde, sollen hier die zum Anschluß des Motors an das Netz erforderlichen Schaltgeräte besprochen werden. Über die Steuerung wird dem Motor die elektrische Energie unter Berücksichtigung der besonderen Bedingungen des Arbeitsvorgangs oder des Produktionsprozesses zugeführt. Die Steuerung berücksichtigt z. B. die Zustände des Arbeitsgutes, wie Druck und Temperatur. Sie erzwingt z. B. die richtige Reihenfolge von Schalthandlungen und verhindert unzulässige Schalthandlungen oder steuert Vorgänge automatisch nach einem vorgegebenen Programm oder nach einem selbst errechneten Programm. Die Entwicklung schnell schaltender, kontaktloser Schaltglieder mit geringem Platzbedarf hat die A u t o m a t i s i e r u n g immer umfangreicherer Vorgänge und Arbeitsprozesse ermöglicht. Mit dem Einsatz von Datenverarbeitungsanlagen zur Steuerung von Produktionsprozessen reicht die Steuerungstechnik bis in den Bereich der Nachrichtentechnik hinein.

Im Gegensatz zu der in Abschn. 3 behandelten Antriebsregelung, die einen geschlossenen Regelkreis benötigt, versteht man nach DIN 19 226 unter einer Steuerung einen offenen Wirkungsablauf. In dieser S t e u e r k e t t e wirkt die steuernde Größe auf die gesteuerte ein, ohne daß die beeinflußte Größe auf den Eingang zurückwirkt. Eine Steuerung kann aber auch unterlagerte Regelkreise enthalten (s. Abschn. 3). Außerdem arbeitet die Regelungstechnik vorzugsweise mit der a n a l o g e n Darstellung von Größen. Die Drehzahl wird z. B. als proportionale Spannung dargestellt. Die Steuerungstechnik bevorzugt dagegen die d i g i t a l e, d. h. ziffernmäßige Darstellung. Die Drehzahl wird z. B. als Aneinanderreihung von Ziffern eines Zählers, der 1 min lang zählt, wiedergegeben.

Der erste Abschn. ist den Niederspannungs-Schaltgeräten gewidmet, die trotz der Entwicklung der Leistungselektronik ihre Bedeutung nicht verlieren werden. Anschließend gehen wir auf die kontaktlosen Steuerungen auf Halbleiterbasis ein und untersuchen schließlich die verschiedenen Schaltpläne, die den Zusammenhang der einzelnen Teile einer Steuerung darstellen.

5.1 Niederspannungs-Schaltgeräte

Im allgemeinen werden die Antriebsmotoren mit Niederspannung (z. B. 380 oder 500 V) betrieben; nur für große Leistungen (etwa ab 200 kW) werden Hochspannungsmotoren (3 bis 6 kV und 10 kV ab 1000 kW) eingesetzt. Für die Steuerung verwendet man dagegen immer Niederspannung. Wir beschränken uns daher auf die zugehörigen Schaltgeräte.

Zunächst wollen wir die für die Auswahl der Schaltgeräte wichtigen Kenngrößen kennenlernen. Anschließend sollen die wesentlichen Eigenschaften und Unterscheidungsmerkmale der verschiedenen Schalterarten betrachtet werden.

5.11 Kenngrößen

In VDE 0660 sind die Kenngrößen für Niederspannungs-Schaltgeräte festgelegt. Damit der Schalter den an der Einbaustelle im Normalbetrieb und im Kurzschlußfall zu erwartenden Beanspruchungen gewachsen ist, muß er anhand dieser Kenngrößen ausgewählt werden.

5.111 Nennströme. Zwei aufeinander gepreßte Metallstücke berühren sich wegen der unvermeidbaren Oberflächenrauhigkeit immer nur an einigen wenigen, mikroskopisch kleinen Stellen. Die dadurch bedingte Querschnittsverringerung bedeutet einen zusätzlichen Widerstand und daher Stromwärmeverluste. Der D a u e r s t r o m I_{th2} ist der Strom, den das Schaltgerät bei normalen Betriebs- und Umgebungsbedingungen ohne zwischenzeitliches Schalten auf unbegrenzte Zeit führen kann, ohne daß ein Eingriff (z. B. Säubern, Nacharbeiten oder dgl.) notwendig ist und ohne daß seine Grenzübertemperaturen überschritten werden. Den W o c h e n s t r o m I_{th1} kann das Schaltgerät unter gleichen Bedingungen bei mindestens wöchentlich einmaligem Schalten führen. Den A c h t s t u n d e n s t r o m I_{th} kann ein Schaltgerät bei gleichen Voraussetzungen im Achtstundenbetrieb vertragen. Dabei ist gegebenenfalls die Art der Kapselung des Schaltgeräts zu berücksichtigen. Der N e n n b e t r i e b s s t r o m I_e eines Schaltgeräts ist die Zuordnung eines Stroms zu bestimmten Gebrauchsbedingungen. Soll der Schalter z. B. nur den Dauerstrom führen können, so ist in diesem Fall $I_e = I_{th2}$.

Beispiel 5.1: Ein 500-V-Drehstromnetz wird von einem Transformator mit der Nennleistung $S_N = 1600 \, kVA$ und dem Leerlauf-Spannungs-Übersetzungsverhältnis 6000 V/525 V gespeist. Welchen Strom muß der unterspannungsseitige Transformatorschalter führen können?
Aus der gegebenen Transformatorleistung erhält man den Nennstrom des Transformators

$$I_N = \frac{S_N}{\sqrt{3} \, U_N} = \frac{1600 \cdot 10^3 \, VA}{\sqrt{3} \cdot 525 \, V} = 1760 \, A$$

Rechnet man damit, daß der Schalter dauernd eingeschaltet sein muß, so ist unter Berücksichtigung der Kapselung ein Schalter mit dem Nennbetriebsstrom $I_e = I_{th2} = 2000 \, A$ zu wählen.

5.112 Nenneinschaltvermögen und Nennstoßstrom. Beim Schalten auf einen Kurzschluß besteht die Gefahr, daß die Schaltstücke durch den großen Augenblickswert des Kurzschlußstroms verschweißen oder die Leiterbahnen durch die hiermit verbundenen elektrodynamischen Kräfte deformiert werden. Der größte Momentanwert des Kurzschlußstroms nach Eintritt des Kurzschlusses ist nach VDE 0102 der S t o ß k u r z s c h l u ß s t r o m I_s. Er wird als Scheitelwert angegeben und kann je nach Kurzschlußbeginn ein Gleichstromglied enthalten, wodurch sich der Scheitelwert maximal um den Faktor $\kappa = 2$ erhöhen kann.

Praktisch rechnet man meist näherungsweise mit $\kappa = 1{,}8$, so daß für Niederspannungsanlagen näherungsweise ist

$$I_s = 1{,}8\sqrt{2}\, I_k \tag{5.1}$$

mit I_k als Effektivwert des größtmöglichen Kurzschlußstroms. Den in Niederspannungsnetzen selten vorkommenden Fall, daß durch Ankerrückwirkung des Kurzschlußstroms in einem nahen Generator (generatornaher Kurzschluß) der Anfangs-Kurzschlußwechselstrom I_k'' größer als der Dauerkurzschlußstrom I_k ist, haben wir hier nicht berücksichtigt. Für den einfachen Fall, daß für die Größe des Kurzschlußstroms hauptsächlich die Impedanz der auf den Kurzschluß speisenden Transformatoren maßgebend ist, kann man den Gesamtkurzschlußstrom aus der Summe der Teilkurzschlußströme der einzelnen Transformatoren ermitteln. Dabei gilt für jeden dieser Teilkurzschlußströme (s. a. Bd. II/1, Abschn. Größe des Dauerkurzschlußstroms)

$$I_k = I_N/u_k \tag{5.2}$$

Dabei ist I_N der Nennstrom des jeweiligen Transformators und u_k seine relative Kurzschlußspannung. Mit dem Wirkanteil u_r der Kurzschlußspannung kann man den Leistungsfaktor im Kurzschlußfall

$$\cos\varphi_k = u_r/u_k \tag{5.3}$$

ermitteln. Bei Schaltern, die den Kurzschlußstrom nur im eingeschalteten Zustand führen können müssen, ist der N e n n s t o ß s t r o m der höchstzulässige Strom I_s, den der Schalter im geschlossenen Zustand verträgt. Das N e n n e i n s c h a l t v e r m ö g e n ist der größte Strom I_s, den der Schalter bei Nennspannung und vorgeschriebenem Leistungsfaktor ohne Verschweißen einschalten kann. Im Gegensatz hierzu wird das Einschaltvermögen für Betriebsströme als Effektivwert angegeben.

Beispiel 5.2: Der Drehstromtransformator in Beisp. 5.1 hat die Kurzschlußspannung $u_k = 6\,\%$ mit dem Wirkanteil $u_r = 1{,}24\,\%$; der Widerstand des oberspannungsseitigen Netzes sei vernachlässigbar. Welches Nenneinschaltvermögen muß der unterspannungsseitige Transformatorschalter mindestens haben?

Aus Gl. (5.2) erhält man den größtmöglichen Kurzschlußstrom (Effektivwert) hinter dem Transformator $I_k = I_N/u_k = 1{,}76\ \text{kA}/0{,}06 = 29{,}4\ \text{kA}$ und mit Gl. (5.1) den Stoßkurzschlußstrom $I_s = 1{,}8 \cdot \sqrt{2}\, I_k = 1{,}8 \cdot \sqrt{2} \cdot 29{,}4\ \text{kA} = 74{,}8\ \text{kA}$ sowie mit Gl. (5.3) den Leistungsfaktor $\cos\varphi_k = u_r/u_k = 0{,}0124/0{,}06 = 0{,}207$. Ein listenmäßiger 2000-A-Schalter hat bei 500 V, 50 Hz das Einschaltvermögen $I_s = 136\ \text{kA}$ bei $\cos\varphi_k \geq 0{,}2$.

5.113 Ausschaltvermögen. Analog zum Einschalten eines Kontaktes verringert sich beim Ausschalten die Stromtragfähigkeit während des Ausschaltvorgangs.

Bei genügend großem Strom schmelzen und verdampfen beim Ausschalten die mikroskopisch kleinen Kontaktbrücken, und es entsteht bei genügend hoher Spannung ein L i c h t b o g e n. Damit dieser Lichtbogen den Schalter nicht zerstört, muß man die E x i s t e n z b e d i n g u n g e n des Lichtbogens so verändern, daß sein Spannungsbedarf größer wird als die gesamte treibende Spannung des

Schaltkreises, und er erlischt. Der Spannungsbedarf des Lichtbogens wird erhöht durch Vergrößern des Kontaktabstandes, durch kühlende Stege oder Löschbleche in isolierenden Lichtbogenkammern und durch eine Mehrfachunterbrechung des Lichtbogens. Durch einen vom zu schaltenden Strom durchflossenen Blasmagneten kann man den Lichtbogen magnetisch ablenken und ihn sehr schnell durch kühlende Luft in Löschblechpakete hineinführen und so das Ausschaltvermögen stark erhöhen. In Bild 5.6 kann man am Beispiel des Leistungsschalters die Prinzipien der Lichtbogenlöschung erkennen.

Das Ausschaltvermögen eines Schalters ist bei Wechselstrom wesentlich größer als bei Gleichstrom, weil der Lichtbogen beim Nulldurchgang des Wechselstroms von selbst erlischt und die Löscheinrichtungen nur die W i e d e r z ü n d u n g des Lichtbogens verhindern müssen.

Das N e n n n a u s s c h a l t v e r m ö g e n eines Schalters ist der Effektivwert des Stromes, den das Schaltgerät bei Nennspannung und vorgeschriebenem Leistungsfaktor unterbrechen kann, ohne daß Lichtbogenüberschläge oder Verschweißungen auftreten. Es wird bei Leistungsschaltern durch den höchstzulässigen Wert des Kurzschlußstroms I_k an der Einbaustelle angegeben.

Da das geforderte Ausschaltvermögen in starkem Maße die Konstruktion eines Schalters festlegt, unterteilt man die Schalter nach ihrem Ausschaltvermögen in:

L e e r s c h a l t e r für annähernd stromloses Schalten von Stromkreisen,
L a s t s c h a l t e r mit einem Schaltvermögen bis etwa zum doppelten Nennstrom,
M o t o r s c h a l t e r mit einem Schaltvermögen entsprechend dem Anlaufstrom von Motoren,
L e i s t u n g s s c h a l t e r haben ein Schaltvermögen, das gemäß VDE 0660 für die Kurzschlußbelastung festgelegt ist.

Beispiel 5.3: Welches Ausschaltvermögen muß der Transformatorschalter aus Beisp. 5.2 haben? In Beisp. 5.2 wurde $I_k = 29,4$ kA errechnet. Der Schalter muß also ein Ausschaltvermögen von mindestens 29,4 kA bei 500 V und $\cos \varphi_k = 0,207$ haben. Ein listenmäßiger 2000-A-Schalter hat z. B. bei 500 V das Nennausschaltvermögen $I_k = 65$ kA bei $\cos \varphi_k \leqq 0,2$.

5.114 Nenn-Kurzzeitstrom. Bei einem Kurzschluß wird der Schalter durch den Kurzschlußstrom bis zur Kurzschlußabschaltung über die normale Betriebstemperatur hinaus erwärmt. Der Effektivwert des Stromes, den der Schalter 1 s lang aushält, ohne durch Erwärmung beschädigt zu werden, wird vom Schalterhersteller als N e n n k u r z z e i t s t r o m oder Einsekundenstrom $I_{th}(1 s)$ angegeben. Er muß mindestens gleich der in der Anlage auftretenden, auf 1 s bezogenen thermischen Kurzschlußbelastung sein. Dauert der größtmögliche Kurzschlußstrom I_k der Anlage nicht 1 s, sondern t s, so erhält man die auf 1 s umgerechnete thermische Kurzschlußbelastung der Anlage durch Gleichsetzen der in beiden Fällen im Widerstand R umgesetzten Energie $[I_{th}(1 s)]^2 \, R \cdot 1 s = I_k^2 R t$, und somit ist

$$I_{th}(1 s) = I_k \sqrt{t/1 s} \qquad\qquad (5.4)$$

In Gl. (5.4) ist der Einfluß des Gleichstromgliedes des Kurzschlußstromes auf die Erwärmung vernachlässigt. Die exakte Rechnung kann VDE 0103 oder Band IX, Abschn. Thermische Beanspruchung durch Stromwärme, entnommen werden.

Die Kurzschlußbeanspruchungsdauer t erhält man aus dem durch den Schalter bedingten S c h a l t v e r z u g von 50 bis 100 ms und der mit Rücksicht auf die S e l e k t i v i t ä t im Kurzschlußfall eingestellten Verzögerungszeit der Schnell-auslöser (s. a. Abschn. 5.133).

Die bisher durchgeführten Rechnungen zur Ermittlung der Kurzschlußbeanspruchung von Schaltern gelten nur, wenn dem Schalter keine Sicherungen vorgeschaltet sind. S i c h e r u n g e n wirken k u r z s c h l u ß s t r o m b e g r e n z e n d, so daß der Schalter nur noch den von der Sicherung durchgelassenen Strom aushalten muß. Man kann auch die Kurzschlußfestigkeit eines Schalters durch die maximal zulässige Vorsicherung angeben (s. a. Absch. 5.15).

Beispiel 5.4: Welchen Nennkurzzeitstrom $I_{th}(1s)$ muß der Schalter aus Beisp. 5.3 mindestens haben, wenn die gesamte Kurzschlußdauer t = 0,7 s beträgt?

Mit dem errechneten größtmöglichen Kurzschlußstrom I_k = 29,4 kA erhält man die auf 1 s umgerechnete thermische Kurzschlußbeanspruchung der Anlage $I_{th}(1s) = I_k \sqrt{t/1s}$ = 29,4 kA $\sqrt{0,7\ s/1\ s}$ = 29,4 kA · 0,837 = 24,6 kA. Der bisher verwendete 2000-A-Schalter hat lt. Liste den Nennkurzzeitstrom $I_{th}(1s)$ = 30 kA, würde also für den vorgesehenen Zweck noch ausreichen.

5.115 Nennspannung und Nennisolationsspannung (Reihenspannung).

Die N e n n - s p a n n u n g U_e (e von employ = verwenden, gebrauchen) ist die Bezugsspannung für das Schaltvermögen. Ein Schalter hat bei den verschiedenen Nennspannungen gleiches oder unterschiedliches Schaltvermögen. Die N e n n i s o l a t i o n s s p a n - n u n g U_i bestimmt das Isolationsniveau des Schalters bzw. der Anlage. Betriebsmittel in Starkstromanlagen sollen wegen der möglichen Auswirkungen von Isolationsschäden für die I s o l a t i o n s g r u p p e C nach VDE 0110 isoliert werden.

Der betrachtete 2000-A-Schalter hat z. B. die Nennisolationsspannung U_i = 1000 V in Isolationsgruppe C. Sein Nennausschaltvermögen ist bei 380 V und 500 V gleich I_k = 65 kA bei cos $\varphi_k \geq$ 0,2.

5.116 Lebensdauer und Schalthäufigkeit.

Jedes Schaltgerät enthält bewegliche Teile und unterliegt daher dem mechanischen Verschleiß. Die mechanische Lebensdauer ist die Zahl der Schaltspiele, die das Schaltgerät ohne Belastung der Strombahnen ausführen kann, bis es durch Verschleiß oder Bruch unbrauchbar wird. Ein Schaltspiel ist ein einmaliges Öffnen und Schließen.

Davon zu unterscheiden ist die S c h a l t s t ü c k l e b e n s d a u e r, die durch den Kontaktstückabbrand im Lichtbogen beim Schalten bedingt ist. Sie wird vom Hersteller in Abhängigkeit von Nennbetriebsstrom bzw. Motorleistung, Nennspannung und Gebrauchskategorie (s. Tafel 5.2) angegeben.

VDE 0660 teilt die Schaltgeräte entsprechend ihrer mechanischen Lebensdauer in

9 Geräteklassen A1 bis E1 ein und gibt Empfehlungen für die Zuordnung der verschiedenen Schaltgeräte zu den Geräteklassen. In der Geräteklasse A1
beträgt die mechanische Lebensdauer 10^3 Schaltspiele (z. B. für Hebeschalter und
große Schloßschalter). Die Lebensdauer steigt in jeder Klasse. Die höchste Geräteklasse E1 mit einer mechanischen Lebensdauer von 10^7 Schaltspielen umfaßt z. B.
Luftschütze und Befehlsschalter für schweren aussetzenden Betrieb.

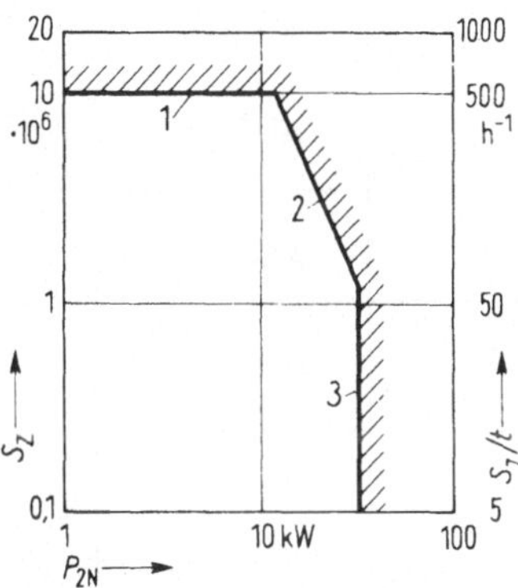

Bild 5.1
Gerätekennlinie eines Schützes (Zahl der Schaltspiele S_z bzw. Schalthäufigkeit S_z/t in Abhängigkeit von der Motornennleistung P_{2N})
Begrenzung durch mechanische Lebensdauer 1,
durch Schaltstücklebensdauer 2 und durch
Schaltvermögen 3

Bei Motorschaltern, insbesondere bei Schützen, faßt man zweckmäßig die Herstellerangaben über mechanische Lebensdauer und Schaltstücklebensdauer in Abhängigkeit von der Motorleistung oder dem Ausschaltstrom in der sogenannten G e r ä -
t e k e n n l i n i e oder Lebensdauerkennlinie zusammen (s. Bild 5.1). Die größtmögliche Schaltzahl (gleich Zahl der Schaltspiele) ist durch die mechanische Lebensdauer des Schaltgerätes begrenzt (Gerade 1) und die größtmögliche Motorleistung
durch das Schaltvermögen des Schalters (Gerade 3). Die Gerade 2 gibt die Schaltzahl an, die man bei gegebener Motorleistung und festgelegten Schaltbedingungen mit einem Schaltstück infolge der Schaltstücklebensdauer erreicht.
Will man mit dem Schaltgerät eine Lebensdauer von z. B. 10 Jahren erzielen, (das sind bei 250 Arbeitstagen mit achtstündigem Einschichtbetrieb
20000 Stunden), so kann man anstelle der Schaltzahl S_z auch die zulässigen Schaltungen je Stunde angeben, die das Schaltgerät bei gegebener Motorleistung und
festgelegten Schaltbedingungen mit einem Kontaktsatz in der vorgesehenen Zeit
verträgt.

Zur Kennzeichnung der Schaltbeanspruchung bei gegebener Motorleistung ist es
also noch erforderlich anzugeben, mit welchen Ein- und Ausschaltströmen diese
Motorleistung — oder allgemein Verbraucherleistung — geschaltet werden soll.
VDE 0660 hat zur Kennzeichnung der Beanspruchung von Last- und Motorschaltern häufig vorkommende Anwendungsfälle durch G e b r a u c h s k a t e g o -
r i e n gemäß Tafel 5.2 erfaßt und diesen Verwendungsbereichen Werte für Strom,
Spannung, Leistungsfaktor oder Zeitkonstante zugeordnet. Für Anwendungsfälle,
die in den Gebrauchskategorien nicht erfaßt werden, sind zur Auswahl des Schalters zusätzliche Herstellerangaben erforderlich.

T a f e l 5.2 Gebrauchskategorien für Last- und Motorschalter

Stromart	Gebrauchs-kategorie	Beispiel für die Anwendung	
Wechsel-strom	AC1	Nicht induktive oder schwach induktive Belastung, Widerstandsöfen	
	AC2	Anlassen von Schleif-ringläufermotoren	ohne
	AC2		mit Gegenstrombremsen
	AC3	Anlassen von Käfig-läufermotoren	Ausschalten von Motoren während des Laufes
	AC4		Tippen[1], Gegenstrombremsen, Reversieren[2]
Gleich-strom	DC1	Nicht induktive oder schwach induktive Belastung, Widerstandsöfen	
	DC2	Anlassen von Nebenschlußmotoren	Ausschalten während des Laufes
	DC3		Tippen[1], Gegenstrombremsen, Reversieren[2]
	DC4	Anlassen von Reihenschlußmotoren	Ausschalten während des Laufes
	DC5		Tippen[1], Gegenstrombremsen, Reversieren[2]

1) Unter Tippen versteht man die einmalige oder wiederholte kurzzeitige Speisung eines Motors, um kleine Bewegungen zu erreichen.
2) Unter Reversieren versteht man das rasche Umkehren der Laufrichtung des Motors durch Wechseln der Primäranschlüsse während des Laufes.

5.12 Stellschalter

Stellschalter sind Schalter ohne Rückzugskraft, die nach Aufhören der Betätigungs-kraft in ihrer Betriebsstellung bleiben. Im Gegensatz dazu kehren Tastschalter, wie Schütze und Drucktaster, nach Aufhören der Betätigungskraft und Schloß-schalter nach Aufhebung ihrer mechanischen Verklinkung in die Aus-Schaltstellung zurück.

5.121 Hebelschalter. Er ist der einfachste Schalter und stellt die Schaltverbindung über ein drehbar gelagertes, messerförmiges Schaltstück her. Wegen seiner einfa-chen Konstruktion ist der Hebelschalter nur als L e e r s c h a l t e r zum annä-hernd stromlosen Schalten bei g e r i n g e r S c h a l t h ä u f i g k e i t geeignet. Mit seiner Hilfe macht man Anlagenteile, die durch kompliziertere Schalter lei-stungsmäßig ausgeschaltet worden sind, spannungslos und stellt eine VDE-mäßige

Trennstrecke her, z. B. bei Überholungsarbeiten. Mit Hebelschaltern kann man Verbraucherabzweige in Doppelsammelschienenanlagen stromlos auf das gewünschte Schienensystem umschalten.

5.122 Walzenschalter. Er besteht aus der Isolierstoffwalze mit den Kontaktbelägen, den festen Schaltfingerreihen und dem Rastwerk zur Fixierung der Schaltstellung (s. Bild 5.3). Man kann den Kontaktbelägen die verschiedensten Formen geben und damit das gewünschte Schaltprogramm erreichen. Wegen des mechanischen Abriebs der Kontakte ist die Lebensdauer und damit die zulässige Schalthäufigkeit des Walzenschalters begrenzt.

Verwendung findet der Walzenschalter als Steuerschalter, Lastschalter und Motorschalter zum Schalten kleiner Motorleistung bei geringer Schalthäufigkeit.

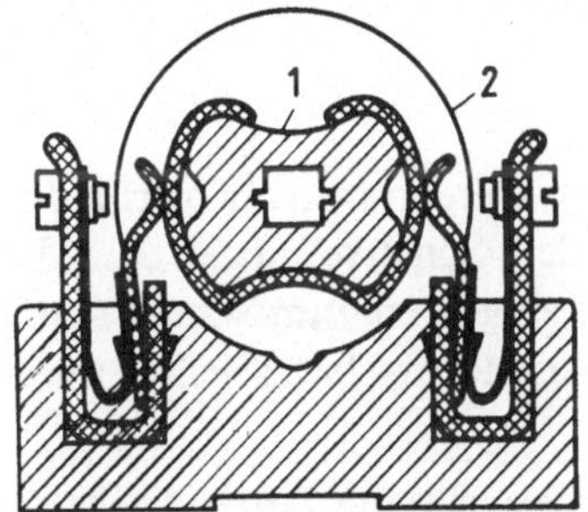
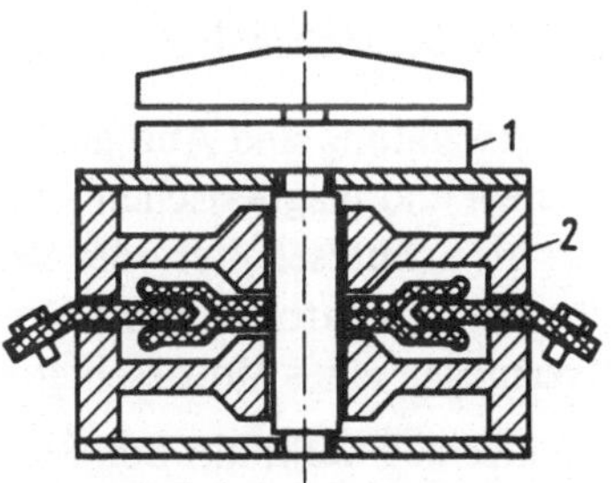

Bild 5.3 Walzenschalter
1 Isolierstoffwalze
2 Isolierstoffscheibe

Bild 5.4 Paketschalter
1 Sprungschaltwerk
2 Isolierstoffscheibe

5.123 Paketschalter. Sie bestehen aus aufeinandergeschichteten gleichen Isolierstoffscheiben mit Aussparungen für die festen Kontakte und den über das Sprungschaltwerk und die gemeinsame Isolierachse betätigten Schaltbrücken (s. Bild 5.4). Durch entsprechende Ausbildung der Schaltbrücken, Versetzen der festen Kontakte und Hintereinanderschalten von Schaltkammern kann man jede gewünschte Schaltfolge erreichen. Der Paketschalter bietet die gleichen Anwendungsmöglichkeiten wie der Walzenschalter bei wesentlich geringerem Platzbedarf.

5.124 Nockenschalter. Er enthält die Nockenscheibe 1, die über einen Schalthebel 2 den eigentlichen Schalter betätigt (s. Bild 5.5a). Ein Rastwerk fixiert die einzelnen Schaltstellungen. Wegen der Umformung der Drehbewegung in eine Längsbewegung kann man einfache Druckkontakte (u. U. mit Sprungcharakteristik) ohne mechanischen Abrieb verwenden, die eine h o h e L e b e n s d a u e r bzw. eine hohe zulässige Schalthäufigkeit ergeben. Durch entsprechende Ausbildung der Nockenscheibe, Anordnung der Schaltelemente am Umfang der Scheibe und Aneinanderreihen einer entsprechenden Anzahl von Nockenschalterkammern kann man jedes gewünschte Schaltprogramm (Abwicklung s. Bild 5.5b) verwirklichen.

Der Nockenschalter wird mit den verschiedensten Abwicklungen verwendet, um direkt (Kontroller) oder über Schütze (Meisterschalter) Motorwicklungen und Anlaß- bzw. Stellwiderstände ein-, aus- oder umzuschalten. Außerdem werden Nockenschalter in den verschiedensten Bauformen für die gleichen Schaltaufgaben wie Walzen- oder Paketschalter bei höherer Schalthäufigkeit eingesetzt.

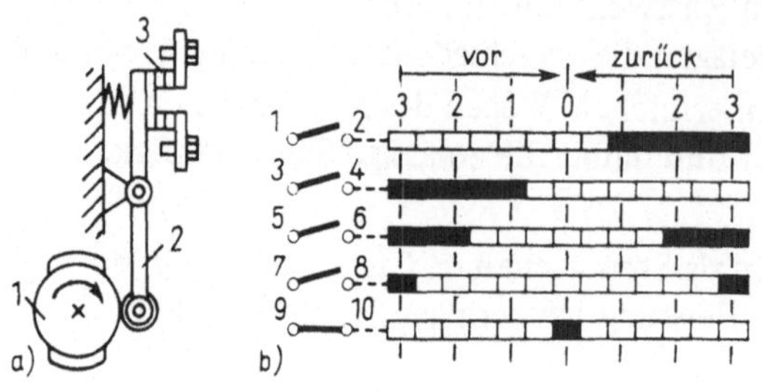

Bild 5.5 Nockenschalter
a) Aufbau des Schaltelementes
   1 Nockenscheibe, 2 Schalthebel,
   3 Druckkontakt
b) Abwicklung (der Schaltzustand
   der Kontakte ist für die Null-
   Stellung des Nockenschalters
   gezeichnet)

5.13 Schloßschalter

5.131 Verwendung und Aufbau. Schloßschalter werden meist in Verbindung mit thermischen und magnetischen Auslösern mit dem Schaltvermögen eines Leistungsschalters als Schutzschalter oder Selbstschalter eingesetzt zum Schutz von Transformatoren, Generatoren und Leitungen oder als Motorschutzschalter mit dem Schaltvermögen eines Motorschalters.

Das Schaltschloß verklinkt den Schalter im eingeschalteten Zustand gegen die Kraft einer Feder und verhindert, daß beim Ansprechen eines Auslösers die beweglichen Schaltstücke in der Einschaltstellung festgehalten werden können (F r e i a u s l ö s u n g). Es formt durch ein System von Hebeln, Kniehebeln, Kraftspeicherfedern und Klinken die Betätigungskraft und die Auslösekräfte auf die

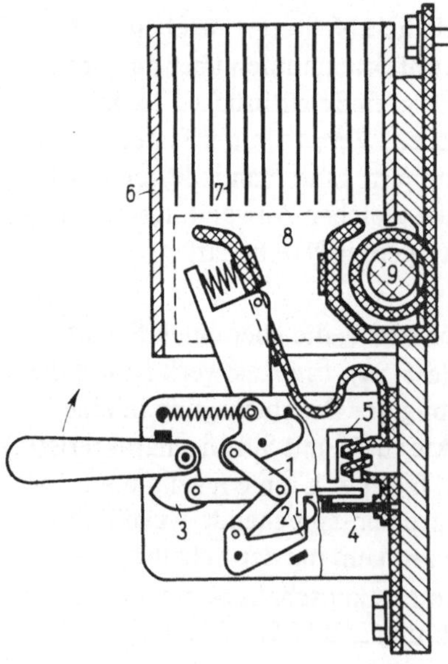

hohen Werte um, die die Kontaktkraft besitzen muß, damit der Schalter das geforderte Schaltvermögen erreicht. Bild 5.6 zeigt einen einfachen Schloßschalter. Konstruktive Einzelheiten wurden aus Rücksicht auf eine übersichtliche Darstellung weggelassen. Das hohe Schaltvermögen bedingt aufwendige Lichtbogenlöscheinrichtungen. Durch den mechanischen Verschleiß, der bei der Kraftumformung

Bild 5.6

Schloßschalter, schematischer Aufbau
1 Kniehebel 2 Klinke 3 Hebel
4 thermischer Auslöser 5 magnetischer Auslöser 6 Lichtbogenkammer
7 Löschblech 8 Blasblech 9 Blaskern

im Schaltschloß auftritt, ist die mechanische Lebensdauer verhältnismäßig gering. Das Hauptanwendungsgebiet des Schloßschalters liegt überall dort, wo g r o ß e S c h a l t l e i s t u n g b e i g e r i n g e r S c h a l t h ä u f i g k e i t verlangt wird.

Durch U n t e r s p a n n u n g s - A u s l ö s e s p u l e n, die mechanisch auf die Verklinkung des Schaltschlosses wirken, kann man erreichen, daß der Schalter bei Spannungsausfall ausschaltet, so daß ein unbeaufsichtigter Wiederanlauf von Motoren bei Spannungsrückkehr vermieden wird. Ähnlich kann man durch A r - b e i t s s t r o m a u s l ö s e r den Schalter fernauslösen, z. B. über den Wärme- wächter eines Transformators.

5.132 Thermische Auslöser. Der Verbraucherstrom I heizt direkt oder über ein- gebaute Stromwandler Bimetallstreifen, die bei längerdauernder Überschreitung des eingestellten Stromes I_N nach ihrer Kennlinie (s. Bild 5.7) den Schalter über die Schloßverklinkung ausschalten. Den thermischen Auslöser stellt man auf den Nennstrom I_N des gegen Überlastung zu schützenden Verbrauchers ein. VDE 0660 legt G r e n z b e d i n g u n g e n für die Auslösecharakteristik thermischer Aus- löser fest und unterscheidet bei Motorschutzschaltern zwischen Auslösern für nor- male und schwere Anlaufbedingungen (Trägheitsgrad T I und T II):

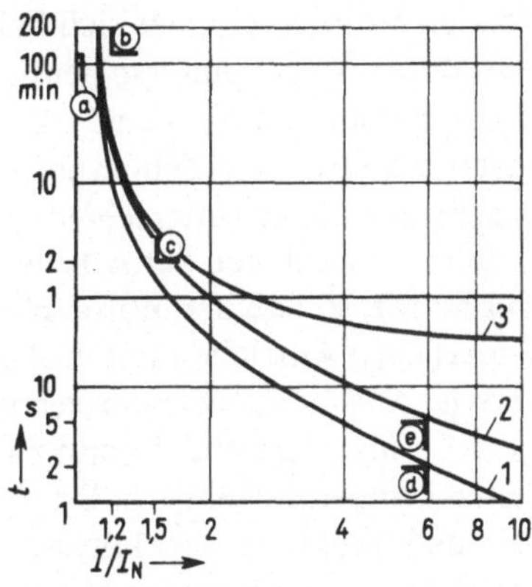

Bild 5.7
Auslösekennlinien thermischer Auslöser
(Mittelwerte der Streubänder bei Belastung
aus dem kalten Zustand)
1 Trägheitsgrad T I
2 Trägheitsgrad T II
3 Auslöser für Schweranlauf
   a bis e Grenzbedingungen der Auslösecharakteristik nach VDE 0660

a) Bei Belastung mit dem 1,05fachen Einstellstrom soll der Auslöser aus dem kalten Zustand erst nach der Zeit $t > 2$ h auslösen.

b) Bei 20 % Überlast soll der Auslöser vom betriebswarmen Zustand nach $t < 2$ h auslösen.

c) Bei 50 % Überlast soll der Auslöser von Motorschutzschaltern aus dem betriebs- warmen Zustand in $t < 2$ min auslösen. Falls der zu schützende Motor längere Überlastung als 2 min bei 1,5fachem Motornennstrom aushält, sind größere Aus- lösezeiten bei Motorschutzschaltern für Motoren mit Schweranlauf zulässig.

d) Bei 6fachem Einstellstrom (Anlaufstrom von direkt eingeschalteten Kurzschluß- läufermotoren) soll bei Motorschutzschaltern der Auslöser nach Trägheitsgrad T I (für leichte Anlaufbedingungen) aus dem kalten Zustand nach $t > 2$ s auslösen.

e) Bei Motorschutzschaltern sollen Auslöser nach Trägheitsgrad T II (für schwere Anlaufbedingungen) bei 6fachem Einstellstrom aus dem kalten Zustand nach $t > 5$ s auslösen.

Die in Bild 5.7 angegebenen Auslösekennlinien gelten für Belastung aus dem kalten Zustand. Bei Vorbelastung mit dem Nennstrom sind die Auslösezeiten wesentlich kleiner (s. Herstellerlisten). Die gezeichneten Kennlinien sind Mittelwerte der S t r e u b ä n d e r. Nach VDE 0660 darf der Ansprechwert des Auslösers um ± 10 % vom Einstellstrom abweichen (Ansprechfehler). Die Kurven gelten für dreipolige Belastung der Auslöser. Werden dreipolige Auslöser zweipolig belastet, so ist eine Erhöhung des Ansprechstromes um 10 %, bei einpoliger Belastung um 20 % zulässig.

Bei sehr schweren Anlaufbedingungen kann man durch Speisung der Auslöser über S ä t t i g u n g s w a n d l e r noch größere Auslöseverzögerungen erreichen, wenn der Motor dieser Belastung thermisch standhält. Derartige Sättigungswandler übersetzen bis etwa zum doppelten Nennstrom proportional; größere Ströme werden wegen Sättigung des Wandlereisens mit verringertem Übersetzungsverhältnis I_2/I_1 übersetzt, wodurch die Auslösezeit t vergrößert wird (s. Kurve 3 in Bild 5.7).

Im Idealfall soll der thermische Auslöser ein thermisches Abbild, z. B. des zu schützenden Motors, sein, das sich bei Erwärmung und Abkühlung genauso verhält wie der Motor. Wegen unterschiedlicher Masse, Oberfläche und Kühlung ist jedoch die E r w ä r m u n g s z e i t k o n s t a n t e eines normalen thermischen Auslösers um etwa eine Zehnerpotenz kleiner als die des Motors. Bei Dauerbetrieb macht sich dieser Unterschied nicht störend bemerkbar. Im aussetzenden Betrieb jedoch erwärmt sich der Auslöser viel schneller und kühlt auch schneller ab als der Motor, so daß der Motorschutz problematisch wird. Auch bei drehzahlveränderlichen Antrieben mit großem Stellbereich wird der Motorschutz durch thermische Auslöser wegen der verringerten Kühlung bei kleiner Drehzahl in Frage gestellt. Man verwendet dann zweckmäßiger kleine Bimetallschalter oder Halbleiter-Temperaturfühler in Brückenschaltung, die in die Wicklung eingebettet werden und direkt die Wicklungstemperatur überwachen. Für die laufende Temperaturüberwachung großer Maschinen kommen auch Widerstandsthermometer in den Nuten der Maschine zur Anwendung.

5.133 Magnetische Auslöser. Sie schalten durch Entklinken des Schalters den zu schützenden Verbraucher im Kurzschlußfall unverzögert allpolig ab und verhindern weitere Auswirkungen des Kurzschlußstroms. Die Gesamtausschaltzeit, d. h. der Ausschaltverzug der mechanischen Teile zuzüglich Lichtbogendauer, beträgt je nach Schaltergröße etwa 50 ms und mehr. Die S t r o m e i n s t e l l u n g der magnetischen Auslöser muß so gewählt werden, daß der nach VDE 0102 errechnete kleinste Kurzschlußstrom $I_{k\,min}$ mindestens um den Faktor 1,25 größer als der Einstellstrom I_E ist. Mit Rücksicht auf die durch die Kurzschlußberechnung nicht erfaßbaren Widerstände von Kontaktübergängen und Lichtbögen wird die Einstellung nach Möglichkeit wesentlich niedriger vorgenommen. Die untere

Grenze der Einstellung ist durch die größtmögliche Spitze des Betriebsstroms gegeben, wobei zu beachten ist, daß die „Rush"-Stromspitze (s. a. Band II/1, Abschn. Schaltvorgänge) von direkt eingeschalteten Kurzschlußläufermotoren das 12fache und mehr des Motornennstromes betragen kann. Nach VDE 0660 soll der Einstellwert der magnetischen Auslöser bei Leitungsschutzschaltern zwischen dem 3- bis 6fachen und bei Motorschutzschaltern zwischen dem 8- bis 14fachen Nennstrom liegen.

Bild 5.8 zeigt die Kennlinien von thermischen und magnetischen Auslösern für einen 200-A-Leitungsschutzschalter. Da das Ausschaltvermögen des Schalters nur 8 kA beträgt, wurden dem Schalter Sicherungen 355 A träg/flink vorgeschaltet, die größere Kurzschlußströme vor dem Leistungsschalter ausschalten. Die Schaltkombination Sicherung-Leistungsschalter erreicht damit das Schaltvermögen der verwendeten Sicherung, wenn die thermische und dynamische Kurzschlußfestigkeit des Schalters für den durch die Sicherung begrenzten Kurzschlußstrom ausreicht (s. a. Abschn. 5.15).

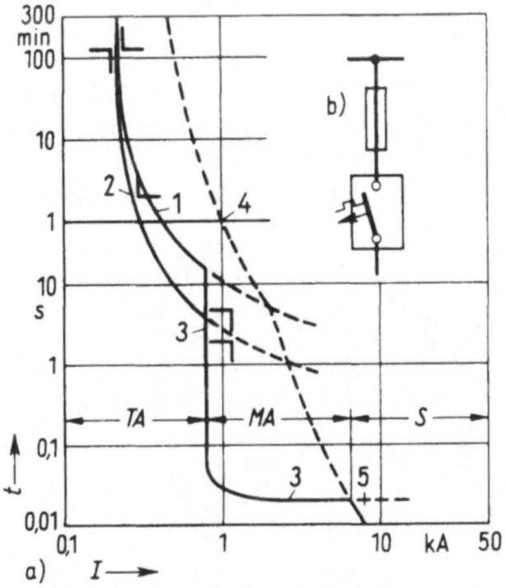

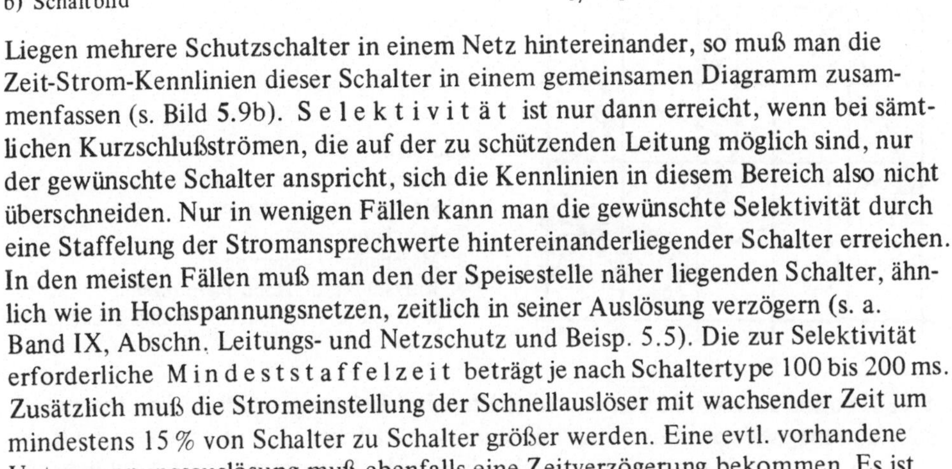

Bild 5.8
a) Auslösebereiche eines 200 A-Leitungsschutzschalters
   mit thermischer (TA) und magnetischer (MA) Auslösung und vorgeschalteter Sicherung (S)
   1 thermischer Auslöser kalt
   2 thermischer Auslöser warm
   3 magnetischer Auslöser
   4 Sicherung 355 A, träg-flink
   5 Schaltvermögen des Schalters
b) Schaltbild

Liegen mehrere Schutzschalter in einem Netz hintereinander, so muß man die Zeit-Strom-Kennlinien dieser Schalter in einem gemeinsamen Diagramm zusammenfassen (s. Bild 5.9b). S e l e k t i v i t ä t ist nur dann erreicht, wenn bei sämtlichen Kurzschlußströmen, die auf der zu schützenden Leitung möglich sind, nur der gewünschte Schalter anspricht, sich die Kennlinien in diesem Bereich also nicht überschneiden. Nur in wenigen Fällen kann man die gewünschte Selektivität durch eine Staffelung der Stromansprechwerte hintereinanderliegender Schalter erreichen. In den meisten Fällen muß man den der Speisestelle näher liegenden Schalter, ähnlich wie in Hochspannungsnetzen, zeitlich in seiner Auslösung verzögern (s. a. Band IX, Abschn. Leitungs- und Netzschutz und Beisp. 5.5). Die zur Selektivität erforderliche M i n d e s t s t a f f e l z e i t beträgt je nach Schaltertype 100 bis 200 ms. Zusätzlich muß die Stromeinstellung der Schnellauslöser mit wachsender Zeit um mindestens 15 % von Schalter zu Schalter größer werden. Eine evtl. vorhandene Unterspannungsauslösung muß ebenfalls eine Zeitverzögerung bekommen. Es ist zu prüfen, ob Schalter und Auslöser bei den eingestellten Zeiten thermisch kurzschlußfest sind. Um den Schalter thermisch zu entlasten, setzt man zusätzlich unverzögerte magnetische Auslöser ein, die sehr große Kurzschlußströme sofort abschalten.

Um Selektivität zwischen einem Selbstschalter und einer nachgeschalteten Sicherung zu erreichen, muß man einen Mindestabstand der Schalter-Auslösekurve beim Einstellstrom von der Sicherungskennlinie von 50 bis 150 ms einhalten.

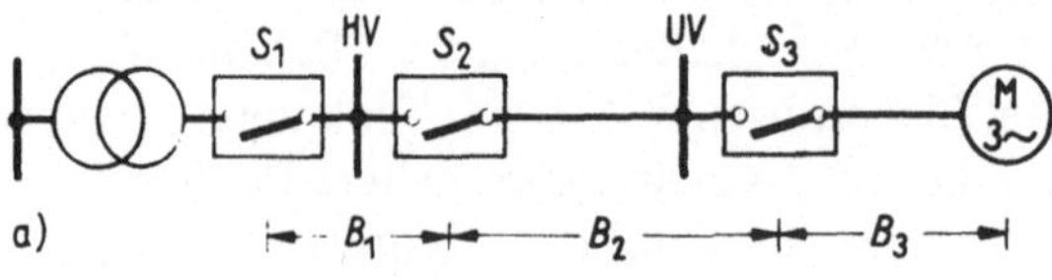

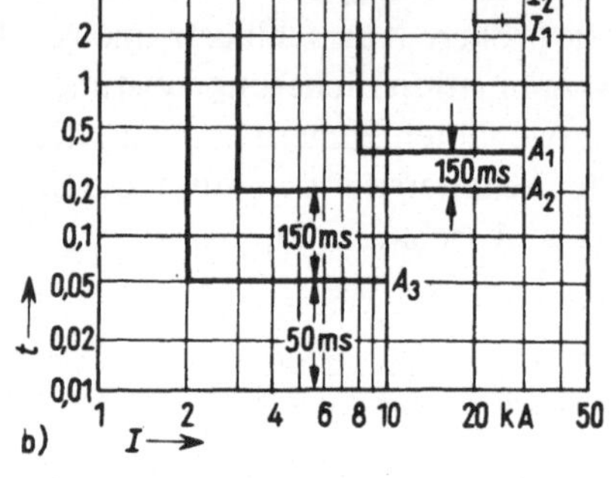

Bild 5.9
Selektivität im Strahlennetz mit Leistungsschaltern
a) Schaltbild
    S_1, S_2, S_3 Transformator-, Kabel-, und Motor-
        schutzschalter
    B_1, B_2, B_3 durch die Schalter S_1 bis S_3 gegen
        Kurzschlußauswirkungen zu schützen-
        de Bereiche
HV Hauptverteilung   UV Unterverteilung
b) Zeit-Strom-Kennlinie
    I_1, I_2, I_3 Kurzschlußstrombereiche bei einem Kurzschluß in den Schutzbereichen B_1 bis B_3
    und höchstzulässiger Einstellstrom für die magnetischen Auslöser der Schalter S_1 bis S_3

    A_1, A_2, A_3 Auslösekennlinien der Schalter S_1 bzw. S_2 mit verzögerter und unverzögerter
    (S_3) magnetischer Auslösung

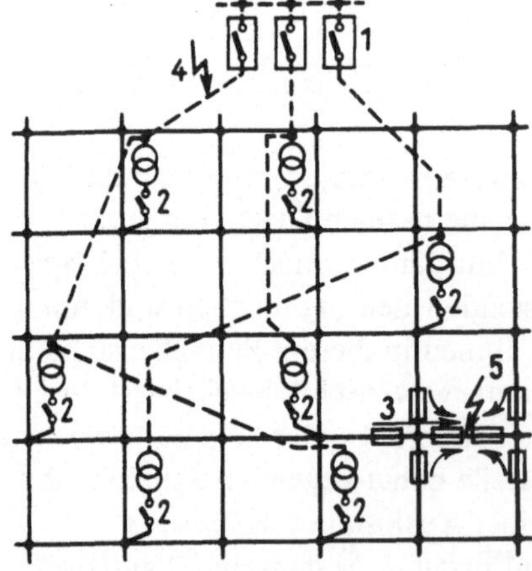

Bild 5.10
Selektivität im Maschennetz
1 Hochspannungsschalter
2 Maschennetzschalter
3 Maschennetzsicherung
4 Kurzschluß im Hochspannungsnetz
5 Kurzschluß im Niederspannungs-Maschennetz

5.134 Sonderformen. Maschennetzschalter sind Leistungsschalter ohne thermische und magnetische Auslösung mit einem zusätzlichen L e i s t u n g s r i c h t u n g s r e l a i s. Bei einem Kurzschluß in der Hochspannungsversorgung des

Maschennetzes (s. Bild 5.10) wird die schadhafte Leitung hochspannungsseitig durch
den Hochspannungsschalter abgeschaltet. Der Maschennetzschalter reagiert auf
die Umkehr der Stromrichtung bei einem hochspannungsseitigen Fehler und verhindert durch seine Abschaltung die Speisung der Fehlerstelle aus dem vermasch-
ten Niederspannungsnetz.

Stationsschutzschalter. Nach VDE 0100 muß bei Anwendung der S c h u t z -
m a ß n a h m e N u l l u n g bei einem vollkommenen Kurzschluß zwischen einem
Außenleiter und dem Nulleiter ein bestimmter Mindeststrom fließen, damit auftretende Fehlerspannungen durch die vorgeschalteten Schutzeinrichtungen schnell
abgeschaltet werden. Werden diese F e h l e r s t r ö m e in ungünstigen Fällen zu
klein, so kann man nach VDE 0100 Stationsschutzschalter einbauen; das sind
Schloßschalter mit thermisch verzögerten Auslösern, die durch den Kurzschlußstrom im Nulleiter oder durch den Differenzstrom der drei Außenleiter betätigt
werden. VDE 0660 legt die Anforderungen bezüglich Ansprechstrom und Auslösezeit für Stationsschutzschalter fest.

Schnellschalter sind einpolige Leistungsschalter für Gleichstrom mit extrem kleinen
Eigenzeiten von etwa 5 ms. Sie schalten daher einen Kurzschlußstrom vor Errei-
chen seiner vollen Höhe ab, sie wirken k u r z s c h l u ß s t r o m b e g r e n z e n d.
Die k l e i n e E i g e n z e i t erfordert große Ausschaltkräfte, kleine bewegte
Massen und schnelle Lichtbogenlöschung. Schnellschalter schützen empfindliche
Gleichstromanlagen, wie Generatoren, große Motoren, Umformer und Stromrich-
ter, vor den schädlichen Auswirkungen des Kurzschlußstromes.

Beispiel 5.5: In dem Strahlennetz Bild 5.9a speist ein Transformator mit der Nennleistung S_N =
1250 kVA, der Kurzschlußspannung u_k = 6 % und dem Übersetzungsverhältnis 20 000 V/
400 V über den Transformator-Schutzschalter S_1 die 380 V-Hauptverteilung HV. Von dort
führt über den Kabelschutzschalter S_2 ein Kabel mit der Belastbarkeit I_{N2} = 500 A zu der
Unterverteilung UV. In der Unterverteilung wird als größter Verbraucher ein Drehstrom-Asynchronmotor mit Kurzschlußläufer mit dem Nennstrom I_{N3} = 120 A über den Motorschutzschalter S_3 direkt eingeschaltet. Auf welche Stromwerte sind die magnetischen Auslöser der
Schalter einzustellen, damit die Schalter im Kurzschlußfall selektiv arbeiten, und welche Staffel-
zeiten sind erforderlich?

Die Gesamtausschaltzeit der verwendeten Schloßschalter beträgt 50 ms. Selektivität der Kurz-
schlußauslösung erreicht man durch eine Zeitverzögerung der Schnellauslöser um 150 ms. Der
kleinstmögliche Kurzschlußstrom $I_{k\ min}$ direkt hinter einem Transformator ist bei einem zwei-
poligen Kurzschluß wegen der um $\sqrt{3}$ größeren Spannung und dem doppelten Widerstand
der Kurzschlußbahn um den Faktor $\sqrt{3}/2$ = 0,866 kleiner als der nach Gl. (5.2) errechnete
größte dreipolige Kurzschlußstrom I_k. Außerdem ist nach VDE 0102 zur Sicherheit nur mit
95 % der Nennspannung zu rechnen. Für einen Kurzschluß direkt hinter dem Transformator
gilt also $I_{k\ min}$ = 0,95 · 0,866 I_k. (U. U. kann der einpolige Kurzschlußstrom noch etwas größer
werden als der dreipolige; exakte Rechnung s. VDE 0102.) Für die Unterverteilung UV hat
eine nach VDE 0102 durchgeführte Kurzschlußberechnung den größtmöglichen Kurzschlußstrom I_k = 10 kA und den kleinsten Kurzschlußstrom $I_{k\ min}$ = 5,5 kA ergeben. Die übrigen
Leitungen sind als widerstandslos anzunehmen.

Wir ermitteln für jeden der Schutzbereiche B_1, B_2 und B_3 in Bild 5.9a größte und kleinste
Kurzschlußströme, die bei einem Kurzschluß in diesen Bereichen möglich sind. Dazu errechnen

wir die höchstzulässige Einstellung der magnetischen Auslöser und tragen diese Ströme als Strombereiche I_1, I_2 und I_3 in Bild 5.9b ein.

Mit dem Nennstrom des Transformators $I_{N1} = S_N/\sqrt{3} \cdot U = 1250 \, kVA/\sqrt{3} \cdot 400 \, V = 1,8 \, kA$ erhalten wir den größtmöglichen Kurzschlußstrom hinter dem Transformator $I_{k1} = I_{N1}/u_k = 1,8 \, kA/0,06 = 30 \, kA$, den kleinsten Kurzschlußstrom $I_{k \, min1} = 0,95 \cdot 0,866 \, I_{k1} = 0,95 \cdot 0,866 \cdot 30 \, kA = 24,8 \, kA$ und die höchstzulässige Schnellauslöser-Einstellung des Schalters S_1 $I_{E1} = I_{k \, min1}/1,25 = 24,8 \, kA/1,25 = 19,8 \, kA$ und haben somit den Strombereich I_1 festgelegt.

Im Bereich B_2 können der größte Kurzschlußstrom $I_{k2} = I_{k1} = 30 \, kA$ und der kleinste Kurzschlußstrom $I_{k \, min2} = 5,5 \, kA$ auftreten. Mit der höchstzulässigen Schnellauslöser-Einstellung $I_{E2} = I_{k \, min2}/1,25 = 5,5 \, kA/1,25 = 4,4 \, kA$ haben wir den gesamten Strombereich I_2 erfaßt.

Weil die Motorzuleitung als widerstandslos angenommen wurde, sind im Bereich B_3 der größte Kurzschlußstrom $I_{k3} = 10 \, kA$ und der kleinste Kurzschlußstrom $I_{k \, min3} = I_{k \, min2} = 5,5 \, kA$ möglich, wozu die höchstzulässige Schnellauslöser-Einstellung $I_{E3} = I_{E2} = 4,4 \, kA$ gehört. Die Einstellung der magnetischen Auslöser von S_3 muß höher als der Motor-Rushstrom $I_{rush} \approx 12 \, I_{N3} = 12 \cdot 120 \, A = 1440 \, A$ sein. Die in Bild 5.9b eingezeichnete Schnellauslöser-Einstellung auf 2 kA (Auslösekennlinie A_3) genügt beiden Bedingungen.

Weil die Strombereiche I_2 und I_3 sich teilweise überschneiden, muß der magnetische Auslöser von S_2 um 150 ms gegenüber dem von S_3 verzögert und um 15 % höher eingestellt werden. Die gewählte Einstellung auf 3 kA liegt zwischen dem kleinstzulässigen Wert von $I_{E2} = 1,15 \cdot 2 \, kA = 2,3 \, kA$ und dem höchstzulässigen Wert von 4,4 kA.

Auch die Strombereiche I_1 und I_2 überschneiden sich, so daß Auslösebereich A_1 gegenüber A_2 wieder um 150 ms höher gelegt werden muß. Die gewählte Einstellung auf 8 kA liegt zwischen der errechneten höchstzulässigen Einstellung $I_{E1} = 19,8 \, kA$ und der kleinstzulässigen von $I_{E1} = 1,15 \cdot 3 \, kA \approx 3,5 \, kA$.

Durch zusätzliche unverzögerte Schnellauslöser im Schalter S_2 und eine andere Strom- und Zeiteinstellung von S_1 könnte man die Schalter S_1 und S_2 thermisch entlasten.

5.14 Schütze

5.141 Aufbau und Verwendung. Schütze enthalten einen Elektromagneten, dessen Anker gleitend oder drehbar gelagert ist und die isolierten beweglichen Kontaktstücke trägt (s. Bild 5.11). Solange die Magnetspule Spannung führt, werden die beweglichen Kontakte gegen die Schwerkraft oder die Kraft einer Feder auf die festen Kontakte gepreßt. Diese Kräfte öffnen selbsttätig die Kontakte, wenn die Steuerspannung einen bestimmten Wert unterschreitet. Als S t a n d a r d a u s f ü h r u n g kann man das wechselstrombetätigte und in Luft schaltende Schütz mit drei Hauptkontakten und verschiedenen Hilfskontakten für die Steuerung ansehen.

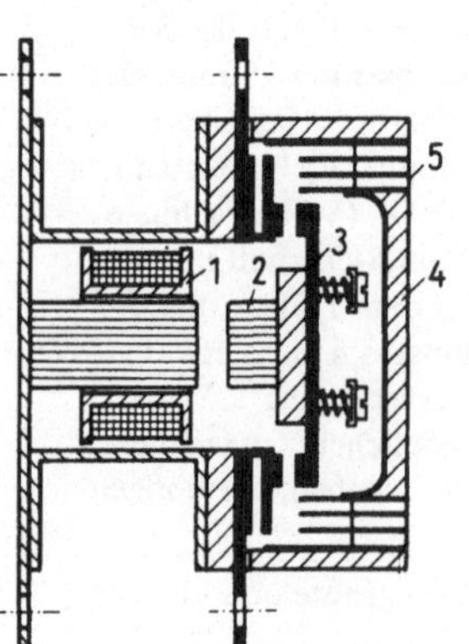

Bild 5.11
Schematischer Aufbau eines Luftschützes mit Gleitanker
1 Schützspule 2 Magnetanker 3 Kontaktbrücke
4 Löschkammer 5 Löschblech

Weil das Schütz kein dem mechanischen Verschleiß unterliegendes Schaltschloß hat, besitzt es eine sehr große mechanische Lebensdauer bzw. eine h o h e z u l ä s - s i g e S c h a l t h ä u f i g k e i t, wodurch es in Verbindung mit der e i n f a c h e n S t e u e r - u n d V e r r i e g e l u n g s m ö g l i c h k e i t zum einfachsten und wichtigsten Industrieschaltgerät für Steuerungen geworden ist. Sein S c h a l t - v e r m ö g e n ist dagegen v e r h ä l t n i s m ä ß i g g e r i n g und auf den wich- tigsten Verwendungszweck, das Schalten von Kurzschlußläufermotoren, abge- stimmt. Als Kurzschlußschutz sind daher immer Sicherungen oder Schutzschalter vorzusehen. Diese Sicherungen müssen gleichzeitig ein evtl. vorhandenes Thermo- relais gegen thermische Kurzschlußwirkungen schützen. Sie müssen so bemessen sein, daß sie dem Einschaltstrom oder Anlaufstrom des zu schaltenden Verbrau- chers standhalten, ohne vorzeitig abzuschmelzen (s. a. Abschn. 5.15). Durch den Einbau eines thermischen Relais, dessen Kontakt bei Überlast den Spulenstrom- kreis unterbricht, wird das Schütz zum M o t o r s c h u t z s c h a l t e r. Für das Thermorelais gelten die gleichen Kennlinien und Festlegungen wie für den ther- mischen Auslöser (s. Abschn. 5.132).

Schütze werden vorzugsweise zum betriebsmäßigen Schalten und Steuern von Mo- toren verwendet. Sie sind jedoch zum Ein- und Ausschalten von Wechsel- und Gleichstromverbrauchern aller Art, wie Magnete, Kondensatoren, Licht-, Heiz- und Hilfsstromkreise, geeignet. Besonders bei Steuerungen mit hoher und höchster Schalthäufigkeit ist ihr Einsatz von Vorteil.

5.142 Steuerstromkreis. Das Schütz wird zumeist durch ein I m p u l s k o m - m a n d o, z. B. durch kurzzeitiges Drücken des Tasters b2 oder b4 in Bild 5.12a, gesteuert. Nach erfolgter Einschaltung hält sich das Schütz über seinen Kontakt c1, der b2 bzw. b4 überbrückt, selbst; es kann durch kurzzeitiges Drücken von b1 oder b3 wieder ausgeschaltet werden. Diese Steuerungsart ermöglicht auf ein- fache Weise die Ein- und Ausschaltung des Schützes von mehreren Stellen. Die optische Anzeige des eingeschalteten Schützes erfolgt am einfachsten durch eine parallel zur Schützspule liegende Signallampe, die durch den Selbsthaltekontakt des Schützes mitgeschaltet wird. Besser verwendet man einen zusätzlichen Hilfs- kontakt zum Schalten der Signallampe und vermeidet dadurch Fehlanzeigen bei eventuell auftretenden Spulenschäden.

Das Ein-Kommando muß die Befehlsmindestdauer anstehen, damit das Schütz einschaltet. Eingeschaltet wird mit einem durch die zu beschleunigenden Massen bedingten Einschaltverzug von 10 bis 50 ms und mehr. Der Ausschaltverzug (Zeit- Definitionen s. a. VDE 0660) ist wegen der zusätzlich beschleunigend wirkenden Kontaktdruckkräfte etwas kleiner. Bei Schützen mit sehr kleinen E i g e n z e i - t e n ist beim direkten Umsteuern oder Umpolen von Motoren gegebenenfalls eine Zeitverzögerung vorzusehen, damit z. B. bei Wendeschützen das Gegenschütz nicht einschalten kann, bevor der Lichtbogen des ausschaltenden Schützes erloschen ist (sonst Kurzschluß).

Die L e i s t u n g s a u f n a h m e des Wechselstrommagneten ist beim Einschalten wegen des großen Luftspaltes etwa 10 mal so groß wie die Halteleistung bei geschlossenem Ankerkreis. Bei Gleichstrommagneten paßt man die Zugkraft des Magneten dem Kraftbedarf nach erfolgter Einschaltung durch Einschalten eines Sparwiderstandes im Haltekreis an (s. Bild 5.12c).

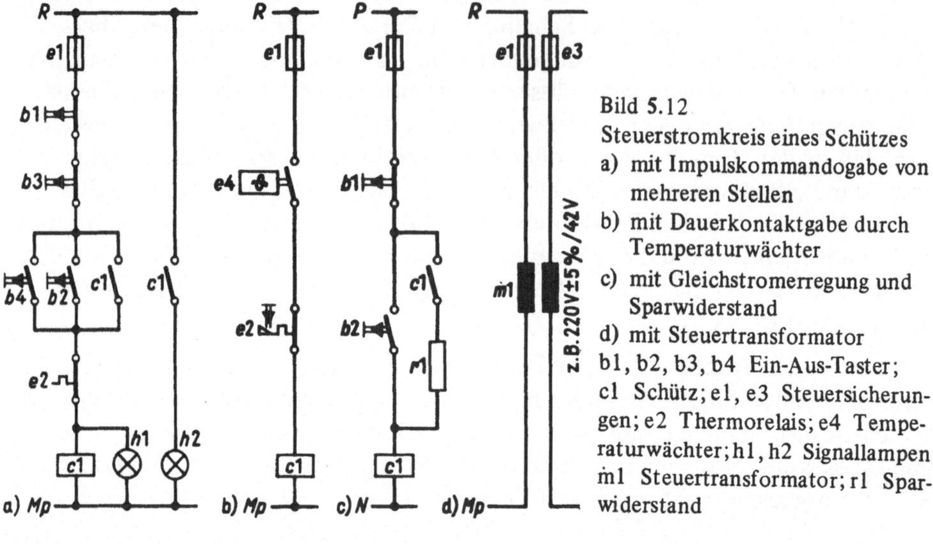

Bild 5.12
Steuerstromkreis eines Schützes
a) mit Impulskommandogabe von mehreren Stellen
b) mit Dauerkontaktgabe durch Temperaturwächter
c) mit Gleichstromerregung und Sparwiderstand
d) mit Steuertransformator
b1, b2, b3, b4 Ein-Aus-Taster; c1 Schütz; e1, e3 Steuersicherungen; e2 Thermorelais; e4 Temperaturwächter; h1, h2 Signallampen; m1 Steuertransformator; r1 Sparwiderstand

Bei Steuerungen, die physikalische Größen, z. B. die Temperatur ϑ, überwachen, läßt sich ein D a u e r k o m m a n d o nicht verhindern (s. Bild 5.12b). Durch Thermorelais mit Wiedereinschaltsperre vermeidet man das wiederholte selbsttätige Ein- und Ausschalten („Pumpen") des Schützes bei Überlastung des Motors.

Für die Wahl der S t e u e r s p a n n u n g und den Anschluß der Befehlsschalter und Schütze sind einige Überlegungen erforderlich, damit man bei Erdschluß oder Doppelerdschluß die größtmögliche S i c h e r h e i t erhält gegen hohe Berührungsspannungen, unbeabsichtigtes Einschalten und Nichtabschaltung. Das Ergebnis dieser Überlegungen ist in VDE 0113 für die Steuerungen von Bearbeitungs- und Verarbeitungsmaschinen festgelegt worden. Für andere Steuerungen empfiehlt sich die Anlehnung an diese Vorschrift, aus der wir die wichtigsten Forderungen nachstehend angeben.

Die Steuerspannung soll 220 V nicht überschreiten. Höhere Spannungen vergrößern die Berührungsgefahr und ergeben leicht „kapazitives Kleben" der Schütze, d. h., durch die kapazitiven Widerstände der Steuerleitung wird der Austaster überbrückt, so daß das Schütz nicht ausschaltet und in extremen Fällen sogar von selbst einschaltet. Sehr niedrige Steuerspannungen erfordern große Steuerleitungsquerschnitte und evtl. Zwischenschütze. Mit Rücksicht auf Kontaktschwierigkeiten sollte man keine kleinere Steuerspannung als 42 V verwenden.

Normale Schütze arbeiten nach VDE 0660 nur zwischen 0,85 bis 1,1facher Nennspannung einwandfrei. Auch kurzzeitige stärkere S p a n n u n g s a b s e n k u n -

g e n, z. B. durch Anlaufströme von Motoren, sind nicht zulässig, weil das Schütz
dann nicht mehr das angegebene Schaltvermögen besitzt.

Die Steuerspannung soll in 380/220 V-Netzen zwischen Außenleiter und Mittel-
leiter N (früher Mp) abgenommen werden. Sämtliche Spulen sind mit einem
Anschluß direkt an N anzuschließen. Alle Steuerkontakte sollen zwischen Außenleiter und dem zweiten Spulenanschluß liegen (s. a. Bild 5.12).

Steuertransformator. Er ist bei höherer Netzspannung, z. B. 500 V, erforderlich
oder auch in 380/220 V-Netzen bei umfangreichen Steuerkreisen. VDE 0113
empfiehlt bei mehr als 5 elektromagnetischen Betätigungsspulen die Verwendung
eines Steuertransformators, der zwecks Normalisierung von Maschinenausrüstungen
vorzugsweise zwischen 2 Außenleitern angeschlossen werden soll. Der Sekundär-
kreis wird zweckmäßig nicht geerdet; eine Steuerstromleitung soll ohne Unterbre-
chung durch Kontakte an die eine Anschlußklemme sämtlicher Spulen gelegt
werden. Bei Kleinspannung als Schutzmaßnahme ist nach VDE 0100 die Erdung
des sekundären Steuerstromkreises unzulässig. Der Steuertransformator muß für
die Erwärmung im Dauerbetrieb bemessen sein und darf bei der größtmöglichen
Stoßlast (Einschalten der Schütze) keinen größeren Spannungsabfall als 5 % haben.
Zum Ausgleich von Netzspannungsschwankungen sind Anzapfungen vorzusehen.

Absicherung. Die Steuerleitungen sind gegen Überlastung und Kurzschluß durch
Sicherungen nach VDE 0100 zu schützen oder durch Selbstschalter mit thermischen Auslösern in Verbindung mit bis zu 3 Sicherungsstufen höheren Stromsi-
cherungen als Kurzschlußschutz. Bei langen Steuerleitungen ist nachzuprüfen, ob
der kleinstmögliche Kurzschlußstrom ein genügend Vielfaches des Sicherungs-
nennstromes beträgt.

Weiterhin begrenzt die Kurzschlußfestigkeit der Hilfskontakte von Schützen und
der Auslösekontakte von Thermorelais die höchstzulässige Steuersicherung, oder
sie macht die A u f t e i l u n g   d e s   S t e u e r s t r o m k r e i s e s   in mehrere
getrennt abgesicherte Kreise oder die Verwendung von Zwischenschützen erforderlich.

Bei Verwendung von Steuertransformatoren ist zu beachten, daß insbesondere bei kleinen Tra-
foleistungen die große Transformatorimpedanz den Kurzschlußstrom begrenzt. Das erfordert
eine sorgfältige Auswahl der Schutzeinrichtungen und eine Nachrechnung der Nullungsbedin-
gung für die Steuerleitung auf der Sekundärseite des Transformators. Günstig sind Schutzschalter mit thermischer und magnetischer Auslösung auf der Primärseite des Steuertransformators.
Schützen sie gleichzeitig die Sekundärseite gegen Kurzschluß, so kann ein sekundärseitiger
Schutz entfallen, weil eine Überlast durch die Art der angeschlossenen Verbraucher (Schütz-
spulen) nicht möglich ist. Bei einer Aufteilung des sekundären Steuerkreises setzt man hierfür
zweckmäßig Automaten ein.

Gleichstromerregung. Die Gleichstromerregung von Schützen vermeidet das beim
Wechselstrommagneten infolge des zeitlich veränderlichen Magnetflusses auftretende G e r ä u s c h des eingeschalteten Magneten. Beim Wechselstrommagneten
treten außerdem beim Einschalten je nach Schaltaugenblick mehr oder weniger

große Ausgleichsströme in der Magnetwicklung und damit Zugkraftunterschiede auf, während ein Gleichstrommagnet ohne Sparschaltung gleichmäßig und sanft einschaltet. Man erreicht dadurch mit gleichstromerregten Schützen sehr l a n g e L e b e n s d a u e r und h o h e S c h a l t h ä u f i g k e i t, wodurch sie insbesondere als Bindeglied und Ausgangsverstärker in kontaktlosen Steuerungen Bedeutung gewonnen haben. In Steuerungen mit Kontakten müssen die Befehlsschalter die Gleichströme beherrschen können. Außerdem müssen die beim Ausschalten des Gleichstromerregerkreises auftretenden Überspannungen berücksichtigt sowie die größeren Anzugs- und Abfallverzögerungen beachtet werden.

5.143 Sonderformen. Für Schaltaufgaben, die man nicht mit dem in großen Serien preiswert hergestellten normalen Drehstromluftschütz erfüllen kann, wurden Sonderformen entwickelt.

Ölschütze, bei denen sämtliche Schützteile unterhalb des Ölspiegels liegen, zeichnen sich durch hohe Gerätelebensdauer und hohes Schaltvermögen aus. Sie eignen sich besonders für den Einsatz in aggressiver Atmosphäre. Der Kontaktabbrand unter Öl ist jedoch wesentlich stärker als in Luft.

Gleichstromschütze mit zusätzlichen Blasmagneten, Lichtbogenhörnern und zumeist auch mit Gleichstrommagnet sind zum Schalten großer Gleichstromleistungen erforderlich.

Läuferschütze zum Schalten der Widerstandsstufen im Läuferkreis von Schleifringläufermotoren baut man u. U., besonders für große Leistungen, als Sonderform. Maßgebend für die Auswahl ist die L ä u f e r s t i l l s t a n d s s p a n n u n g. Sie weicht von den genormten Netzspannungen ab. VDE 0660 unterscheidet für die I s o l a t i o n s b e m e s s u n g zwischen reinem Anlaßbetrieb und Steuer- und Stellbetrieb einschließlich Gegenstrom- und generatorischem Bremsbetrieb und fordert hierfür eine Isolationsspannung von mindestens 60 % bzw. 100 % der Läuferstillstandsspannung für Teile gegen Erde.

Hinsichtlich der S t r o m b e l a s t u n g unterscheidet man zwischen Anlaß- oder Stufenschützen und dem Endstufenschütz. Obwohl die spannungs- und strommäßige Belastung von Läuferschützen im Normalbetrieb sehr günstig ist, kann bei Nichtanlauf des Antriebs eine starke Belastung der Schütze auftreten. Der Hersteller gibt für verschiedene Betriebsarten und Einschaltdauern die Einsatzmöglichkeiten seiner Schütze an. Zur besseren Ausnützung der Kontaktbelastbarkeit schaltet man die Kontakte von Läuferschützen in Dreieck, obwohl zum Kurzschließen der drei Läuferstränge zweipolige Schütze genügen würden (s. Bild 2.33).

Kondensatorschütze mit besonders hohem Einschaltvermögen sind u. U. erforderlich, evtl. mit kurzzeitig eingeschalteten Dämpfungswiderständen, weil der E i n s c h a l t s t r o m s t o ß von Kondensatoren sehr groß ist. Über Hilfskontakte zugeschaltete Widerstände entladen die Kondensatoren nach dem Abschalten.

Steuerschütze, Relais. Bei der Verwendung von Relais in Starkstromanlagen ist darauf zu achten, daß sie wie die übrigen Schaltanlagenteile das hohe I s o l a-

t i o n s n i v e a u nach Isolationsgruppe C aufweisen; andernfalls sind sie durch
Steuerschütze, d. s. verkleinerte Leistungsschütze mit entsprechenden L u f t -
u n d K r i e c h s t r e c k e n, zu ersetzen.

5.15 Sicherungen

5.151 Sicherungsarten und Kennlinien. Sicherungen haben einen keramischen
Hohlkörper, der im Inneren den in Quarzsand als Löschmittel eingebetteten
Schmelzleiter trägt. Parallel zu dem Schmelzleiter liegt ein feiner Widerstandsdraht, der bei Ansprechen der Sicherung einen unter Federdruck stehenden Kennmelder freigibt.

Sicherungen schützen die nachgeschalteten Leitungen und Stromverbraucher gegen
die thermischen und dynamischen Auswirkungen des Kurzschlußstroms und bilden
einen einfachen und preiswerten Überlastschutz für Kabel und Leitungen.

Leitungsschutzsicherungen (LS-Sicherungen) nach VDE 0635 sind die von der
Hausinstallation her bekannten S c h r a u b s i c h e r u n g e n. Sie besitzen zur
Vermeidung von Verwechslungen diametral mit der Stromstärke abgestufte Paß-
zapfen (D-Sicherungen) und werden für Stromstärken von 2 bis 25 A in Elementen
mit Gewinde E 16 oder E 27, für 35 bis 63 A mit E 33, für 80 und 100 A mit
Rohrgewinde R 1 1/4” und für 125 bis 200 A mit Gewinde R 2” geliefert. Ihr
A u s s c h a l t v e r m ö g e n ist wegen des kleinen Löschmittelraums begrenzt.
Das von den Herstellern angegebene Ausschaltvermögen liegt zumeist wesentlich
über dem in VDE 0635 geforderten. LS-Sicherungen setzt man vorzugsweise für
Sicherungsnennströme bis 35 A bei Kurzschlußströmen bis 15 kA ein.

Niederspannungs-Hochleistungssicherungen (NH-Sicherungen) nach VDE 0660
unterscheiden sich von LS-Sicherungen durch den wesentlich größeren Lösch-
mittelraum, der ein h ö h e r e s A u s s c h a l t v e r m ö g e n ergibt, und durch
die f ü r g r o ß e S t r ö m e besser geeigneten messerförmigen Anschlußfahnen.
Mit einem Isoliergriff kann man diese S t e c k s i c h e r u n g e n in entsprechende, federnde Kontaktstücke einstecken. Moderne Sicherungen überschreiten das
geforderte Nennausschaltvermögen von mindestens 50 kA bei Nennspannung erheblich. Die Hersteller liefern NH-Sicherungen in den genormten Baugrößen 00
und 0 bis 100 A, Größe 1 bis 200 A, Größe 2 bis 400 A, Größe 3 bis
600 A und darüber bis 2 000 A. Einige Fabrikate können zur Fernanzeige des
Schmelzleiterzustandes einen durch den Kennmelder betätigten angebauten Mikroschalter erhalten.

Kennlinie. Der Sicherungshersteller gibt die Abhängigkeit der Schmelzzeit t der
nicht vorbelasteten Sicherung vom Belastungsstrom I in einer Z e i t - S t r o m -
K e n n l i n i e an (Bild 5.13). Bei Schmelzzeiten im ms-Bereich ist zusätzlich
die Lichtbogen-Löschzeit zu berücksichtigen. Die VDE-Vorschriften schreiben
für einige Vielfache des Sicherungsnennstroms H ö c h s t - u n d M i n d e s t -
w e r t e für die Schmelzzeit vor (6 und 7 in Bild 5.13). Außerdem erfassen sie

den Grenzstrom, den die Sicherung unendlich lange aushält, durch den großen
und kleinen Prüfstrom (5 und 4 in Bild 5.13). Der kleine P r ü f s t r o m führt
bei vorgeschriebenem Vielfachen des Nennstroms bei gegebener Zeit noch zu
keiner Auslösung, während der etwas größere große Prüfstrom in der gleichen Zeit
die Auslösung bewirkt.

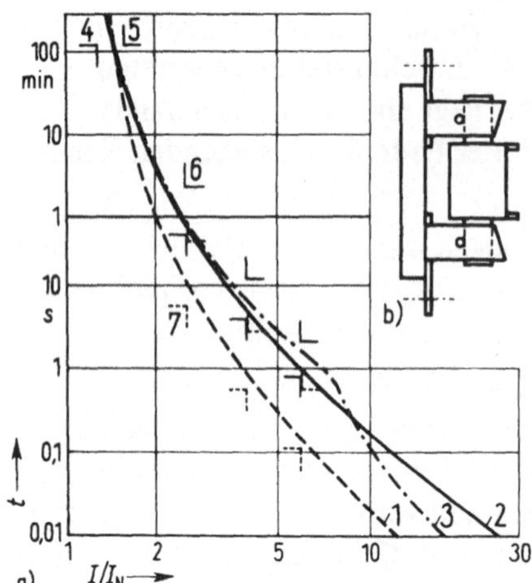

Bild 5.13
Zeit-Strom-Kennlinien (a) von 100 A-NH-Siche-
rungen (b) flink (1), träg (2) und träg-flink (3)
(Mittelwerte der Streubänder)
4,5 kleiner und großer Prüfstrom nach VDE 0660
6,7 Grenzwerte für die Schmelzzeiten träger
und flinker Sicherungen nach VDE 0660/4.62.
VDE 0660, Teil 4/12.70 gibt dagegen Toleranzen
der Zeit-Strom-Bereiche von Sicherungseinsätzen
der Betriebsklassen gF, gT und „Bergbau"
(normal-flinke, normal-träge und „Bergbau"-
L e i t u n g s s c h u t z - Sicherungseinsätze) und
der Betriebsklasse aM für S c h a l t k o m b i -
n a t i o n e n von Sicherungen mit Motorschutzschaltern durch Grenzkennlinien an (z. Zt. in
Bearbeitung).

Bei beiden Sicherungsarten führte die Entwicklung von der f l i n k e n zur t r ä -
g e n Sicherung, die eine bessere Überlastungsfähigkeit aufweist. Die weitere Entwicklung brachte den t r ä g - f l i n k e n Schmelzeinsatz, dessen Kennlinie sich
der idealen Kennlinie von Selbstschalter mit thermischem und magnetischem Auslöser mehr nähert; d. h., sie verbindet gute Überlastbarkeit mit schneller Kurzschlußabschaltung. Daneben haben die Hersteller u. a. überflinke Sicherungen zum
Schutz von Halbleitern mit ihrer geringen Wärmekapazität entwickelt sowie Berg-
bausicherungen mit extrem kleinen Kurzschlußabschaltzeiten.

Auswahl. Für den Ü b e r l a s t s c h u t z von Leitungen gibt VDE 0100 die zu
jedem Querschnitt gehörige Sicherung an. Für den K u r z s c h l u ß s c h u t z
kann man diese Stromwerte um bis zu 3 Sicherungsstufen höher wählen. Die Strom-
sicherungen für Kabel müssen einen Nennstrom haben, der den zulässigen Dauerstrom des Kabels nicht überschreitet (VDE 0255, 0265 und 0271). Träge Sicherungen in der Zuleitung von Käfigläufermotoren mit direkter Einschaltung müssen
je nach Anlaufdauer und Schalthäufigkeit einen Nennstrom vom 1,5- bis 2- bis 2,5fa-
chen Motornennstrom bekommen, wobei die Sicherung gleichzeitig die Motorzuleitung schützen muß. Bei Stern-Dreieck-Anlauf von Käfigläufermotoren und bei Schleifringläufermotoren genügt eine träge Sicherung vom 1- bis 1,5fachen Motornennstrom. Transformatoren erhalten auf der Einspeiseseite mit Rücksicht auf den
Einschaltstromstoß eine Sicherung vom 2fachen und auf der Verbraucherseite

vom 1fachen Nennstrom. Kondensatoren sichert man wegen des hohen kurzzeitigen Einschaltstromstoßes mit dem 1,5fachen Kondensatornennstrom ab.

5.152 Selektivität. Sicherungen sollen den Kurzschlußstrom möglichst schnell und selektiv, d. h. nur die kurzschlußbehaftete Leitung, abschalten.

In Strahlennetzen (s. Bild 5.14a) verringert sich der Betriebsstrom und somit der zugehörige Sicherungsnennstrom mit wachsender Entfernung vom Transformator. Im Kurzschlußfall fließt durch die hintereinander geschalteten Sicherungen verschiedenen Nennstroms der gleiche Kurzschlußstrom, so daß die Schmelzzeiten verschieden sind. Sicherung Si1 in Bild 5.14a schmilzt im gezeichneten Kurzschlußfall vor Si2 und Si3. Si1 schaltet die kurzschlußbehaftete Leitung ab, so daß für die anderen Sicherungen der Kurzschlußstrom verschwindet, bevor sie abschmelzen.

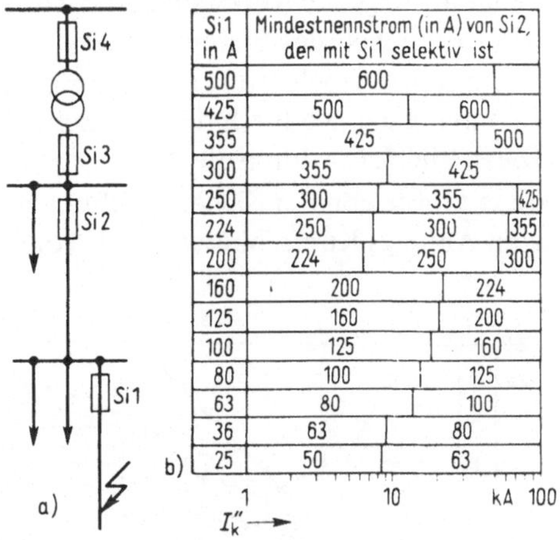

Bild 5.14
Selektivität im Strahlennetz mit Sicherungen
a) Anordnung der Sicherungen im Strahlennetz. Si1, Si2, Si3 NH-Sicherungen, Si4 HH-Sicherung
b) Mindestnennstrom der vorgeschalteten Sicherung Si2 in Abhängigkeit vom Anfangs-Kurzschlußwechselstrom I_k'' (Effektivwert) für verschiedene Werte von Si1 (V & H)

Si1 in A	Mindestnennstrom (in A) von Si2, der mit Si1 selektiv ist		
500	600		
425	500	600	
355	425		500
300	355	425	
250	300	355	425
224	250	300	355
200	224	250	300
160	200	224	
125	160	200	
100	125	160	
80	100	125	
63	80	100	
36	63	80	
25	50	63	

$I_k'' \longrightarrow$ (Abszisse: 1 ... 10 ... kA 100)

Der Hersteller gibt z. B. wie in Bild 5.14b an, welchen **Mindestnennstrom** eine vorgeschaltete Sicherung bei gegebenem Kurzschlußstrom bei verschiedenen verbraucherseitigen Sicherungsstärken haben muß, damit Selektivität erreicht wird. Auf der Abszisse von Bild 5.14b ist der Anfangs-Kurzschlußwechselstrom I_k'' (s. Band II/1 und IX) aufgetragen, den man jedoch meist (generatorferner Kurzschluß) in Niederspannungsanlagen dem (Dauer-)Kurzschlußstrom I_k gleichsetzen darf.

Außerdem müssen die Niederspannungssicherung Si3 und die Hochspannungssicherung Si4 selektiv miteinander arbeiten. Bei einem sekundären Kurzschluß muß die Schmelzzeit von Si4 größer sein als die von Si3.

In Maschennetzen (s. Bild 5.10) fließen verschieden große Kurzschlußströme durch die Sicherungen gleicher Nennstromstärke, wodurch man unterschiedliche Schmelzzeiten und somit Selektivität erreicht. Unabhängig von der Höhe des Kurzschlußstromes arbeiten Sicherungen in Maschennetzen selektiv, wenn der größte Teilkurzschlußstrom 70 % des Gesamtkurzschlußstromes nicht überschreitet.

5.153 Strombegrenzung. Sicherungen haben die günstige Eigenschaft, daß sie den größtmöglichen Kurzschlußstrom hinter einer Sicherung begrenzen. Ist die Schmelzzeit einer Sicherung kleiner als eine Viertelperiode, also bei der Frequenz f = 50 Hz kleiner als 5 ms, dann unterbricht sie den Kurzschlußstrom, bevor er seine volle Höhe erreicht. Die nachgeschalteten Geräte brauchen thermisch und dynamisch nur noch dem von der Sicherung durchgelassenen Strom standzuhalten. Die strombegrenzende Wirkung ist umso größer, je kleiner der Sicherungsnennstrom ist. Der Sicherungshersteller gibt die strombegrenzende Wirkung seiner Sicherungen in Diagrammen, wie z. B. in Bild 5.15a, an. Ohne Sicherung würde der Kurzschlußstrom den in Bild 5.15b gestrichelt gezeichneten Verlauf mit dem Höchstwert $I_s = \kappa\sqrt{2}\,I_k''$ nehmen. Die Geraden 1 und 2 in Bild 5.15a geben diesen Stoßkurzschlußstrom für den theoretisch möglichen größten Wert $\kappa = 2$ an und für den Fall, daß kein Gleichstromglied auftritt. Der durch die Sicherung hindurchfließende ansteigende Kurzschlußstrom bringt den Schmelzleiter der Sicherung schon beim Erreichen des Stromwertes i_m zum Schmelzen, bevor der Kurzschlußstrom seinen Höchstwert erreichen kann. Damit beginnt in der Sicherung der Löschvorgang, wodurch der Kurzschlußstrom auf den Wert Null verringert wird. Die in Bild 5.15a durch die Sicherungsnennströme gekennzeichneten Geraden geben diese größte von der Sicherung durchgelassene Stromspitze i_m in Abhängigkeit vom Anfangs-Kurzschlußwechselstrom I_k'' an der Einbaustelle wieder.

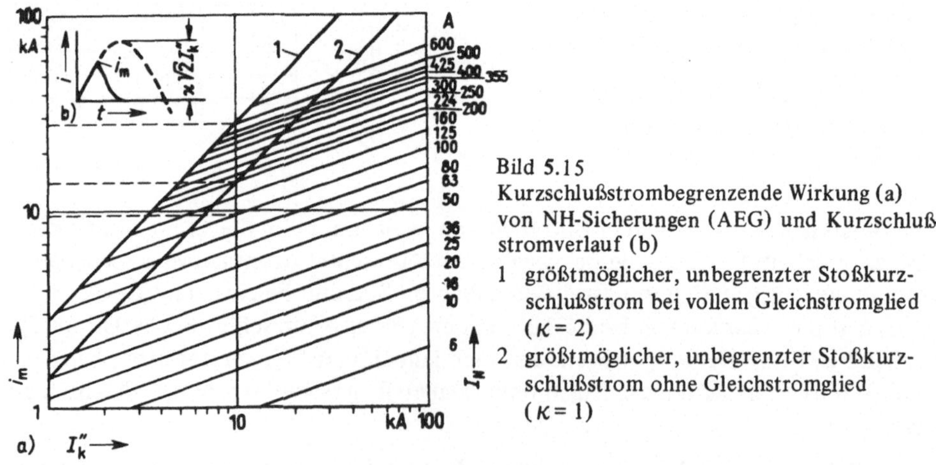

Bild 5.15
Kurzschlußstrombegrenzende Wirkung (a)
von NH-Sicherungen (AEG) und Kurzschlußstromverlauf (b)
1 größtmöglicher, unbegrenzter Stoßkurzschlußstrom bei vollem Gleichstromglied
  ($\kappa = 2$)
2 größtmöglicher, unbegrenzter Stoßkurzschlußstrom ohne Gleichstromglied
  ($\kappa = 1$)

Beispiel 5.6: Welche höchste Stromspitze tritt hinter einer NH-Sicherung 100 A träg-flink auf, wenn für die Einbaustelle der Kurzschlußstrom I_k = 10 kA errechnet wird?

Aus Bild 5.15a ergibt sich die Stromspitze i_m = 9,5 kA. Ohne Sicherung müßten die Schaltgeräte dynamisch den Stoßkurzschlußstrom I_s vertragen, der nach Gl.(5.1) näherungsweise I_s = 1,8 · $\sqrt{2}\,I_k$ = 1,8$\sqrt{2}$ · 10 kA = 25,5 kA beträgt. Die Geraden 1 und 2 in Bild 5.15a geben die Grenzen I_s = 28 kA und I_s = 14 kA an, zwischen denen der Stoßkurzschlußstrom je nach Größe des Gleichstromgliedes liegen kann.

5.16 Befehlsschalter

Unter dem Begriff Befehlsschalter wollen wir die wichtigsten Schalter in Betätigungsstromkreisen zusammenfassen, die eine willkürliche, programmabhängige oder von irgendwelchen physikalischen Größen abhängige Kontaktgabe in Steuerstromkreisen ermöglichen. Aus Platzgründen können wir aus der großen Zahl von Befehlsschalterarten nur einige wenige besprechen.

5.161 Willkürliche und programmabhängige Befehlsgabe. Druckknopftaster. Die vom Willen des Bedienenden abhängige Befehlsgabe geschieht in Schützensteuerungen zumeist durch den Druckknopftaster (s. a. Abschn. 5.142), mit dem ein Impulskommando gegeben wird. Eine meist eingebaute Signallampe zeigt den Schaltzustand des Schützes an. Mit Rücksicht auf die Lebensdauer der Glühlampen empfiehlt sich die Verwendung von Signallampen höherer Nennspannung (z. B. 260-V-Lampen bei 220 V Steuerspannung) oder von Kleinspannungslampen (Glühlampen 6, 12 oder 24 V, 2 bis 4 W). Komplizierte Steueraufgaben (z. B. Kransteuerungen) löst man mit Walzen-, Paket- oder Nockenschaltern (s. a. Abschn. 5.124).

Programmschalter ermöglichen den automatischen zeitlichen Ablauf eines einmal festgelegten Schaltprogramms, evtl. in Verbindung mit zusätzlichen abhängigen Befehlsgebern (z. B. automatische Waschmaschine). Sie bestehen aus einer Anzahl von Nockenschaltelementen, deren Nockenscheiben von einem gemeinsamen Motor mit konstanter Drehzahl angetrieben werden.

Kreuzschienenverteiler. Muß man ein Schaltprogramm häufig ändern, so verwendet man zum Programmieren des Schaltprogramms Kreuzschienenverteiler. Sie bestehen aus gegeneinander isolierten waagerechten und senkrechten Leitungsschienen (Zeilen und Spalten). Durch Einstecken von Stiften oder Betätigen von Druckschaltern an den Kreuzungspunkten kann man jede Zeile mit jeder Spalte schnell verbinden und somit den Schalt- und Arbeitsvorgang programmieren. Die Zeilen bestimmen jeweils den zur Ausführung gelangenden Programmschritt, z. B. Bearbeitungsphase einer Werkzeugmaschine, während die Spalten die Schalthandlungen für diese Bearbeitungsphase angeben.

5.162 Abhängige Befehlsgabe. Die Schalter für die abhängige Befehlsgabe bezeichnet man auch als Wächter, Begrenzer, Wandler und Fühler. Sie formen die zu erfassende Größe meist in einen Weg um, der von einem Schalter erfaßt wird. Für die Umwandlung der dabei auftretenden langsamen, stetigen Wegänderung in eine exakte, momentane Kontaktgabe verwendet man Schalter nach dem Prinzip des Mikroschalters, der sich durch kleine Abmessungen auszeichnet.

Mikroschalter. Eine langsame Betätigung des Stößels 4 des Mikroschalters in Bild 5.16 ergibt eine Federdurchbiegung, ohne daß sich die Lage der Kontaktbrücke 1-2 ändert. Erst wenn die Biegelinie der Feder die Verbindungslinie 1-2 unterschreitet, schaltet das bewegliche Schaltstück schlagartig von 1-2 auf 1-3 um.

Je nach Bauart kehrt der Schalter nach Zurücknehmen des Stößels von selbst in die Ausgangslage zurück, oder er muß von Hand zurückgestellt werden.

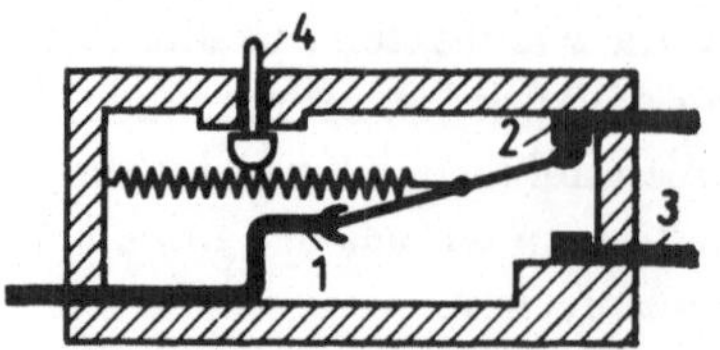

Bild 5.16
Mikroschalter
1   schneidenförmige Lagerung des Kontakt-
     hebels
2, 3 Kontaktanschlüsse für Öffner bzw.
     Schließkontakt
4   Stößel

Weg, Position. Die Erfassung des Weges eines Maschinenteils erfordert keine Umwandlung, sondern man kann durch Schalter längs des Weges den Weg direkt erfassen. Als Schalter kommen in Frage Endtaster mit mechanischer Betätigung, kapazitive oder magnetische Endschalter, Lichtschranken mit verschiedener Strahlung (UV-, Infrarot- oder radioaktive Strahler), Schwimmschalter u. a. .

Kann man auf dem zu überwachenden Weg keine Schalter anbringen, so muß man den Weg auf einer Spindel (Spindel-Endschalter, Teufenzeiger) oder einer Nockenscheibe abbilden (Fahrkopierwerk von Aufzügen, Getriebe-Endschalter). Wegabbildung und somit Schaltgenauigkeit enthalten aber immer den unvermeidbaren Fehler des mechanischen Teils.

Zeit. Bei einer mit konstanter Drehzahl angetriebenen Scheibe (s. Bild 5.17a) ist der von einem Schaltnocken zurückgelegte Weg der Zeit proportional. Das Zeitrelais verzögert die Kontaktgabe um die Zeit von der Motoreinschaltung bis zum Betätigen des Nockenschalters durch die Nockenscheibe. Bei dem K o n d e n s a t o r - Z e i t r e l a i s in Bild 5.17b schaltet das Relais um die Ladezeit verzögert, die zum Aufladen des Kondensators C auf die Ansprechspannung des Relais erforderlich ist.

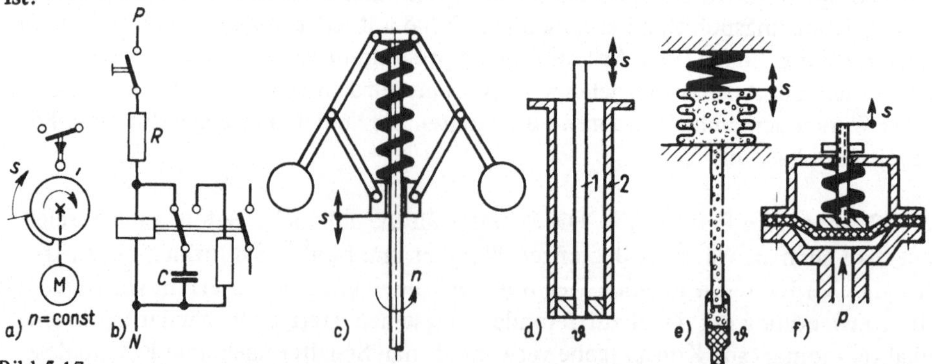

Bild 5.17
Beispiele abhängiger Befehlsschalter
a) Zeitrelais mit Motorantrieb
b) Kondensator-Zeitrelais mit
   Anzugsverzögerung
c) Fliehkraftschalter

d) Stab-Temperaturwächter. Stab (1) mit
   kleinem und Rohr (2) mit großem
   Wärmeausdehnungskoeffizienten
e) Dampfdruck-Temperaturwächter
f) Membran-Druckwächter
s Schaltweg

Drehzahl. Der bekannte F l i e h k r a f t s c h a l t e r in Bild 5.17c formt die Drehzahl n unter Ausnutzung der Fliehkraft über die Feder in den Weg s um.

Temperatur. Stab-Temperaturwächter (Bild 5.17d), die wir aus den elektrischen Boilern kennen, formen durch die u n t e r s c h i e d l i c h e A u s d e h n u n g zweier Metalle mit verschiedenem Wärmeausdehnungskoeffizienten die Temperatur ϑ in den Weg s um. Sie eignen sich besonders zur Überwachung hoher Temperaturen in Flüssigkeiten.

Der vom Kühlschrank bekannte Dampfspannungs-Temperaturwächter nutzt den von der Temperatur ϑ abhängigen S ä t t i g u n g s d r u c k von Flüssigkeiten mit niedrigem Siededruck (Frigen, Ammoniak) aus (Bild 5.17e). Ein Wellrohr wandelt den Druck in den Weg s um. Dieser Temperaturwächter eignet sich besonders für niedrige Temperaturen.

Druck. Wirkt in Bild 5.17e anstelle des Sättigungsdrucks eines abgeschlossenen Dampf-Flüssigkeitsgemischs der zu überwachende Druck p auf das Wellrohr, so erhält man hierdurch eine Ausführungsmöglichkeit eines Druckwächters. Der M e m b r a n - D r u c k w ä c h t e r in Bild 5.17f formt den Druck p über die Membran und den Druckbolzen in eine Kraft um, die von der Feder in den Weg s umgewandelt wird, der zum Schalten von Kontakten ausgenutzt werden kann.

5.2 Kontaktlose Steuerungen

Die Entwicklung kontaktloser Steuerungen schuf die Möglichkeit, große Informationsmengen schnell und betriebssicher zu verarbeiten und hiermit Maschinen und Anlagen in einem Umfang automatisch zu steuern, der mit Schützen- oder Relaissteuerungen nicht erreichbar ist.

5.21 Grundlagen der kontaktlosen Steuerung

Die Schaltzustände „Ein" und „Aus" der Relaistechnik entsprechen bei der kontaktlosen Steuerung dem Vorhandensein bzw. Nicht-Vorhandensein einer Signalspannung (s. Bild 5.18). Zumeist ordnet man dem Schaltzustand „A u s" eine Spannung von etwa 0 V zu und spricht von einem 0 - S i g n a l. Der Schaltzustand „E i n", das L - S i g n a l, wird je nach Fabrikat durch das Vorhandensein einer Nennspannung von 12 bis 24 V mit entsprechendem Toleranzbereich dargestellt. Systeme mit integrierten Schaltkreisen (s. Band VI/2, Abschn. Kleinstbauweisen) arbeiten mit niedrigerem Signalniveau (z. B. 5 V); in der Nachrichtentechnik sind noch kleinere Signalspannungen üblich.

Die ersten Systeme kontaktloser Steuerungen arbeiteten mit Germaniumhalbleitern, also pnp-Transistoren, die eine negative Signalspannung erforderten. Heute verwendet man Siliziumhalbleiter, die bevorzugt als npn-Transistoren gefertigt werden und eine positive Signalspannung benötigen.

Bild 5.18 zeigt, daß die Eingangsspannung eines kontaktlosen Schaltgliedes z. B. bis auf $U_e = 5$ V ansteigen kann, um noch als O-Signal erkannt zu werden. Eine auf $U_e = 13$ V abgesunkene Eingangsspannung gilt noch als L-Signal. Durch die Verstärkung im Schaltglied weicht die mögliche Ausgangsspannung U_a wesentlich weniger von den Sollwerten ab. Es kann also eine Störspannung U_{StL} bzw. U_{StO} zwischen einem Ausgang und dem Eingang des nächsten Schaltgliedes auftreten, bevor das Signal undefinierte Werte annimmt. Kontaktlose Steuerungen für die Energietechnik erfordern große S t ö r a b s t ä n d e (und andere Maßnahmen), weil sie zumeist in unmittelbarer Nähe starkstromtechnischer Anlagen hoher Spannung und großer Ströme arbeiten müssen.

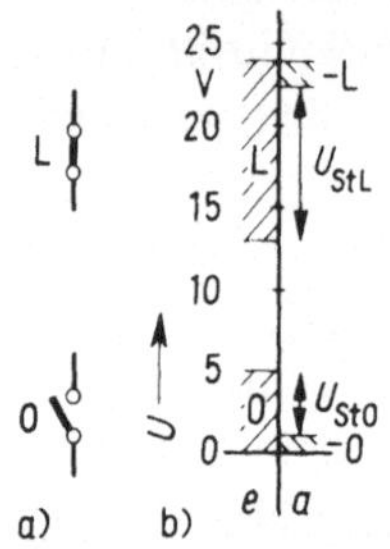

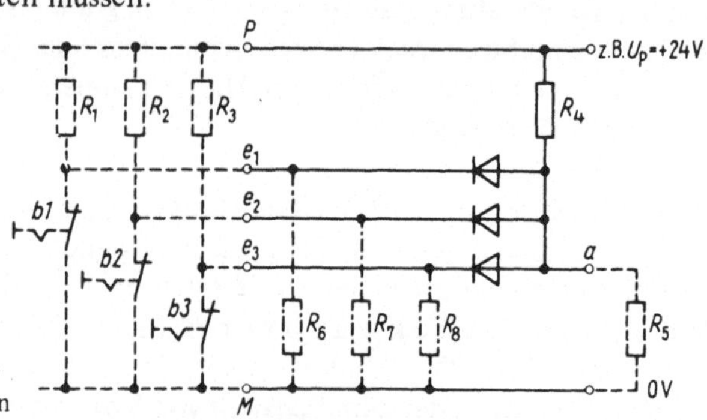

Bild 5.18 Vergleich der Kontaktzustände der Relaistechnik (a) mit den Signalzuständen bei kontaktlosen Steuerungen mit positiver Signalspannung U (b) am Eingang e bzw. Ausgang a. U_{st} Störspannung

Bild 5.19 UND-Schaltung mit Dioden bei positiver Signalspannung. e_1, e_2, e_3 Eingänge, a Ausgang.

5.211 Diode als Schalter. UND-Schaltung.

In der UND-Schaltung mit den Eingängen e_1 bis e_3 und dem Ausgang a in Bild 5.19 treibt die Versorgungsspannung U_P einen Strom über den Widerstand R_4, die in Durchlaßrichtung beanspruchten Dioden und die zugehörigen Eingabeschalter b1 bis b3 zum Bezugsleiter M, so lange einer der Eingabeschalter geschlossen bleibt. Die Widerstände R_6 bis R_8 wollen wir dabei vorerst außer acht lassen. Ausgang a erhält die Spannung O V, also gemäß der vorher getroffenen Festlegung O-Signal, wenn man die kleine Schleusenspannung der Dioden vernachlässigt. Erst wenn die Eingänge e_1 u n d e_2 u n d e_3 durch Drücken von b1 bis b3 über die Widerstände R_1 bis R_3 die Versorgungsspannung, also definitionsgemäß L-Signal, bekommen, erscheint am Ausgang a die Spannung $U_a = U_P R_5/(R_4 + R_5)$, also L-Signal. Dabei ist R_5 der Eingangswiderstand des nachgeschalteten Schaltgliedes. Man erkennt, daß wegen der Spannungsteilung und der hiermit verbundenen Signalverschlechterung nicht beliebig viele Schaltglieder ohne Signalverstärker hintereinander geschaltet werden können. Weil der Ausgang a nur dann L-Signal führt, wenn die Eingänge e_1 u n d e_2 u n d e_3 L-Signal haben, bezeichnet man diese Anordnung als UND-Schaltung. Sie erfüllt die gleiche Schaltaufgabe, hier auch Verknüpfung genannt, wie eine Reihenschaltung von Schließkontakten. Die UND-Verknüpfung bezeichnet man auch als K o n j u n k t i o n oder logisches Produkt. Die Dioden entkoppeln die Eingänge gegeneinander.

Bei der UND-Schaltung in Bild 5.19 wirkt die U n t e r b r e c h u n g einer Eingangsleitung so, als ob ein L-Signal vorliegen würde. Muß man mit einer derartigen Leiterunterbrechung und dadurch bedingt mit ungewollten und gefährlichen Schalthandlungen rechnen, so kann man die Widerstände R_6 bis R_8 zuschalten. Sie sind niederohmig gegenüber R_4 und erzwingen dadurch auch bei offenem Eingang eine Spannung, die noch im Toleranzbereich für O-Signal liegt. Dann kann man die Versorgungsspannung U_P, also L-Signal, auch über einen Schließkontakt auf den Eingang geben.

Verwendet man einen Schließkontakt zur Ansteuerung des UND-Schaltgliedes, fließt bei L-Signal ein Strom in den Eingang e hinein, der den vorgeordneten Schalter bzw. das Schaltglied belastet. Ohne die Widerstände R_6 bis R_8 fließt bei O-Signal ein Strom aus der Klemme e über b zum Bezugsleiter M und belastet den vorgeschalteten Ausgang. Allgemein stellt jedes Schaltglied für das vorgeordnete eine B ü r d e dar. Die Hersteller der Schaltglieder einer kontaktlosen Steuerung geben an, welche Belastung an einen Ausgang geschaltet werden darf und welche Bürde jeder Eingang darstellt. Zumeist wird diese Bürde als Vielfaches einer Einheitsbürde angegeben. Der projektierende Ingenieur überprüft diese Bürden ebenso wie die Auswahldaten eines Schalters mit Kontakten. Er berechnet aber ein kontaktloses Schaltglied genauso wenig wie ein Schütz.

ODER-Schaltung. Das ODER-Schaltglied in Bild 5.20a schaltet die Versorgungsspannung U_P, also L-Signal, über die in Durchlaßrichtung beanspruchte zugehörige Diode an den Ausgang a und somit an das nachfolgende Schaltglied mit dem Eingangswiderstand R_1, wenn an e_1 o d e r e_2 o d e r e_3 L-Signal liegt. Zwischen Eingängen und Ausgang besteht also die ODER-Verknüpfung, auch D i s j u n k t i o n oder logische Summe genannt. In einer Schützensteuerung realisiert die Parallelschaltung von Schließkontakten diese Schaltaufgabe.

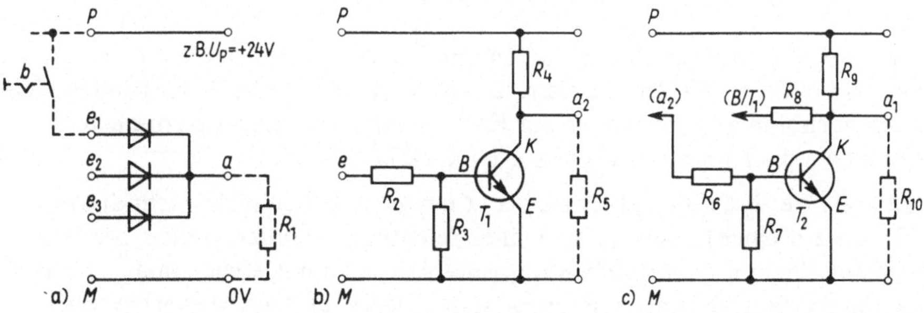

Bild 5.20 ODER-Schaltglied (a), das durch Zusammenschalten mit dem NICHT-Schaltglied (b) zur NOR-Funktion wird, und gegebenenfalls durch Zuschalten einer Transistorstufe (c) wieder die ODER-Funktion mit Verstärkung und evtl. mit Kippverhalten ergibt.

5.212 Transistor als Schalter. Der Transistor T_1 in Bild 5.20 b sperrt, solange sein Eingang e ein O-Signal hat bzw. offen ist. Dadurch wird seine Emitter-Kollektor-

Strecke hochohmig gegenüber dem Widerstand R_4, und an seinem Ausgang a_2 erscheint L-Signal. Legt man die Versorgungsspannung U_p, also L-Signal, z.B. über einen Schließkontakt an den Eingang e des Transistors, so fließt ein Basisstrom, der einen entsprechend verstärkten Kollektorstrom zur Folge hat. Dadurch wird die Strecke E-K stromleitend, also niederohmig gegenüber dem Widerstand R_4, und am Ausgang a_2 erscheint O-Signal. Der Ausgang a_2 hat L-Signal, wenn der Eingang e n i c h t L-Signal führt. Zwischen e und a_2 tritt eine S i g n a l w e r t u m k e h r u n g ein; das Eingangssignal wird negiert und gleichzeitig verstärkt. Die NICHT-Schaltung entspricht einem Schütz mit Öffnerkontakt, das über seinen Kontakt die Steuerspannung abgibt, wenn sein Spulenkreis keine Spannung hat. Je nach Auslegung des Schaltkreissystems muß u. U. die Basis B des Transistors T_1 über den Widerstand R_3 an eine zusätzliche negative Vorspannung U_N gelegt werden. Da die Transistoren nur im S c h a l t b e t r i e b arbeiten, kann man zur besseren Ausnutzung der Transistor-Belastbarkeit die Schaltung so auslegen, daß die Arbeitskennlinie die Verlusthyperbel des Transistors schneidet, muß dann jedoch langsame und stetige Änderungen des Eingangssignals verhindern.

Verbindet man in Bild 5.20a, b den Eingang e des NICHT-Gliedes mit dem Ausgang a des ODER-Gliedes, so erhält man ein ODER-NICHT-Glied oder NOR-Glied (engl. not + or), das in dieser Form den Grundbaustein vieler Systeme kontaktloser Steuerungen bildet. Schaltet man in Bild 5.20c zusätzlich die Basis B des Transistors T_2 über den Widerstand R_6 an den Ausgang a_2 des Transistors T_1, so erhält man am Ausgang a_1 durch die doppelte Verneinung wieder die ursprüngliche ODER-Funktion mit Verstärkung. Gibt man der Schaltung durch eine zusätzliche Rückkopplung des Ausgangssignals a_1 über den Widerstand R_8 an die Basis B des Transistors T_1 K i p p v e r h a l t e n, so braucht man keine Forderungen mehr an den zeitlichen Verlauf des Eingangssignals zu stellen, wenn die Schaltung so ausgelegt wurde, daß während der kurzen Umschaltzeit von O auf L die zulässige Dauerverlustleistung überschritten wird.

Werden die Verknüpfungen durch Dioden und Transistoren realisiert, so spricht man von D i o d e n - T r a n s i s t o r - L o g i k (DTL). Anstelle der Dioden kann man auch hochohmige Widerstände zur Entkopplung der Eingänge vorsehen: W i d e r s t a n d - T r a n s i s t o r - L o g i k (RTL).

I n t e g r i e r t e H a l b l e i t e r s c h a l t u n g e n haben nicht mehr diskrete Bauteile, die auf einer Leiterplatte zu einer Schaltung vereinigt werden, sondern bestehen aus einem monolithischen Halbleiterplättchen mit etwa 2 mm² Fläche, das die komplette Schaltung, z. B. eines NOR-Gliedes, enthält. Dieses Plättchen entsteht durch Zerschneiden eines Einleiterkristalls, auf dem durch aufeinander folgende Fertigungsprozesse, wie Oxydierung, Photomaskierung, Ätzung, Dotierung, Kontaktierung usw. eine große Anzahl von Schaltgliedern nebeneinander untergebracht worden ist. Mit dieser Technologie lassen sich gut Transistoren (z. B. auch mit mehreren Emittern) und Dioden herstellen. Widerstände und Kondensatoren erfordern relativ viel Platz und ergeben eine schlechte Kristallausbeute. Induktivitäten sind nicht realisierbar. Die schaltungsmäßige Realisierung eines Schaltgliedes in integrierter Schaltung unterscheidet sich daher erheblich von einer mit diskreten Bauteilen.

Im folgenden wollen wir uns daher nicht mehr um die Realisierung eines Schaltgliedes kümmern, sondern es nach seiner durch das Schaltzeichen gegebenen Funktion als fertigen Baustein einsetzen. Die bisher besprochenen Schaltungen sollten nur das Verständnis für diese Technik wecken und den Übergang von einer Schützensteuerung auf die kontaktlose Steuerung erleichtern. Die von den einzelnen Herstellern entwickelten Systeme kontaktloser Steuerungen unterscheiden sich in Aufwand, Preis und Technik z. T. erheblich voneinander. Außerdem hat der gleiche Hersteller oft aus wirtschaftlichen Gründen mehrere unterschiedliche Systeme entwickelt, weil auch bei der kontaktlosen Steuerung sich nicht alle erwünschten Eigenschaften, wie z. B. große Signalverarbeitungsgeschwindigkeit, hohe Störsicherheit, kleine Signalspannung und Leistungsaufnahme gleichzeitig verwirklichen lassen. Man kann ganz grob unterscheiden zwischen langsamen Systemen hoher Störsicherheit mit großer Leistungsaufnahme, die besser für die S t e u e r u n g s - und R e g e l u n g s t e c h n i k geeignet sind, und solchen für die D a t e n v e r - a r b e i t u n g , wie z. B. Prozeßrechner. In der Datenverarbeitung müssen wegen der großen Datenmenge viele Schaltglieder verwendet werden, so daß Volumen und Leistungsaufnahme des einzelnen eine Rolle spielen. Dabei muß die Verarbeitungsgeschwindigkeit groß sein, während die Störsicherheit nicht eine so überragende Rolle spielt. In dieser einführenden Betrachtung können wir, allein schon aus Umfangsgründen, nur einfache Steuerungen behandeln.

5.213 Vergleich zwischen kontaktloser Steuerung und Schützensteuerung. Ein S c h ü t z ist ein mechanisches Schaltgerät, das das ankommende Steuersignal so weit verstärkt, daß man den L e i s t u n g s f l u ß einer Steuerstrecke schalten kann. Gleichzeitig ermöglichen seine Hilfskontakte, V e r r i e g e l u n g s a u f - g a b e n zu erfüllen. Das geforderte Schaltvermögen bedingt seine Größe, und die zu bewegenden Massen ergeben Schaltzeiten von einigen 10 ms und daher eine maximale Taktfrequenz von einigen Hz. Dabei ist die mechanische Lebensdauer begrenzt (s. Abschn. 5.11). Der Leistungsbedarf der Erregerspule von einigen 10 W wird in Verlustwärme umgesetzt. Die relativ große Leistungsaufnahme macht das Schütz aber gleichzeitig sehr unempfindlich gegen induktive oder kapazitive Störspannungen. Außerdem ist es sehr robust und unempfindlich gegen Überspannungen.

Die k o n t a k t l o s e S t e u e r u n g erfüllt in dem S c h a l t w e r k , auch Logik genannt, auf einem wesentlich geringeren Leistungsniveau (einige mW) ohne mechanisch bewegte Kontakte, d. h. mit sehr kleinen Schaltzeiten nur die Aufgabe der S i g n a l v e r a r b e i t u n g . Das niedrige Leistungsniveau erfordert die Beachtung innerer und äußerer Störspannungen. Die in Rechenanlagen erreichte Schaltzeit von einigen ns ist in der Industrieelektronik wegen der Forderung nach hoher Störsicherheit nicht erreichbar und auch nicht erforderlich. Die kleinste, in der Datenverarbeitung (z. B. bei Bahnsteuerungen von Werkzeugmaschinen) angewandte Schaltzeit beträgt etwa 100 ns entsprechend einer maximalen Taktfrequenz von einigen MHz. In der Steuerungstechnik arbeitet man mit Schaltzeiten von einigen μs und einer maximalen Zählfrequenz von etwa 10 kHz. In besonders störsicheren Systemen sind daneben Schaltzeiten von einigen ms bzw. maximale Arbeitsfrequenzen von etwa 100 Hz üblich.

Der geringe Leistungs- und Platzbedarf kontaktloser Schaltglieder ermöglicht einen kompakten Aufbau des signalverarbeitenden Teils. Integrierte Schaltkreise ergeben gegenüber Schaltungen mit diskreten Bauteilen noch einmal eine Volumenverringerung um eine Zehnerpotenz. Dieser Vorteil macht sich besonders bei höher organisierten Funktionsgliedern, wie Zähler, Speicher u. ä., bemerkbar. Außerdem ist die Zuverlässigkeit integrierter Schaltungen besser, weil ein wesentlicher Unsicherheitsfaktor, nämlich die Anzahl der Löt- und Steckverbindungen, erheblich verringert wird.

Als weitere Vorteile der kontaktlosen Steuerung sind zu erwähnen ihre Unempfindlichkeit gegenüber Erschütterungen, Schwingungen, Korrosion und Schmutz, ihre Wartungsfreiheit, ihre außerordentlich große Lebensdauer und Betriebssicherheit. Die verwendeten Bauteile ergeben dagegen als Nachteil eine Empfindlichkeit gegen Überspannungen und einen auf -20 bis $+75\ ^\circ$C begrenzten Arbeitsbereich.

Die A n p a s s u n g des S c h a l t w e r k s mit seinem geringen Spannungs- und Leistungsniveau an die Steueraufgabe erfordert nach Bild 5.21 Ein- und Ausgabeglieder, die auch als Peripheriegeräte bezeichnet werden. Sie müssen den signalverarbeitenden Teil in Bezug auf Störsignale von der Umgebung entkoppeln. E i n g a b e g l i e d e r formen die aus dem Prozeß kommenden Meldungen in ein einheitliches Eingangssignal für das Schaltwerk um, während A u s g a b e g l i e d e r das Ausgangssignal des Schaltwerks auf den Leistungsbedarf des Starkstrom-Stellglieds (Schütz, Ventil, Meldelampe u. a.) verstärken.

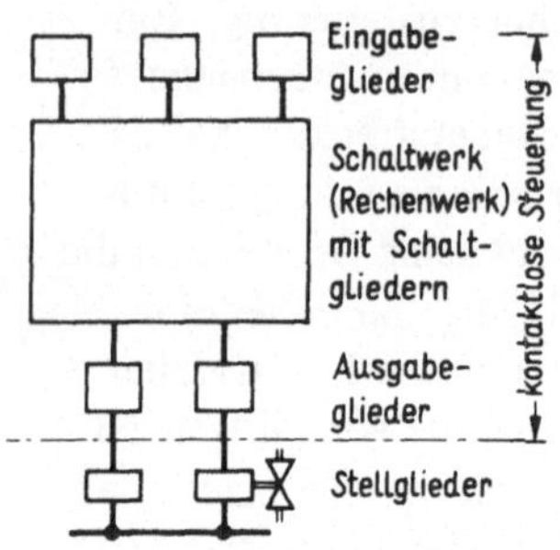

Bild 5.21 Gliederung einer kontaktlosen Steuerung

Diese Dreiteilung einer kontaktlosen Steuerung läßt erkennen, daß sie umso eher gegenüber einer Schützensteuerung die wirtschaftlichere Lösung bietet (sofern die Schützensteuerung nicht wegen zu hoher Taktfrequenz ausscheidet), je größer und hochwertiger der Signalverarbeitungsteil und je kleiner die Anzahl der Ein- und Ausgänge ist.

Die Hersteller liefern die einzelnen Glieder kontaktloser Steuerungen als fertige B a u s t e i n e, die sorgfältig für die schwierigsten möglichen Verhältnisse (engl. worst case) berechnet sind. Der planende Ingenieur kann sie also grundsätzlich ohne Kenntnis der Innenschaltung mit gutem Erfolg einsetzen, wenn er die Herstellervorschriften hinsichtlich Versorgungsspannung, Belastbarkeit der Ausgänge,

Flankensteilheit der Eingangssignale usw. beachtet. Diese Bausteintechnik war die Voraussetzung für das stürmische Vordringen der kontaktlosen Steuerungen. Die von den Herstellern entwickelten Bausteinsysteme kontaktloser Steuerungen unterscheiden sich in der Realisierung der einzelnen Schaltfunktionen z. T. recht erheblich. Außerdem bringt die technische Weiterentwicklung ständig Schaltungsänderungen. Wir werden daher im folgenden nur die Schaltzeichen für die Schaltglieder nach DIN 40700, Bl. 14 benutzen, ohne die Realisierung zu besprechen. Die Bezeichnung der Ein- und Ausgänge entspricht DIN 19226. In der Literatur wird der „Ein"-Zustand unterschiedlich gekennzeichnet durch die Ziffer 1 (DIN 40700, Bl. 14) oder den Buchstaben L (DIN 44300 und 19226). Wir wählen die Kennzeichnung durch den Buchstaben L, die eine Verwechslung von Dualzahlen mit Dezimalzahlen verhindert. Bei Verwendung der Ziffer 1 würden sich einige Gesetzmäßigkeiten der Schaltalgebra und der Dualzahlen vereinfachen.

5.22 Eingabeglieder

Eingabeglieder formen die Eingangsinformationen der Steuerung in für das nachfolgende Schaltwerk (Rechenwerk) passende Signalspannungen um. Wir können dazu die im Abschn. 5.16 besprochenen Befehlsschalter verwenden. Zusätzlich bieten Grenzwertmelder die Möglichkeit, den Grenzwert jeder Größe zu überwachen, die sich in eine elektrische Spannung umwandeln läßt. Die Codierung ermöglicht die Speicherung großer Informationsmengen und die zahlenmäßige Erfassung der Steuerinformation (z. B. einer vorgeschriebenen Position).

5.221 Störungen auf der Signalleitung. Das niedrige Leistungsniveau erfordert besondere Sorgfalt bei der Ausbildung des S i g n a l k r e i s e s, wobei der Energietechniker sich an hohe Signalfrequenzen und deren Verhalten auf der Leitung gewöhnen muß, d.s. Betrachtungen, die früher dem Nachrichtentechniker vorbehalten waren. In Bild 5.22 haben wir an einem Beispiel die Kopplung zwischen einer Starkstromleitung und der Signalleitung einer kontaktlosen Steuerung mit einigen

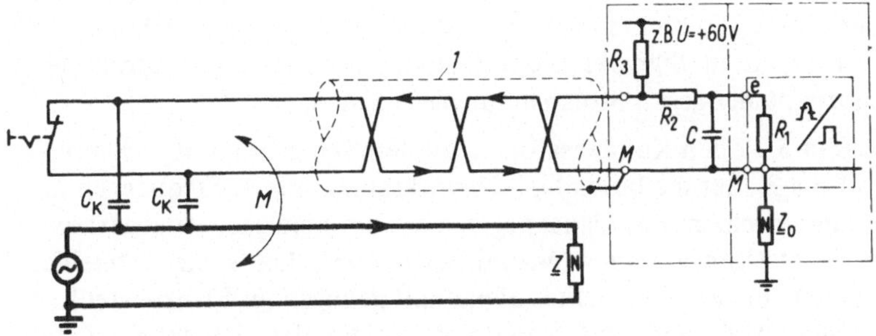

Bild 5.22 Induktive (M) und kapazitive (C_k) Kopplung zwischen einer Starkstromleitung und einer Signalleitung sowie Abhilfemaßnahmen gegen diese Beeinflussung.
1 Schirmung Z_0 Impedanz der Erdung

Maßnahmen zur Verringerung dieser Störmöglichkeiten dargestellt. Die Gegeninduktivität M erfaßt die Kopplung über das magnetische Feld, die Koppelkapazität C_k die des elektrischen Feldes. Beide Kopplungen werden durch Vergrößern des Abstands zwischen Starkstromleitung und Signalleitung verringert. Die induzierte Spannung ist von der Fluß- bzw. Stromänderungsgeschwindigkeit ($d\varphi/dt$, bzw. di/dt), der influenzierte kapazitive Störstrom von der Spannungsänderungsgeschwindigkeit (du/dt) abhängig; d. h., besonders störwirksam sind die hohen Frequenzen, die bei Schaltvorgängen, Netzstörungen und bei Stromrichteranlagen auftreten.

Die k a p a z i t i v e   K o p p l u n g kann man durch die in Bild 5.22 angedeutete Abschirmung weitgehend beseitigen. Die Abschirmung 1 darf aber nur an einer Stelle, zumeist am Empfangsort des Signals, mit dem Bezugsleiter verbunden und muß gegen Erde isoliert verlegt werden, damit sich kein Kurzschlußkreis über Erde für die in der Abschirmung induzierte Spannung ausbilden kann. Betreibt man die Signalleitung in Bild 5.22 erdsymmetrisch mit einer getrennten, erdfreien Spannungsquelle, so wirken kapazitive Störspannungen auf beiden Leitungen gleichsinnig, während das Nutzsignal gegensinnige Ströme auf der Signalleitung verursacht. Man kann also beide Signale z. B. durch einen Differenzverstärker oder durch ein Zwischenrelais voneinander trennen.

Die i n d u k t i v e   K o p p l u n g kann man durch die in Bild 5.22 angedeutete Verdrillung stark verringern. Durch das Verdrillen werden die Durchtrittsflächen für störende Magnetfelder so weit wie möglich verringert, und die gegengerichteten Induktionsspannungen benachbarter Schleifen heben sich zum großen Teil auf. Eine weitere Verbesserung könnte man durch eine magnetische Abschirmung, z. B. durch Verlegen der Leitung in einem Stahlrohr, erreichen. Den höchsten Schutz gegen Störspannungen bietet eine zweiadrig verdrillte Leitung mit Abschirmung in einem Stahlrohr, wobei Abschirmung und Stahlrohr gegeneinander isoliert sein müssen.

Die in Bild 5.22 gewählte h o h e   S i g n a l s p a n n u n g bietet den Vorteil, daß Schmutzschichten auf dem Kontakt leichter durchschlagen werden und Störsignale entsprechend dem Spannungsteilerverhältnis $R_1/(R_1 + R_2)$ verringert am Eingang e der kontaktlosen Steuerung erscheinen. Zusätzlich kann man das L e i s t u n g s n i v e a u im Signalkreis erhöhen und den Eingang niederohmig und somit unempfindlicher gegen Störspannungen machen.

Schaltet man in Bild 5.22 den Kondensator C zu dem Widerstand R_2, so erhält man einen T i e f p a ß, der die besonders störwirksamen hohen Frequenzen unterdrückt. Allerdings erscheint das Signal gegenüber der Signalgabe verzögert an e und muß wegen des stetigen Verlaufs (e-Funktion) durch den Grenzwertmelder (s. Abschn. 5.224) in ein systemgerechtes Signal mit genügender Flankensteilheit umgewandelt werden. Außerdem muß man daran denken, daß sich der Kondensator genügend schnell entladen kann. Die übliche Filterzeitkonstante $T = R_2 C =$ $= 10$ bis 20 ms begrenzt den Anwendungsbereich dieser sehr wirksamen Entstörungsmaßnahme auf Eingangs-Signalfrequenzen von 50 bis 100 Hz. Zweckmäßig ordnet man diese Siebglieder in der Nähe der Klemmleiste der kontaktlosen Steuerung in einem getrennten und abgeschirmten Teil der Steuerung an.

5.222 Eingabeglieder mit Kontakten. Der Schalter b1 in Bild 5.19 gibt im geschlossenen Zustand O-Signal und offen L-Signal an den Eingang e_1 des nachgeschalteten UND-Gliedes (statisches Signal). Außerdem entsteht beim Öffnen bzw. Schließen von b1 ein Signalübergang von O auf L bzw. ein L-O-Übergang (dynamisches Signal). Bei mechanischen Kontakten läßt sich jedoch ein K o n t a k t p r e l l e n nicht vermeiden, wodurch Zählschaltungen Falschinformationen erhalten. Abhilfe schafft die Zwischenschaltung eines Speichers oder das Vorschalten eines Tiefpasses.

Die kleinen Spannungen und Ströme des signalverarbeitenden Teils der kontaktlosen Steuerung führen bei mechanischen Kontakten zu einer u n s i c h e r e n K o n t a k t g a b e, weil sie nicht zum Durchschlagen einer Schmutz- oder Oxydschicht auf den Kontakten ausreichen. Die in Bild 5.23a dargestellte Schaltung vermeidet diese Schwierigkeiten. Sie arbeitet mit einer Wechselspannung bis zu 220 V, so daß Störspannungen weitgehend unwirksam werden. Diese Signalspannung wird über Transformator, Gleichrichter, Tiefpaß und einen Grenzwertmelder mit entsprechender Hysteresis in ein systemgerechtes Signal umgewandelt. Die Filter-Zeitkonstante beträgt auch hier 10 bis 20 ms. Bild 5.23b zeigt das Schaltzeichen für den strichpunktiert eingerahmten Teil dieser Schaltung.

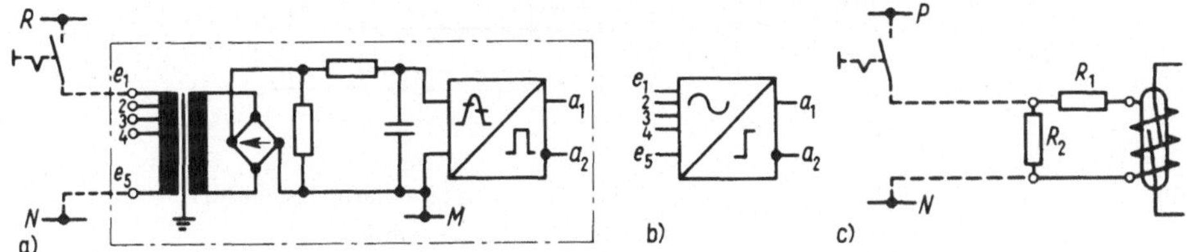

Bild 5.23   Eingabeglieder mit Kontakten
  a) Schaltung für mechanische Kontaktgabe bei hoher Wechselspannung
  b) Schaltzeichen (nicht genormt) für den strichpunktiert eingerahmten Teil von a).
  c) Schaltung mit Reed-Relais für mechanische Kontaktgabe bei hoher Gleichspannung.

Das R e e d - R e l a i s (engl. reed = Rohr) ermöglicht höhere Gleichspannungen im Steuerkreis (Bild 5.23c). Es besteht aus ferromagnetischen Kontaktfedern, die in einem Glasröhrchen mit Schutzgasfüllung eingeschmolzen sind. Das Magnetfeld der um das Rohr gewickelten Spule schließt die Kontaktfedern und somit den Signalkreis für das nachgeschaltete Schaltwerk. Die Schaltzeit des Reed-Relais liegt bei 1 ms, und die mechanische Lebensdauer beträgt bis zu $1 \cdot 10^8$ Schaltspiele. Der Widerstand R_1 dient zur Anpassung an die gegebene Steuerspannung bis 220 V. R_2 erhöht die Strombelastung des Kontaktes und somit die Kontaktsicherheit. Gleichzeitig wird die Signalschleife hierdurch niederohmiger und somit unempfindlicher gegen Störspannungen.

5.223 Kontaktlose Eingabeglieder. Kontaktlose Eingangsschalter arbeiten mit veränderbaren magnetischen Kreisen, Photowiderständen, licht-elektrischen Kopplern, Kapazitätsänderungen u. ä.. Bringt man z. B. eine metallische Fahne zwischen Oszillator- und Rückkopplungsspule eines T r a n s i s t o r o s z i l l a- t o r s, so ändert man hierdurch den Rückkopplungsgrad und somit die Amplitude der erzeugten Schwingung. Ein eingebauter Verstärker formt diese Amplituden-änderung in ein systemgerechtes, gekipptes Signal um, und am Ausgang entsteht bei Annäherung des Metallteils L-Signal. Das in Bild 5.24a angegebene Schalt-zeichen deutet das Verhalten eines solchen kontaktlosen Schalters oder I n i t i- a t o r s an. Die immer gleichen und vom System abhängigen Anschlüsse für die Versorgungsspannung haben wir hier und bei allen anderen Schaltzeichen, wie allgemein üblich, nicht eingezeichnet. Mit derartigen Initiatoren kann man hand-betätigte Schalter und Taster (ohne Prellverhalten) bauen, Wege und Positionen überwachen oder Serienprodukte (z. B. Schrauben) für eine Zählung erfassen. Mit einer rotierenden, geschlitzten Metallscheibe kann man Impulse erzeugen, deren Dauer und Frequenz drehzahlabhängig ist (Impulsgeber).

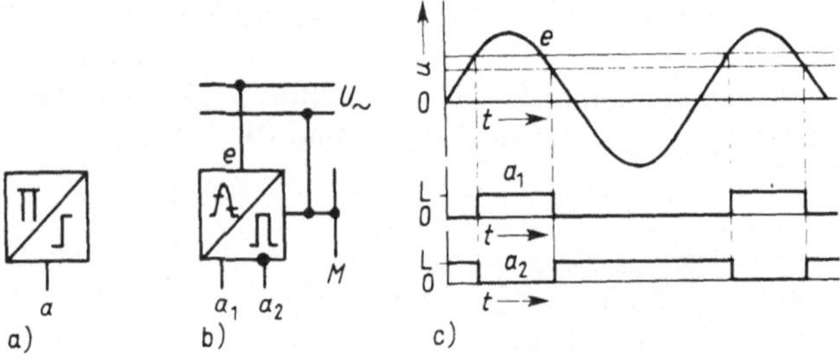

Bild 5.24   a) Schaltzeichen (nicht genormt) eines Initiators (Näherungsschalter)
   b) Grenzwertmelder mit Schaltzeichen (nicht genormt),
      geschaltet als netzfrequenter Taktgeber und
   c) zugehöriger Signal-Zeit-Plan des Eingangssignals e
      und der Ausgangssignale a_1 und a_2.

5.224 Grenzwertmelder. Um eine stetig veränderbare Spannung mit beliebigem zeitlichen Verlauf beim Erreichen oder Unterschreiten eines Grenzwerts in die binären (d. h. zweiwertigen) Signale L und O umzuformen, benutzt man den Grenzwertmelder oder M e ß t r i g g e r (s. Bild 5.24b, c). Durch eingebaute oder vorzuschaltende äußere Widerstände kann man den Ansprechwert und durch eine veränderbare Rückkopplung zwischen Aus- und Eingang die Hysterese (Differenz zwischen Ansprech- und Rückfallwert) ändern. Bild 5.24b zeigt das Schaltzeichen und den Anschluß für den Eingang für den Fall, daß eine Wechselspannung passen-der Größe in ein Rechtecksignal umgeformt werden soll. In Bild 5.24c ist im Signal-Zeit-Plan der Verlauf des Eingangssignals an e und des Ausgangssignals an a_1 zu-sammengestellt. Der durch einen dicken Punkt gekennzeichnete, zusätzliche zweite Ausgang a_2 ist der antivalente oder komplementäre Ausgang zu a_1, d. h., a_2 hat immer den entgegengesetzten Signalzustand wie a_1. Die Schaltung nach Bild 5.24b stellt einen durch die Netzfrequenz gesteuerten Taktgeber dar. Den Grenzwertmelder können wir mit einem Meßrelais vergleichen, das ebenfalls ein stetig veränderbares Eingangssignal in ein Rechtecksignal großer Flankensteilheit umsetzt. Mit dem Grenzwertmelder können wir jede physikalische Größe überwachen, die sich als Spannung von einigen V abbilden läßt, wie z. B. die über einen Tachogenerator in eine Spannung umgewandelte Drehzahl oder die wegabhängige Spannung eines kontaktlosen Stellungsmelders, eines Meßumformers u. ä..

5.225 Codierung. Zur Übertragung von 3 Befehlen benötigt man 3 Signalleitungen mit einer gemeinsamen Rückleitung, z. B. über die Erde. Will man über diese 3 Leitungen mehr als 3 Befehle übertragen, so muß man den $2^3 = 8$ S i g n a l z u - s t a n d - K o m b i n a t i o n s m ö g l i c h k e i t e n der Leitungen jeweils einen Befehl zuordnen (s. Bild 5.25a). Eine derartige Z u o r d n u n g nennt man einen Code. Allgemein bekannte Codearten sind die Zuordnung der Lochkombinationen des Fernschreib-Lochstreifens zu den Buchstaben und Zahlen und das Morse-Alphabet. In Bild 5.25a erfolgt die Zuordnung der Befehle zu den Signalzuständen der Leitungen nach dem Dualzahlencode oder einfach Dualcode gemäß Bild 5.25b. Für weitere Einzelheiten s. Band IV und VI, Abschn. Codieren.

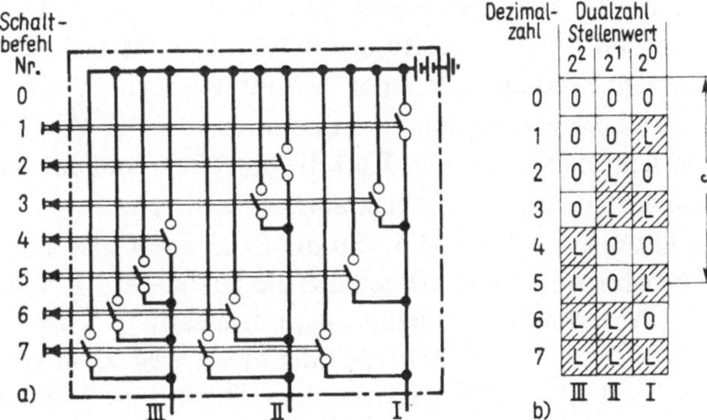

Bild 5.25
Codierung
a) Codierschaltung (Zahlenwandler)
b) Dualcode (Scheibencodierer)

Dezimalzahlen-Dualzahlen. Beim Zählen im Dezimalzahlensystem wird die auf 9 folgende Zahl als 10 geschrieben, d. h., in der letzten Stelle beginnt man wieder von 0 an zu zählen. Die davorliegende Stelle hat einen Übertrag bekommen, wobei diese Stelle das 10fache Gewicht der rechts davon liegenden Stelle hat. Eine Dezimalzahl wäre daher als Summe aus den zehn Dezimalziffern 0 bis 9 mit einer Zehnerpotenz als Faktor anzugeben. Die Dezimalzahl 25 wäre also nach diesem B i l d u n g s g e s e t z ausführlich zu schreiben als $2 \cdot 10^1 + 5 \cdot 10^0$. Die übliche Schreibweise der Dezimalzahlen ist demnach nur eine Abkürzung der komplizierten Summenschreibweise.

Wählt man ein Zahlensystem, das anstelle der Basis 10 die Basis 2 hat, das D u a l - z a h l e n s y s t e m, dann muß das gleiche Bildungsgesetz gelten, d. h., nach der 1 an einer Stelle folgt die 0 an dieser Stelle mit einem Übertrag in der davorliegenden höherwertigen Stelle. Diese Zählvorschrift ist in Bild 5.25b erkennbar. Im Dualzahlensystem wäre die Zahl 25 zu schreiben als $1 \cdot 2^4 + 1 \cdot 2^3 + 0 \cdot 2^2 + 0 \cdot 2^1 + 1 \cdot 2^0$ oder einfach 11001, wenn man die Gewichtsfaktoren, die Potenzen von 2, wegläßt. In Abschn. 5.213 haben wir festgelegt, die 1 im Dualzahlensystem durch den Buchstaben L zu ersetzen, um Verwechslungen mit der entsprechenden Dezimalzahl zu vermeiden. Damit erhalten wir die endgültige Schreibweise für die Dezimalzahl 25 im Dualzahlensystem LLOOL.

Die duale Darstellung einer Zahl erfordert offensichtlich mehr Stellen als die dezimale. Sie hat jedoch den Vorteil, daß die beiden Dualziffern 0 und L leicht durch zwei verschiedene technische Zustände zu realisieren sind. Praktisch angewendete R e a l i s i e r u n g s m ö g l i c h k e i t e n sind:

K o n t a k t offen – Kontakt geschlossen
S i g n a l s p a n n u n g vorhanden – nicht vorhanden
L o c h u n g – oder keine Lochung

Die Anordnung in Bild 5.25a ist also eine „Codierschaltung", mit der wir die 8 Zahlen oder entsprechende Befehle in eine Signal-Zustandskombination der Leitungen nach dem Dualcode umwandeln können. In der Schaltung wird jede einzelne Stelle der Dualzahl g l e i c h z e i t i g über je eine Leitung abgenommen und übertragen. Man nennt diese Arbeitsweise P a r a l l e l b e t r i e b. Will man dagegen nur mit einer Leitung arbeiten, so müssen die einzelnen Stellen synchron mit dem Empfänger in einer bestimmten zeitlichen Reihenfolge n a c h e i n a n d e r abgefragt werden; S e r i e n b e t r i e b. Auf der Empfangsseite muß eine Einrichtung im gleichen Takt die einzelnen Stellen des Impulstelegramms abfragen und anschließend das Telegramm decodieren.

Denkt man sich in Bild 5.25b die Dualcode-Darstellung als Scheibe mit den 3 Kontaktbahnen I, II und III gebaut, die an den mit L bezeichneten Stellen Kontakt an 3 Abtaster gibt, so kann man mit diesem S c h e i b e n c o d i e r e r eine analoge Größe, z. B. eine Position oder einen Weg s, in eine Ziffernfolge, eine digitale Größe (digit = Ziffer), umwandeln. Die in Bild 5.25b gekennzeichnete Position s wandelt der Scheibencodierer in die Dualzahl LOL, also dezimal 5, um. Diese Position ist 5 Längeneinheiten, Meßquanten, vom Ursprung der Zählung entfernt. Man erkennt, daß diese A n a l o g - D i g i t a l - U m w a n d l u n g immer mit dem sog. Quantisierungsfehler behaftet ist, weil die digitale Darstellung immer nur den Bereich erfassen kann, in dem die stetig veränderliche Eingangsgröße liegt. Durch Verkleinern des Meßquants, der Rastereinheit, und eine entsprechende Stellenzahl kann man die gewünschte Genauigkeit erreichen. Werkzeugmaschinen z. B. arbeiten mit einer Rastereinheit von etwa 1/100 mm.

Ordnet man die 3 Kontaktbahnen des Scheibencodierers in Bild 5.25b auf einer drehbar gelagerten Codierscheibe kreisförmig um den gemeinsamen Drehpunkt an, so kann man z. B. mit Hilfe einer fotoelektrischen Abtasteinrichtung in jeder Bahn oder Spur eine Winkelstellung in eine digitale Ausgangsinformation umsetzen: W i n k e l c o d i e r e r. Das gewünschte Auflösungsvermögen des Winkelcodierers kann man durch Rasterscheiben mit entsprechend vielen Spuren oder durch Verwendung von Untersetzungsgetrieben mit je einer Scheibe für jede Dezimalstelle erreichen. Die Codierscheibe im Dualcode würde jedesmal beim Übergang von einem Meßwert auf den nächsten einen Meßfehler ergeben, weil infolge unvermeidbarer Justierungsfehler die Abtaster nicht in jeder Bahn vollkommen gleichzeitig ablesen. Man bekommt dadurch falsche Zwischenwerte. Durch Verwendung anderer Codearten (Gray-Code) oder Schaltungsmaßnahmen kann man diese Schwierigkeiten beseitigen.

Der Dualcode nutzt sämtliche Kombinationsmöglichkeiten für die Zahlendarstellung aus. Daher gibt ein falsches Zeichen an irgendeiner Stelle mit Sicherheit eine falsche Information. Man muß daher je nach Verwendungszweck verschiedene Codearten anwenden je nachdem, ob man rechnen will oder eine möglichst große Übertragungssicherheit fordert (Prüfbarkeit) oder evtl. sogar Übertragungsfehler korrigieren will (Korrigierbarkeit). Für weitere Einzelheiten s. Band IV und VI, Abschn. Codieren.

5.226 Informationsspeicher. Voraussetzung für das selbsttätige Arbeiten von Maschinen (Automatisierung) ist die Speicherung von Informationen z. B. über die von dem Maschinenteil einzunehmende Position, die auszuführende Arbeit und die Bearbeitungsgeschwindigkeit. Als Informationsträger verwendet man je nach I n f o r m a t i o n s m e n g e und V e r a r b e i t u n g s g e s c h w i n d i g k e i t die Lochkarten der Büroorganisationstechnik (Hollerith), den vom Fernschreiber bekannten Lochstreifen oder Magnetspeicher.

Lochkarten werden vorteilhaft als Informationsträger eingesetzt, wenn man ein vollständiges Arbeitsprogramm auf einer Karte unterbringen kann. Eine solche Lochkarte kann z. B. 80 Spalten und 12 Zeilen (die Ziffern 0 bis 9 und Zeile 11 und 12) enthalten. Zumeist programmiert man so, daß in einer Spalte von den 10 Stellen nur eine Dezimalzahl durch ein Loch an der entsprechend gekennzeichneten Stelle ausgewählt wird (s. Bild 5.26). Dieser „1 aus 10"-Code nutzt von den maximal möglichen $2^{12} = 4096$ Kombinationsmöglichkeiten einer Spalte nur einen geringen Teil aus, hat jedoch den Vorteil, daß jeder die programmierte Zahl ohne Schwierigkeiten lesen kann.

Auf der Lochkarte in Bild 5.26 ist der Walzspalt für ein Walzwerk programmiert, der sich mit jedem Durchgang des Walzgutes durch das Walzgerüst, also jedem „Stich", ändert. Man kann sofort für jeden Stich jeweils in den ersten 4 Spalten den Walzspalt von 145,0; 109,0; 82,0 und 61,5 mm ablesen. In der fünften Spalte ist die Steuerung des Führungslineals programmiert worden.

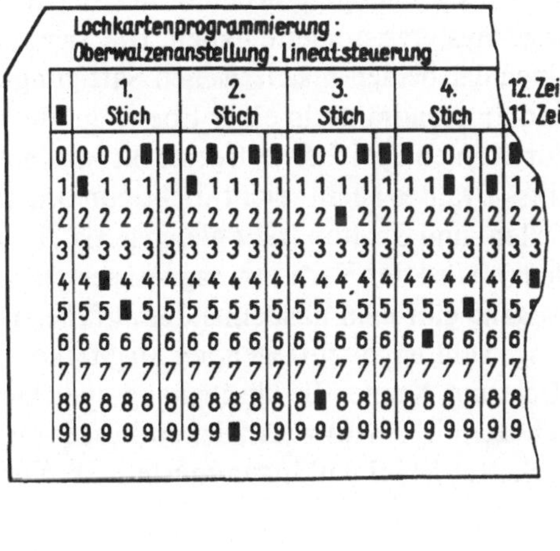

Bild 5.26
Lochkarte für die Steuerung von Walzspalt und Führungslineal eines Walzgerüstes

Lochstreifen. Für P r o g r a m m e m i·t g r o ß e m I n f o r m a t i o n s i n -
h a l t eignet sich der Lochstreifen besser als die Lochkarte. Man verwendet den
international genormten F ü n f s p u r - F e r n s c h r e i b - L o c h s t r e i f e n
oder heute meist den aus den USA stammenden A c h t s p u r - L o c h s t r e i -
f e n mit 5 bzw. 8 Informationsspuren und einer Transportspur. Von den $2^5 = 32$
bzw. $2^8 = 256$ Kombinationsmöglichkeiten wählt man nur die prüfbaren aus
und belegt (codiert) sie mit Informationen. Bild 5.27 zeigt einen Fünfspur-Loch-
streifen, wie er zur numerischen Steuerung (numerisch: alle Maschineninforma-
tionen werden durch Ziffern symbolisiert) von Werkzeugmaschinen verwendet
wird, mit der Bedeutung der Lochkombinationen nach dem internationalen Tele-
graphenalphabet Nr. 2. Jede prüfbare Lochkombination wird mit einem Ziffern-
wert codiert, der dann z. B. angibt, welchen Punkt in einem Koordinatensystem
die Maschine einnehmen soll (Ortsinformation) und welche Funktion die Maschine
ausführen soll (Schaltinformation). Schalt- und Ortsinformation für einen Bear-
beitungsschritt werden zu einem „Wort" zusammengefaßt. VDI 32 59 sowie
DIN 66 023 und 66 024 legen Programmcodes für numerische Steuerungen fest.

Bild **5**.27

Lochstreifen für die Programmierung einer
Werkzeugmaschine
1 Anfang des Lochstreifens
2 Programmanfang bzw. -ende
3 Schaltinformation
4, 5 Ortsinformation in zwei Koordinaten
6 Wort Nr. 1,   7 Wortende
8 Wort Nr. 2,   9 gelöschtes Zeichen

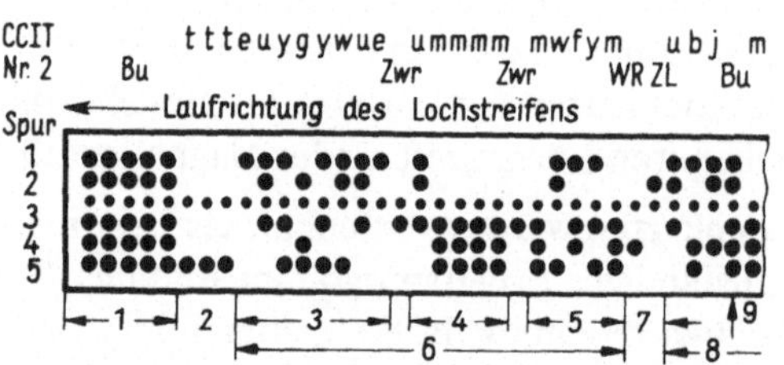

Magnetische Speicher verwendet man, um große Informationsmengen lange zu
speichern (Langzeitspeicher), während elektronische Speicher zur kurzzeitigen
Speicherung kleiner Informationsmengen dienen. Magnetische Speicher stellen
die Signale 0 und L durch z w e i v e r s c h i e d e n e M a g n e t i s i e r u n g s -
z u s t ä n d e dar.

K e r n s p e i c h e r arbeiten mit Ferritkernen, die eine annähernd rechteckför-
mige Hysteresisschleife haben. Die Signalzustände 0 und L werden durch je
einen der beiden magnetischen Sättigungszustände dargestellt. Man ordnet Zeilen-
und Spaltendrähte in einer Ebene an, die an den Schnittpunkten jeweils beide
durch einen Speicherkern gesteckt werden (Speicherkernmatrix). Die Durchflutung
eines Drahtes allein reicht nicht zur Ummagnetisierung des Kerns aus. Erst wenn
Zeilen- und Spaltendraht gleichzeitig einen Stromimpuls erhalten (Stromkoinzidenz), wird der Kern ummagnetisiert, die Information gespeichert. Beim Lese-
vorgang gibt man nacheinander auf die einzelnen durch Zeilen- und Spaltendraht
ausgewählten, abzufragenden Magnetkerne eine Stromkoinzidenz umgekehrter
Richtung. Kerne, die ein Signal gespeichert hatten, werden ummagnetisiert und
erzeugen in einem zusätzlichen Lesedraht, der mit sämtlichen Kernen magnetisch
verkettet ist, einen Spannungsimpuls. Kerne, die kein Signal gespeichert hatten,

werden nicht ummagnetisiert, erzeugen also auch beim Abfragen keinen Spannungsimpuls im Lesedraht. M a g n e t b a n d s p e i c h e r speichern ebenso wie M a g n e t t r o m m e l - oder M a g n e t p l a t t e n s p e i c h e r die Information als verschieden gepolte Magnetisierung des Eisenpulvers in einem Kunststoff, der als Band, Trommel oder Platte ausgebildet ist. Sie sind billiger als Magnetkernspeicher, benötigen aber größere Zugriffszeiten.

Errechnung von Steuerprogrammen. Die besprochenen Speicher arbeiten mit festen Programmen. Will man die Größen erfassen, die den Steuerungsablauf beeinflussen, z. B. Temperatur und Materialstärke des Walzgutes beim Walzvorgang, dann muß man durch einen R e c h n e r während des Arbeitsvorgangs laufend die Steuerinformationen überprüfen und neu errechnen lassen.

5.23 Schaltglieder

Die Hersteller kontaktloser Steuerungen haben zur Lösung der einzelnen Steueraufgaben Schaltglieder entwickelt, die bausteinartig zu einer Steuerung zusammengebaut werden können. Verknüpfungsglieder übernehmen die Aufgaben von Verriegelungsschaltungen der Relaistechnik. Speicherglieder ermöglichen Selbsthalteschaltungen und Zählschaltungen, und Zeitglieder verwirklichen zeitabhängige Funktionen. Die meisten Schaltglieder arbeiten mit statischen Signalen. Dynamische Eingänge werden besonders gekennzeichnet.

5.231 Verknüpfungsglieder. ODER-Glied. Die in Bild 5.20 angegebene ODER-Schaltung stellen wir nach DIN 40700, Bl. 14, unabhängig von der Art der Realisierung, durch das Schaltzeichen in Bild 5.28a dar. Dabei deuten die durchgehenden Striche an, daß bereits e i n Eingangssignal zum Ausgang „durchgeht". Aus Platzgründen haben wir hier nur 2 Eingänge vorgesehen. Die Zahl der Eingänge kann größer sein und/oder durch Diodenschaltungen ohne Verstärkung, also Vorsätze, vergrößert werden. Bild 5.28b zeigt das Schaltzeichen für die in Abschn. 5.212 besprochene NOR-Schaltung, die man gleichzeitig zur Realisierung der NICHT-Funktion verwenden kann. Der Punkt am Ausgang a_2 kennzeichnet die Negierung. An den Ausgängen des Schaltgliedes nach Bild 5.28c steht an a_1 die ODER- und an a_2 gleichzeitig die NOR-Funktion zur Verfügung.

Für dieses Schaltglied haben wir in Bild 5.28d die F u n k t i o n s t a b e l l e aufgestellt. Man faßt nach den Regeln der Schaltalgebra (s. Abschn. 5.25) die Eingänge des Schaltglieds als unabhängige Veränderliche auf, die im Gegensatz zur normalen Mathematik nur die Signalzustände O und L annehmen können, und erhält bei n Eingängen 2^n Kombinationsmöglichkeiten der Eingangssignale. Zu diesen möglichen Eingangssignal-Kombinationen gibt man die Schaltfunktion, d. h. die zugehörigen Signalzustände der Ausgänge, der abhängigen Veränderlichen, in Tabellenform an.

Aus der Funktionstabelle erkennen wir, daß man die NOR-Funktion auch so beschreiben kann, daß am Ausgang a_2 L-Signal ansteht, wenn e_1 u n d e_2 O-Si-

gnal haben. Bild 5.28e drückt diese gleichwertige Aussage im Schaltzeichen aus.
Die Punkte an den Eingängen deuten darauf hin, daß ein negiertes Eingangssignal,
also O-Signal, anliegen muß, damit die UND-Funktion erfüllt wird. Der NOR-
Schaltung entspricht ein Relais mit Ruhekontakt, das durch 2 parallelgeschaltete
Schließkontakte im Spulenkreis gesteuert wird. Es gibt das Ausgangssignal ab,
wenn keiner dieser Schließkontakte gedrückt ist. Gleichwertig ist die Bild 5.28e
entsprechende Aussage, daß eine Reihenschaltung zweier Öffnerkontakte dann
ein Ausgangssignal liefert, wenn keiner dieser Kontakte gedrückt wird. Wir erkennen, daß zur Realisierung sämtlicher Verknüpfungsaufgaben e i n e S c h a l t -
f u n k t i o n zusammen m i t der V e r n e i n u n g genügen würde, wozu sich
die NOR-Funktion besonders eignet (NOR-Technik). Die Verknüpfungsglieder
kann man dann wegen der geringeren Typenzahl und der größeren Stückzahlen
besonders wirtschaftlich herstellen, muß jedoch bei der Realisierung der übrigen
Schaltfunktionen (z. B. UND-Funktion, angesteuert durch L-Signal, in NOR-
Technik) einen größeren Geräteaufwand in Kauf nehmen. Die meisten Hersteller
haben daher Bausteine für beide Schaltfunktionen und die Negierung entwickelt,
z. T. mit zwei antivalenten Ausgängen, um dem Anwender die Lösung einer Steuerungsaufgabe zu erleichtern.

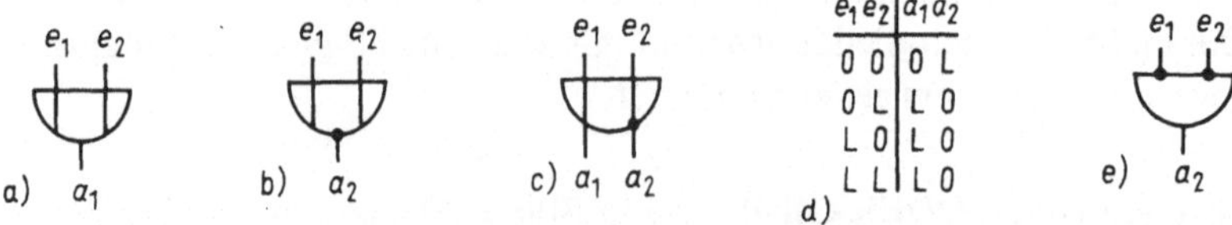

Bild 5.28 Schaltzeichen des ODER-Verknüpfungsgliedes (a), der NOR-Schaltung (b), der
Zusammenfassung beider Funktionen (c) sowie Funktionstabelle (d) für c);
e) ist ein zu b) gleichwertiges Schaltzeichen für das NOR-Schaltglied.

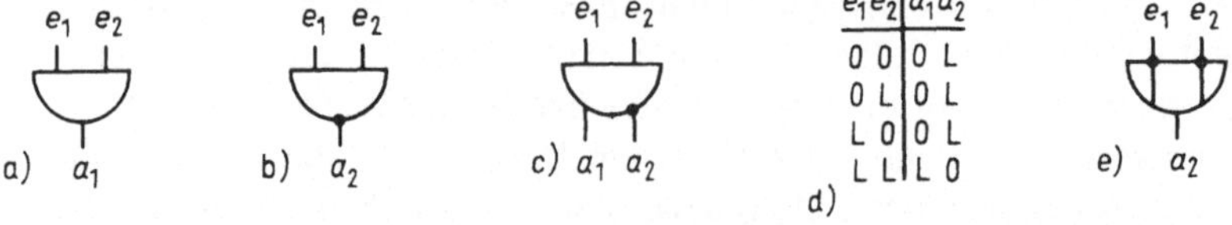

Bild 5.29 Schaltzeichen des UND-Verknüpfungsgliedes (a), der NAND-Schaltung (b), der
Zusammenfassung beider Funktionen (c) sowie Funktionstabelle (d) für c);
e) zeigt ein zu b) gleichwertiges Schaltzeichen für das NAND-Schaltglied.

UND-Glied. Das Schaltzeichen in Bild 5.29a kennzeichnet eine UND-Schaltung,
wie sie in Bild 5.19 angegeben ist; dabei sagt das Schaltzeichen nichts darüber aus,
ob das Signal nur verknüpft (Vorsatz) oder auch verstärkt wird. Bild 5.29b zeigt
das Schaltzeichen einer UND-Funktion mit nachfolgender Verneinung, die NAND-
Schaltung (engl. and + not), während das Schaltzeichen nach Bild 5.29c an a_1 die
UND-Funktion und an a_2 die NAND-Funktion zur Verfügung stellt. Für dieses
Schaltglied ist in Bild 5.29d die Schaltfunktion aufgestellt. Auch hier erkennen

wir, daß man mit negierten Eingangssignalen die ODER-Funktion erfüllen kann. Wenn an e_1 o d e r e_2 O-Signal anliegt, führt Ausgang a_2 L-Signal. Wir können also das Schaltzeichen in Bild 5.29b gegebenenfalls durch das in Bild 5.29e angegebene ersetzen.

5.232 Speicherglieder. Speicher mit statischen Eingängen verwendet man vorzugsweise für die Befehlsspeicherung, für besonders störunempfindliche Zähler, Schrittschaltwerke, Schieberegister, u. ä., während dynamische Speicher oder Impulsspeicher besonders bei Zählern und Schieberegistern Verwendung finden.

Speicher mit statischen Eingängen. In Bild 5.12a wird die Aufgabe der Befehlsspeicherung mit einem Selbsthaltekontakt am Schütz gelöst. Der Ausgangskontakt erscheint im Eingangskreis des Schützes. Die Lösung dieser Aufgabe mit kontaktlosen Schaltgliedern erfordert ebenso eine R ü c k k o p p l u n g des Ausgangs auf den Eingang. In Bild 5.30a ist diese Aufgabe mit zwei NOR-Schaltgliedern gelöst. Durch ein L-Signal am Eingang e_1 verschwindet am Schaltglied I das Ausgangssignal. Somit erscheint am Ausgang des Schaltglieds II ein L-Signal, wenn der Eingang e_2 ein O-Signal hat. Dieses L-Signal wird auf den Eingang des Schaltglieds I rückgekoppelt, ersetzt also das am Eingang e_1 gegebene Impulskommando, so daß dieser Signalzustand aufrechterhalten bleibt. Mit Rücksicht auf die Wirkungsweise haben wir die Zuordnungen auf der Ausgangsseite ausgekreuzt. Durch ein L-Signal am Eingang e_2 verschwindet das Ausgangssignal am Schaltglied II und somit am Ausgang a_1, und der Speicher wird auf $a_2 = L$ gesetzt.

Man kann also grundsätzlich die Aufgabe der Befehlsspeicherung mit zwei Verknüpfungsgliedern lösen. Weil diese Aufgabe jedoch in Steuerungen sehr häufig wiederkehrt, ist es zweckmäßiger, sie in einem selbständigen Baustein zu lösen. Der dazu verwendeten b i s t a b i l e n K i p p s c h a l t u n g (Flip-Flop) kann man dann noch besondere Eigenschaften geben. Das bistabile Verhalten deuten wir durch die Unterteilung des Schaltsymbols (Bild 5.30b) in zwei Teile an. Es ist noch die Frage zu klären, welchen Ausgangssignalzustand man erhält, wenn die

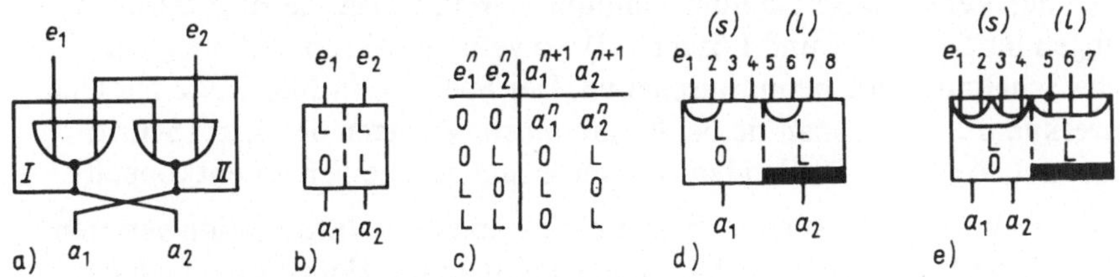

Bild 5.30 Signalspeicher mit statischen Eingangssignalen
    a) realisiert durch 2 NOR-Schaltglieder
    b) Schaltzeichen für die Realisierung durch eine bistabile Kippstufe
    c) Funktionstabelle des Speichers in b)
    d) Speicher mit Vorzugsstellung beim Einschalten der Versorgungsspannung und zusätzlichen Eingängen
    e) Speicher mit Vorzugsstellung beim Einschalten der Versorgungsspannung als Schrittbaustein für Programmsteuerungen.

Eingänge e_1 und e_2 ein L-Signal bekommen. Bei der Ausgangsschaltung in Bild 5.30a würde an den Ausgängen der Schaltglieder I und II das Signal verschwinden, also $a_1 = a_2 = 0$ werden. Die Schaltung in Bild 5.30b soll so ausgebildet sein, daß in diesem Fall die im Schaltzeichen eingetragenen Zuordnungen gelten. Der d o m i n i e r e n d auszuführende Befehl ist an den Eingang e_2 zu legen.

Bei der Beschreibung der Speicherfunktion in einer Funktionstabelle taucht die Schwierigkeit auf, daß Signalzuordnungen zu verschiedenen Z e i t p u n k t e n , nämlich vor und nach dem Setzen des Speichers, zu erfassen sind. Man kann diese Aufgabe dadurch lösen, daß man den Ausgangszustand des Speichers als zusätzliche, zeitverzögerte Eingangsvariable in der Funktionstabelle erscheinen läßt, oder indem man einen bestimmten Takt bei der Änderung der Eingangsveränderlichen vorschreibt. In Bild 5.30c haben wir die mit Rücksicht auf die Schaltalgebra zweckmäßigste Darstellung gewählt. Durch die Hochzahl n kennzeichnen wir den Zeitpunkt vor dem Setzen des Speichers und durch $n + 1$ die Zeit danach. Für die Eingangsveränderlichen $e_1^n = e_2^n = 0$ bleibt also der Vorzustand a_1^n bzw. a_2^n erhalten.

Für die meisten Steuerungsaufgaben ist es sehr zweckmäßig, die Speichereingänge durch z u s ä t z l i c h e V e r k n ü p f u n g e n zu erweitern, wie dies Bild 5.30d zeigt. Nicht besonders gekennzeichnete Eingänge (z. B. 3,4; 7,8) sind durch eine ODER-Funktion miteinander verknüpft, während UND-verknüpfte Eingänge (z. B. 1,2 und 5,6) besonders zu kennzeichnen sind.

Der Speicher in Bild 5.30a hat keinen definierten Zustand, wenn beide Eingänge gleichzeitig Signal bekommen, oder wenn die Speisespannung zugeschaltet wird und kein Eingangssignal vorliegt. Der sich einstellende Ausgangszustand ist davon abhängig, welche der beiden Stufen, bedingt durch die Bauteiltoleranz, schneller schaltet. Man kann dem Speicher für diesen Fall ein zusätzliches Verhalten geben oder durch einen R i c h t i m p u l s g e b e r beim Einschalten einen bestimmten Ausgangszustand erzwingen. Bei dem Speicher in Bild 5.30d deutet das schwarz ausgefüllte Rechteck eine besondere Grundstellung an, die der Speicher, z. B. beim Einschalten der Versorgungsspannung, einnimmt. Wählt man die eingetragenen Zuordnungen für Setzen (s) und Löschen (l), so vermeidet man evtl. mögliche gefährliche Schaltzustände beim Einschalten. Der Speicher in Bild 5.30e hat eine Eingangsverknüpfung, wie man sie bei Programmsteuerungen benötigt (Schrittbaustein, s. a. Beisp. 5.8). Die beiden Ausgänge sind gegeneinander entkoppelt.

Bei Ausfall der Versorgungsspannung geht die gespeicherte Information verloren. Durch zusätzliche Magnete, Haftrelais, u. ä. kann man im H a f t s p e i c h e r oder R e m a n e n z s p e i c h e r den Signalzustand über Ausfall und Wiedereinschalten der Versorgungsspannung aufrecht erhalten.

Speicher mit dynamischem Eingang. Der Speicher mit dem Schaltzeichen nach Bild 5.31a kippt nach jedem dynamischen Signal an e abwechselnd in den einen und den anderen stabilen Zustand und ändert damit den Signalzustand der Ausgänge a_1 und a_2. Das offene Dreieck gibt an, daß nur ein 0-L-Übergang die bistabile Kippstufe in die andere Lage kippt. Eine Wirkung beim L-0-Übergang würde im Schaltzeichen durch ein schwarz angelegtes Dreieck gekennzeichnet werden.

Aus dem Signal-Zeit-Plan in Bild 5.31b erkennen wir, daß nur jeder zweite 0-L-Übergang des Eingangs einen 0-L-Übergang am Ausgang a_1 hervorruft, die Signalfrequenz wird im Verhältnis 2 : 1 geteilt. Signalfrequenzteiler kann man für Zählaufgaben einsetzen. Ein L-Signal am Rückstelleingang r erzwingt unabhängig vom Signalzustand an e bei a_1 0-Signal und bei a_2 L-Signal. Auch bei diesem Speicher müssen wir durch entsprechende Schaltmittel einen definierten Signalzustand beim Einschalten erzwingen.

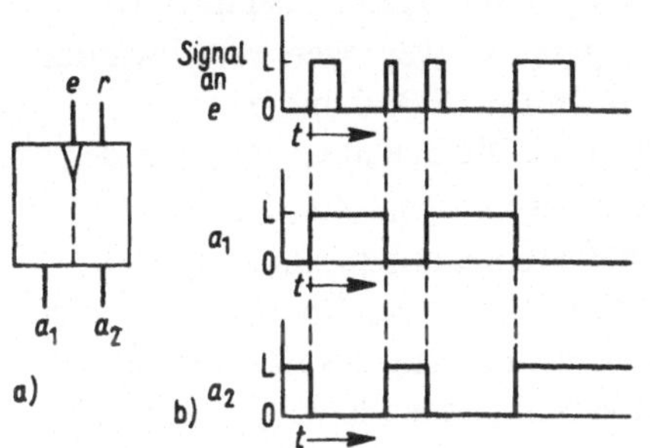

Bild 5.31
Speicher mit dynamischem Eingangssignal
(Signalfrequenzteiler)
a) Schaltzeichen
b) Signal-Zeit-Plan

Bild 5.32
Signalblocker
a) Schaltzeichen
b) Signal-Zeit-Plan

5.233 Zeitglieder. Zeitglieder verwirklichen zeitabhängige Funktionen, die in Relaissteuerungen von Zeitrelais (s. Absch. 5.162) erfüllt werden. Man erzeugt mit Zeitgliedern z. B. Impulse bestimmter Dauer oder verzögert Beginn oder (und) Ende eines Signals. Man nutzt dazu die Zeit aus, die zum Laden, Entladen oder Umladen einer R C - K o m b i n a t i o n erforderlich ist. Die Verzögerungszeit kann je nach Schaltung durch einen Signalverlauf, der diesen Ladevorgang stört, unerwünscht beeinflußt werden. Wir müssen daher die Forderungen des Herstellers beachten. Der Verluststrom der Kondensatoren begrenzt die höchste erreichbare Verzögerungszeit auf einige min. Durch Verwendung von Potentiometern kann man die Verzögerungszeit bis etwa 1:100 einstellbar machen. Die Verzögerungszeit wird mit einigen % Genauigkeit eingehalten. Bei höheren Genauigkeitsansprüchen, wie z. B. die Drehzahlmessung sie fordert, verwendet man Zeitgeber mit Quarzschwingern.

Signalblocker. Der Signalblocker besteht, wie das Schaltzeichen in Bild 5.32a andeutet, aus einer m o n o s t a b i l e n K i p p s c h a l t u n g (s. Band VI/2, Abschn. Schwingungserzeugung) mit dynamischem Eingang. Ein L-0-Übergang an e kippt die Schaltung in den instabilen Zustand (L-Signal an a_1). Nach der durch ein RC-Glied gegebenen Zeit kippt die Schaltung selbsttätig in den durch die Pfeil-

richtung im Schaltzeichen gekennzeichneten stabilen Zustand zurück (L-Signal
an a_2). Aus dem Signal-Zeit-Plan in Bild 5.32b erkennen wir, daß mit dem Verschwinden des Eingangssignals für die Dauer t_v an a_1 L-Signal ansteht.

Signalverzögerer. Der Signalverzögerer bildet das Eingangssignal (Bild 5.33a) verzögert am Ausgang a_1 ab. Die Verzögerung des 0-L-Übergangs entspricht der
A n z u g s v e r z ö g e r u n g eines Zeitrelais (Bild 5.33b). Der L-0-Übergang
bleibt dabei unverzögert. Denkt man sich in Bild 5.33b das Signal an a_2 hinzu,
so erkennt man, daß das Signal an a_2 beim 0-L-Übergang am Eingang mit der
Zeitverzögerung t_v verschwindet: A b f a l l v e r z ö g e r u n g. Bild 5.33c zeigt
das Schaltzeichen und den Signal-Zeit-Plan eines Signalverzögerers, bei dem das
Signal an a_1 gegenüber dem L-0-Übergang des Eingangs zeitverzögert verschwindet,
das also an a_1 eine Abfallverzögerung verwirklicht. In Bild 5.33d und e

haben wir die Schaltzeichen und den
zugehörigen Signal-Zeit-Plan von
Signalverzögerern zusammengestellt,
die sowohl den 0-L-Übergang wie auch
den L-0-Übergang des Eingangssignals
mit verschiedenen bzw. gleichen Zeiten verzögern.

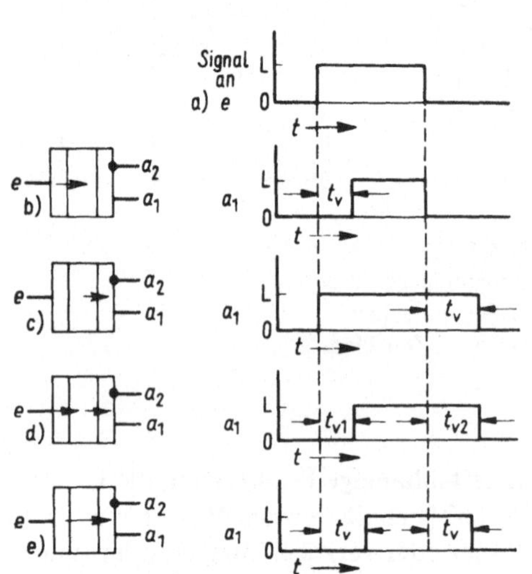

Bild 5.33
Signalverzögerer, Eingangssignal (a) und zugehö-
riges Ausgangssignal jeweils an a_1 sowie Schaltzeichen bei Verzögerung des 0-L-Überganges
(b), des L-0-Überganges (c), beider Übergänge
um verschiedene Zeiten (d) und beider Übergänge um gleiche Zeiten (e)

5.24 Ausgabeglieder

Die Ausgabeglieder verstärken das aus dem Rechenteil mit geringem Leistungsniveau kommende Signal auf das für die Betätigung von Leuchtmeldern, Relais,
Schützen, Kupplungen usw. erforderliche Leistungsniveau.

5.241 Transistor-Verstärker. Denkt man sich in Bild 5.20b den Kollektorwiderstand
R_4 durch eine Relaisspule ersetzt, so erhält man den grundsätzlichen Aufbau
eines einstufigen Transistor-Endverstärkers. Dabei können Relais und Verstärker
eine Baueinheit sein oder getrennte Geräte. Zur Begrenzung der beim Abschalten
der Relaisspule auftretenden Selbstinduktionsspannung ist eine Freilaufdiode
parallel zur Spule zu schalten, die auch im Verstärker mit eingebaut werden kann.
Glühlampen erfordern die Beachtung der Einschaltstromspitze der kalten Lampe.
Spannung und Leistung von Transistor-Verstärkern sind auf etwa 24 V und einige
100 W begrenzt.

5.242 Thyristor-Verstärker. Mit Thyristor-Endverstärkern erreichen wir eine Ausgangsleistung von einigen kW bei 220 V. Die Schaltung kann für Gleich- oder Wechselstromausgang und gegebenenfalls mit feinstufig verstellbarer Ausgangsspannung ausgeführt werden.

Beispiel 5.7: Automatischer Kübelaufzug. Der in Bild 5.34 gezeigte Kübelaufzug wird an der unteren Ladestelle aus einem Vorratsbunker beladen und schaltet über den unteren Endtaster b4 nach Ablauf der unteren Wartezeit t_u selbsttätig die Aufwärtsfahrt ein. Oben angekommen entlädt sich der Kübel auf ein Förderband und schaltet über den oberen Endtaster b5 nach der oberen Wartezeit t_o wieder auf Abwärtsfahrt. Unten angekommen, öffnet der Kübel mechanisch den Bunker, füllt sich während der unteren Wartezeit und schaltet dann wieder auf Aufwärtsfahrt. In Bild 5.34b haben wir den einpoligen Übersichtsschaltplan und in Bild 5.34c den Stromlaufplan für die automatische S t e u e r u n g des Kübelaufzugs m i t S c h ü t z e n angegeben. Relais d3 speichert den durch b1 oder b2 gegebenen Einschaltbefehl. Die Endtaster unterbrechen in den Endstellungen die bisherige Fahrtrichtung und schalten zeitabhängig die Gegenrichtung ein. Über den Taster b3 kann man den automatischen Ablauf stoppen. Diese Relaissteuerung ist durch eine kontaktlose Schaltung zu ersetzen.

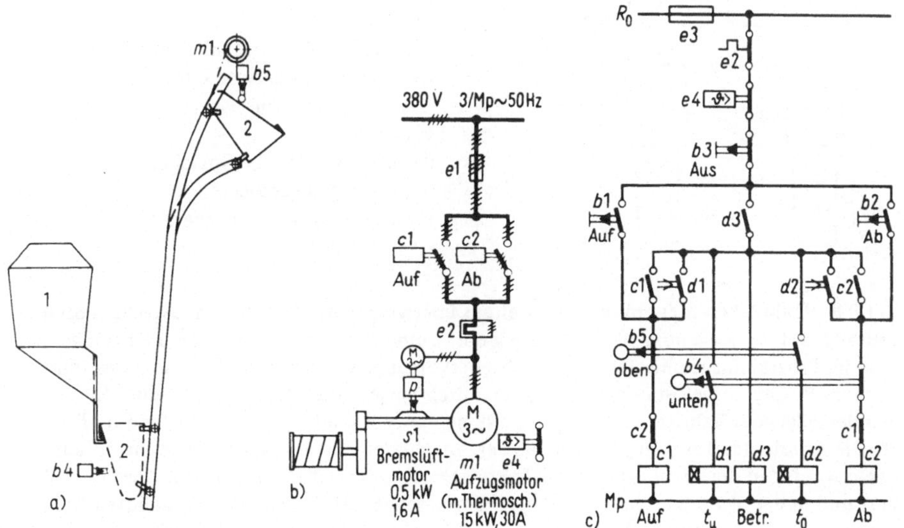

Bild 5.34 Automatischer Kübelaufzug
       a) Übersichtsbild 1 Bunker 2 Kübel
       b) Übersichtsschaltplan (Bedeutung der Bezeichnungen s. Tafel 5.49, S. 259)
       c) Stromlaufplan

Bild 5.35 zeigt die gewünschte Schaltung m i t k o n t a k t l o s e n S c h a l t g l i e d e r n, die die gleiche Funktion erfüllt. Das Speicherglied u1 speichert einen Befehlsimpuls für die Aufwärtsfahrt, den wir auf den Setzeingang s leiten. Diesen Befehlsimpuls können wir von Hand durch Betätigen von b1 ohne Zeitverzögerung geben. Außerdem wird der Speicher u1 zeitverzögert durch Anfahren des unteren Endtasters b4 über u4 gesetzt. Beim Erreichen der oberen Endstellung löscht b5 den Speicher für die Aufwärtsfahrt und setzt zeitverzögert über u5 den Speicher für die Abwärtsfahrt. Der Speicher u3 speichert den Befehl für die automatische Fahrt und löscht beide Fahrtrichtungsspeicher, wenn über b3 ein Ausschaltbefehl gegeben wird. Die Speicher sind so geschaltet, daß sie den „Aus"-Befehl dominierend ausführen. Die beiden Fahrtrichtungsspeicher sind gegeneinander verriegelt. Beim Einschalten der Versorgungsspannung gehen die Speicher in die gekennzeichnete Vorzugsstellung, so daß hierbei keine unerwünschte Einschaltung des Kübelaufzugs erfolgen kann. Die Zuleitung der Versorgungsspannungen ist, wie allgemein üblich, nicht eingezeichnet.

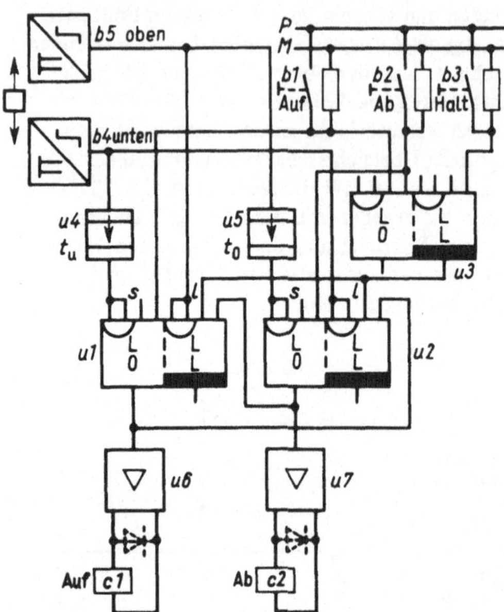

Bild 5.35
Signallaufplan für die Steuerung des automatischen Kübelaufzuges mit kontaktlosen Schaltgliedern

b1, b2, b3 Befehlsschalter mit Kontakten
b4, b5 berührungslose Endschalter
            (Transistor-Oszillator)
c1, c2 Schütze
u1, u2, u3 statische Speicher
u4, u5 Signalverzögerer
u6, u7 Ausgangsverstärker

Beispiel 5.8: Hubbalken-Steuerung. Den weitaus überwiegenden Teil aller industriellen Steuerungen bilden P r o g r a m m s t e u e r u n g e n, zumeist als A b l a u f s t e u e r u n g e n, d. h., die im Programmspeicher festgelegten Steuervorgänge werden nach Erreichen bestimmter Zustände im Prozeß ausgelöst oder beendet. Dadurch besteht die Steuerung aus einer Kette aufeinander folgender Schritte oder Takte, zu denen jeweils ein bestimmter Zustand im Prozeß gehört. Die Anzahl der Takte ergibt sich aus der Anzahl der Zustandsänderungen im Ablauf. Die Takte werden in der Steuerung durch Takteinheiten oder Schrittspeicher (s. Abschn. 5.232) realisiert und in der P r o g r a m m e b e n e zusammengefaßt. Zu jedem Takt gehören bestimmte Bewegungen der Stellglieder. Verriegelungen, die einem Stellglied fest zugeordnet und dauernd wirksam sind, werden in der A u s g a b e e b e n e mit Ausgabeverknüpfern verwirklicht. Sie dienen sowohl der Sicherheit des Stellgliedes als auch dem Schutz des an der Maschine tätigen Personals. Verriegelungen, die für die Schaltfolge des Ablaufs wirksam sind (Fortschaltbedingungen), werden in der der Programmebene vorgeschalteten E i n g a b e e b e n e realisiert. Am Beispiel der Hubbalkensteuerung, die einen Ausschnitt aus einer größeren Steuerung wiedergibt (nach BBC-Nachrichten 1969, Heft 12 und 1970, Heft 7 und 8/9), wollen wir den Aufbau einer Ablaufsteuerung und die möglichen Darstellungsarten des Programmablaufs zeigen.

Der Hubbalken in Bild 5.36 transportiert Blechbunde von der Ladestelle L zum Kippstuhl K in Förderrichtung F von links nach rechts, indem er im Uhrzeigersinn die Bewegungen Heben-Rechtsfahren-Senken-Linksfahren durchführt. Bei jedem dieser Bewegungsumläufe gelangen die Bunde B schrittweise von einem Platz auf den nächsten. Sie werden an der Ladestelle L an Platz 1 aufgelegt und nach Erreichen von Platz 7 auf einem Kippstuhl K weitertransportiert. Bei jeder dieser Bewegungen muß der Kippstuhl in der linken Kipplage stehen und leer sein

(Platz 7 unbelegt). Wenn der Kippstuhl sich in der rechten Kipplage befindet, darf der Hubbalken nur arbeiten, wenn der Platz 6 unbelegt ist. Wir können diese Bedingungen mit der Schaltalgebra (s. Abschn. 5.25) kurz ausdrücken durch $B = (bE9R \wedge \overline{bE8}) \vee (bE9V \wedge \overline{bE5}) = L$. Außerdem muß sich der Hubbalken in der Grundstellung links unten befinden, d. h.: $A = bE1R \wedge bE2R = L$, und das Programm darf nicht gestartet sein.

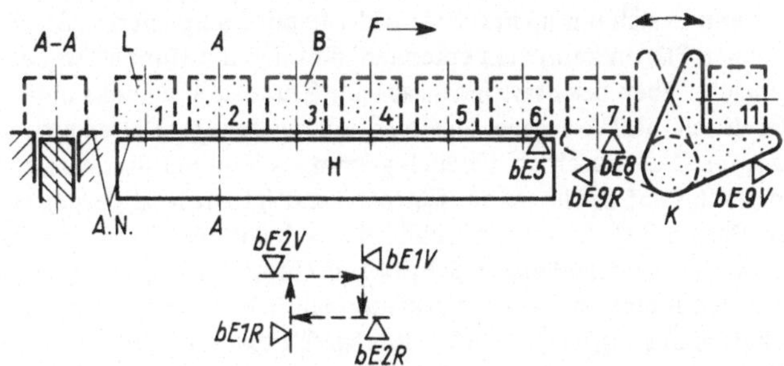

Bild 5.36   Hubbalken H mit den Endbegrenzungsschaltern links (bE1R), rechts (bE1V), unten (bE2R), oben (bE2V) und Schalter für „Platz 6 belegt" (bE5) sowie Kippstuhl K mit den Begrenzungsschaltern links (bE9R), rechts (bE9V) und belegt in linker Stellung (bE8) L Ladestelle, B Bund auf Platz 1 bis 7 und 11, AN Abstellniveau, F Förderrichtung

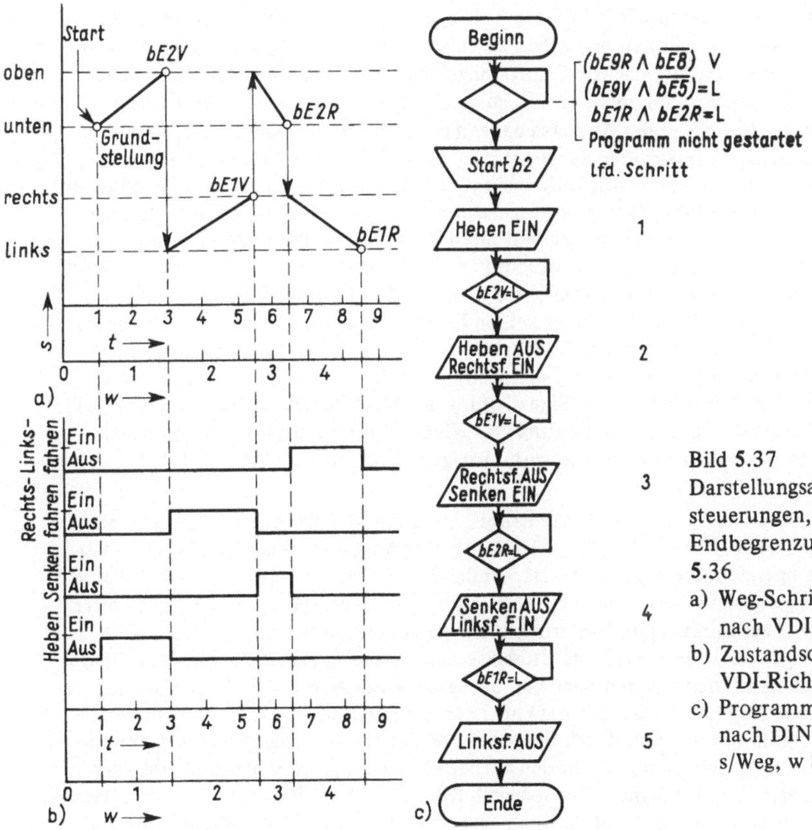

Bild 5.37
Darstellungsarten für Programmsteuerungen, Bezeichnung der Endbegrenzungsschalter s. Bild 5.36
a) Weg-Schritt/Zeit-Diagramm nach VDI-Richtlinie 3260
b) Zustandsdiagramm nach VDI-Richtlinie 3260
c) Programmablaufplan (PAP) nach DIN 66001
s/Weg, w Schritt, t Zeit

Um den Prozeßablauf, hier die Hubbalkensteuerung, darzustellen, kann man entweder ein
F u n k t i o n s d i a g r a m m nach VDI-Richtlinie 3260 als Weg-Schritt/Zeit-Diagramm
(s. Bild 5.37a) oder als Zustandsdiagramm (s. Bild 5.37b) wählen oder den Programm-
a b l a u f p l a n (PAP) nach DIN 66001 (s. Bild 5.37c). Der PAP wurde speziell zur Programmierung von Rechnern entwickelt und wird vorzugsweise dann zur Darstellung von Steuerungsaufgaben verwendet, wenn es sich um mehrkettige Abläufe mit komplizierten Strukturen handelt. Aus den angegebenen Plänen kann man erkennen, daß sich der Hubbalken bei erfüllten
Anfangsbedingungen nach Geben des Startsignals aus der Grundstellung links unten nach oben
bis zum Erreichen der durch bE2V gegebenen Grenzstellung bewegt. Diesen ersten Schritt des
Hubbalkens stellen wir im PAP durch ein Parallelogramm als Sinnbild für „Ausgabefehl" dar.
Jedes dieser Sinnbilder − bis auf das letzte der Kette − benötigt zur Realisierung (s. Bild 5.38)
einen Schrittspeicher. Das im PAP folgende Sinnbild für „sobald", der Rhombus, kennzeichnet
das Fortschaltsignal, das den vorhergehenden Schritt 1 löscht und den nächsten Schrittspeicher
für Schritt 2 setzt. Aus den Bildern 5.37a bis c erkennt man, wie die einzelnen Schritte nach
Erreichen der Fortschaltbedingung nacheinander durchgeführt werden, bis mit b1R = L die
Ausgangsstellung wieder erreicht ist und die Hubbalkensteuerung abgeschaltet wird.

Wir wollen uns nun der Realisierung dieser Hubbalkensteuerung im Schaltplan in Bild 5.38 zuwenden. Dieses Beispiel ist ein Ausschnitt aus einer umfangreichen Steuerung. Aus Platzgründen
müssen wir uns auf diesen Ausschnitt beschränken. Aus dem gleichen Grund haben wir die den
Ausgabeverknüpfern nachgeschalteten Verstärker und Stellglieder nicht gezeichnet.

Mit dem Wahlschalter b1 können wir in Stellung 1 den automatischen Ablauf des Hubbalken-
Programms wählen oder beim halbautomatischen Betrieb (2) erreichen, daß nach jedem Schritt
durch Drücken des Tasters b2 der nächste Schritt eingeleitet wird. Beim Handbetrieb (3) werden Eingabeebene EE und Programmebene PE ausgeschaltet, und die Anlage wird durch
Drücken der Taster b4 bis b7 in der Ausgabeebene AE geschaltet. In der Ausgabeebene erkennen wir die gegenseitige Verriegelung der Bewegungen Heben H mit Senken S sowie von
Rechtsfahren R mit Linksfahren L mit Hilfe der antivalenten Ausgänge der Ausgabeverknüpfer
G1 bis G4. Ebenso erkennen wir die Begrenzung der Bewegungen durch die Endbegrenzungsschalter bE2V, bE1V, bE2R und bE1R, die mit ihren Öffnerkontakten beim Erreichen der
Endstellungen die UND-Verknüpfung des zugehörigen Ausgabeverknüpfers aufheben und somit
abschalten. Die Signalleitung s1 „Programmsperre" führt in den Betriebsstellungen 1 und 2
des Wahlschalters b1 L-Signal und hat daher keinen Einfluß auf die Speicherkette u7 bis u10
der Programmebene PE. Im Handbetrieb (3) führt sie O-Signal und löscht dann sämtliche
Speicher. Die Signalleitung s2 liefert das Signal „Kette gestartet"; hiermit wird das Starten
einer eingeschalteten Kette verhindert. Die Signalleitung s3 führt bei Handbetrieb (3 von b1)
das erforderliche L-Signal, während die Leitung s4 „Generalverriegelung" die Möglichkeit
gibt, durch Betätigen des Schalters b3 die gesamte Anlage stillzusetzen.

In Stellung „A u t o m a t i k" (1) des Wahlschalters b1 kann man über den Taster b2 den
Speicher u7 setzen, wenn B $\wedge$ $\overline{s2}$ $\wedge$ A $\wedge$ b1, 1 = L ist. Der Ausgabeverknüpfer G1 gibt über
zusätzliche, nicht eingezeichnete Ausgangsverstärker das Signal „Heben" H, wenn s4 $\wedge$ bE2V $\wedge$
$\overline{G2}$ = L ist. Das Ausgangssignal des Speichers u7 hat gleichzeitig den Speicher u8 vorbereitet.
Beim Erreichen der oberen Endstellung unterbricht der Ruhekontakt des Begrenzungsschalters
bE2V über den Ausgabeverknüpfer G1 die Hubbewegung, während sein Schließkontakt über
das Verknüpfungsglied u4 den zweiten Speicher u8 setzt, wenn Automatik-Betrieb vorliegt.
Bei „H a l b a u t o m a t i k" kommt die Erfüllung der UND-Bedingung für u4 nicht vom
Wahlschalter b1,1, sondern sie muß durch Betätigen des Tasters b2 erneut geliefert werden.
Das Ausgangssignal des Speichers u8 löscht den vorhergehenden Speicher u7 und gibt über
den Ausgabeverknüpfer G3 das Signal „Rechtslauf" R, wenn s4 $\wedge$ bE1V $\wedge$ $\overline{G4}$ = L ist. Nach
Erreichen der rechten Endstellung löscht der Begrenzungsschalter bE1V die Rechtsfahrt und

setzt den Speicher u9, der durch den Speicher u8 vorbereitet wurde, für „Senken" S. Nach Erreichen von bE2R in der unteren Grenzlage wird u9 gelöscht und der Speicher u10 für „Linksfahrt" L gesetzt. Mit Anfahren des Begrenzungsschalters bE1R ist der letzte Bewegungsschritt in der Taktkette getan und die Ausgangslage erreicht. Der Endschalter bE1R löscht den Speicher u10 und beendet über den Ausgabeverknüpfer G4 die Linksfahrt. In der Stellung 3 des Wahlschalters b1 „Handbetrieb" sind Eingabeebene EE und Programmebene PE ausgeschaltet, und über die Signalleitung s3 kann man mit den Tastern b4 bis b7 die Ausgabeverknüpfer direkt tasten.

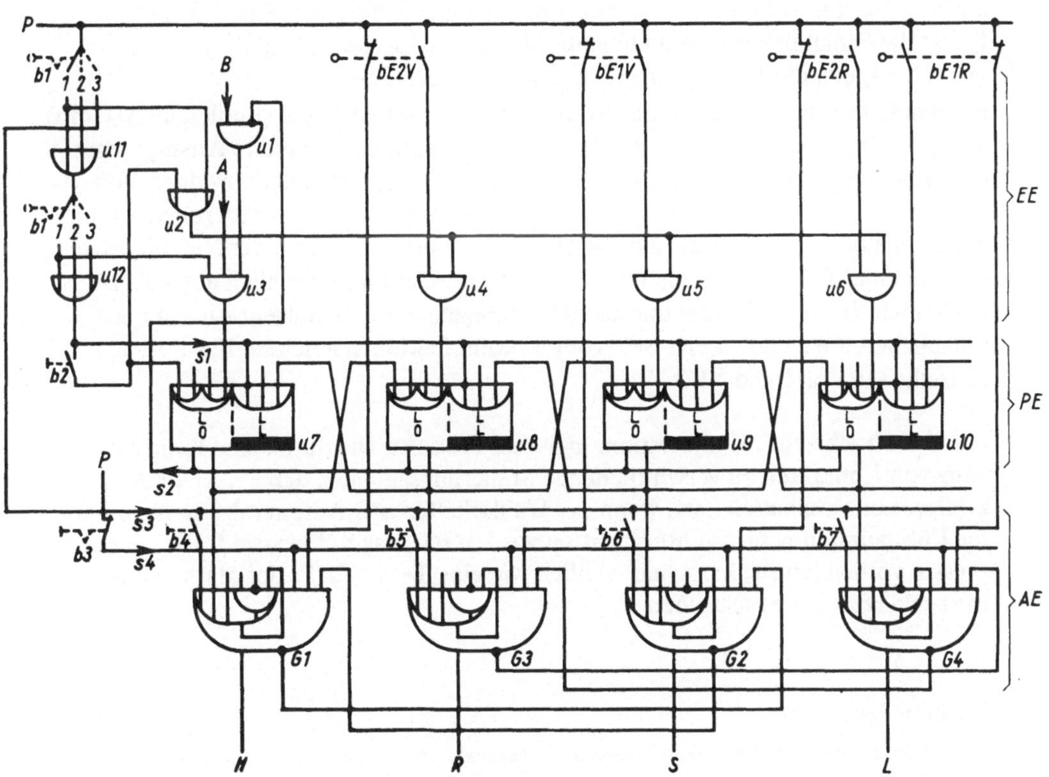

Bild 5.38 Signallaufplan der Hubbalkensteuerung
        b1 Wahlschalter für „Automatik" (1), „Halbautomatik" (2) und „Handbetrieb" (3)
        b2 Taster „Start"
        b3 Schalter „Generalverriegelung"
        b4 bis b7 Taster für Hand-Tippbetrieb
        bE2V, bE1V, bE2R, bE1R Endbegrenzungsschalter, s. Bild 5.36
        A, B einzugebende Verriegelungsbedingungen beim Starten
        u1 bis u6, u11 und u12 Verknüpfungsglieder der Eingabeebene EE
        u7 bis u10 Schrittspeicher der Programmebene PE
        G1 bis G4 Ausgabeverknüpfer der Ausgabeebene AE
        H Heben, R Rechtsverfahren, S Senken, L Linksverfahren
        P positive Signalspannung + 60 V

5.25 Schaltalgebra

Der mit Schützensteuerungen vertraute Steuerungstechniker wird eine kontaktlose
Steuerung ebenso wie eine Relaissteuerung empirisch-intuitiv überlegungsmäßig
aufbauen. Bei umfangreichen und komplizierten Steuerungen bietet jedoch die
Schaltalgebra für beide Realisierungsarten ein Hilfsmittel zur Lösung dieser Aufgaben. Sie ermöglicht eine K u r z s c h r e i b w e i s e der Steuerungsaufgabe
als mathematische Formel. Außerdem gibt sie R e c h e n r e g e l n an, mit deren
Hilfe man rein formal ohne umständliche Überlegungen eine S t e u e r u n g s -
a u f g a b e i n G l e i c h u n g s f o r m v e r e i n f a c h e n kann. Weiterhin
liefert die Schaltalgebra Methoden zur M i n i m a l i s i e r u n g d e s A u f -
w a n d e s , den die Lösung einer Schaltaufgabe erfordert.

Entstanden ist die Schaltalgebra aus der mathematischen Logik (Boolesche Algebra),
die sich mit den Gesetzen beschäftigt, nach denen eine kombinierte Aussage wahr
oder falsch ist, abhängig vom Zutreffen oder Nicht-Zutreffen der einzelnen Voraussetzungen. Der Aussage wahr oder falsch entsprechen in der Steuerungstechnik
der offene oder geschlossene Kontakt bzw. das Vorhandensein oder Nicht-Vorhandensein einer Signalspannung. Da die mathematische Logik ziemlich abstrakt ist,
wollen wir die Schreibweise und die Rechenregeln der Schaltalgebra aus der an-
schaulicheren Wirkungsweise von Kontaktkombinationen ableiten. Für weitere
Einzelheiten s. a. Band VI/3.

5.251 Schreibweise. Konjunktion, logisches Produkt. Die durch eine Reihenschaltung von Kontakten zu verwirklichende Steuerungsaufgabe, daß ein Kühlmittel-
kompressor einschalten darf, wenn der Wahlschalter auf„Automatik“ steht u n d
die Kühlraumtemperatur unterschritten wird u n d das Kühlwasser für den Kompressor vorhanden ist, kann man ähnlich wie eine Textaufgabe der Mathematik
in abgekürzter Form schreiben

$$y = x_1 \wedge x_2 \wedge x_3 \qquad\qquad (5.5)$$

Darin bedeuten also:

y	Kühlmittelkompressor darf eingeschaltet werden
x_1	Wahlschalter steht auf „Automatik“
x_2	Kühlraumtemperatur ist unterschritten
x_3	Kühlwasser für den Kompressor ist vorhanden

Die K e n n z e i c h n u n g d e r V e r k n ü p f u n g e n erfolgt in Übereinstim-
mung mit DIN 66000, 19226, 44300 und 5474 für die Konjunktion durch das
Zeichen $\wedge$, das als „und“ gesprochen wird[1].

---

1) Nach DIN 66000 kann man das Zeichen für die UND-Verknüpfung weglassen, wenn kein
Mißverständnis möglich ist. Wenn die Zeichen für die Verknüpfungen nicht zur Verfügung stehen,
wie z. B. beim Fernschreibalphabet, ist das Multiplikationszeichen für die Konjunktion, das
Pluszeichen für die Disjunktion und das Minuszeichen für die Negation zulässig.

In der Schaltfunktion Gl. (5.5) sind x_1, x_2 und x_3 die unabhängigen Veränderlichen und y die abhängige Variable. Im Gegensatz zur normalen Algebra, in der die Variablen jeden Zahlenwert annehmen können, können in der Schaltalgebra x und y, dem offenen und geschlossenen Kontakt entsprechend, nur die Werte 0 und L (oder 1) haben. Wegen dieser endlichen Zahl der möglichen Zahlenwerte der Eingangsvariablen kann man jede Schaltfunktion in einer Funktionstabelle darstellen, die zu jeder möglichen Kombination der Eingangssignale das zugehörige Ausgangssignal angibt. In Bild 5.29d haben wir diese Funktionstabelle für die UND-Funktion angegeben.

Disjunktion, logische Summe. Die Steuerungsaufgabe, daß eine Warnhupe ansprechen soll (y), wenn ein zu überwachender Transformator überlastet wird (x_1) o d e r seine Öltemperatur zu hoch ist (x_2) o d e r sich in seinem Inneren Gas entwickelt hat (x_3), kann man in Kurzform als Schaltfunktion ausdrücken

$$y = x_1 \vee x_2 \vee x_3 \tag{5.6}$$

Das Zeichen $\vee$ kommt von lateinisch vel (oder) und wird als „oder" gesprochen. Die zugehörige Funktionstabelle steht schon in Bild 5.28d.

Negation. Die dem Ruhekontakt entsprechende Verneinung, die ein Ausgangssignal abgibt, wenn kein Eingangssignal vorhanden ist und umgekehrt (s. a. Bild 5.20b), kann man durch einen Querstrich über oder das Zeichen $\neg$ vor dem betreffenden Buchstaben kennzeichnen

$$y = \overline{x} \quad \text{bzw.} \quad y = \neg x \tag{5.7}$$

Man liest $\overline{x}$ bzw. $\neg x$ als „nicht x". Außerdem ist

$$\overline{L} = 0 \qquad \text{und} \qquad \overline{0} = L \tag{5.8} \tag{5.9}$$

Folgeschaltungen. Die bisher angegebenen Beziehungen reichen nur dazu aus, sog. K o m b i n a t i o n s s c h a l t u n g e n zu beschreiben, d. s. Schaltungen, bei denen die Ausgangszustände nur von der Kombination der Eingangszustände abhängig sind (Verriegelung). Sobald die Schaltung einen Speicher (Selbsthaltung) oder ein Zeitglied enthält, ist der Zustand der Ausgänge zusätzlich von der Reihenfolge der Eingangssignale abhängig: F o l g e s c h a l t u n g. Man muß dann als zusätzliche Veränderliche die Zeit einführen und kann die Schaltalgebra nur für die einzelnen Zeitpunkte (Takte) anwenden. Aus Platzgründen und weil die schaltalgebraischen Behandlungsmethoden für diese Folgeschaltungen noch nicht vollkommen ausgereift sind, wollen wir uns hier auf die Behandlung von Kombinationsschaltungen beschränken. In der Steuerungstechnik überwiegen aber die Steuerungsaufgaben mit Folgeverhalten weitaus.

5.252 Rechenregeln. Bevor wir daran denken können, Steuerungsaufgaben formal durch Anwendung der Schaltalgebra zu lösen, müssen wir in Rechenregeln Erfahrung und Einsicht des Steuerungstechnikers erfassen. Diese Rechenregeln gleichen z. T. formal denen der normalen Algebra, wenn man die Verknüpfungszeichen „·" und „+" benutzt und „L" durch „1" ersetzt. Im übrigen muß man sich diese Gesetze durch Übung einprägen. Die Richtigkeit der nachstehend angegebenen

Rechenregeln kann durch Vergleich mit einer entsprechenden Kontaktanordnung überprüft werden. Das ist sehr einfach, wenn man beachtet, daß x einen Schließer und $\bar{x}$ einen Öffnerkontakt symbolisieren. 0 und L kennzeichnen einen dauernd offenen bzw. dauernd geschlossenen Kontakt. Die Gesetzmäßigkeiten sind z. T. trivial. Z. B. kann man sofort einsehen, daß bei einer unverzweigten Reihenschaltung zweier Schließkontakte die Reihenfolge beider Kontakte belanglos ist (Kommutationsgesetz). In schwierigen Fällen ist es zweckmäßig, sich die Funktionstabelle für beide Seiten einer Gleichung aufzuschreiben und durch Gegenüberstellen beider Tabellen die Richtigkeit der Aussage zu überprüfen.

G e s e t z e   f ü r   O p e r a t i o n e n   m i t   0   u n d   L (Verknüpfungen mit festen Signalwerten)

$$x \wedge L = x \qquad\qquad x \wedge 0 = 0 \qquad\qquad\qquad (5.10)\,(5.11)$$

Ein dauernd geschlossener Kontakt L ändert nichts an der Wirkungsweise eines damit in Reihe geschalteten Kontaktes x, während ein dauernd offener Kontakt 0 einen hiermit in Reihe liegenden Kontakt x unwirksam macht, also 0 ergibt.

$$x \vee 0 = x \qquad\qquad x \vee L = L \qquad\qquad\qquad (5.12)\,(5.13)$$

Die Parallelschaltung eines Kontaktes x mit einem dauernd geöffneten 0 läßt den Kontakt x wirksam bleiben, während die Parallelschaltung einer dauernd geschlossenen Verbindung L den Kontakt x unwirksam macht, also L ergibt.

Diese und die folgenden Gesetzmäßigkeiten gelten, wie die Überlegung zeigt, auch dann, wenn man für den Einzelkontakt x eine Kontaktanordnung, also eine Schaltfunktion, einsetzt.

T a u t o l o g i e n (Verknüpfungen gleicher Veränderlicher)

$$x \wedge x = x \qquad\quad x \vee x = x \qquad\qquad\qquad (5.14)\,(5.15)$$

Die Reihen- bzw. Parallelschaltung gleicher Kontakte x erfüllt die gleiche Schaltaufgabe wie der einzelne Kontakt.

K o m p l e m e n t i e r u n g s s ä t z e (Verknüpfungen von Veränderlichen mit ihrem Komplement)

$$x \wedge \bar{x} = 0 \qquad\quad x \vee \bar{x} = L \qquad\qquad\qquad (5.16)\,(5.17)$$

Bei der Reihenschaltung (Parallelschaltung) eines Kontaktes x mit seinem Komplement $\bar{x}$ ist immer einer der beiden Kontakte geöffnet (geschlossen), so daß die Schaltfunktion 0 (L) ergibt.

D o p p e l t e   K o m p l e m e n t i e r u n g $\bar{\bar{x}} = x$ $\qquad\qquad\qquad$ (5.18)

Ein Kontakt, der Signal gibt, wenn er nicht nicht-betätigt, d.h., betätigt ist, wirkt wie ein Schließkontakt. Die doppelte Komplementierung ergibt wieder die ursprüngliche Veränderliche.

K o m m u t a t i o n s g e s e t z e (Vertauschbarkeit der Reihenfolge von Veränderlichen)

$$x_1 \wedge x_2 = x_2 \wedge x_1 \qquad\qquad x_1 \vee x_2 = x_2 \vee x_1 \qquad\qquad (5.19)\ (5.20)$$

Die Reihenfolge der Kontakte ist bei der Reihen- bzw. Parallelschaltung gleichgültig.

A s s o z i a t i o n s g e s e t z e (Zusammenfassung von Veränderlichen durch Klammern)

$$x_1 \wedge (x_2 \wedge x_3) = (x_1 \wedge x_2) \wedge x_3 = (x_1 \wedge x_3) \wedge x_2 = x_1 \wedge x_2 \wedge x_3 \quad (5.21)$$

$$x_1 \vee (x_2 \vee x_3) = (x_1 \vee x_2) \vee x_3 = (x_1 \vee x_3) \vee x_2 = x_1 \vee x_2 \vee x_3 \quad (5.22)$$

Bei der Reihen- bzw. Parallelschaltung von Kontakten ist eine beliebige Zusammenfassung von Kontakten zulässig.

D i s t r i b u t i o n s g e s e t z e (Setzen und Auflösen von Klammern bei Ausdrücken mit einer gemeinsamen Veränderlichen)

$$x_1 \wedge (x_2 \vee x_3) = x_1 \wedge x_2 \vee x_1 \wedge x_3 \ ^{1)} \qquad\qquad (5.23)$$

$$x_1 \vee (x_2 \wedge x_3) = (x_1 \vee x_2) \wedge (x_1 \vee x_3) \qquad\qquad (5.24)$$

Die Reihenschaltung von x_1 mit der Parallelschaltung von x_2 und x_3 erfüllt die gleiche Schaltfunktion wie die Parallelschaltung der Reihenschaltungen x_1 mit x_2 und x_1 mit x_3. Entsprechendes gilt bei Vertauschen der Verknüpfungen. Es ist zulässig, die gemeinsame Veränderliche einer Schaltfunktion auszuklammern, wie man umgekehrt bei einem Klammerausdruck die Klammern durch Ausführen der Rechenoperationen auflösen kann. Dabei sind beide Rechenoperationen im Gegensatz zur normalen Algebra gleichwertig.

I n v e r s i o n s g e s e t z e (Umkehrung einer Funktion) d e M o r g a n:

$$\overline{x_1 \wedge x_2 \wedge x_3} = \overline{x}_1 \vee \overline{x}_2 \vee \overline{x}_3 \qquad\qquad (5.25)$$

$$\overline{x_1 \vee x_2 \vee x_3} = \overline{x}_1 \wedge \overline{x}_2 \wedge \overline{x}_3 \qquad\qquad (5.26)$$

Bilden wir zu Gl. (5.25) und (5.26) das Komplement und wenden darauf Gl. (5.18) an, so erhalten wir die zweite Schreibweise

$$x_1 \wedge x_2 \wedge x_3 = \overline{\overline{x}_1 \vee \overline{x}_2 \vee \overline{x}_3} \qquad\qquad (5.27)$$

$$x_1 \vee x_2 \vee x_3 = \overline{\overline{x}_1 \wedge \overline{x}_2 \wedge \overline{x}_3} \qquad\qquad (5.28)$$

Die Gl. (5.27) und (5.28) drücken die dem Schaltungstechniker geläufige Tatsache aus, daß man jede Steuerungsaufgabe mit Schließ- oder Öffnerkontakten lösen

---

1) Nach DIN 66 000 ist beim Zusammenfassen von Funktionsteilen durch Klammern das $\wedge$-Zeichen gegenüber dem $\vee$-Zeichen vorrangig. Es ist also $x_1 \wedge x_2 \vee x_3$ gleichbedeutend mit $(x_1 \wedge x_2) \vee x_3$.

kann. Die Funktion der 3 in Reihe geschalteten Schließkontakte x_1 bis x_3 auf der linken Seite von Gl. (5.27) z. B. kann man nach der rechten Gleichungsseite auch durch 3 parallelgeschaltete Öffnerkontakte erfüllen, die ein Relais mit Ruhekontakt schalten. Das Relais gibt mit seinem Kontakt nur Signalspannung, wenn alle Öffner gedrückt sind.

Wir haben auch schon in Abschn. 5.231 festgestellt, daß ein NOR-Glied die UND-Funktion erfüllen kann, wenn die Eingangsgrößen negiert vorliegen, s. Gl. (5.27). Das NAND-Glied kann nach Gl. (5.28) die ODER-Funktion erfüllen, wenn die Eingangsgrößen negiert vorliegen. Nach S h a n n o n kann man ganz allgemein von einer beliebigen schaltalgebraischen Funktion die Negation erhalten, wenn man jede in ihr enthaltene Variable durch ihr Komplement und unter Beibehaltung der Klammern jedes $\lor$ durch $\land$ ersetzt und umgekehrt.

Aus den bisherigen Rechenregeln kann man die nachstehenden ableiten:

Durch Anwendung von Gl. (5.23), (5.13) und (5.10) kann man vereinfachen

$$x_1 \lor x_1 \land x_2 = x_1 \land (L \land x_2) = L \land x_1 = x_1 \tag{5.29}$$

ebenso durch Anwendung von Gl. (5.23), (5.14) und (5.29)

$$x_1 \land (x_1 \lor x_2) = x_1 \land x_1 \lor x_1 \land x_2 = x_1 \lor x_1 \land x_2 = x_1 \tag{5.30}$$

sowie durch Anwendung von Gl. (5.23) und (5.16)

$$x_1 \land (\overline{x}_1 \lor x_2) = x_1 \land \overline{x}_1 \lor x_1 \land x_2 = x_1 \land x_2 \tag{5.31}$$

und durch Anwendung von Gl. (5.24), (5.17) und (5.10)

$$x_1 \lor \overline{x}_1 \land x_2 = (x_1 \lor \overline{x}_1) \land (x_1 \lor x_2) = x_1 \lor x_2 \tag{5.32}$$

mit Gl. (5.23) und (5.16) sowie der Umkehrung von Gl. (5.32) und Gl. (5.13) entsteht

$$(x_1 \lor x_2) \land (\overline{x}_1 \lor x_3) = x_1 \land \overline{x}_1 \lor x_1 \land x_3 \lor x_2 \land \overline{x}_1 \lor x_2 \land x_3 =$$

$$= x_2 \land \overline{x}_1 \lor x_3 \land (x_1 \lor x_2) = x_2 \land \overline{x}_1 \lor x_3 \land (x_1 \lor \overline{x}_1 \land x_2)$$

$$= x_2 \land \overline{x}_1 \land (L \lor x_3) \lor x_3 \land x_1 = x_1 \land x_3 \lor \overline{x}_1 \land x_2 \tag{5.33}$$

5.253 Vereinfachung und Minimalisierung. Zur Vereinfachung von Kombinationsschaltungen und zur Minimalisierung des zur Verwirklichung der Steuerung erforderlichen Aufwandes gibt es rechnerische und zeichnerische Methoden. Bei den rechnerischen Methoden ist es nicht immer leicht, die Vereinfachungsmöglichkeiten zu erkennen, und die schaltalgebraischen Ausdrücke werden sehr schnell unübersichtlich und unhandlich. Die zeichnerischen Methoden, die die möglichen Zustände der Eingangssignale und die nach der Schaltfunktion zugeordneten Ausgangszustände als Flächen unterschiedlicher Kennzeichnung darstellen (z. B.

K a r n a u g h - D i a g r a m m — s. [3, 4, 46, 71, 83]), sind sehr anschaulich. Sie werden aber unübersichtlich, wenn mehr als 4 Eingangsvariable erfaßt werden sollen.

Beispiel 5.9: In elektrischen Hochspannungs-Schaltanlagen dürfen die Trennschalter niemals unter Last geschaltet werden. Ein Verriegelungsmagnet mit der Spule s verhindert eine unzulässige Schaltung und gibt nur im erregten Zustand die Hand- oder Fernbetätigung des Trennschalters frei. Man gebe die Schaltfunktion für den Verriegelungsmagneten s des Trennschalters a in Bild 5.39 in schaltalgebraischer Form an und verwirkliche diese Schaltfunktion durch eine Kontaktanordnung und mit Hilfe kontaktloser Schaltglieder.

Die Spule s darf die Schaltung des Trennschalters a in Bild 5.39a nur freigeben, wenn der Leistungsschalter d und die Trennschalter b und c der beiden anderen Drehstromsysteme ausgeschaltet sind. Diese Forderungen ergeben die erste Schaltfunktion

$$s_1 = \overline{b} \wedge \overline{c} \wedge \overline{d}$$

Beim unterbrechungslosen Umschalten des gezeichneten Verbraucherabzweigs von dem Sammelschienensystem I auf System II oder III stellt man über den Kuppelschalter h und die entsprechenden Trennschalter eine galvanische Verbindung der Punkte 1 und 2 in Bild 5.39a her, so daß der Trennschalter a gefahrlos geschaltet werden kann. Diese Verbindung kann man auf folgenden Wegen herstellen:

$$s_2 = b \wedge f \wedge h \wedge i \wedge m \vee b \wedge n \wedge k \wedge h \wedge e \qquad s_3 = c \wedge g \wedge h \wedge i \wedge m \vee c \wedge o \wedge l \wedge h \wedge e$$

Damit erhalten wir die Ansprechbedingungen

$$s = s_1 \vee s_2 \vee s_3 =$$

$$= \overline{b} \wedge \overline{c} \wedge \overline{d} \vee b \wedge f \wedge h \wedge i \wedge m \vee b \wedge n \wedge k \wedge h \wedge e \vee c \wedge g \wedge h \wedge i \wedge m \vee c \wedge o \wedge l \wedge h \wedge e \qquad (5.34)$$

Für die Verwirklichung dieser Verriegelungsbedingungen in Bild 5.39c wird die Bedingung s_1 nach dem Inversionsgesetz Gl. (5.26) umgeformt

$$s_1 = \overline{b} \wedge \overline{c} \wedge \overline{d} = \overline{b \vee c \vee d}$$

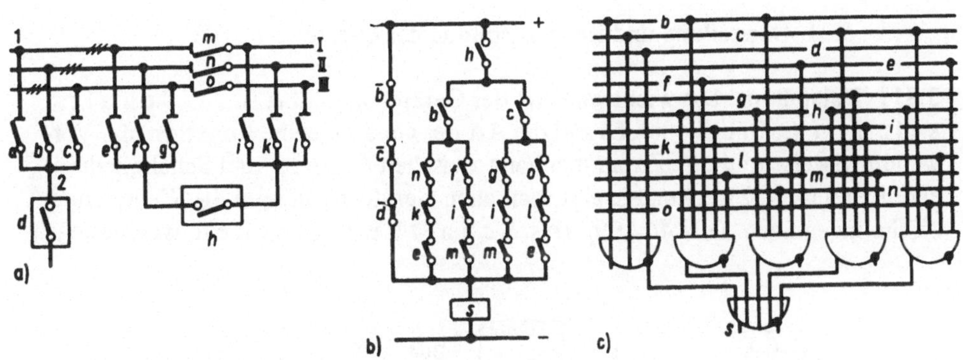

Bild 5.39 Trennschalterverriegelung
 a) Übersichtsschaltplan b) Verriegelungsschaltung mit Kontakten
 c) Verriegelungsschaltung mit kontaktlosen Schaltgliedern

Aus Platzgründen haben wir in Bild **5.39c** z. T. Verknüpfungsglieder mit 5 Eingängen vorausgesetzt. Für die Ausführung der Verriegelungsschaltung mit Kontakten in Bild **5.39b** ist eine Vereinfachung der Gl. (5.34) zweckmäßig

$$s = \bar{b} \wedge \bar{c} \wedge \bar{d} \vee h \wedge [b \wedge (f \wedge i \wedge m \vee n \wedge k \wedge e) \vee c \wedge (g \wedge i \wedge m \vee o \wedge l \wedge e)] \tag{5.35}$$

Man erkennt, daß diese Vereinfachung für eine kontaktlose Ausführung unzweckmäßig wäre, weil die zur Verwirklichung von Gl. (5.35) erforderliche Zahl der Verknüpfungsglieder von 6 für Gl. (5.34) auf 12 steigen würde. Allgemein kann man sagen, daß bei der Vereinfachung schaltalgebraischer Ausdrücke durch Ausklammern nur dann eine Einsparung bei der Realisierung durch kontaktlose Verknüpfungsglieder erzielt wird, wenn dadurch die Anzahl der Verknüpfungen nicht erhöht wird.

5.3 Schaltplantechnik

Die elektrischen Einrichtungen einer Anlage werden durch Schaltzeichen dargestellt, und der Zusammenhang der einzelnen Geräte wird in Schaltplänen erfaßt. Man verwendet verschiedene Arten von Schaltplänen und Schaltzeichen je nach der Aufgabe, die der Schaltplan erfüllen soll. Die verschiedenen Schaltzeichen sind nach DIN 40 700 bis 40 717 genormt. DIN 40 719 legt die einzelnen Schaltplanarten und Kennbuchstaben für die Geräte fest und gibt Beispiele zu den verschiedenen Schaltplänen. DIN 46 199 schlägt Klemmenbezeichnungen für die Schaltgeräte vor.

Die DIN-Blätter für Schaltzeichen werden wegen der internationalen Angleichung zum Zeitpunkt der Drucklegung gerade neu bearbeitet. Diese Neubearbeitung ist noch nicht abgeschlossen, so daß eine Umstellung sämtlicher Bilder auf die neuen Schaltzeichen noch nicht möglich war. Soweit neue Zeichnungen für diese Auflage erforderlich waren, haben wir die vorliegenden neuen Normblätter berücksichtigt; eine Umstellung sämtlicher Bilder erscheint erst nach Abschluß der neuen Normen sinnvoll. Besonders hervorheben möchten wir, daß entgegen der bisherigen Praxis nach DIN 40713 der selbsttätige Rückgang eines Schalters nicht mehr besonders gekennzeichnet wird, sondern erforderlichenfalls der nicht selbsttätige Rückgang zu kennzeichnen ist.

5.31 Darstellung und Kennzeichnung der Geräte

5.311 Darstellung. Die wichtigste Art der Gerätedarstellung ist das S c h a l t - z e i c h e n (s. Bild 5.40a). Es soll die Art des Gerätes, seine Funktion, die Verwendungsweise und den Zusammenhang zwischen Antriebs- und Schaltgliedern erkennen lassen. Zweckmäßig gibt man allen Geräteanschlüssen die Klemmenbezeichnungen nach DIN 46 199. Das S c h a l t k u r z z e i c h e n ist eine gegen-

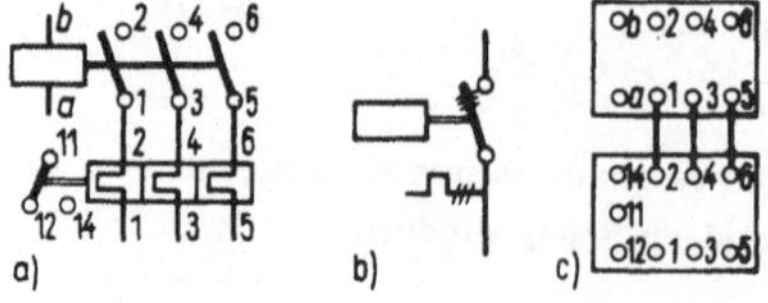

Bild 5.40
Schütz
a) Schaltzeichen mit Klemmenbezeichnungen
b) Schaltkurzzeichen
c) Geräteanschlußzeichen (nicht genormt)

über dem Schaltzeichen vereinfachte Darstellung eines Geräts (s. Bild 5.40b). Man verwendet es vorwiegend in Übersichtsschaltplänen. Das G e r ä t e a n s c h l u ß - z e i c h e n (s. Bild 5.40c) gibt nur die Klemmen der elektrischen Geräte an, ohne auf andere Einzelheiten einzugehen. Man kann diese Darstellung in Bauschaltplänen für Verdrahtungsarbeiten wählen, weil bei diesen Arbeiten die Funktion der einzelnen Bauelemente nicht interessiert.

Bild 5.41 zeigt die wichtigsten Schaltzeichen von K o n t a k t e n, die im Betätigungsstromkreis von Steuerungen, im sog. Steuerungsteil, vorkommen mit den zugehörigen Klemmenbezeichnungen. In Bild 5.42 haben wir die Schaltzeichen für die wichtigsten V e r b r a u c h e r in Betätigungsstromkreisen zusammengestellt, die über Kontakte die Steuerspannung erhalten und Kontaktgabe, Auslösung, Meldung usw. bewerkstelligen. Bild 5.43 gibt die Schaltzeichen der wichtigsten G e r ä t e im Leistungsteil der Steuerung wieder. Der Leistungsteil einer

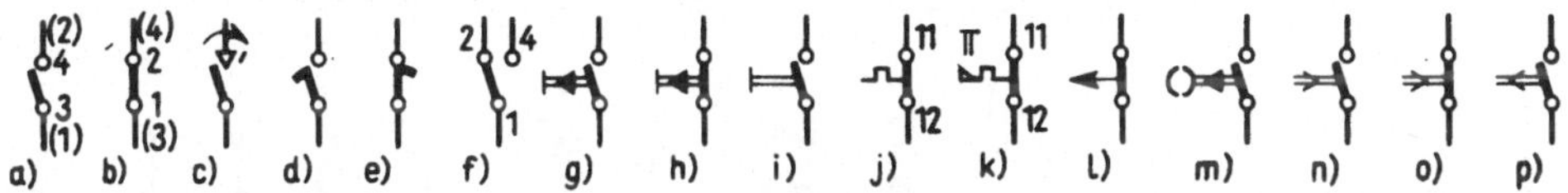

Bild 5.41 Schaltzeichen von Kontakten im Steuerungsteil
    a) Schließer
    b) Öffner
    c) Wischer (Kontaktgabe bei Schließbewegung)
    d) Spätschließer
    e) Frühöffner
    f) Wechsler
    g) Drucktaster (Schließer)
    h) Drucktaster (Öffner)

    i) Stellschalter
    j) Öffner des thermischen Auslösers
    k) wie j), mit Sperre
    l) Öffner des magnetischen Auslösers
    m) Schlüsseltaster (Schließer)
    n) Schließer (schließt mit Zeitverzögerung)
    o) Öffner (öffnet mit Zeitverzögerung)
    p) Schließer (öffnet mit Zeitverzögerung)

Die Anschlußklemmen der Schaltglieder werden, mit 1 beginnend, mit Zahlen gekennzeichnet, vorzugsweise Öffner mit 1-2 und Schließer mit 3-4.

Bild 5.42 Schaltzeichen von Spulen im Steuerungsteil
    a) Schütz-, Relaisspule
    b) Relais mit Anzugsverzögerung
    c) Relais mit Abfallverzögerung
    d) Zeitrelais mit Motorantrieb
    e) thermische Zeitverzögerung
    f) Arbeitsstromauslöser
    g) Ruhestromauslöser

    h) elektromagnetisches Ventil
    i) elektromagnetische Kupplung
    j) Magnetantrieb
    k) Hupe
    l) Melderelais mit Fallklappe
    m) magnetischer Stellungsanzeiger
    n) Meldeleuchte

Die Anschlußklemmen von Spulen erhalten nach DIN 46 199 kleine Buchstaben, beginnend mit a, als Bezeichnung.

Steuerung ist der Teil, der den Hauptstrom führt, z. B. die Verbindung von den
Sammelschienen zum Motor. In Bild 5.44 haben wir noch einige wichtige Schaltzeichen erfaßt, die im Steuerungsteil oder Leistungsteil vorkommen können.

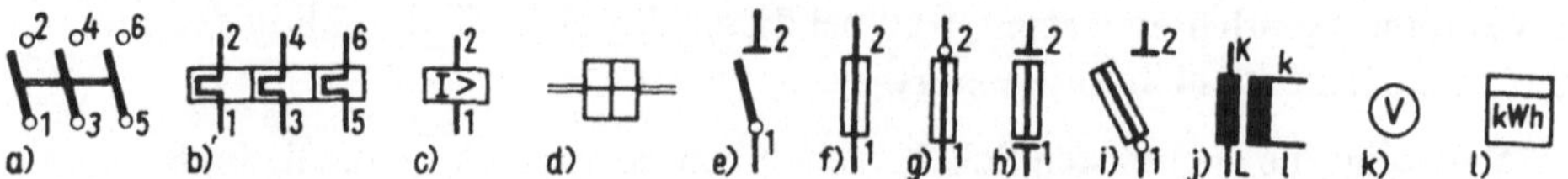

Bild 5.43 Schaltzeichen von Geräten im Leistungsteil

a) dreipoliger Schalter   g) wie f), mit Kennzeichnung der Stromzuführung
b) dreipoliger thermischer Auslöser   h) Trennsicherung
c) einpoliger magnetischer Auslöser   i) Sicherungstrenner
d) Schaltschloß   j) Stromwandler
e) Trennschalter   k) Spannungsmesser
f) Sicherung   l) kWh-Zähler

Die eingetragenen Klemmenbezeichnungen entsprechen DIN 46 199.

Bild 5.44 Schaltzeichen von Geräten im Leistungs- und Steuerungsteil

a) feste Verbindung und Klemme, z. B. Klemme 14   i) Transformator,
b) Reihenklemme, z. B. Klemme 14   auch Spannungswandler
c) Hand-, Fuß-, Nockenantrieb   j) Kondensator
d) Ohmscher Widerstand, fest   k) Gleichrichter
e) — —, einstellbar,   l) galvanische Batterie
f) — —, stetig verstellbar   m) Steckvorrichtung
g) — —, stufig verstellbar   n) Schleifleitung
h) Drosselspule   o) Masse, Körper, Gehäuse
                                            p) Erdung

Allgemein werden sämtliche Schaltglieder eines Schaltzeichens im Ruhezustand
bei stromloser Anlage gezeichnet. Sie schalten stets von links nach rechts. Das
Schaltzeichen ist möglichst senkrecht anzuordnen. Auf der linken Seite erhält
das Schaltzeichen eine Gerätebezeichnung. Klemmenbezeichnungen stehen auf
der rechten Seite. Ein Rückstellpfeil, z. B. bei Tastern, Bild 5.41g und h, gibt die
Richtung an, in die das Schaltglied bei Aufhören der Betätigungskraft durch Federn o. a. zurückgeführt wird. Bei zeitabhängigen Schaltgliedern gibt die Spitze
des eingezeichneten offenen Pfeiles die Richtung an, in der die Zeitverzögerung
wirksam ist (Bild 5.41n bis p). Die mechanische Verbindung irgendwelcher Geräteteile kann, soweit erforderlich, durch eine dünne, gestrichelte Linie angedeutet
werden.

5.312 Kennbuchstaben. Jedes Gerät einer elektrischen Steuerung erhält nach
DIN 40 719 eine Bezeichnung, die sich in allen Schaltplänen und Gerätelisten

T a f e l 5.45 Kennbuchstaben der Gerätearten (nach DIN 40 719 Bbl. 1)

Geräteart	Kenn-buch-stabe	Beispiele
Schalter	a	Trenner, Lastschalter, Motorschalter, Leistungsschalter, Selbstschalter, Motorschutzschalter, Steuerwalzen
Hilfsschalter	b	Befehlsschalter, Steuerschalter, Tastschalter, Wahlschalter, Meisterschalter, Installationsselbstschalter, Steckvorrichtungen
Schütze	c	Leistungsschütze
Hilfsschütze	d	Hilfsschütze, Hilfs- und Zeitrelais, Hilfsfernschalter
Schutzeinrichtungen	e	Sicherungen, messende Auslöser, Schutzrelais, Buchholzschutz, Wächter, Bremswächter, Fliehkraftschalter, Überspannungsableiter
Meßwandler	f	Meßwandler, Nebenwiderstände und sonstige Geber für Meßgeräte und Relais, wie Thermo- und Widerstandselemente für Temperaturmessung
Meßgeräte	g	Spannungs- und Strommesser, Leistungs- und Leistungsfaktormesser, Drehzahl- und Frequenzmesser, Zähler usw.
Sicht- und Hörmelder	h	Leucht- und Zeigermelder, Zählwerke, Wecker, Hupen, Sirenen
Kondensatoren u. Drosselspulen	k	Kondensatoren aller Art, Reaktanz- und Glättungsspulen
Maschinen und Transformatoren	m	Generatoren, Motoren, Umformer, Transformatoren
Gleichrichter u. Batterien	n	Gleich- und Wechselrichter, Akkumulatoren und galvanische Elemente
Röhren und Verstärker	p	Vakuumröhren, gasgefüllte Röhren, Röhrenverstärker, magnetische Verstärker
Widerstände und Schnellregler	r	Vorwiderstände, Schutzwiderstände, Anlaß-, Feld- und Bremswiderstände, Anlasser und Schnellregler
sonstige mechan. Geräte mit elektrischem Antrieb	s	magnetisch oder motorisch betätigte Ventile, Magnetkupplungen, Lasthebemagnete, magnetische Aufspannplatten, Bremslüfter
in sich geschlossene Einrichtungen	u	Kombinationen aus den Geräten a bis s, wie Prüfeinrichtungen, Ladegeräte, Befehls- und Rufanlagen, sowie alle Anlagenteile, die nicht unter a bis s eingereiht werden können, z. B. Schleifleitungskörper

wiederholt. Diese Bezeichnung enthält einen K e n n b u c h s t a b e n nach
Tafel 5.45, der die G e r ä t e a r t charakterisiert. Sind in einer Steuerung mehrere
Geräte der gleichen Geräteart vorhanden, unterscheidet man sie durch eine fort-
laufende O r d n u n g s z a h l. So kennzeichnen die Bezeichnungen a1, a2, a3
den 1., 2. und 3. Schalter einer Steuerung. Wenn eine weitere Unterscheidung eines
Gerätes in einer Anlage erforderlich ist, kann man durch Vorsetzen einer arabischen
Ziffer neue G r u p p e n schaffen und gegebenenfalls durch Vorsetzen eines oder
zweier Großbuchstaben weitere O b e r g r u p p e n bilden. Die Bezeichnung
B3e2 kann also den 2. (thermischen) Auslöser im Schaltfeld 3 für den Kompressor B
einer Anlage kennzeichnen.

5.32 Schaltpläne

5.321 Übersichtsschaltplan. Der Übersichtsschaltplan soll eine Übersicht über
eine Anlage verschaffen. Er kann daher keine Einzelheiten wiedergeben, sondern
gibt nur eine v e r e i n f a c h t e, m e i s t e i n p o l i g e D a r s t e l l u n g
d e r S c h a l t u n g e i n e r A n l a g e ohne Hilfsleitungen, jedoch mit allen
Geräten, dargestellt durch ihre Kurzzeichen. Bild 5.34b zeigt einen einfachen Übersichtsschaltplan und Bild 5.46 einen größeren Übersichtsschaltplan für die Ener-
gieversorgung der Hilfseinrichtungen eines Kompressorantriebes mit Synchronmotor. Der Übersichtsschaltplan ist die G r u n d l a g e d e r P l a n u n g einer
elektrischen Anlage. Er muß durch Angaben über Arbeits- und Betriebsbedingun-
gen der Anlage, Umfang und Art der Antriebe, Steuerungs- und Verriegelungsbedingungen usw. ergänzt werden. In Bild 5.34a haben wir diese Arbeitsbedin-
gungen für den automatischen Kübelaufzug in einem Übersichtsbild zusammengefaßt. Diese Angaben wären noch durch Unterlagen über die Lastkennlinie des
Antriebes, die Schalthäufigkeit und die Schwungmassen zu vervollständigen.

Aus dem Übersichtsschaltplan erkennt der Schaltwärter, welche Schalthandlun-

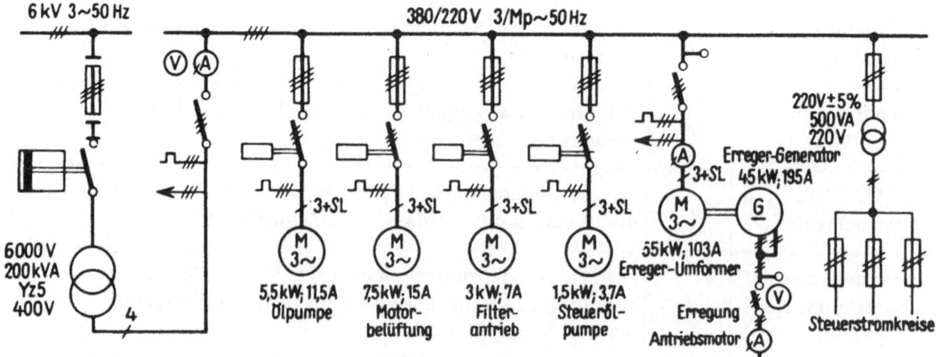

Bild 5.46 Übersichtsschaltplan für die Hilfseinrichtungen eines Kompressorantriebes mit Synchronmotor

gen in seiner Schaltanlage zulässig sind. Der planende Ingenieur kann aus dem
Übersichtsschaltplan die Beanspruchung der Schaltgeräte im Normalbetrieb und
im Kurzschlußfall errechnen. Nachdem er die Schutzart festgelegt hat, kann er
den Preis und den Platzbedarf einer Schaltanlage ermitteln. Bei geregelten Antrieben kann der Übersichtsschaltplan durch Blockschaltzeichen mit den Kennlinien
der einzelnen Regeleinrichtungen und durch Hinweise über das Zusammenwirken
dieser Geräte ergänzt werden.

5.322 Stromlaufplan. Die Bezeichnung Stromlaufplan soll andeuten, daß wir das
Schaltgerät für die Darstellung im Stromlaufplan in s e i n e e i n z e l n e n
T e i l e a u f l ö s e n , „zerreißen", und diese Geräteteile n a c h S t r o m l a u f -
w e g e n a n o r d n e n , vollkommen unabhängig von ihrem mechanischen Zusammenhang und ihrer räumlichen Lage. Die sich ergebenden Stromwege sollen
möglichst geradlinig und ohne Kreuzung senkrecht verlaufen. In Bild 5.34c haben
wir schon den Stromlaufplan für den automatischen Kübelaufzug kennengelernt
und dabei gesehen, daß wir daraus sehr gut die F u n k t i o n u n d d e n A b -
l a u f d e r S t e u e r u n g e r k e n n e n können.

Der Stromlaufplan in seiner heutigen modernen Form ermöglicht aber zusätzlich
auch die V e r d r a h t u n g der Steuerung in der Werkstatt, wenn wir alle Strom-

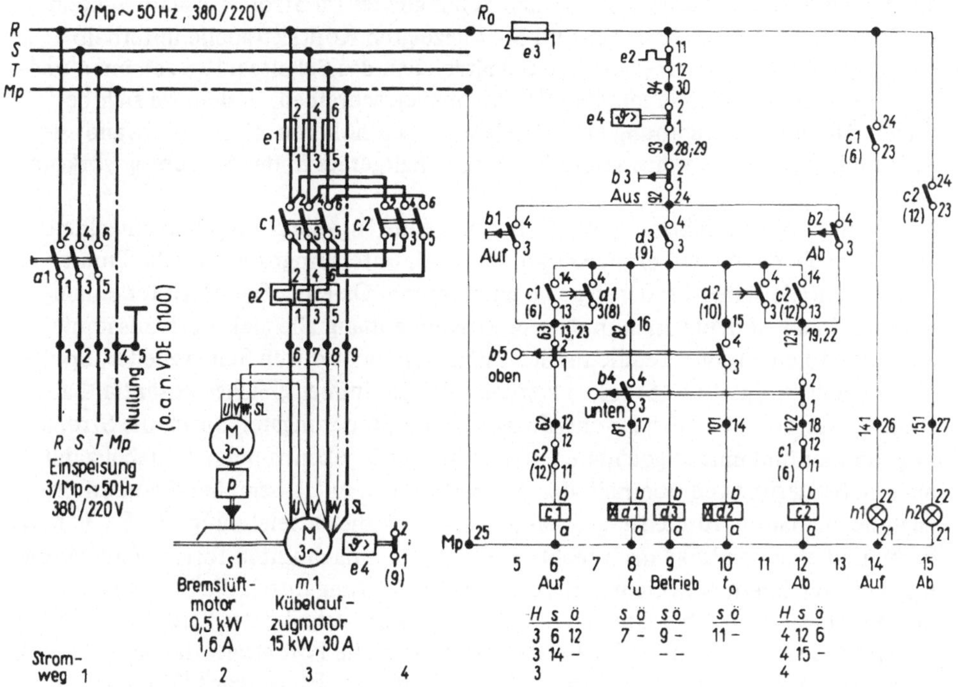

Bild 5.47 Stromlaufplan für den automatischen Kübelaufzug

wege, Klemmen, Leitungen und Anschlüsse exakt bezeichnen. Wir erkennen daraus, daß der Stromlaufplan der w i c h t i g s t e S c h a l t p l a n ist, weil er für Planung, Störungssuche, Inbetriebnahme und Werkstattbearbeitung die notwendige und fast immer ausreichende Unterlage darstellt. Bild 5.47 zeigt den vervollständigten Stromlaufplan für den automatischen Kübelaufzug aus Beisp. 5.7.

Wir können daraus die Unterteilung des Stromlaufplanes in einen L e i s t u n g s - t e i l mit den Hauptstromkreisen (Stromweg 1 bis 4) und einen S t e u e r u n g s - t e i l mit den Betätigungsstromkreisen (Stromweg 5 bis 15) erkennen. Wenn zu einer Steuerung mehrere Motoren gehören, zeichnet man den Leistungsteil zweckmäßiger oberhalb des Steuerungsteils, wobei die Hauptkontakte über dem Stromweg für die zugehörige Schützspule liegen sollen. Damit man für die Verdrahtung Anfang und Ende jeder Leitungsverbindung angeben kann, erhalten die bereits durch Kennbuchstaben und Ordnungszahlen gekennzeichneten Geräte K l e m - m e n b e z e i c h n u n g e n nach DIN 46 199. Um die Lage aller Geräteteile im Schaltplan zu kennzeichnen, n u m e r i e r e n wir sämtliche S t r o m w e g e fortlaufend im Leistungs- und Steuerungsteil. Unterhalb der Stromwege von Antriebsgliedern (Spulen) geben wir in K o n t a k t t a b e l l e n an, in welchen Stromwegen sich die zugehörigen Haupt- und Hilfskontakte (H, ö, s, w) befinden, die zu diesen Antriebsgliedern gehören. Die Schaltglieder (Kontakte) wiederum bekommen eine Klammer mit einer Zahl, die angibt, in welchem Stromlaufweg sich das zugehörige Antriebsglied, z. B. die Schützspule, befindet. Um die Lage der zu einem Antriebsglied gehörenden Schaltglieder im Stromlaufplan zu kennzeichnen, kann man statt der in Bild 5.47 gezeigten Kontakttabelle unterhalb des Antriebsgliedes das vollständige Schaltzeichen des Schaltgerätes zeichnen und an jedes Antriebs- und Schaltglied den Stromweg schreiben, in dem sie sich befinden. Diese Kennzeichnung erfordert zwar einen höheren Zeichenaufwand, sie ist jedoch vorteilhaft, wenn kompliziertere Schaltgeräte in der Steuerung vorkommen.

Im nächsten Arbeitsschritt muß sich der planende Ingenieur für jeden einzelnen Stromweg überlegen, wo er die Geräte räumlich unterbringt und welche Punkte oder Potentiale seiner Steuerung sich an mehreren Orten befinden.Unter einem P o t e n t i a l versteht man in diesem Zusammenhang alle elektrisch zusammenhängenden Leitungsstücke, die im Stromlaufweg nicht durch Schaltglieder, Spulen, Widerstände u. dgl. unterbrochen werden, die also immer gleiches Potential haben. Diese Leitungsstücke oder Potentiale werden im Steuerungsteil durch die Stromwegnummer und eine angehängte Zählziffer 1 bis 9 gekennzeichnet. Dabei zählt man im Steuerungsteil oberhalb des Antriebsgliedes mit 1 beginnend von unten nach oben. Hauptstromleitungen kann man durch die Bezeichnung R, S, T bzw. P, N und eine von links nach rechts und von oben nach unten fortlaufende Nummer kennzeichnen; oder man gibt auch hier die Leitung durch die Stromwegnummer an. Dabei genügt bei einfachen Steuerungen die Angabe des Stromweges ohne fortlaufende Numerierung. Wir bezeichnen nur solche Potentiale, die an mehreren, räumlich voneinander getrennten Stellen vorkommen. Ein solches Potential muß über Klemmen und eine Leitung von der einen zur anderen Stelle gebracht werden.

Z. B. muß das Potential 62 (Stromweg 6, zweites Leitungsstück oberhalb der Schützspule c1) von dem Schaltfeld, in dem sich die Steuereinrichtungen befinden, über Klemmen und eine Leitung zu dem Endschalter b5 geführt werden. Die Potentialbezeichnung 62 kennzeichnet also diese Leitung, und man kann diese Bezeichnung mittels aufgeschobener Hülsen oder Schildchen an jeder Klemme und jedem Leitungsende anbringen.

Anstatt und neben der oben besprochenen L e i t u n g s n u m e r i e r u n g ist auch die Leitungskennzeichnung durch die Z i e l b e z e i c h n u n g üblich. Jedes Leitungsende erhält eine Kennzeichnung durch ein Zielzeichen, das angibt, wohin diese Leitung führt, wo also das andere Leitungsende angeschlossen ist.

Während wir nacheinander für jeden Stromweg die erforderlichen Potentiale über Klemmen aus der Steuerung herausführen, zeichnen wir uns zweckmäßig gleichzeitig den sog. L e i t u n g s p l a n, der die numerierten und mit Potentialbezeichnungen versehenen Klemmen enthält und in den wir die an diese Klemmen angeschlossenen Geräte mit Leitungen zeichnen (s. Bild 5.48). Die Klemmenbezeichnungen übertragen wir wieder in den Stromlaufplan, bis beide Schaltpläne vollständig sind. Dabei sind zwischendurch Änderungen unvermeidlich, weil man nachträglich eine günstigere Klemmenzusammenfassung erkennt. Diesen Änderungsaufwand kann man gering halten, wenn man sich in der Klemmenreihe immer wieder einige Reserveklemmen frei läßt.

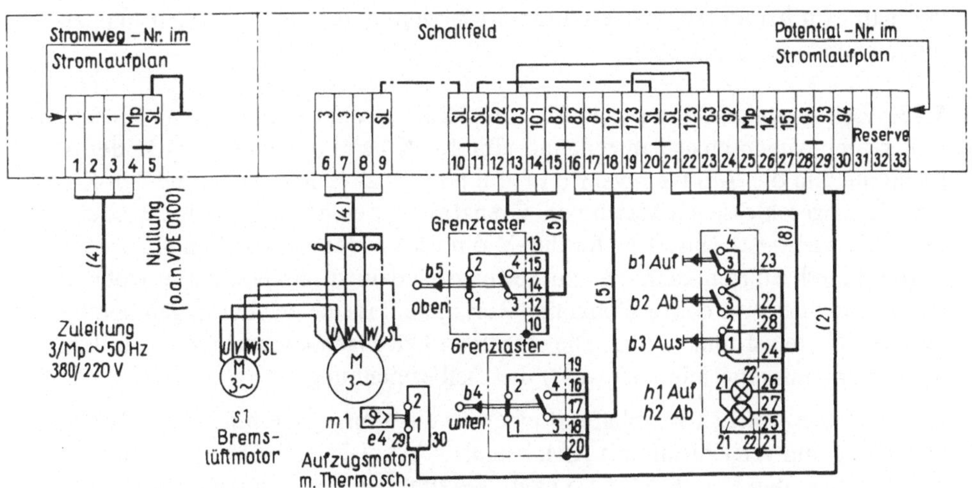

Bild 5.48 Leitungsplan für den automatischen Kübelaufzug

Den Stromlaufplan zeichnet man auf einem DIN A 4-hohen und beliebig langen P a p i e r f o r m a t, das zu einem im Ordner abheftbaren DIN A 4-Format zusammengefaltet wird. Wenn sich eine Steuerung entsprechend aufteilen läßt, kann eine Unterteilung in mehrere, z. B. DIN A 3-breite Blätter oder eine Darstellung auf mehreren DIN A 3-Formaten zweckmäßiger sein, wobei evtl. Hinweise darüber

erforderlich werden, auf welchem Blatt sich die zusammengehörigen Antriebs-
und Schaltglieder befinden.

Der Stromlaufplan wird ergänzt durch eine G e r ä t e l i s t e, in der wir alle elektrischen Bauteile einer Anlage in alphabetischer Reihenfolge der Gerätekennzeichen
zusammenfassen. Sie enthält alle technischen Angaben, wie Typenbezeichnungen,
Hinweise über den Verwendungszweck, Angaben über den Einbauort u. a. m.
(s. Tafel 5.49).

Gleichzeitig mit dem Entwerfen des Stromlaufplanes und dem Aufstellen der Geräteliste s u c h e n wir die G e r ä t e a u s einer Herstellerliste aus, wobei wir
die K e n n g r ö ß e n nach Abschn. 5.11 beachten, damit wir die evtl. erforderliche Zwischenschaltung von Steuerschützen frühzeitig berücksichtigen, wenn das
Schaltvermögen eines Schaltgliedes nicht ausreichen sollte. Nachdem wir uns über
die erforderliche Kapselung klar geworden sind, fertigen wir eine E i n b a u -
s k i z z e an, die maßstäblich die Umrisse des gewählten Einbaugehäuses und die
Anordnung und Abmessungen der einzelnen Schaltgeräte enthält, und geben den
Auftrag an die Werkstatt. Man hat genormte Ausführungen für Steuerschränke,
Schützengerüste, Bedienungstafeln, Steuerpulte u. a. entwickelt. Zur Überprüfung
der Einbauverhältnisse benutzt man Stempel oder Selbstklebefolien, die Umrisse,
Bohrungen und Gewindelöcher der Einbaugeräte wiedergeben. Auch von den
Schaltzeichen gibt es Selbstklebefolien, die den Zeichenaufwand zu verringern
helfen. Die Verdrahtung in der Werkstatt erfolgt heute zumeist nach dem Stromlaufplan. Nur bei umfangreichen und schwierigen Steuerungen entwirft man zusätzlich einen Bauschaltplan.

5.323 Leitungsplan. Der schon in Abschn. 5.322 erwähnte Leitungsplan (Bild 5.48),
früher auch Außenschaltplan genannt, gibt die K l e m m e n l e i s t e n der Anlagenteile und die A u ß e n v e r b i n d u n g e n zwischen ihnen und den Klemmen der angeschlossenen Maschinen, Grenztaster, Befehlstaster u. dgl. wieder.
Er ist die wichtigste Unterlage für die M o n t a g e der elektrischen Anlage. Die
Verbindungsleitungen kann man zu Leitungsbündeln zusammenfassen, wobei die
Bündelung nicht mit der tatsächlichen Zusammenfassung der Leitungen bei der
Montage übereinstimmen muß. Die einzelnen Leitungen kennzeichnen wir durch
die Leitungsnumerierung oder (und) die Zielbezeichnung.

Zeichnet man den Leitungsplan mit einer für die Montage verbindlichen Leitungs-
bündelung und versieht ihn mit Angaben über Aderzahl und Kabelquerschnitte,
so erhält man den sog. K a b e l p l a n. Bei umfangreichen Anlagen faßt man
zusätzlich in einer K a b e l l i s t e die Kabelnummern und Angaben über den
Anfangs- und Endpunkt von jedem Kabel zusammen.

5.324 Bauschaltplan. Der Bauschaltplan dient zur V e r d r a h t u n g der Steuerung in der Werkstatt. Daher muß er die einzelnen Geräte, z. B. eines Schaltfeldes
(s. Bild 5.50), l a g e r i c h t i g wiedergeben und die I n n e n v e r b i n d u n g e n
zwischen den einzelnen Geräten angeben. Man kann zur Darstellung der einzelnen

T a f e l **5.49** Geräteliste für den automatischen Kübelaufzug (Beisp. 5.7)

Bezeich- nung	Einbau- ort	Benennung	Type	Bemerkung
a1	S	Hauptschalter		
b1	B	Taster „Auf"		
b2	B	Taster „Ab"		
b3	B	Taster „Aus"		
b4	AK	Grenztaster „Unten"		
b5	AK	Grenztaster „Oben"		
c1	S	Motorschütz „Auf"		220 V, Ws
c2	S	Motorschütz „Ab"		220 V, Ws
d1	S	Zeitrelais „t_u"	2-10 s	220 V, Ws
d2	S	Zeitrelais „t_0"	2-10 s	220 V, Ws
d3	S	Hilfsrelais		220 V, Ws
e1	S	Sicherungen für m1	3 Gr. 00	80 A, tr.
e2	S	Therm. Auslöser		30 A
e3	S	Steuersicherung	E 27	4 A, tr.
e4	m1	Thermoschalter in Motorwicklung		
h1 h2	B B	Signallampe „Auf" Signallampe „Ab"	260 V 5 W	BA 15 d
m1	AK	Aufzugsmotor ASB, 50 Sch/h mit Thermo-schalter	spezial	15 kW, 380 V 30 A
s1	AK	Bremslüftmotor mit hydraulischer Kraft-wirkung		0,5 kW, 380 V 1,6 A

Ortsangaben: AK Aufzugskonstruktion, B Befehlsstand, S Schaltfeld

Geräte ihre Schaltzeichen verwenden und diese erforderlichenfalls auch so auflösen, daß man die einzelnen Klemmenanschlüsse lagerichtig zeichnen kann. Den
geringsten Zeichenaufwand erfordert die Verwendung der Geräteanschlußzeichen,
die nur die Klemmen eines Gerätes lagerichtig wiedergeben. Die Leitungen kann
man zu Bündeln zusammenfassen. Die einzelnen Verbindungsleitungen lassen sich
auch verkürzt darstellen, d. h., man gibt nur an beiden Enden ihre Zielbezeichnung
an, ohne die Leitung selbst zu zeichnen. Man erspart sich damit die undankbare
und mühsame Arbeit, die Leitungen vollständig durchzuzeichnen, wodurch nur
das Verfolgen von Leitungen erschwert würde.

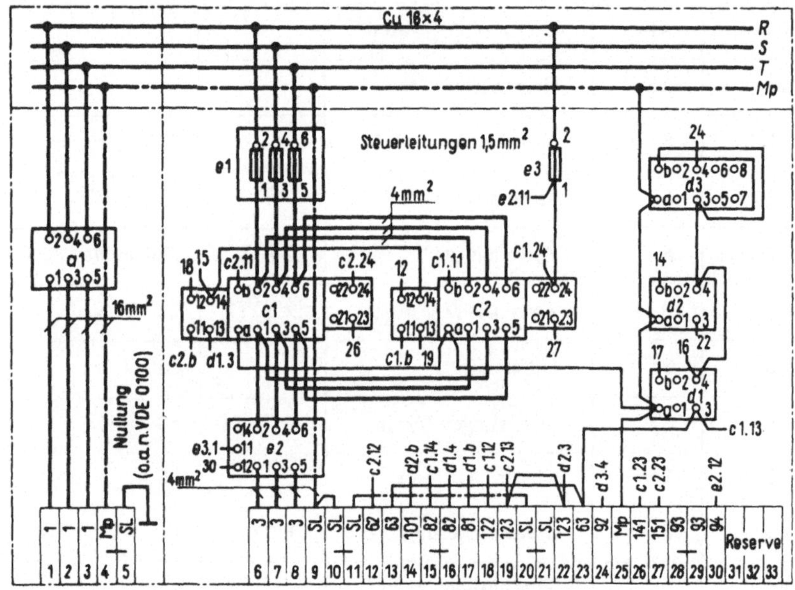

Bild 5.50 Bauschaltplan für den automatischen Kübelaufzug

Man kann jetzt noch einen Schritt weitergehen und sich das Zeichnen sämtlicher
Verbindungsleitungen ersparen. Man gibt nur sämtliche zu verlegenden Verbindungsleitungen mit Querschnitt durch ihren Anfangs- und Endpunkt in einer
V e r d r a h t u n g s t a b e l l e an. Z. B. hat man zum Verdrahten kontaktloser
Steuerungen Einrichtungen gebaut, die, von einem Lochstreifen gesteuert, optisch
Anfangs- und Endpunkt der zu verlegenden Leitungsverbindung als Zahl oder Ziffer
anzeigen. Über Prüfstecker, die anstelle der Schaltglieder eingesteckt werden, wird
die richtige Verlegung dieser Verbindung überprüft. Erst nach dieser Überprüfung
gibt die Einrichtung die Anzeige der nächsten Leitungsverbindung frei.

Für Schützensteuerungen und kontaktlose Steuerungen ist jedoch nur in Ausnahmefällen die Erstellung eines Bauschaltplanes oder einer Verdrahtungstabelle erforderlich, weil Stromlaufplan bzw. Signallaufplan die gleiche Aufgabe erfüllen,
wenn sämtliche Anschlußklemmen Bezeichnungen erhalten.

5.325 Klemmenplan. Leitungsplan und Bauschaltplan zusammen ersetzt man gern durch den Klemmenplan. Er enthält die K l e m m e n l e i s t e mit der fortlaufenden N u m e r i e r u n g d e r K l e m m e n, die P o t e n t i a l a n g a b e n und die Z i e l b e z e i c h n u n g e n der nach innen und außen von der Klemmenleiste abgehenden Leitungen. Die nach außen abgehenden Leitungen erhalten zusätzlich Angaben über Zielort, Zahl und Querschnitt der Leitungen (s. Bild 5.51). Dadurch ersetzt der Klemmenplan den Leitungsplan und erleichtert die Innenverdrahtung von der Klemmenleiste her.

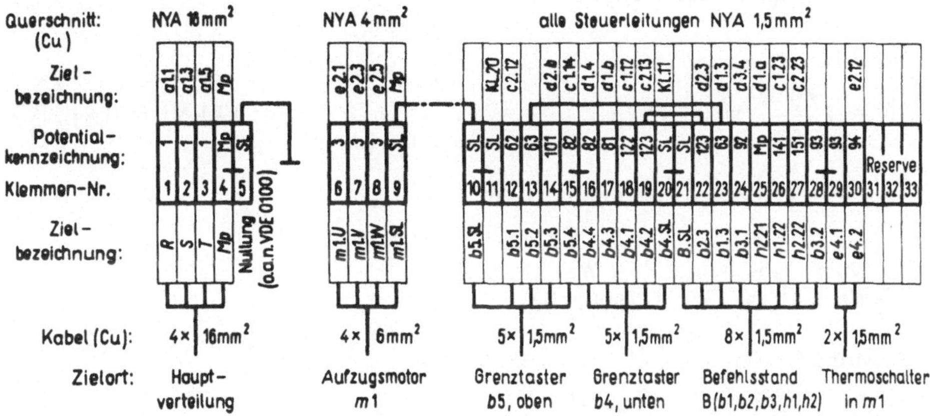

Bild 5.51 Klemmenplan für den automatischen Kübelaufzug

5.326 Wirkschaltplan. Denkt man sich in dem Bauschaltplan Bild 5.50 die Geräteanschlußzeichen durch Schaltzeichen ersetzt und sämtliche Verbindungsleitungen ausgezogen und vereinigt man dieses Bild mit dem Leitungsplan Bild 5.48, so erhält man den Wirkschaltplan für den automatischen Kübelaufzug von Beisp. 5.7. Auf die Wiedergabe müssen wir aus Platzgründen verzichten. Der Wirkschaltplan ist also die z u s a m m e n g e f a ß t e, a l l p o l i g e D a r s t e l l u n g d e r g e s a m t e n S t e u e r u n g m i t a l l e n E i n z e l h e i t e n u n d L e i t u n g e n. Im Gegensatz zum Stromlaufplan werden die Teile eines jeden Gerätes z u s a m m e n h ä n g e n d gezeichnet. Die räumliche Lage der verschiedenen Geräte zueinander braucht nicht berücksichtigt zu werden.

Der Wirkschaltplan war früher die einzige und übliche Unterlage für Projektierung, Fertigung und Montage. Er hat aber so viele Nachteile, daß er heute nur noch für sehr kleine Anlagen Verwendung findet. In Hochspannungsanlagen hat er noch eine gewisse Bedeutung; aber auch dort nutzt man in steigendem Maße die Vorteile des Stromlaufplans aus.

Der Wirkschaltplan läßt nur schlecht die Funktion und die Steueraufgabe einer Steuerung erkennen. Es ist sehr schwer, die einzelnen Verbindungsleitungen ohne Fehler zu verfolgen, und noch mühsamer, diese Verbindungsleitungen einigermaßen sauber zu zeichnen. Dadurch, daß der Wirkschaltplan alle Einzelheiten der gesamten Steuerung erfaßt, wird er sehr umfangreich und benötigt unhandliche Papierformate. Stromlaufplan und Leitungsplan ersetzen den Wirkschaltplan vollkommen, lassen die Funktion wesentlich besser erkennen und gestatten eine leichtere Herstellung der Zeichnungen auf kleineren Formaten.

ANHANG

Wichtige Umrechnungen

1. Kraft F

$$1\,\text{N} = 1\,\frac{\text{kg m}}{\text{s}^2} = 0{,}102\,\text{kp} \qquad\qquad 1\,\text{kp} = 9{,}81\,\text{N} = 9{,}81\,\frac{\text{kgm}}{\text{s}^2}$$

2. Energie W, Arbeit W, Drehmoment M

$$1\,\text{Nm} = 1\,\text{Ws} = 1\,\text{J} = 0{,}102\,\text{kpm} = 10{,}2\,\text{kpcm}$$
$$1\,\text{kpm} = 9{,}81\,\text{Nm} = 9{,}81\,\text{Ws} = 9{,}81\,\text{J}$$
$$1\,\text{kWh} = 3600\,\text{kWs} = 3600\text{kNm}$$

3. Leistung P

$$1\,\text{kW} = 1\,\frac{\text{kNm}}{\text{s}} = 1000\,\frac{\text{kgm}^2}{\text{s}^3} = 102\,\frac{\text{kpm}}{\text{s}} = 1{,}36\,\text{PS}$$

$$1\,\frac{\text{kp m}}{\text{s}} = 9{,}81\,\text{W} \qquad\qquad 1\,\text{PS} = 736\,\text{W}$$

4. Druck p

$$1\,\frac{\text{N}}{\text{m}^2} = 1\,\frac{\text{kg}}{\text{s}^2\text{m}} = 10^{-5}\,\text{bar} \qquad\qquad 1\,\text{at} = 1\,\frac{\text{kp}}{\text{cm}^2} = 98{,}1 \cdot 10^3\,\frac{\text{N}}{\text{m}^2}$$

$$1\,\text{mm WS} = 1\,\frac{\text{kp}}{\text{m}^2} = 9{,}81\,\frac{\text{kg}}{\text{s}^2\text{m}} = 9{,}81\,\frac{\text{N}}{\text{m}^2}$$

5. Drehzahl n, Winkelgeschwindigkeit ω

$$\omega = 2\pi n$$
$$n = 1\,\text{min}^{-1} \;\triangleq\; \omega = 0{,}1047\,\text{s}^{-1} \qquad (1.5)$$
$$\omega = 1\,\text{s}^{-1} \;\triangleq\; n = 9{,}55\,\text{min}^{-1}$$

6. Trägheitsmoment J, Schwungmoment GD^2

$$J = \frac{GD^2}{4g} \qquad (2.9)$$
$$GD^2 = 1\,\text{kpm}^2 \;\triangleq\; J = \frac{1}{4}\,\text{kgm}^2 = \frac{1}{4}\,\text{Ws}^3$$
$$J = 1\,\text{kgm}^2 = 1\,\text{Ws}^3 \;\triangleq\; GD^2 = 4\,\text{kpm}^2$$

Weiterführende Bücher

[1]   A E G-Hilfsbuch. Berlin 1967–1972

[2]   A n s c h ü t z, H.: Stromrichteranlagen der Starkstromtechnik. Berlin 1963

[3]   B ä r, D.: Einführung in die Schaltalgebra. Braunschweig

[4]   B e r n h a r d, J.H.: Digitale Steuerungstechnik. Würzburg 1969

[5]   B ö d e f e l d, Th., S e q u e n z, H.: Elektrische Maschinen. Wien 1971

[6]   B r a u c h, W., D r e y e r, H.-J., H a a c k e, W.: Mathematik für Ingenieure. Stuttgart 1971

[7]   B ü h l e r, H.: Einführung in die Theorie geregelter Gleichstromantriebe. Stuttgart 1962

[8]   B ü h l e r, H.: Einführung in die Anwendung kontaktloser Schaltelemente. Stuttgart 1966

[9]   B u x b a u m, S c h i e r a u: Berechnung von Regelkreisen in der Antriebstechnik, Berlin 1973

[10]   D u b b e l, H.: Taschenbuch für den Maschinenbau. Berlin 1970

[11]   E b e l, T.: Regelungstechnik. Stuttgart 1973

[12]   E c k, B.: Ventilatoren. Berlin 1972

[13]   F i s c h e r, R.: Elektrische Maschinen. München 1971

[14]   F l e c k, B.: Hochspannungs- und Niederspannungs-Schaltanlagen. Essen 1965

[15]   F ö l l i n g e r, O.: Nichtlineare Regelungen. München 1969–1970

[16]   F ö l l i n g e r, O.: Regelungstechnik. Berlin 1972

[17]   F r a n k e n, H.: Schütze und Schützensteuerungen. Berlin 1967

[18]   F r a n k e n, H.: Motorschutz. Überströme, Übertemperaturen. Berlin 1962

[19]   F r a u n b e r g e r, F.: Regelungstechnik. Stuttgart 1967

[20]   G i l o i, W., L a u b e r, R.: Analogrechnen. Berlin 1963

[21]   G ö l d n e r, K.: Mathematische Grundlagen für Regelungstechniker, Leipzig 1969

[22]   G o t t e r, G.: Erwärmung und Kühlung elektrischer Maschinen. Berlin 1954

[23]   G r ä ß l e r, R.: Lehrbuch der Automatisierungstechnik. Basel 1965

[24]   G r ü n e b e r g, J.: Service-Fibel für elektrische Antriebe. Würzburg 1973

[25]   H a a c k, O.: Einführung in die Digitaltechnik. Stuttgart 1972

[26]   H e i m, K.: Schaltungsalgebra. München 1973

[27]   H e u m a n n, K., S t u m p e, A.C.: Thyristoren. Stuttgart 1970

[28]   H o p p n e r, A.: Handbuch für Schaltanlagen. Essen 1965

[29]   H o l z m a n n, G., M e y e r, H., S c h u m p i c h, G.: Technische Mechanik. Stuttgart 1970–1972

[30]   H ü t t e: Des Ingenieurs Taschenbuch. Berlin 1960–1965

[31]   J o r d a n, H., W e i s, M.: Asynchronmaschinen. Braunschweig 1969

[32]   K ö h l e r, G., R ö g n i t z, H.: Maschinenteile. Stuttgart 1972–1973

[33]   K o s a c k, E., W a n g e r i n, A.: Elektrotechnik auf Handelsschiffen. Berlin 1964

[34]   K o v á c s, K.P., R a ć z, J.: Transiente Vorgänge in Wechselstrommaschinen. Budapest 1959

[35]   K ü m m e l, F.: Elektrische Antriebstechnik. Berlin 1971

[36]   K ü t t n e r, K.H.: Kolbenmaschinen. Stuttgart 1971

[37]   K u s s y, W.F.: Elektrische Niederspannungsschaltgeräte und Antriebe. Berlin 1969

[38]   L e h m a n n, W., G e i s w e i d, R.: Elektrotechnik und elektrische Antriebe. Berlin 1973

[39]   L e o n h a r d, A.: Elektrische Antriebe. Stuttgart 1959

[40]   L e o n h a r d, W.: Einführung in die Regelungstechnik. Braunschweig 1970–1972

[41]   L e o n h a r d, W.: Regelung in der elektrischen Antriebstechnik. Stuttgart 1974

[42]   M e r z, L.: Grundkurs der Regelungstechnik. München 1973

[43]   M o e l l e r, F.: Taschenbuch für Elektrotechniker. Stuttgart 1953–1955

[44]   M ü l l e r, P.: Elektrische Fahrzeugantriebe. München 1961
[45]   N e u b e r, H.: Technische Mechanik. Berlin 1971
[46]   N e u m a n n, H.: Steuerungslehre. Stuttgart 1970–1971
[47]   N u e l l, v.d., W.T., G a r v e, A.: Kreiselpumpen und -verdichter. Stuttgart 1957
[48]   N ü r n b e r g, W.: Die Prüfung elektrischer Maschinen. Berlin 1965
[49]   O p p e l t, W.: Kleines Handbuch technischer Regelvorgänge. Weinheim 1972
[50]   P a w e l k a, E.: Einführung in die Schaltgerätetechnik. Wien 1965
[51]   P f a f f, G.: Regelung elektrischer Antriebe. München 1971
[52]   P h i l i p p o w, E.: Taschenbuch Elektrotechnik. Berlin 1972
[53]   P l a t h, W.: Die Niederspannungs-Schaltanlagen. München 1960
[54]   R e n t z s c h, H.: Handbuch für Elektromotoren. Essen 1973
[55]   R e u t e r, M.: Regelungstechnik für Ingenieure. Braunschweig 1972
[56]   R i c h t e r, A.: Einphasenmotoren. Berlin 1972
[57]   R ö g n i t z, H.: Abspanende Werkzeugmaschinen. Stuttgart 1961
[58]   R ü d e n b e r g, R.: Elektrische Schaltvorgänge. Berlin 1973
[59]   R z i h a, E. v.: Starkstromtechnik. Berlin 1955–1960
[60]   S c h i l l e r, F.: Elektrische Antriebe in der Zellstoff- und Papierindustrie. Berlin 1964
[61]   S c h n e i d e r, K.: Regelungstechnik in Beispielen. München 1972
[62]   S c h r o t h, L.: Steuerungstechnik. Mainz 1965
[63]   S c h u i s k y, W.: Elektromotoren. Wien 1951
[64]   S c h w e r d, F.: Spanende Werkzeugmaschinen. Berlin 1956
[65]   S i e g f r i e d, H.J.: Leitfaden der elektronischen Steuerungs- und Regelungstechnik.
        Berlin 1972
[66]   S i e m e n s-Handbuch der Elektrotechnik. Essen 1971
[67]   S i m o n, W.: Die numerische Steuerung von Werkzeugmaschinen. München 1971
[68]   S o l o d o w n i k o w, W.W.: Bauelemente der Regelungstechnik. Berlin 1963
[69]   S p i w a k o w s k i, D j a t s c h k o w: Förderanlagen. Braunschweig 1967
[70]   S p r e n g e r, E.: Taschenbuch für Heizung, Lüftung und Klimatechnik.
        München 1960
[71]   S t a h l, K.: Industrielle Steuerungstechnik in schaltalgebraischer Behandlung.
        München 1965
[72]   S t r a t h a u s e n, E.: Hebemaschinen. Braunschweig 1963–1971
[73]   T a e g e n, H o m m e s: Einführung in die Theorie der Elektrischen Maschinen.
        Braunschweig 1970–1971
[74]   T s c h i l i k i n, M.G.: Elektromotorische Antriebe. Berlin 1957
[75]   U n g r u h, F., J o r d a n, H.: Gleichlaufschaltungen von Asynchronmotoren.
        Braunschweig 1964
[76]   V a s k e, P.: Übertragungsverhalten elektrischer Netzwerke. Stuttgart 1971
[77]   V a s k e, P.: Berechnung von Drehstromschaltungen. Stuttgart 1973
[78]   V E M-Handbuch: Schaltanlagen. Berlin 1960–1961
[79]   V E M-Handbuch: Die Technik elektrischer Antriebe. Berlin 1964
[80]   V o l k, P.: Antriebstechnik in der Metallverarbeitung. Berlin 1966
[81]   W e b e r, W.: Einführung in die Methoden der Digitaltechnik. Berlin 1970
[82]   W e y h, U.: Elemente der Schaltungsalgebra. München 1972
[83]   Z ü h l s d o r f, W.: Kleines Handbuch der Steuerungstechnik. Berlin 1973

DIN-Blätter (Auswahl)

DIN   747   Achshöhen für Maschinen
DIN   1301   Einheiten, Kurzzeichen
DIN   1302   Mathematische Zeichen
DIN   1304   Allgemeine Formelzeichen

DIN 1311   Schwingungslehre
DIN 1313   Schreibweise physikalischer Gleichungen
DIN 1357   Einheiten elektrischer Größen
DIN 2211 bis 2218, 7753   Keilriemen, Keilriemenscheiben
DIN 5474   Zeichen der mathematischen Logik
DIN 5483   Formelzeichen für zeitabhängige Größen
DIN 5488   Benennungen für zeitabhängige Größen
DIN 5489   Vorzeichen- und Richtungsregeln für elektrische Netze
DIN 5494   Größensysteme und Einheitensysteme
DIN 19226   Regelungstechnik und Steuerungstechnik; Begriffe und Benennungen
DIN 40007   Schilder für die Elektrotechnik
DIN 40030   Nennspannungen für Gleichstrommotoren, direkt gespeist über steuerbare Strom-
             richter aus dem Netz
DIN 40050   Schutzarten
DIN 40108   Gleich- und Wechselstromsysteme; Begriffe, Benennungen und Kennzeichnung
DIN 40110   Wechselstromgrößen
DIN 40121   Formelzeichen für den Elektromaschinenbau
DIN 40700 bis 40722   Schaltzeichen
DIN 40719   Schaltpläne; Begriffsbestimmungen, Ausführungsrichtlinien
DIN 41569   bis 41688, 43620 bis 43654, 49360 bis 49525   Sicherungen
DIN 41740 bis 41882   Halbleiterbauelemente
DIN 41750 bis 41777   Stromrichter
DIN 41784 bis 41786   Thyristoren
DIN 42016   Einbaumotoren für Geräte; Anbaumaße
DIN 42500 bis 42595   Transformatoren
DIN 42565 bis 42567   Verstärker
DIN 42671 bis 42681   Drehstrommotoren
DIN 42939   Elektrische Maschinen; Maßbezeichnungen
DIN 42923   Spannschienen für elektrische Maschinen
DIN 42946   Zylindrische Wellenenden für elektrische Maschinen
DIN 42947   Riemenscheiben für Flachriemen für elektrische Maschinen
DIN 42948   Befestigungsflansche für elektrische Maschinen
DIN 42950   Kurzzeichen für Bauformen elektrischer Maschinen
DIN 42961   Leistungsschilder für elektrische Maschinen
DIN 42973   Leistungsreihe für elektrische Maschinen
DIN 43605   Drucktaster, Druckknopfschalter, Leuchttaster, Leuchtdruckknopfschalter,
             Leuchtmelder für Schaltgeräte und Schaltanlagen; Begriffe, Kennzeichnung
             und Lage
DIN 43666 bis 43684   Schaltanlagen
DIN 43693 bis 43695   Grenztaster
DIN 43696, 43397, 46100, 46101, 46199   Elektrische Schaltgeräte
DIN 44300, 66001 bis 66208   Informationsverarbeitung
DIN 44302   Datenübertragung; Begriffe
DIN 45635   Geräuschmessung an Maschinen
DIN 45665   Schwingstärke an rotierenden elektrischen Maschinen
DIN 46062   Anlasser für Gleichstrom-Motoren und Drehstrom-Schleifringläufermotoren
DIN 46199   Elektrische Schaltgeräte; Anschlußbezeichnungen
DIN 47700 bis 47750   Isolierte Starkstromleitungen
DIN 50001 bis 50013   Niederspannungs-Schaltgeräte
DIN 66023 bis 66025, 66215   Numerische Steuerung von Arbeitsmaschinen
DIN 66201   Prozeßrechensysteme; Begriffe
DIN 89002   Elektrische Anlagen auf Binnenschiffen

VDE-Bestimmungen, VDI-Richtlinien und IEC-Publikationen (Auswahl)

VDE 0100   Bestimmungen für das Errichten von Starkstromanlagen
VDE 0102   Leitsätze für die Berechnung der Kurzschlußströme
VDE 0103   Leitsätze für die Bemessung von Starkstromanlagen auf mechanische und thermische Kurzschlußfestigkeit
VDE 0105   Bestimmungen für den Betrieb von Starkstromanlagen
VDE 0113   Bestimmungen für die elektrische Ausrüstung von Bearbeitungs- und Verarbeitungsmaschinen
VDE 0115   Bestimmungen für elektrische Bahnen
VDE 0118   Bestimmungen für das Errichten elektrischer Anlagen in bergbaulichen Betrieben unter Tage
VDE 0160   Bestimmungen für die Ausrüstung von Starkstromanlagen mit elektronischen Betriebsmitteln
VDE 0165   Bestimmungen für die Errichtung elektrischer Anlagen in explosionsgefährdeten Betriebsstätten
VDE 0166   Vorschriften für die Errichtung elektrischer Anlagen in explosivstoffgefährdeten Betriebsstätten
VDE 0168   Bestimmungen für das Errichten und den Betrieb von elektrischen Anlagen in Tagebauen, Steinbrüchen und ähnlichen Betrieben
VDE 0170 und 0171   Bestimmungen für schlagwetter- und explosionsgeschützte elektrische Betriebsmittel
VDE 0250   Bestimmungen für isolierte Starkstromleitungen
VDE 0411   Bestimmungen für elektronische Meßgeräte und Regler
VDE 0435   Regeln für elektrische Relais in Starkstromanlagen
VDE 0530   Bestimmungen für umlaufende elektrische Maschinen
VDE 0535   Bestimmungen für elektrische Maschinen, Transformatoren, Drosseln und Stromrichter auf Bahn- und anderen Fahrzeugen
VDE 0556   Bestimmungen für Vielkristallhalbleiter-Gleichrichter
VDE 0557   Bestimmungen für Einkristallhalbleiter-Gleichrichter
VDE 0570   Regeln für Klemmenbezeichnungen
VDE 0580   Bestimmungen für elektromagnetische Geräte
VDE 0632   Vorschriften für Schalter bis 750 V 63 A
VDE 0635   Vorschriften für Leitungsschutzsicherungen
VDE 0641   Vorschriften für Leitungsschutzschalter
VDE 0660   Bestimmungen für Niederspannungsschaltgeräte
VDE 0666   Vorschriften für explosivstoffgeschützte elektrische Betriebsmittel

VDI 3259   Lochstreifen-Code für numerische Werkzeugmaschinensteuerungen
VDI 3260   Funktionsdiagramme von Arbeitsmaschinen und Fertigungsanlagen

IEC 34-6   Empfehlungen für umlaufende elektrische Maschinen
IEC 79-2, 79-7   Explosionsgeschützte elektrische Betriebsmittel
IEC 92-1   Elektrische Anlagen auf Schiffen
IEC 119   Empfehlungen für Mehrkristall-Halbleiter-Gleichrichtersäulen und -anlagen bzw. -geräte
IEC 157-1   Schaltgeräte für Niederspannungsanlagen
IEC 158-1   Niederspannungssteuergeräte für industrielle Anwendung
IEC 204-1, 204-2, 204-3   Elektrische Ausrüstung von Werkzeugmaschinen

Formelzeichen

(In Klammern Seitenzahlen der Einführung der Zeichen)

Die Formelzeichen sind im Text in normaler Schrift gesetzt (s. Vorwort), bezeichnen also skalare Größen. Nur in den Bildern sind Formelzeichen durch Schrägschrift hervorgehoben. Komplexe Größen sind durch Unterstreichen ($\underline{F}$, $\underline{U}$, $\underline{Z}$) gekennzeichnet. Dies gilt auch für wichtige halbfett gesetzte Gleichungen.

Die Zeitwerte der Wechselstromgrößen sind klein geschrieben (u, i), die Zeitwerte aller übrigen Größen haben den Index t (n_t, M_t). Die Effektivwerte der Wechselstromgrößen (und Gleichwerte) sowie die Scheitelwerte (und Gleichwerte) der magnetischen Größen sind durch große Buchstaben gekennzeichnet (U, I, B).

Die zunächst aufgeführten Indizes kennzeichnen in der Regel unmißverständlich die angegebene Zuordnung. Die mit diesen Indizes versehenen Formelzeichen werden daher nur in Sonderfällen in der Formelzeichenliste aufgeführt. Auch sind die nur auf einer Seite vorkommenden Formelzeichen hier nicht angegeben. Mit * sind zahlenmäßig geänderte Werte (z. B. M*) und mit ′ auf andere Bezugsgrößen umgerechnete Größen (z. B. J′ oder I_2') gekennzeichnet.

Index	Bezeichnung für	Index	Bezeichnung für	Index	Bezeichnung für
A	Ankerkreis	k	Kurzschluß,	s	Stellwert
An	Anlaßwert		Stillstand	st	Steuerkreis
a	Ausgangswert	L	Last	t	Zeitwert
an	Anlaufwert	M	Motor	zu	zulässig
Br	Bremswert	m	Scheitelwert	ν	Oberschwingung
D	Differenzierglied	max	Höchstwert	σ	Streuung
d	Drehfeld	mi	Mittelwert	ω	drehzahlabhängig
E	Erregerkreis	min	Kleinstwert	0	Leerlauf-,
e	Endwert	N	Nennwert		Anfangswert
eff	Effektivwert	o	Ruhewert	1	primär, Ständer,
G	Generator	P	Proportionalglied		Aufnahme
g	Gleichstrom	Re	Regler	2	sekundär, Läufer,
ges	gesamt	r	Relativwert		Abgabe
H	Hochlaufwert	res	Reserve	1, 2, 3 ...	fortlaufende
I	Integrierglied	S	Regelstrecke		Numerierung
i	i-ter Abschnitt	Sch	Schaltwert	Δ	Dreieckschaltung
K	Kippwert	Str	Strangwert	Y	Sternschaltung

A	Querschnitt (8)
a	Beschleunigung (4)
B	Induktion (98)
C	Kapazität (26)
C_g	– der Gegenkopplung (162)
C_k	Kommutierungskapazität (101)
c	spezifische Wärmekapazität (176)
c_m	Drehmomentkonstante (30)
c_u	Spannungskonstante (30)
D	Trägheitsdurchmesser (39)
d	Durchmesser (6)
d_t	Zeit-Polabstand (48)
d_z	Umdrehungszahl-Polabstand (48)
e	Basis des natürlichen Logarithmus (46)
F	Frequenzgangamplitude (128)
F	Kraft (4)
F_R	Amplitude des Rückführzweiges (134)
F_{res}	Amplitudenreserve (153)
F_V	Amplitude des Vorwärtszweiges (133)
F_Z	– des Störverhaltens (157)
F_0	– der direkten Gegenkopplung (134)
f	Frequenz (22)
f	Anlaufschwere (63)
G	Gewichtskraft (4)
g	Fallbeschleunigung (4)
H	Trägheitskonstante (40)
h	Häufigkeit (63)
h	Höhe (9)
I	Strom (18)

I_d	Gleichstrom (101)
I_E	Einstellstrom (204)
I_k''	Anfangs-Kurzschlußwechselstrom (196)
I_s	Stoßkurzschlußstrom (195)
$I_{th}(1s)$	Nenn-Kurzzeitstrom (197)
J	Trägheitsmoment (14)
j	$= \sqrt{-1}$ (59)
K	Kosten (27)
K	Übertragungsbeiwert (129)
K_{DM}	Kosten des Drehstrommotors (27)
K_{PT2}	Übertragungsbeiwert des Verzögerungsgliedes 2. Ordnung (141)
k	Konstante, Faktor (32)
k	Läuferkennwert (64)
k_a	Anlasserkennzahl (64)
k_J	Trägheitsfaktor (41)
k_S	Sicherheitsfaktor (9)
k_s	Schnittfaktor (10)
L	Induktivität (51)
L_k	Kommutierungsinduktivität (108)
l	Länge (7)
l_M	Drehmomentlänge (48)
l_t	Zeitlänge (48)
l_z	Umdrehungszahllänge (48)
l_ω	Winkelgeschwindigkeitslänge (48)
M	Drehmoment, Motormoment (5)
M_A	Anzugsmoment (18)
M_B	Beschleunigungsmoment (38)
M_H	Hochlaufmoment (24)
M_i	inneres Drehmoment (18)

m	Masse (4)
m	Pulszahl (167)
m	Stufenzahl (62)
n	Anzahl (10)
n	Drehzahl (5)
O	Oberfläche (176)
P	Leistung, Wirkleistung (4)
P_{mech}	mechanische Leistung (4)
P_{2D}	Leistungsabgabe für Dauerbetrieb (179)
p	Druck (8)
p	Operator (128)
p	Polpaarzahl (19)
p_d	dynamischer Druck (7)
p_g	Gesamtdruck (7)
p_s	statischer Druck (7)
Q	Blindleistung (19)
R	Widerstand (18)
R_g	– der Gegenkopplung (162)
R_i	Innenwiderstand (30)
R_m	Widerstand der m-ten Stufe (66)
R_p	Parallelwiderstand (123)
R_S	Stufenwiderstand (67)
R_V	Vorwiderstand (30)
R_{2V}	Läufervorwiderstand (22)
r	Halbmesser (5)
S	Scheinleistung (40)
S	Stromdichte (61)
s	Schlupf (18)
s	Weg (43)
s_d	Schlupfabweichung (58)
T	Zeitkonstante (45)
T_a	Anregelzeit (153)
T_{an}	Anlauf-Zeitkonstante (45)
T_J	Schwungmassen-Zeitkonstante (51)

T_M Motor-Anlauf-Zeit-konstante (46)

T_N Nachstellzeit (153)

T_t Totzeit (133)

t Zeit (15)

t_{an} Anlaufzeit (15)

t_b Betriebszeit (15)

t_E Einschwingzeit (53)

t_{Er} relative Einschaltdauer (65)

t_p Pausenzeit (15)

t_s Spieldauer (15)

$t_{ü}$ Überschwingzeit (53)

U Spannung (18)

U_c Schalter-Nennspannung (198)

U_{di} ideelle Gleichspannung (101)

$U_{di\alpha}$ − −, gesteuert (101)

U_i innerer Spannungsabfall (30)

U_q Quellenspannung (30)

u_D Differenzspannung (125)

u_k relative Kurzschlußspannung (71)

u_s Sollwertspannung (125)

u_T Tachospannung (125)

u_{φ} relativer Spannungsfall (70)

V Verluste (19)

V Volumen (11)

V_{AB} Verluste bei Aussetzbetrieb (66)

V_{Cu} Kupferverluste (18)

V_D Verluste bei Dauerbetrieb (65)

V_{DM} Volumen des Drehstrommotors (27)

V_{Fe} Eisenverluste (18)

V_{KB} Verluste bei Kurzzeitbetrieb (65)

V_R Reibungsverluste (18)

V_Z Zusatzverluste (18)

V_0 Kreisverstärkung (138)

v Geschwindigkeit (4)

W Arbeit, Energie (11)

W_k kinetische Energie (40)

w Sollwert (174)

X Blindwiderstand (18)

x Regelgröße (127)

x Veränderliche (45)

x_e Eingangsgröße (127)

y Veränderliche (51)

Z Scheinwiderstand (160)

Z_g − der Gegenkopplung (160)

z Anzahl der Umdrehungen (43)

z Störgröße (157)

α Drehbeschleunigung (38)

α Steuerwinkel (101)

α_E Wärmeübergangskoeffizient (176)

β Drehwinkel (14)

γ elektrische Leitfähigkeit (176)

Δ Differenz (31)

δ Ungleichförmigkeitsgrad (14)

δ Abklingkonstante (51)

η Wirkungsgrad (4)

Θ Übertemperatur (176)

ϑ Dämpfungsgrad (52)

ϑ Temperatur (219)

$\vartheta_{Kü}$ Kühlmitteltemperatur (177)

κ Stoßkurzschlußfaktor (195)

λ Reibungszahl (7)

λ Wurzel (52)

π Kreiszahl (5)

ρ Dichte (7)

σ_z Zugfestigkeit (10)

τ_A Abkühlungs- Zeitkonstante (176)

τ_E Erwärmungs-Zeitkonstante (176)

Φ Luftstrom (7)

Φ Fluß (30)

φ Phasenwinkel (18)

φ_d Durchtrittswinkel (152)

φ_{res} Phasenreserve (153)

φ_v Phasenvoreilung (154)

φ_0 Phasenwinkel der direkten Gegenkopplung (136)

Ω Kreisfrequenz (56)

Ω_b Betriebskreisfrequenz (53)

Ω_d Durchtrittsfrequenz (130)

Ω_s Schlupfkreisfrequenz (174)

Ω_0 Eigenfrequenz, Eckfrequenz (51)

ω Winkelgeschwindigkeit (5)

ω_{B0} − für $M_B = 0$ (44)

ω_s Schlupf-Winkelgeschwindigkeit (151)

Sachweiser

Moeller, Leitfaden der Elektrotechnik

Herausgegeben von Prof. Dr.-Ing. **H. Fricke,** Braunschweig, Prof. Dr.-Ing. **H. Frohne,** Hannover, und Dozent Dr.-Ing. **P. Vaske,** Hamburg

Band I Grundlagen der Elektrotechnik

Von Prof. Dr.-Ing. **F. Moeller** †, Braunschweig, und Prof. Dr.-Ing. **H. Fricke,** Braunschweig

15., durchgesehene Auflage. XVII, 492 Seiten mit 330 teils mehrfarbigen Bildern, 35 Tafeln und 197 Beispielen. DIN C 5. 1974. Geb. DM 38,—. ISBN 3-519-16400-0

Inhaltsübersicht: Grundgesetze des Gleichstromkreises / Energie der elektrischen Strömung / Elektrische Strömung in Elektrolyten / Magnetisches Feld / Elektrisches Feld / Einfacher Wechselstromkreis / Zusammengesetzter Wechselstromkreis / Schwingkreise / Drosselspulen und Transformatoren / Periodische Schwingungen beliebiger Kurvenform / Mehrphasen-Wechselströme / Einführung in die Digitaltechnik / Schaltvorgänge

Band II Elektrische Maschinen und Umformer

Teil 1: Aufbau, Wirkungsweise und Betriebsverhalten

Von Prof. Dr.-Ing. **F. Moeller** †, Braunschweig, und Dozent Dr.-Ing. **P. Vaske,** Hamburg, unter Mitarbeit von Dr.-Ing. **W. Kraneburg,** AEG Seligenstadt

11., überarbeitete Auflage. XII, 268 Seiten mit 256 teils mehrfarbigen Bildern und 43 Beispielen. DIN C 5. 1970. Kart. DM 36,—. ISBN 3-519-06401-4

Teil 2: Berechnung elektrischer Maschinen

Von Dozent Dr.-Ing. **P. Vaske,** Hamburg, und Oberbaudirektor Dipl.-Ing. **J. H. Riggert** †, Köln

8., überarbeitete Auflage. X, 178 Seiten mit 108 Bildern und 17 Beispielen. DIN C 5. 1974. Kart. DM 34,—. ISBN 3-519-16402-7

Band III Bauelemente der Halbleiterelektronik

Von Dozent Dr. rer. nat. **H. Tholl,** Hamburg

Teil 1: Grundlagen, Dioden und Transistoren

Ca. 300 Seiten. DIN C 5. 1975. ISBN 3-519-06418-9

Teil 2: Feldeffekttransistoren, Thyristoren, Optoelektronik

In Vorbereitung

Band IV Stöckl/Winterling, Elektrische Meßtechnik

Bearbeitet von Prof. Dr.-Ing. **K. H. Winterling,** Frankfurt/M., unter Mitwirkung von Prof. Dr.-Ing. **H. Fricke,** Braunschweig, Prof. Dr.-Ing. **R. Thiel,** Darmstadt, und Dozent Dr.-Ing. **P. Vaske,** Hamburg

5., neubearbeitete und erweiterte Auflage. XIV, 328 Seiten mit 324 Bildern und 39 Beispielen. DIN C 5. 1973. Geb. DM 38,—. ISBN 3-519-16405-1

Preisänderungen vorbehalten

B. G. Teubner Stuttgart

Moeller, Leitfaden der Elektrotechnik (Fortsetzung)

Band V Elektrische Energietechnik

Von Dipl.-Ing. **H. Leiste,** Erlangen
Vergriffen. Statt dessen: Bd. IX „Elektrische Energieverteilung"

Band VI Elektrische Nachrichtentechnik

Teil 1: Grundlagen

Von Prof. Dr.-Ing. **H. Fricke,** Braunschweig, Prof. Dr.-Ing. habil. **K. Lamberts,** Clausthal, und Dozent Dipl.-Ing. **W. Schuchardt,** Hamburg

2., durchgesehene Auflage. XIV, 278 Seiten mit 277 Bildern und 24 Beispielen. DIN C 5. 1971. Kart. DM 32,–. ISBN 3-519-16407-8

Teil 2: Hochfrequenztechnik

Von Prof. Dr.-Ing. **H. Fricke,** Braunschweig, Prof. Dr.-Ing. habil. **K. Lamberts,** Clausthal, und Dozent Dipl.-Ing. **W. Schuchardt,** Hamburg, unter Mitwirkung von Prof. Dr. phil. **W. Hasel,** Esslingen

XI, 247 Seiten mit 236 Bildern. DIN C 5. 1967. Ln. DM 35,–. ISBN 3-519-06408-1

Band VII Beispiele zu Grundlagen der Elektrotechnik

Von Prof. Dr.-Ing. **H. Fricke,** Braunschweig, Prof. Dr.-Ing. **F. Moeller** †, Braunschweig, Prof. Dipl.-Ing. **R. Ptassek,** München, Dozent Dipl.-Ing. **W. Schuchardt,** Hamburg, und Dozent Dr.-Ing. **P. Vaske,** Hamburg

2., durchgesehene Auflage. VI, 128 Seiten mit 117 Bildern und 119 Aufgaben. DIN C 5. 1973. Kart. DM 15,–. ISBN 3-519-16414-0

Band VIII Elektrische Antriebe und Steuerungen

Von Dozent Dipl.-Ing. **H.-J. Bederke,** Lübeck, Prof. Dipl.-Ing. **R. Ptassek,** München, Dozent Dipl.-Ing. **G. Rothenbach,** Hamburg, und Dozent Dr.-Ing. **P. Vaske,** Hamburg

2., neubearbeitete Auflage. XII, 273 Seiten mit 210 Bildern und 78 Beispielen. DIN C 5. 1975. Kart. DM 34,–. ISBN 3-519-06410-3

Inhaltsübersicht: Arbeitsmaschinen und Antriebsmotoren / Zusammenwirken von Motor- und Arbeitsmaschine / Drehzahlverstellung und Antriebsregelung / Auswahl des Antriebsmotors / Steuerungstechnik

Band IX Elektrische Energieverteilung

Von Prof. Dipl.-Ing. **R. Flosdorff,** Aachen, und Prof. Dr.-Ing. **G. Hilgarth,** Braunschweig/Wolfenbüttel

XII, 317 Seiten mit 312 Bildern und 64 Beispielen. DIN C 5. 1973. Kart. DM 36,–. ISBN 3-519-06411-1

Inhaltsübersicht: Arbeitsmaschinen und Antriebsmotoren / Zusammenwirken von Motor und Ar-Schutzeinrichtungen / Schaltanlagen / Kraftwerke und Elektrizitätswirtschaft

Band X Grundlagen der Digitaltechnik

Von Prof. Dipl.-Ing. **L. Boruckl,** Krefeld
ca. 240 Seiten. DIN C 5. 1975. ISBN 3-519-06415-4

Preisänderungen vorbehalten

 **B. G. Teubner Stuttgart**